普通高校本科计算机专业特色教材·计算机基础

数值计算方法
人工智能、大数据分析的数学基础

姚普选 许颖 编著

清华大学出版社
北京

内 容 简 介

本书深入浅出地介绍了数值计算的基本概念、常用方法及其程序实现。内容涵盖数值计算的一般概念和误差分析的常用方法，线性方程组的直接解法，插值的概念及主要插值方法，迭代法求解方程、线性方程组及非线性方程组的常用方法，数值积分与数值微分的常用方法，函数逼近的概念及常用方法，求解矩阵特征值与特征向量的常用方法，求解一阶常微分方程初值问题的主要方法，Python 程序设计及数值计算实现的基本方法。

本书注重基本概念和理论的完整性、计算方法的有效性和实用性以及学习过程中的思维连贯性。

本书可以作为高等院校理工科专业尤其是 IT 相关专业"数值计算方法"课程的教材，也可以作为相关领域科技工作者的参考书。

图书在版编目（CIP）数据

数值计算方法：人工智能、大数据分析的数学基础/姚普选，许颖编著. —北京：清华大学出版社，2024.6

普通高校本科计算机专业特色教材.计算机基础

ISBN 978-7-302-66174-0

Ⅰ.①数… Ⅱ.①姚… ②许… Ⅲ.①数值计算—计算方法—高等学校—教材 Ⅳ.①O241

中国国家版本馆 CIP 数据核字（2024）第 081945 号

责任编辑：袁勤勇　杨　枫
封面设计：傅瑞学
责任校对：李建庄
责任印制：沈　露

出版发行：清华大学出版社
网　　　址：https://www.tup.com.cn，https://www.wqxuetang.com
地　　　址：北京清华大学学研大厦 A 座　　　　　　　邮　　编：100084
社 总 机：010-83470000　　　　　　　　　　　　　　邮　　购：010-62786544
投稿与读者服务：010-62776969，c-service@tup.tsinghua.edu.cn
质量反馈：010-62772015，zhiliang@tup.tsinghua.edu.cn
课件下载：https://www.tup.com.cn，010-83470236

印 装 者：三河市龙大印装有限公司
经　　销：全国新华书店
开　　本：185mm×260mm　　　印　　张：19　　　字　　数：461 千字
版　　次：2024 年 6 月第 1 版　　　印　　次：2024 年 6 月第 1 次印刷
定　　价：59.00 元

产品编号：098692-01

前 言

FOREWORD

数 学是亘古亘今人类文明的基础。 数学兴起并服务于计算，计算工具与方法的进步必然影响数学应用的广度与深度，随着电子计算机的普及，基于计算机技术的计算数学——数值计算方法已经成为数学面向现代社会的重要桥梁。 基于数值计算方法的科学计算已经成为与科学理论、科学实验三足鼎立的现代科学技术的关键体系。 而大数据、云计算、人工智能等当代社会支柱性技术与产业的飞速发展，进一步彰显了数值计算方法的重要性并且极大地拓展了它的应用范围。 作为高等院校的学生，尤其是理工科专业的学生，具备基本的数值计算的理论知识，理解常用的计算方法，掌握一定程度的程序设计实现方法，无论对于现在的学习还是将来的工作，都是不可或缺的。

数值计算方法的主要任务是建构求解实际(科学、工程)问题的计算方法，研究计算方法的数学机理、程序实现计算方法，并用于求解现实世界中的各种问题。 在求解问题之前，需要比较、研究可供利用的不同方法的可行性及其优点和缺点；在求解过程中，需要关注误差的大小、累积程度与发展动向；在求得可用的结果之后，需要研究方法的有效性以及进一步改进的可能性。 总之，积极的分析、研究需要跟随计算活动的全部过程，建构更加有效、实用而且简练易行的计算方法，必须成为一以贯之的追求目标。

1. 本书的内容

本书以必要的微积分、线性代数和概率论知识为先导，以 Python 程序设计语言及其集成开发环境为工具，深入浅出地介绍了数值计算的基本概念与主要方法，力图使读者在有限的时间之内，对这门学科的主要知识和技能有一个清晰、完整的理解与把握。 全书具体内容如下。

第 1 章 数值计算概论。 介绍数值计算的概念及求解问题的一般方法；了解截断误差、舍入误差及其对数值计算的影响；了解待解问题的性态及相应方法的稳定性概念；了解数值计算过程中应该注意的主要问题。

第 2 章 线性方程组直接解法。 讲解求解线性方程组的直接方法，包括高斯消去法、矩阵的三角分解法、追赶法和平方根法。

第 3 章　插值法。　讲解插值及代数插值的概念以及常用的插值方法，包括拉格朗日插值法、分段插值法、差商差分法、牛顿插值法、埃尔米特插值法和样条插值法。

第 4 章　迭代法。　介绍求解非线性方程的简单迭代法、牛顿迭代法和弦截法；介绍求解线性方程组的雅可比迭代法、高斯-赛德尔迭代法、迭代法的收敛条件和误差估计及松弛迭代法；介绍求解非线性方程组的一般迭代法、牛顿迭代法和拟牛顿法。

第 5 章　数值积分与数值微分。　讲解机械求积法的思想、代数精度的概念及插值型求积公式的应用；介绍几种常用的求积方法，包括牛顿-科茨求积法、复化求积法、龙贝格求积法和高斯求积法；介绍求解数值微分的差商型求导公式、中点方法的加速和插值型求导公式。

第 6 章　函数逼近。　讲解函数逼近的概念及一般方法；讲解正交多项式的概念以及常用的正交多项式；讲解最小二乘曲线拟合的概念与方法，包括直线拟合、多项式拟合与正交多项式拟合；讲解最佳一致逼近多项式、线性最佳一致逼近多项式、切比雪夫展开与近似最佳逼近法等。

第 7 章　矩阵特征值与特征向量。　讲解矩阵特征值与特征向量的概念及一般求解方法；介绍数值求解特征值与特征向量的乘幂法、加速技术及反幂法；介绍数值求解对称矩阵特征值与特征向量的雅可比算法；介绍数值求解特征值与特征向量的 QR 方法。

第 8 章　常微分方程数值解法。　讲解一阶常微分方程初值问题的概念及一般求解方法；讲解数值求解一阶常微分方程初值问题的欧拉折线法、隐式欧拉法、两步欧拉法以及这些方法的截断误差与代数精度；讲解改进欧拉法，包括梯形法、预报－校正法及其局部截断误差和代数精度；介绍数值求解初值问题的二阶龙格－库塔法与高阶龙格－库塔法。

第 9 章　Python 程序设计。　介绍 Python 程序编辑与运行的 IDLE 环境与 Spyder 环境；讲解 Python 程序中的常量、变量、常用标准(预定义)函数以及运算符与表达式的用法；讲解序列(字符串、列表、元组)和字典的概念及用法；讲解程序流程控制的语法，包括条件语句、循环语句、用户自定义函数及模块；讲解类的定义与对象的创建方法、类的继承性与异常处理的一般方法；讲解数组、数据可视化的概念与方法，包括使用 NumPy 库的多维数组、使用 Matplotlib 库的数据可视化方法以及使用 SciPy 的计算与数据拟合方法；讲解使用 Sympy 库的数学符号计算方法。

本书第 1、3、5、6、8、9 章及附录由姚普选编写；第 2、4、7 章由许颖编写。

2. 本书的特点

相对于微积分、线性代数等传统数学课程，在"数值计算方法"课程中，需要根据待解问题与求解条件来选取或构拟方法，因而，既要理解相关数学思想的本质，又要考虑如何用于求解问题，还要考虑不同方法的可行性、有效性以及进一步改进的可能性，这就增加了学习和应用的难度。有鉴于此，本书依托各章节的主要任务，精心选取适用的计算方法，详细讲解其数学机理、主要特点与适用性。例如，在第 1 章数值计算概论中，除了详细论述了传统教材中重点讲解的基本误差理论之外，还以本土古已有之的算例为先导，着重论述了数值计算的基本思想以及据此建构的经典计算方法；在讲解误差理论的同时，还不失时机地指出，由于计算机技术的不断进步尤其是 Python 等流行程序设计工具不断增强的优越性能，曾经长期困扰学科及业界的"舍入误差"问题已大大缓解，这样，在很多时候，在确定适用的计算方法时，关注的重心就可以缩小到方法本身的有效性以及误差累积的可能性上。

受制于现实世界中待解问题的复杂性和多样性,本课程所涵盖的内容不可避免地具有相应的特点,而且自然地分成了几个相对独立但又互为参照的模块,因而,教学内容的编排方式会直接影响课程的教学效果。 本书特别注重具有递进关系的教学内容的组织和编排,形成了各模块内部循序渐进的推进模式以及各模块之间的有机联系。 例如,在第3章插值法中,首先详细讲解了思想与形式都最简单的拉格朗日插值法,再引入可以更好地运用这种思想与形式的分段插值法,进一步改造为计算过程更为简洁的牛顿插值法,然后提升为较为复杂但扩展了适用性的埃尔米特插值法,最后提升为更好更实用的样条插值法。 同时,插值法的讲解与编排,不但为数值计算基本思想(第1章)提供了不断精进的经典范例,也为后续的数值微积分、常微分方程数值解提供了可借鉴的思想方法。

3. 建议

本书可以作为高等院校"数值计算方法"课程的教材,也可以作为数值计算方法的爱好者以及科学技术工作者的参考书。 采用本书作为教材的课程以64学时(包括上机时数)为宜。 学时较少时,可以少讲或不讲某些内容,包括求解线性方程组的平方根法、样条插值法、非线性方程组的迭代法、龙贝格求积法、最佳一致逼近法、求解特征值与特征向量的QR方法,以及求解常微分方程的龙格-库塔法等。 另外,如果学生已有一定的程序设计基础,第9章可作为自学内容。

数值计算方法涉及的数学知识较多、程序实现面对的待解问题种类繁多且往往规模较大,而且这门学科本身也在不断发展变化,受篇幅、时间、读者定位、使用环境及作者水平等种种限制,本书所涵盖的内容及所表达的思想总会有所局限,因此,作者希望传达给读者的信息是否到位或者是否得体,还要经过读者的检验,望广大读者批评指正。

姚普选　许　颖

2024年2月

目 录

CONTENTS

第 1 章 数值计算概论

CHAPTER

数值计算是人类社会古往今来绵延不绝的数学活动,这种研究如何利用工具(手指、算筹、算盘、算尺等)求解问题获取答案的学科称为计算数学或数值数学。随着电子计算机的应用与普及,研究能够解决实际问题且便于程序设计实现的数值计算方法已经成为计算数学的主要任务。

计算数学既要构造数值计算方法,又要分析方法的效率和可靠性(接近精确解的程度),还要比较面向同类问题的不同方法的优点和缺点,以便使用者选用较好的方法,从而节省人力、物力和时间。这样的分析是数值计算工作的重要组成部分。应当指出,数值计算方法的构造和分析是密切相关、不可分割的。

实际执行数值计算时,往往存在误差并有可能不断地产生误差。如果误差累积到超出预期甚至出现错误的结果,这种计算便失去了价值。因此,分析误差来源及其传递规律,设法减小或控制误差,就成为数值计算过程中的重要环节。

1.1 数值问题与计算方法

数学上的待解问题多为连续数学问题,如求积分、求导数、求超越函数的值、求解线性方程组或微分方程等,理论上往往不能通过有限步运算得到精确的结果。这就需要重构问题的表述方式,建立新的"模型",寻求适用的"计算方法",并通过有限步运算而得到"充分接近精确解"的近似解。

1.1.1 数值计算问题

一般来说,运用数学理论和方法来求解实际问题的过程可以分为两个阶段:建立数学模型阶段和分析与求解模型阶段。

1. 建立数学模型

建立数学模型阶段可以分为如下两步。

(1)分析待解问题,研究分析的结果,进而归纳、抽象、提炼为恰当的数学问题。不言而喻,这是极为重要的一步。面向同一个实际问题,基于不同的研究视角及需求,可以抽象为不同的数学问题。

（2）根据上一步提出的数学问题构拟适用的数学模型，从而恰当地描述问题。按照数学问题的不同提法，往往可以构造多种不同形式与内涵的数学模型。模型的质量取决于研究者的数学修养与能力。

2. 分析与求解模型

建立了数学模型之后，就要分析与求解该模型了。理想情况下，依据对应的数学分支及其理论便可找到求解方法，这样求得的结果称为理论解或解析解。大学及大学以前学过的各门数学课程，基本上都着眼于分析与寻求各种问题的解析解。然而，并不是所有待解问题都能够依据数学理论而求得解析解。这时候，就需要寻找某种近似解法，即从原始数据出发，按照确定的运算规则，经过有限步运算，求得满足精度要求的近似解。大量实践表明，数值计算方法往往是求解数学模型，特别是来自实际问题的数学模型的现实之路。

为了求解模型，往往需要将数学问题转化为相应的数值问题。数值问题是指输入数据（问题实例所提供的原始数据）与输出数据（待解问题需求的计算结果）之间函数关系的一个确定而无歧义的描述。数值方法是相对于数值计算问题而言的。有些数学问题本身就是数值计算问题；也有很多数学问题不是数值问题，但可以使用数值问题来逼近。因而，科学计算往往面对的是数值计算问题。

例 1-1 "割圆术[①]"求圆的面积。

求圆面积的公式为

$$S_圆 = \pi R^2$$

其中的 π 值如何求得是困扰人类几千年的难题。在无法得知其精确值时，只能另辟蹊径，求解圆的面积、周长或者其他相关数学问题。

一个圆的内接正多边形的面积总是小于该圆的面积。如果内接正多边形的边数增多，则其面积也随之增大，从而更接近于圆的面积。中国古代数学家刘徽在注解《九章算术》一书中求解"圆田"的"术"

$$半周半径相乘得积步\left(圆面积 = \frac{1}{2} \times 圆周 \times 半径\right)$$

时，依据这个原理，给出了计算圆面积的"割圆术"。

在一个 10 寸的圆中：

- 做出并计算内接正 6 边形的面积。
- 做出内接正 12 边形，利用正 6 边形的边长计算其面积。
- 做出内接正 24 边形，利用正 12 边形的边长计算其面积。
- ……
- 做出内接正 3072 边形，利用正 1536 边形的边长计算其面积。

通过"割圆术"，刘徽不仅推证出圆面积公式，还得到了

$$圆周率 \approx \frac{3927}{1250} \approx 3.1416$$

并且指出"割之弥细，所失弥少，割之又割，以至于不可割，则与圆周合体而无所失矣"。

割圆术的关键在于，根据当前圆内接正 n 边形的面积 L_n 推导出边数多一倍的正 $2n$ 边

---

① 李继闵，九章算术校证，陕西科学技术出版社，第 150 页。

形的面积 L_{2n}。初始状态下，做圆的内接正六边形，如图 1-1 所示。可以得出，正六边形的边长 L（边 AB）就是圆的半径 R。正 6 边形的面积小于圆的面积。

下一步，在边 AB 的中间找到圆的顶点 D，割出一个三角形 ABD，则 $OAB+ABD$ 组成的图形就更接近于圆了。设半径为 R，边长 AB 为 L，D 为中间顶点，OD 与 AB 相交于 C，于是 $AC=\dfrac{L}{2}$，根据勾股定理

$$OC=\sqrt{R^2-\left(\frac{L}{2}\right)^2}\ ,\quad DC=R-\sqrt{R^2-\left(\frac{L}{2}\right)^2}$$

再根据勾股定理

$$AD=\sqrt{AC^2+DC^2}$$

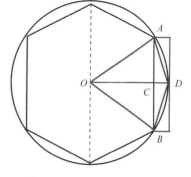

图 1-1　圆的内接正 6 边形及
　　　　正 12 边形的边

所以

$$L_{2n}=\sqrt{\left(\frac{L_n}{2}\right)^2+\left(R-\sqrt{R^2-\left(\frac{L_n}{2}\right)^2}\right)^2}$$

有了这个递推公式，就可以从正 6 边形开始，成倍地扩充圆内接正多边形的边数，求得越来越接近于圆的周长的正 $2n$ 边形的周长；也可以用周长除以直径求得圆周率的近似值；还可以求得圆面积的近似值：

所以

$$S_{圆}=\frac{1}{2}C_{圆}\times R\approx\frac{1}{2}C_{2n}\times R$$

$$=\frac{1}{2}\times(6\times2^{n-1}\times L_{2n})\times R$$

1.1.2　计算方法的表示

数值计算研究的核心是"计算方法"——解决数值计算问题的"算法"的设计与分析。在求解特定问题的计算方法中，包含有限多个确定（无歧义）的而且明确规定其逻辑顺序的运算规则，用于处理该类问题的输入数据，判断是否有解且当确有其解时，给出满足需求的输出（问题的解）。数值问题的计算方法可以像计算机程序设计所依据的算法一样，用某种格式的"伪代码"或者流程框图表示出来。

1. 算法的概念

计算机工作过程中，算法的应用无所不在，但却很难给出严格的定义。一般来说，一个算法就是求解某种实际问题的一系列操作的有穷集合，这些操作分别构成多种各负其责的控制结构，有机地连接或套叠成一个整体，按照人-机（计算机）系统所认可的方式工作，完成对于数据对象的运算和操作，从而得到预期的结果。算法可以用自然语言、流程图等多种形式表示出来，用程序设计语言表示出来的算法就是程序。

设计算法的目的是构拟程序设计的依据，因此，算法应该是由一系列求解特定问题的"语句"或"指令"构成的解题方案的准确而完整的描述。算法设计的质量将直接影响程序设计的质量。

2. 数值运算与非数值运算算法

算法可分为两大类：数值运算算法和非数值运算算法。"计算方法"中研究的是数值运

算算法,故与计算机学科中常说的"算法"不完全等同。计算方法表述的是既定数值运算算法在计算机上具体实现的细节,包括输入哪些数据,如何通过各种操作(赋值、计算、转向、更新等)来处理这些数据,满足什么条件时停止算法的执行,等等。

在待解问题的计算方法上,再添加如何启动,何时结束等各个环节的操作命令,并以伪代码、流程图等形式表现出来,即可成为便于程序设计实现的算法。

3. 计算方法的表示

特定数值问题的计算方法可以用算法的形式表示出来。计算的基本单元称为算法元,由算子、输入元、输出元组成。其中算子指的是计算机上可以执行的某种数学操作,可以是简单操作,如算术运算(+、−、×、÷)或逻辑运算(与、或、非),也可以是宏操作,如向量运算、数组传输、函数求值等。输入元和输出元既可以是变量,也可以是向量。由一个或多个算法元组成一个进程,它是算法元的有限序列。

这样,数值计算问题的算法就可以表述为:由无歧义的、有限计算步骤的、内部逻辑顺序确定的一个或多个可执行进程所组成的集合。可借助于"映射"语言表述:算法是通过计算机将输入元对应为输出元的映射。只有一个操作序列的称为串行算法,多个操作序列的称为并行算法。

注:本书专注于研究串行算法。在不引起误解时,计算方法和相应的算法不再区分。有时候只给出主要的计算步骤,有时候可能会给出程序。

例 1-2 "割圆术"求圆面积的算法。

按照例 1-1 的分析,可以给出"割圆术"计算圆面积的算法。

```
S1  赋初值:
    正 6 边形边长 L←r
    循环控制变量 i←1
S2  求正 2n 边形(边数 6 * 2^(i-1))的边长:
    oc←sqrt(r^2-(L/2)^2)
    dc←r-oc
    L2n←sqrt((L/2)^2+dc^2)
S3  求正 2n 边形(边数 6 * 2^(i-1))的周长:
    C2n←L2n * 6 * 2^(n-1)
S4  求圆(正 6 * 2^(i-1)边形)的面积:
    S2n←C2n=1/2 * c2n * r
S5  判断 i<=17?
    是则输出圆面积 S2n
    否则 i←i+1,转 S2
S6  算法结束
```

如果取圆半径 $r=1$,循环次数 $i=17$,则逐次计算得到的圆(内接正 $6×2^{i-1}$ 边形)的面积如下:

```
6     3.0
12    3.105828541230249
24    3.13262861328812378
48    3.13935020030468667
```

96	3.14103195089051
192	3.1414524722854624
384	3.141557607911858
768	3.1415838921483186
1536	3.1415904632280505
3072	3.1415921059992717
6144	3.1415925166921577
12288	3.141592619365384
24576	3.141592645033691
49152	3.141592651450768
98304	3.1415926530550373
196608	3.1415926534561045
393216	3.141592653556372

可见,与单位圆面积的精确值 3.141592653589793… 比较,由圆内接正 393216 边形面积替代的单位圆面积已经精确到了小数点后 10 位。

附　割圆术求圆面积的 Python 程序。

```
#割圆术求圆的面积
from math import sqrt
def L2n(r,n):
    "求正 6 * 2^(i-1)边形的边长"
    L=r
    for i in range(1,n):
        oc=sqrt(r * * 2-(L/2) * * 2)
        dc=r-oc
        L=sqrt((L/2) * * 2+dc * * 2)
    return L
def S2n(n):
    "求正 6 * 2^(i-1)边形的面积"
    r=1
    C2n=L2n(r,n) * 6 * (2 * * (n-1))
    return 1/2 * C2n * r
#输出逐步(17步)逼近的圆面积
for i in range(1,18):
    print(6 * (2 * * (i-1)),'\t',S2n(i))
```

割圆术所蕴含的逐步逼近的思想也可以用于求解其他问题。例如,为了计算如图 1-2 所示图形(某个区间内函数 $f(x)$ 与坐标轴围成)的面积,可以等分曲边形为多个矩形,计算每个矩形面积并求和,以所有矩形面积的累加和来替代这个图形的面积。当等分数足够多时,即可得到满足精度要求的面积值。

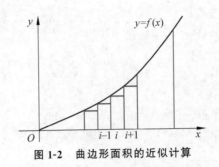

图 1-2   曲边形面积的近似计算

1.2   数值计算的一般方法

一个数学问题转化为数值问题后,需要分析待解数值问题的特点或性质,寻找适用的数学原理或思想,然后研究和建构便于计算机程序设计实现的数值计算方法。这是求解数值问题的关键。

构造数值计算方法的基本途径是近似与逐次逼近。前者着眼于寻找能够替代复杂模型(如连续函数)的简单模型(如多段折线),以便化简待解问题;后者着眼于构建能够逐次递进逼近精确解的计算方法,以便充分发挥计算机的特长。

注:计算机的特长大体上可以理解为计算机硬件的"快"和计算机软件(程序+文档)的"活"。速度越来越快、配置越来越高的硬件要与性能越来越强的软件协同工作。而软件的性能是建立在计算方法的"能力"和"技巧"之上的。

1.2.1   变量的离散化

数值方法求解问题时,往往需要将连续模型的问题转化为离散形式的问题,以便求得原来连续模型的近似解。一般地,离散变量可以狭义地理解为在定义域或人为限定的区间上只能取得有限个值的变量,将连续变量转化成离散变量的过程称为离散化。例如,求一个函数的积分(曲边梯形的面积)是连续模型问题,将其离散化变成数值积分,就可以用许多由曲边梯形分割而成的简单几何形状(长方形、梯形等)的累加和来近似替代,而且分割得越细,求得的累加和越接近于积分值。

数值计算中采用离散变量是由其本身的特点所决定的。因为在函数求值时,总是求出一个一个的数值,不可能也不必要求出定义在某一区间上的所有函数值。

为了将函数在某一区间上的性态表示出来,往往选取一些恰当的点,列表给出这些点的自变量值和函数值,这就把一个连续函数离散化了。列表是常用的离散函数和离散变量的表示方法。用列表将变量离散,最常见的方法是取等距结点,并列出各结点所对应的自变量和函数值。

例 1-3   函数与变量的离散化。

(1)指数函数 $y=e^x$ 是连续函数,在某个区间上离散化的方法是:从区间左端点开始,每取一个等距结点(如 0.0005),计算一个 y 值,并将自变量 x 值与对应的 y 值列表,如表 1-1(列表中截取的一部分)所示。这样处理后,x 已不再是连续变量了,而是每隔步长 $h=0.0005$ 取值,且呈跳跃性的离散变量了。

表 1-1 指数函数

x	1.4125	1.413	1.4135	1.414	1.4145	1.415	1.4155
y	4.106 208	4.108 262	4.110 316	4.112 372	4.114 429	4.116 486	4.118 545

注：结点距(步长)的大小应依据实际需求及函数变化的速率来确定。如果精度要求高或区间内函数剧烈变化,则结点距取小值。

(2) 在两小时的行车记录中,包含了三个不同时间点的汽车速度,如表 1-2 所示。

表 1-2 行车记录

时 间	0:30	1:00	1:30	2:00	2:30
速度/(km·h^{-1})	60	80	100	110	120

假设汽车在刚开始半小时(0:00—0:30)的速度及此后每隔半小时的速度分别为 5 个定值。可以算出前 30 分钟的路程近似为 0.5h×60km/h=30km;接下来 30 分钟的路程近似为 0.5h×80km/h)=40km;以此类推,两个半小时内总路程近似为

$$30 + 40 + 50 + 55 + 60 = 235\text{km}$$

在如图 1-3 所示的坐标轴上,x 轴为时间,y 轴为速度。起始半小时的路程等于 0:30—1:00 之间高为 60 的矩形面积;以后每半小时的路程分别等于相应的矩形面积。总共两个半小时内总路程等于所有 5 个矩形面积的累加和。

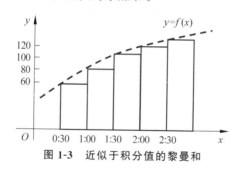

图 1-3 近似于积分值的黎曼和

可见,求各段路程累加和的运算实际上是在求"黎曼和",当矩形划分得足够细时,可用于代替函数 $y = f(x)$ 的积分值,也就是说,这实际上是一个数值积分的例子。

1.2.2 逼近法

数学上,常以某种近似值来代替函数。如用曲线上的点来近似该点附近的曲线,用广义傅里叶级数进行函数逼近等;计算机技术中,数学函数库中的许多函数都是借助于多项式或有理函数(多项式的商)来求值的。

1. 逼近的概念

用简单函数 $y(x)$ 近似地代替函数 $f(x)$,称为近似代替,又称为逼近。其中,$f(x)$ 称为被逼近函数或被近似函数;$y(x)$ 称为逼近函数或近似函数;逼近函数与被逼近函数之差

$$E(x) = f(x) - y(x)$$

称为逼近的误差或余项。

所谓简单函数,主要是指可以通过加减乘除运算来求解的函数。其中最简单、最常用的是多项式

$$p_n(x) = a_0 x^n + a_1 x^{n-1} + a_2 x^{n-2} + \cdots + a_{n-1} x + a_n$$

这种函数的一般形式是有理分式函数(两个多项式的商)。

逼近是数值计算中经常应用的概念与方法,适用于方程求根、插值、数值积分和数值微分、常微分方程数值解等各种任务。某种意义上,没有逼近就没有数值计算。

2. 函数逼近问题

如果一个函数只在有限点集上给定函数值,则当需要在包含该点集的区间上用公式给出函数的简单表达式,或者需要在区间上用简单函数逼近已知的复杂函数时,就成为一个函数逼近问题。

逼近的目标是尽可能地逼近实际函数,一般来说,精度可以接近于计算机中浮点数运算的精度。通常使用高次多项式,或者缩小多项式所逼近的函数的区间。缩小区间可以针对要逼近的函数,利用多种不同的系数及增益而达到。例如,软件中的数学函数库先将区间划分为许多小区间,再为每个区间配置一个次数不高的多项式。

例 1-4 求 $\ln(0.9)$。

(1) 调用 Windows 计算器求得

$$\ln(0.9) = 0.105\ 360\ 515\ 6\cdots$$

这可以作为 $\ln(0.9)$ 的精确值。

(2) 泰勒逼近(Taylor approximation)是一种常用的函数逼近方法。对许多函数都有很好的逼近效果。逼近函数

$$f(x) = \ln(1 + x)$$

的泰勒级数为

$$p(x) = \sum_{k=0}^{\infty} (-1)^k \frac{x^{k+1}}{k+1} \quad (|x| < 1)$$

只取前三项的泰勒级数为

$$p_3(x) = x - \frac{x^2}{2} + \frac{x^3}{3}$$

代入求得 $\ln(0.9)$ 的近似值

$$\ln(0.9) = \ln(1 + (-0.1))$$

$$\approx p_3(-0.1) = (-0.1) - \frac{(-0.1)^2}{2} + \frac{(-0.1)^3}{3}$$

$$\approx -0.105\ 333\ 333\ 3$$

可以看出,三阶泰勒级数已经比较精确了。

(3) 受限于多项式级数的特点,泰勒展开对某些带极值的函数的逼近效果不尽如人意。必要时,可以考虑有理函数逼近。常用的是帕德逼近(Padé approximation)。帕德逼近往往比截断的泰勒级数更加准确,而且当泰勒级数不收敛的时候,它依然是可行的。因此,总的来说,帕德逼近是一种比较好的函数逼近方法。逼近函数

$$f(x) = \ln(x + 1)$$

的帕德公式为

$$g(x) = \frac{3x^2 + 6x}{x^2 + 6x + 6} \quad (-0.5 \leqslant x \leqslant 2)$$

代入求得 $\ln(0.9)$ 的近似值

$$\ln(0.9) = \ln(1 + (-0.1))$$

$$\approx g(-0.1) = \frac{3 \times (-0.1)^2 + 6 \times (-0.1)}{(-0.1)^2 + 6 \times (-0.1) + 6}$$

$$\approx 0.105\ 360\ 443\ 6$$

可以看出,帕德公式比三阶泰勒级数更加精确。

1.2.3　逐次逼近与逐步逼近

逼近法求解问题时,可以"逐次逼近",以时间上的损失来换取计算精度的提高;也可以"逐步逼近",以空间上的消耗来换取计算精度的提高。

1. 逐次逼近法

"逐次逼近"着眼于构造能够生成下一个更优近似值的计算格式,并通过不断循环而产生越来越接近于精确值的近似值序列 $\{x_k\}_{k=0}^{\infty}$,直到出现满足需求的结果为止,体现了"以时间换计算精度"的原则。

例 1-5　逐次逼近法求 $\sqrt{a}$,$a > 0$。

为了将求值问题转化为等价的方程问题,假设

$$f(x) = x^2 - a, \quad a > 0$$

取 $\sqrt{a}$ 的一个近似值 x_0,为了改进 x_0,取小量 Δx,使得 $x = x_0 + \Delta x$ 更靠近 $\sqrt{a}$,即

$$f(x_0 + \Delta x) = (x_0 + \Delta x)^2 - a = x_0^2 + 2x_0\Delta x + (\Delta x)^2$$

省略高阶小量 $(\Delta x)^2$,求出 Δx 近似值

$$\Delta x = \frac{1}{2x_0}(a - x_0^2) = \frac{1}{2}\left(\frac{a}{x_0} - x_0\right) \triangleq \Delta x_0$$

其中,Δx_0 可正可负,取决于 x 相对于 a 的位置。因此可得改进的新近似值

$$x_1 = x_0 + \Delta x_0 = x_0 + \frac{1}{2}\left(\frac{a}{x_0} - x_0\right) = \frac{1}{2}\left(x_0 + \frac{a}{x_0}\right)$$

仿照这一步,构造后续各步的计算格式

$$x_{k+1} = \frac{1}{2}\left(x_k + \frac{a}{x_k}\right)$$

这就形成了显式地逐次计算下一个更优的 x 近似值的计算格式。使用该式求数 a 开平方的算法如下。

```
S1  赋初值:
    a←输入一个正数
    x0←估算的√a值
    ε←近乎零的正数
    循环控制变量 i ← 1
S2  x←计算 0.5 * (x0+a/x0)
```

S3　判断 |x-x0|>=ε?是则
　　x0←x
　　转 S2
S4　输出 x 作为 $\sqrt{a}$ 值
S5　算法结束

例如,为了计算 $\sqrt{5}$,使用 Windows 计算器求得 $\sqrt{5}=2.236\,067\,977\,499\,79$,这可作为精确值。取 $x_0=3$,则逐次计算 $\sqrt{5}$ 的过程如下:

$$x_1=2.333\,333\,333\,333\,333\,5$$
$$x_2=2.238\,095\,238\,095\,238$$
$$x_3=2.236\,068\,895\,643\,363\,4$$
$$x_4=2.236\,067\,977\,499\,978$$
$$x_5=2.236\,067\,977\,499\,79$$
$$x_6=2.236\,067\,977\,499\,79$$

可以看出,到第 5 次计算时,已经精确到小数点后第 14 位了。可以证明,这个近似值序列 $\{x_k\}_{k=0}^{\infty}$ 是收敛的,而且只要初始值为正数,就可以保证求得 $\sqrt{a}$。

2. 逐步逼近法

在求解区域上整体处理往往比较复杂,而局部处理相对容易一些,因而数值计算常将整体区域化整为零,剖分为若干小区域,在每个小区域求得近似的中间结果,然后将各部分结果迭加起来,得到整体结果的近似解。从而起到化难为易,化繁为简的作用。如果剖分步长逐步减小,则叠加结果能够逼近精确解,这就是逐步逼近收敛。基于这种思想的"逐步逼近法"体现了"以空间换计算精度"的思想。

例 1-6　求定积分 $I=\displaystyle\int_a^b f(x)\,\mathrm{d}x$。

采用逐步逼近思想,将区间 $[a,b]$ 剖分成 n 个宽度相等的小区间,如图 1-4 所示。

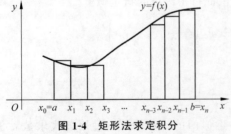

图 1-4　矩形法求定积分

用结点实现
$$a=x_0<x_1<x_2<\cdots<x_n=b$$
将区间 $[a,b]$ 剖分成 n 个小区间,采用等距剖分,取结点
$$x_i=a+ih_i,\quad i=0,1,2,\cdots,n$$
取步长
$$h=\frac{b-a}{n}$$

每个子区间 $[x_i,x_{i+1}]$ 上的积分用矩形法近似求得。所有矩形之和即为定积分的值

$$I=\int_a^b f(x)\,\mathrm{d}x\approx h\sum_{i=0}^{n-1}f(x_i)$$

1.2.4　递推法与迭代法

递推是一种重要的数学方法,在计算数学中尤为重要;递推也是一种计算机程序设计不

可或缺的重要算法,可将一个复杂运算转化为若干步重复执行的简单运算,从而充分利用计算机的工作特点,成功地解决问题。

在递推算法中,如果用一个变量 x 来存储每次推出来的值,每次循环都执行同一个语句,给同一个变量赋以新的值,即用一个新值代替旧值。这种方法称为迭代。程序中的变量 x 称为迭代变量,它的值是不断变化的。

递推可以用迭代方法来处理。例如,在求阶乘的算法中,由前一个数的阶乘推出后一个数的阶乘是递推,用同一个变量存储推出的结果,就是迭代。但是,并非所有的递推算法都可以用迭代来处理。例如,由 a 推出 b,再由 b 推出 c,就只是递推而不存在迭代关系。

1. 递推的概念

所谓递推,是指从初始条件出发,依据某种规则,逐次推出所要求的各个中间结果及最终结果。其中初始条件可以依据问题本身来确定;也可以基于详细的分析研究,化简问题或将其转化为便于求解的形式,然后确定。

例 1-7　数据序列的递推。

在一个数据序列中,如果相邻几项之间存在关系式,则可依据这个关系式,从前面一项或多项推出后面一项,或者反过来从后面几项推出前面一项,这个过程叫作递推,这个关系式叫作递推公式。

如果序列中存在递推关系,则从已知的几项出发,原则上可以推出序列中一切项。例如,在序列

$$1,2,4,8,16,32,64,128,256,\cdots$$

中,从 $n=1$ 出发,利用后项的值是前项的值乘以 2 的关系,可以推出一切项,即

$$a_n = \begin{cases} a_{n-1} \times 2 & (n > 1) \\ 1 & (n = 1) \end{cases}$$

这里的 $a_n = a_{n-1} \times 2$ 就是递推关系式,而 $a_n = 1$ 称为初始条件(有时是边界条件)。

2. 适用于递推求解的问题

某些问题可以通过归纳法写出一个求第 n 项的公式,如例 1-4 可写成 2^{n-1},但多数情况下难以直接写出求第 n 项的解析式,不得不用递推的方法逐项求解。这就将一个复杂问题的求解分解成了连续进行若干步的简单运算,降低了问题的复杂度。例如,例 1-4 中,只需将前项乘以 2,即可得出后一项。如果每次运算都遵循同一规律,则可用循环来处理它。实际上,这种思想或策略是求阶乘、求累加和、多项式求和等程序设计的主要依据。

适用于递推求解的问题一般有两个特点:第一,问题可以划分成多个状态;第二,除初始状态外,其他各状态都可以用固定的递推关系式来表示。当然,实际问题中,往往需要经过详细的分析研究,才能找出切实可行的递推关系式。

实际问题中类似的情况很多。例如,计算人口数时,假设 p 为当年人口基数,C 为增长率,则下一年人口数

$$p_1 = p \times (1 + C\%)$$

再下一年人口数

$$p_2 = p_1 \times (1 + C\%)$$

以此类推,即可得出若干年后的人口数。

例 1-8　确定平面一般位置上的 n 个互相交叠的圆所形成的区域数。

两个圆相交指的是两个圆的交点有两个且只有两个,相切或相离都不成立。平面上有一个圆、两个圆及三个圆交叠时的情况如图 1-5 所示。记圆的个数为 h_k,$h_0 = 1$ 表示一个平面。

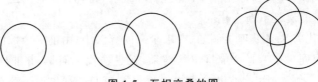

图 1-5　互相交叠的圆

(1) 当有一个圆时,$n = 1$,这个圆将平面分为圆内和圆外两个区域,即 $h_1 = 2$。

(2) 当有两个圆时,$n = 2$,第 2 个圆与前 1 个圆有两个交点,被分割成两段弧,每段弧将其所在区域分为两个区域,故 $h_2 = h_1 + 2 \times 1 = 4$,即将平面分为 4 个区域。

(3) 当有 3 个圆时,第 3 个圆与前两个圆有 4 个交点,被分割成 8 段弧,每段弧将其所在区域分成两半,故 $h_3 = h_2 + 2 \times 2 = 8$,即将平面分为 8 个区域。

如果平面上已有 $n-1$ 个圆,形成了 h_{n-1} 个区域。添加了第 n 个圆后,前 $n-1$ 个圆中每个都与第 n 个交于且仅交于两点,得到 $2(n-1)$ 个不同的交点,将第 n 个圆分为 $2(n-1)$ 段弧,每段弧都将所在区域一分为二,故平面上增加了 $2(n-1)$ 个区域,由此可得递推关系为

$$h_n = \begin{cases} h_{n-1} + 2 \times (n-1), & n \geqslant 2 \\ h_1 = 2, & n = 1 \end{cases}$$

据此给出求解 n 个圆交叠而成的区域数的算法如下。

```
S1  初始化:
    区域个数 hn←初值 2
    循环次数 i←初值 1
S2  圆个数 n←输入大于 1 的整数
S3  hn←hn+2 * (i-1)
S4  判断 i<=n?是则
        i←i+1
        转 S3
S5  输出区域个数 hn
S6  算法结束
```

3. 递推法与代数解法

递推算法是计算机中解题的常用方法,能够充分利用计算机不断循环、运算速度快且不会出错的特点,可以解决许多数学、科学以及日常生产生活中的问题。但算法分析中经常遇到反过来求解递推式,即将递推式改写为等价的封闭形式的情况。另外,如果能够通过递推关系推导出类似于数列通项这样的解析式,也可以进一步提高计算机解题的效率。

注:数列的递推式和数列的通项公式是数列的两种不同表现形式,前者适用于在计算机中通过逐步递推的方式解题;后者可以直接计算出结果。

例 1-9　求解 n 个圆交叠而成的区域数的公式。

在例 1-8 中,给出了当平面上有两个或两个以上互相交叠的圆时所形成的区域数的递

推关系式及初始条件

$$h_n = h_{n-1} + 2 \times (n-1)$$
$$h_1 = 2$$

分析 h_n 与 h_{n-1} 的关系可知：当 $n \geqslant 2$ 时

$$
\begin{aligned}
h_n &= h_{n-1} + 2 \times (n-1) \\
&= h_{n-2} + 2 \times (n-2) + 2 \times (n-1) \\
&= h_{n-3} + 2 \times (n-3) + 2 \times (n-2) + 2 \times (n-1) \\
&= \cdots \\
&= h_1 + 2 \times 1 + 2 \times 2 + 2 \times 3 + \cdots + 2 \times (n-2) + 2 \times (n-1) \\
&= 2 + [2 \times 1 + 2 \times 2 + 2 \times 3 + \cdots + 2 \times (n-2) + 2 \times (n-1)] \\
&= 2 + 2 \times [1 + 2 + 3 + \cdots + (n-2) + (n-1)] \\
&= 2 + 2 \times \frac{1 + (n-1)}{2} \times (n-1) \\
&= n^2 - n + 2
\end{aligned}
$$

这个由递推关系式推导出来的公式可以直接算出 n 个互相交叠的圆所形成的区域数。

1.2.5 递推结构的设计

递推法求解问题时,需要做好以下工作。

(1) 确定递推变量。递推变量可以是简单变量,也可以是一维或多维数组,需要依据待解问题的具体情况设置。从直观角度出发,往往采用一维数组。

(2) 建立递推关系。递推关系是递推的依据,是递推求解问题的关键所在。有些问题的递推关系是明确的,但大多数实际问题并没有或者看不出明确的递推关系,往往需要认真地分析和推理,才能确定其中隐含的递推关系。

(3) 确定初始(边界)条件。对已经确定的递推变量,需要将待解问题的最简单情形分离出来,依据这时候的数据来确定递推变量的初始值或者边界值,这是递推的基础。

(4) 控制递推过程。递推过程必须在有限步之后结束并给出明确的结果,而且所占用的时间不能长到超出合理的范围。递推通常由循环来实现,一般在循环之外确定初始(边界)条件,在循环中实施递推。递推过程的控制大体上分为如下两种情况。

① 一是递推次数是一个确定的值,能够预先得知。可以构建一个固定次数的循环来控制递推过程是否结束。

② 二是递推次数无法预先确定,这就需要进一步分析研究,给出用于结束递推过程的条件并用之于控制递推过程的结束。

例 1-10 递推求解多项式

$$f(x) = 2x^5 - 5x^4 - 4x^3 + 3x^2 - 6x + 7$$

求解多项式

$$
\begin{aligned}
y = f(x) &= \sum_{i=0}^{n} a_i x^i \\
&= a_0 + a_1 x + a_2 x^2 + \cdots + a_n x^n
\end{aligned}
$$

时,可以通过递推,将一个复杂的计算过程转化为多次重复的简单计算过程,然后采用循环结构来求解。这样,解决复杂计算问题的关键就归结为如何设计合理且简洁的递推结构。

按所给多项式求 y 值时,可按顺序执行以下操作。

```
S1   数组 arr←输入各次项系数 a0,a1,a2,…,an
S2   自变量 x←输入变量的值
S3   循环(i 从 0 到 n)
         和变量 y←计算并累加当前项
S4   输出 y 的值
S5   算法结束
```

细化 S3 时,从不同的角度出发,可以设计出几种不同的递推结构。

1. 求出当前项再累加

第一种方案,采用计算一项累加一项的递推结构;而计算每一项时,其乘幂的计算又采用累乘递推结构。从递推的角度看,是递推结构中嵌套另一个递推结构;从程序的角度看,是一个循环中嵌套另一个循环的双重循环,算法如下。

```
S3.1   y←累加和初值 0
S3.2   循环(i 从 0 到 n)
       S3.2.1   xPower←累乘初值 1
       S3.2.2   循环(j 从 0 到 i)
                    xPower←x 的累乘
       S3.2.3   当前项 item←arr[i] * xPower
       S3.2.4   累加和 y←y+item
```

2. 同一递推结构中累乘且累加

分析第一种方案,可以看到:两个递推结构,其中一个是累加,另一个是累乘,使用双重循环来完成。为了在同一个递推结构中完成累加和累乘,从而将双重循环变为单循环,可以调整递推关系。假设

$$u_{k-1} = \sum_{i=0}^{k-1} a_i x^i$$
$$= a_0 + a_1 x + a_2 x^2 + \cdots + a_{k-1} x^{k-1}$$
$$t_{k-1} = x^{k-1}$$

则有

$$t_k = t_{k-1} \cdot x = x^k$$
$$u_k = u_{k-1} + a_k t^k$$
$$= \sum_{i=0}^{k-1} a_i x^i + a_k t^k$$
$$= a_0 + a_1 x + a_2 x^2 + \cdots + a_{k-1} x^{k-1} + a_k x^k$$

可以看出,这是一个与第一种方案不同的递推结构。其中包含两个顺序不可变的计算,即先累乘、后累加,算法如下。

```
S3.1  y←累加和初值 0
S3.2  xPower←阶乘初值 1
S3.3  循环(i 从 0 到 n)
      S3.3.1  当前项 item←arr[i] * xPower
      S3.3.2  累加和 y←y+item
      S3.3.3  xPower=xPower * x
```

3. 秦九韶算法求多项式的值

比较前两种方案,不难看出第二种方案比第一种好。一是递推结构简单而清晰;二是程序简短,执行速度快。原因主要在于:第二种方案将累加与累乘两种操作放在同一个递推过程中执行了。

进一步分析可以看到,第二种方案中的累加与累乘虽然在同一个递推过程中,但却是各自独立执行的。如果在同一个递推结构中同时执行累加与累乘操作,则可设计出第三种方案。

改写多项式

$$y=f(x)=\sum_{i=0}^{n}a_i x^i$$

$$=a_0+a_1 x+a_2 x^2+\cdots+a_{n-1}x^{n-1}+a_n x^n$$

$$=(a_n x^{n-1}+a_{n-1}x^{n-2}+\cdots+a_2 x+a_1)x+a_0$$

$$=((a_n x^{n-2}+a_{n-1}x^{n-3}+\cdots+a_3 x+a_2)x+a_1)x+a_0$$

$$=\cdots$$

$$=(\cdots((a_n x+a_{n-1})x+a_{n-2})x+\cdots+a_1)x+a_0$$

令 $y_0=0$,则

$$y_1=y_0 x+a_{n-1}$$

$$y_2=y_1 x+a_{n-2}$$

$$\vdots$$

$$y_n=y_{n-1}x+a_0$$

经过 n 次迭代,即可求得 $y=y_n$,这就是秦九韶算法,算法如下。

```
S3.1  y←累加和 0
S3.2  循环(i 从 0 到 n)
      y←y·x+arr[n-i]
```

4. 秦九韶算法求解多项式

$$f(x)=2x^5-5x^4-4x^3+3x^2-6x+7$$

令 $y_0=0$,输入 x 的值 5,则求解多项式的迭代过程如下:

$$y_1=y_0 x+a_5=0\times5+2=2$$

$$y_2=y_1 x+a_4=2\times5+(-5)=5$$

$$y_3=y_2 x+a_3=5\times5+(-4)=21$$

$$y_4=y_3 x+a_2=21\times5+3=108$$

$$y_5=y_4 x+a_1=108\times5+(-6)=534$$

$$y_6 = y_5 x + a_0 = 534 \times 5 + 7 = 2677$$

附 Python 程序如下。

```
aa=[2,-5,-4,3,-6,7]
x=float(input("x=? "))
y=0
for a in aa:
    y=y*x+a
    print(y)
```

1.3 误差的概念

数值计算中,所依据的数值模型大多数是待解问题的近似模型,所采用的计算方法通常是近似方法,所使用的算式只能包含计算机可执行的运算(加、减、乘、除等),参与运算的数据都是整数或者有限位数的浮点数。因此,经常会出现误差,求得的结果(计算值)一般也只是实际(精确)值的近似值。

实际上,求解问题时并非一定要得到精确解,大多数情况下只需或者只能得到近似解。为了使得计算结果可用或者符合需求,必须研究误差产生的原因及其可能的影响,并设法规避或者减少误差。

1.3.1 数值计算的近似与误差

在科学与工程计算中,通常采用的是数值计算方法。求解的结果往往与问题的真实解不完全等同,这就是误差。引起误差的原因是多方面的。虽然数值计算的主要研究对象是求解数学问题的计算方法,为构造便于程序设计实现的算法提供依据,但这并不意味着只需要关心数值算法执行过程中的误差。为了客观地评价最终计算结果的准确度,必须了解数值计算过程中产生的多方面误差及其原因。

1. 数值计算开始之前的误差

由于实际问题的复杂性以及数值计算方法(近似计算)的局限性,数值计算开始之前就可能存在误差,引起误差的原因主要有如下 3 种。

(1) 建立数学模型时的近似处理(模型误差)。在依据待解问题建立数学模型的过程中,往往会简化甚至有意忽略实际问题的一些看起来不太重要的特性。例如,在考察一个物理系统时,有意忽略摩擦力、空气阻力等非主要因素的影响,这有可能是主观臆断。

(2) 经验或测量结果的影响(观测误差)。某些计算过程中使用的数据,可能是观察或测量得到的,受观测方式、仪器精度、外部观测条件等多种因素的影响,或多或少存在一些误差。例如,常用的物理常数普朗克常数、万有引力常数等,都是实验测量得到的近似值。

(3) 输入数据来自前面的计算结果。一个实际的科学或工程计算问题往往会分解为多个前后衔接的数值计算问题,因此,当前问题的某些输入数据往往来自前序问题的计算结果,很可能已有误差了。

显然,为了规避这些误差,保证最终结果的正确性,应该建立更精确的数学物理模型,使用更准确的测量值,改造前序计算方案以减少输入数据误差。

2. 计算过程中的误差

计算前的误差往往不受计算方法设计者掌控,但计算过程中的近似却是可以控制的,不同的算法或者程序设计实现方法都会影响其误差。计算过程中的近似主要来自如下两种。

(1) 截断误差或方法误差。求解一个数学方程时,往往可以采用多种不同的数值方法,一般来说,数值方法或多或少都会进行一些简化处理。例如,求解函数 $f(x)$ 时,用 n 阶泰勒展开式代替

$$f(x)=f(0)+\frac{f'(0)}{1!}x+\frac{f''(0)}{2!}x^2+\cdots+\frac{f^{(n)}(0)}{n!}x^n$$

则其截断误差为

$$\frac{f^{(n+1)}(\xi)}{(n+1)!}x^{n+1},\quad \xi\in[0,x]$$

(2) 舍入误差[①]。无论手工计算、计算器计算,还是计算机程序设计实现计算,其中的输入数据与结果数据都只能用有限位数字表示,也就是说,数据的"四舍五入"会产生误差。另外,常用的十进制数据输入计算机后,需要转换成二进制数据,转换过程产生的误差通常归入舍入误差。在计算过程中,舍入误差总是存在的,因此,研究数值算法中抵抗这种扰动的稳定性是非常重要的。

在面对各种来源的误差中,需要研究哪几方面的误差起主要作用,并加以重点分析和防范。

例 1-11　计算地球表面积时产生的误差。

地球相当于一个很大的圆球,可以用球体表面积的计算公式

$$A=4\pi r^2$$

计算表面积。求解过程中将会产生以下几种误差。

(1) 地球并非规则的球体,按球体计算表面积是建立数学模型的近似。

(2) 取半径 $r\approx6370\text{km}$,这可能是历史上流传下来的经验测量数据,也可能是前一步计算得到的结果,存在数据误差。

(3) π 的值只能精确到有限位,这是数据误差。

(4) 计算 $4\pi r^2$ 时,执行的是浮点数乘法运算。由于计算机中浮点数只能精确到有限位,故存在舍入误差。同时,在将前 3 项中提到的数据输入计算机时,也有舍入误差。

以上这些因为近似而产生的误差都会影响最终求得的地球表面积的准确度。

1.3.2　绝对误差与相对误差

误差用于表示计算值(近似值)接近真实值(准确值)的程度,有绝对误差和相对误差之分。因为实际问题中往往难以求得甚至无从知晓数据的准确值,经常需要估计其绝对值的上界。故实际使用的是绝对误差限或者相对误差限。

---

① 随着计算机硬件、软件性能不断提高,浮点数运算的精度大大提高。例如,Python 程序中的浮点数至少有 15 位有效数字。因此,舍入误差对数值计算方法的影响已大大缓解。

1. 绝对误差与相对误差

设准确值 x 对应的近似值为 $\tilde{x}$，则称

$$\Delta x = E(x) = x - \tilde{x}$$

为近似值 $\tilde{x}$ 的绝对误差，简称误差。

误差表示的接近程度与真实值的大小有关。例如，统计一个大城市的人口时出现误差 1 无关紧要；但统计某个教室中学生人数时出现误差 1 就是大问题了。为了较好地反映近似值的精确程度，必须考虑误差与真实值的比较，即相对误差。

设准确值 x 对应的近似值为 $\tilde{x}$，则称

$$\delta(x) = \frac{\Delta x}{x} = \frac{x - \tilde{x}}{x}$$

为近似值 $\tilde{x}$ 的相对误差。

关于绝对误差与相对误差这两个概念，应该理解以下几点。

（1）绝对误差并非误差的绝对值，它既可以是正值，也可以是负值。

（2）如果真实值为零，则相对误差没有定义。

（3）相对误差通常用百分比形式表示，如果相对误差的大小超过 100%，一般认为其计算结果是完全错误的。

（4）相对误差与近似值的关系可以表示为：近似值＝真实值×（1＋相对误差）。

2. 误差限与相对误差限

实际问题中，很难知道绝对误差与相对误差的准确值，通常只能估计或者限定误差不超过某个数，即

$$|\Delta x| = |x - \tilde{x}| \leqslant \varepsilon$$

数 ε 称为 $\tilde{x}$ 的绝对误差限，简称为误差限。有了误差限，就可以估计真实值的范围

$$\tilde{x} - \varepsilon \leqslant x \leqslant \tilde{x} + \varepsilon$$

这个范围有时候表示为

$$x = \tilde{x} \pm \varepsilon$$

误差限大小不能很好地表示近似值的精确程度。例如：

- 测量真空中光速 c 时，某一实验值为 $\tilde{c} = 299\,791.5\,\text{km/s}$，误差限约为 $0.9\,\text{km/s}$，约为光速的 0.0003%，可见这是一个很好的近似值。
- 测量运动员 1500 米跑速度时，误差限为 $0.01\,\text{km/s}$，即 $10\,\text{m/s}$，相当于运动员的速度了，显然这个测量是很粗糙而没有实用价值的。

如果已知 ε_r 这个数，使得

$$|\delta(x)| = \frac{|x - \tilde{x}|}{|x|} \leqslant \varepsilon_r$$

则称 ε_r 为近似值 $\tilde{x}$ 的相对误差限。实际使用时，由于真实值 x 往往难以求得，故当 ε_r 很小时，也可以取

$$\delta(x) = \frac{x - \tilde{x}}{\tilde{x}} = \frac{\Delta x}{\tilde{x}}$$

使用这个公式时，可以先估计出误差限，然后除以 $\tilde{x}$ 得到相对误差限。这与相对误差的意义有所区别，但当 ε_r 较小时，可以忽略这种区别。

例 1-12 常数 e 的误差限与绝对误差限。

已知 e＝2.718 281 828 459…,近似值 $\tilde{e}$＝2.718 28,则误差限

$$\varepsilon=\mid e-\tilde{e}\mid=0.000\ 001\ 828\ 489\cdots$$
$$\leqslant 0.000\ 002=2\times 10^{-6}$$

绝对误差限

$$\varepsilon_r=\frac{\varepsilon}{\mid\tilde{e}\mid}\approx 0.71\times 10^{-6}$$

1.3.3 有效数字

在表示一个近似值时,经常需要考虑有效数字的位数问题。这是反映一个近似数准确程度的另一种常用方式。一个近似数的可靠数字越多就越精确。但计算机上数字的位数是有限的,一个很大的数需要用前面若干位近似时,是按照四舍五入规则进行截取和进位的,这样可以保证绝对误差最小。

例 1-13 $x=\sqrt{2}$ 的有效数字。

$$x=\sqrt{2}=1.414\ 213\ 562\ 373\cdots$$

取前 5 位数字,得

$$\tilde{x}=1.414\ 2$$

其误差为 0.000 013 56…,误差限为

$$0.000\ 05=\frac{1}{2}\times 10^{-4}$$

此时称 $\tilde{x}$ 准确到小数点后第 4 位,并称由此算起的前 5 位数字 1、4、1、4、2 为 $\tilde{x}$ 的有效数字。

一般来说,如果 $\tilde{x}$ 的误差限为 $\frac{1}{2}\times 10^{-n}$,即

$$\mid x-\tilde{x}\mid\leqslant\frac{1}{2}\times 10^{-n}$$

则称 $\tilde{x}$ 准确到小数后第 n 位,并称 $\tilde{x}$ 的第一个非零数字到这一位的全部数字为 x 的有效数字。这时,如果 $\tilde{x}$ 形如

$$\pm x_1 x_2\cdots x_m.\alpha_1\alpha_2\cdots\alpha_n\cdots\quad(x_1\neq 0)$$

则 $\tilde{x}$ 具有 $n+m$ 位有效数字,如果 $\tilde{x}$ 形如

$$\pm 0.00\cdots 0.\alpha_{m+1}\alpha_{m+2}\cdots\alpha_n\cdots\quad(\alpha_{m+1}\neq 0)$$

则 $\tilde{x}$ 具有 $n-m$ 位有效数字。由此可知,如果 $\tilde{x}$ 形如

$$\pm 10^m\times 0.\alpha_1\alpha_2\cdots\quad(\alpha_1\neq 0)$$

则 $\tilde{x}$ 具有 $n+m$ 位有效数字,且 $\tilde{x}$ 的相对误差满足

$$\mid\delta(x)\mid\leqslant\frac{\frac{1}{2}\times 10^{-n}}{10^m\times 0.\alpha_1\alpha_2\cdots}\leqslant\frac{\Delta x}{2\alpha_i}10^{-(m+n-1)}$$

反之,如果 $\tilde{x}$ 的相对误差限为

$$\frac{1}{2(\alpha_i+1)}10^{-(m+n-1)}$$

而且形式如

$$\pm 10^m \times 0.\alpha_1\alpha_2\cdots \quad (\alpha_1 \neq 0)$$

则 $\tilde{x}$ 至少准确到小数点后 n 位,至少具有 $n+m$ 位有效数字,即

$$|\Delta(x)| \leqslant \frac{10^m \times 0.\alpha_1\alpha_2\cdots}{2(\alpha_i+1)} \times 10^{-(m+n-1)} \leqslant \frac{1}{2} \times 10^{-n}$$

由此可知,如果 $\tilde{x}$ 的相对误差限为

$$\frac{1}{2} \times 10^{-(m+n)}$$

即小于

$$\frac{1}{2(\alpha_i+1)} 10^{-(m+n-1)}$$

时,则 $\tilde{x}$ 至少具有 $n+m$ 位有效数字。

例 1-14 讨论 π 的近似值 $\frac{22}{7}$ 的有效数字和误差限。

我国南北朝时期的数学家祖冲之曾经计算得到圆周率介于 3.141 592 6 与 3.141 592 7 之间,并以 $\frac{22}{7}$ 和 $\frac{355}{113}$ 作为圆周率的两个近似值,分别称为疏率和密率。疏率

$$\pi_{疏} = \frac{22}{7} = 3.142\ 85\cdots = 0.314\ 285\cdots \times 10^1, \quad 所以\ m=1$$

$$|\pi - \pi_{疏}| = 0.001\ 26\cdots = 0.126\cdots \times 10^{-2} < 0.5 \times 10^{-2} = \frac{1}{2} \times 10^{-2} = \frac{1}{2} \times 10^{1-3}$$

故疏率有 3 位有效数字,即 3.14 有效,但从小数点后第 3 位起是不可靠的。其误差限

$$\Delta = |\pi - \pi_{疏}| = 0.001\cdots < 0.005 = 0.5 \times 10^{-2}$$

而相对误差限

$$\delta(3.14) = \frac{0.5 \times 10^{-2}}{3.14} = 0.159\ 2\cdots \times 10^{-2}$$

与常用 π 值 3.141 6

$$\delta(3.141\ 6) = \frac{0.5 \times 10^{-4}}{3.14} = 0.159\ 25\cdots \times 10^{-4}$$

比较,相对误差限要大近 100 倍。

综上所述,近似值准确到小数后的位数与有效数字的位数,可以分别直接表示绝对误差限与相对误差限的大小。

例 1-15 欲使 $\sqrt{20}$ 的相对误差不超过 0.1%,应至少取几位有效数字?

因为 $\sqrt{4^2} \leqslant \sqrt{20} \leqslant \sqrt{5^2}$ 所以 $\sqrt{20}$ 的首位数是 $a_1=4$

设 $\sqrt{20}$ 的近似值 $\tilde{x}$ 有 n 位有效数字,则相对误差满足

$$|\delta(x)| = \frac{|x-\tilde{x}|}{|\tilde{x}|} \leqslant \frac{0.5 \times 10^{-n}}{0.a_1} \leqslant 0.1\%$$

$$|\delta(x)| = \frac{|x-\tilde{x}|}{|\tilde{x}|} \leqslant \frac{0.5 \times 10^{-n}}{0.a_1} = \frac{0.5 \times 10^{-n}}{0.4} \leqslant 0.1\%$$

$$\frac{10^{1-n}}{2 \times 4} \leqslant 0.001$$

求得 $n \geqslant 3.097$，即当取 4 位有效数字时，近似值的误差不超过 0.1%。

1.4　数值计算中误差的影响

数值计算往往包含若干步，每一步又可能有各种运算。因此，既要考虑一步中发生的误差，又要进一步考虑整个计算过程中误差的积累和传递，直至最终计算结果的误差。这样的分析过程称为误差分析与估计。

为了分析数值计算中误差的传递，先要想办法估计数值计算中的误差。这种估计的情况较复杂，一般通过微分来进行。

假定待解问题的解 y 与变量 $x_1, x_2, \cdots, x_n$ 有关，其解

$$y = f(x_1, x_2, \cdots, x_n)$$

给定一批数据作为参量的一组值，如果这些数据有误差，那么解也一定有误差。

设 $x_1, x_2, \cdots, x_n$ 的近似值为 $\tilde{x}_1, \tilde{x}_2, \cdots, \tilde{x}_n$，相应的解为 $\tilde{y}$，则当数据误差较小时，其解的绝对误差公式为

$$\Delta(y) = y - \tilde{y}$$
$$= f(x_1, x_2, \cdots, x_n) - f(\tilde{x}_1, \tilde{x}_2, \cdots, \tilde{x}_n)$$

因为误差很小，可当作微分，于是

$$\Delta(y) = \mathrm{d}y$$
$$\approx \sum_{i=1}^{n} \frac{\partial f(x_1, x_2, \cdots, x_n)}{\partial x_i} \Delta(x_i)$$

其解的相对误差公式为

$$\delta(y) = \frac{\Delta(y)}{y}$$
$$= \sum_{i=1}^{n} \frac{\partial \varphi(x_1, x_2, \cdots, x_n)}{\partial x_i} \frac{x_i}{\varphi(x_1, x_2, \cdots, x_n)} \delta(x_i)$$

1. 数据误差与算术运算结果误差的关系

依据解的误差公式及相对误差公式，可以推导出几个关系式，用于估计加、减、乘、除及开平方运算时的误差及相对误差。

（1）加法（减法看作加负数）运算的误差及相对误差。

$$\Delta(x_1 + x_2) \approx \Delta(x_1) + \Delta(x_2)$$
$$\delta(x_1 + x_2) \approx \frac{x_1}{x_1 + x_2} \delta(x_1) + \frac{x_2}{x_1 + x_2} \delta(x_2)$$

（2）乘法运算的误差及相对误差。

$$\Delta(x_1 x_2) \approx x_2 \Delta(x_1) + x_1 \Delta(x_2)$$
$$\delta(x_1 x_2) \approx \delta(x_1) + \delta(x_2)$$

（3）除法运算的误差及相对误差。

$$\Delta\left(\frac{x_1}{x_2}\right) \approx \frac{\Delta(x_1)}{x_2} - \frac{x_1}{x_2^2} \Delta(x_2)$$

$$\delta\left(\frac{x_1}{x_2}\right) \approx \delta(x_1) - \delta(x_2)$$

（4）开方运算的误差及相对误差。

$$\Delta(\sqrt{x}) \approx \frac{\Delta(x)}{2\sqrt{x}}, \quad \delta(\sqrt{x}) \approx \frac{\delta(x)}{2}$$

2. 加法运算的误差估计

当 x_1 与 x_2 同号时，$\dfrac{x_1}{x_1+x_2}$ 或 $\dfrac{x_2}{x_1+x_2}$ 的绝对值都在 0 和 1 之间。由加法运算的误差及相对误差公式，必有

$$|\Delta(x_1+x_2)| \leqslant |\Delta(x_1)| + |\Delta(x_2)|$$
$$|\delta(x_1+x_2)| \leqslant |\delta(x_1)| + |\delta(x_2)|$$

也就是说，这时加法运算结果的绝对误差限不会超过相加各项的绝对误差限之和；加法运算结果的相对误差限也不会超过相加各项的相对误差限之和。

但是，如果 x_1 与 x_2 异号，则 $\dfrac{x_1}{x_1+x_2}$ 或 $\dfrac{x_2}{x_1+x_2}$ 中数的绝对值可能大于 1，结论就不成立了。特别地，如果 $x_1+x_2 \approx 0$，这两式中数的绝对值可能很大，就可能有

$$|\delta(x_1+x_2)| \gg |\delta(x_1)| + |\delta(x_2)|$$

因为 $x_1+x_2 \approx 0$ 表示大小接近的异号数相加，或者大小接近的同号数相减。

所以 $|\delta(x_1+x_2)|$ 很大说明 x_1+x_2 的有效数字很少。

所以大小接近的异号数相加或大小接近的同号数相减，会严重损失有效数字。

故在实际计算中，作为一个原则，应当设法避免这种情况的发生。

3. 乘法、除法、开方运算的误差估计

从乘法运算的误差及相对误差公式可知，当乘数 x_1 或 x_2 的绝对值很大时，$|\Delta(x_1 x_2)|$ 可能很大；从除法运算的误差及相对误差公式可知，当除数 x_2 接近于零时，$\left|\Delta\left(\dfrac{x_1}{x_2}\right)\right|$ 可能很大。

这说明，乘数绝对值很大，或除数接近于零，可能会严重扩大绝对误差，减小精确度。因此，设法避免这种情况的发生，应是实际计算的又一法则。

从开方运算的误差及相对误差公式可知，开方运算会缩小相对误差，提高精确度。

1.5　病态问题与条件数

数值问题中，如果输出数据对输入数据的扰动（如误差）很敏感，即当输入数据有微小扰动（误差）时，便会引起输出数据（问题的解）的较大变化（误差大），这类数值问题称为病态问题或坏条件问题。从前面的讨论可知，产生病态问题的原因如下。

- 大小接近的同号数相减；
- 乘数绝对值很大；
- 除数接近于零。

1. 敏感性分析

对于数值计算问题，研究输入原始数据的微小变化将会引起输出解的多大变化，称为敏

感性分析。将敏感性强的问题判定为计算中不易控制的病态问题,那些不太敏感的问题才是良态问题。

例 1-16　方程、方程组求解的敏感性分析。

(1) 求解线性方程组 $\begin{cases} x+\beta y=1 \\ \beta x+y=0 \end{cases}$。

当 $\beta=1$ 时,方程是矛盾的,无解;而当 $\beta\neq1$ 时

$$x=\frac{1}{1-\beta^2}, \quad y=\frac{-\beta}{1-\beta^2}$$

如果输入数据 $\beta\approx1$ 且有微小误差,则解的误差会很大。例如,当 $\beta=0.99$ 时,

$$x=\frac{1}{1-0.99^2}\approx50.251$$

假设 $\widetilde{\beta}=0.991$,则

$$\widetilde{x}=\frac{1}{1-0.991^2}\approx55.807$$

也就是说,β 的误差仅为 0.001,但所引起的解的误差居然放大到了 5.556。可见,求解这个问题时,当 β 接近 1 时,输入数据的微小误差会引起计算结果的误差急剧放大。这是无关算法的问题本身的缺陷。

(2) 求 $f(x)=x^2+x-1150$ 在 $x=\frac{100}{3}$ 处的值。

将输入数据 x 代入函数求值

$$f\left(\frac{100}{3}\right)=\left(\frac{100}{3}\right)^2+\left(\frac{100}{3}\right)-1150=-\frac{50}{9}\approx-5.56$$

假设输入数据 x 有误差 Δx,使得

$$\widetilde{x}=x+\Delta x=33$$

则由下式可知输入数据 x 及 $\widetilde{x}$ 的误差比较小:

$$|\Delta x|=\left|\frac{100}{3}-33\right|=0.333\cdots<0.34$$

将有误差的 $\widetilde{x}$ 值代入函数求值

$$f(33)=33^2+33-1150=-28$$

则由下式可知输入数据 x 及 $\widetilde{x}$ 之间很小的误差所导致的计算结果的误差却很大:

$$|f(x)-f(\widetilde{x})|=|-5.56-(-28)|=22.44$$

可见,这个问题在 $x=\frac{100}{3}$ 处是一个病态问题。

2. 函数求值问题的条件数

假设在计算函数值 $f(x)$ 时,存在扰动 $\Delta x=x-\widetilde{x}$,其相对误差为

$$\delta(x)=\frac{\Delta x}{x}$$

计算得到的函数值 $f(\widetilde{x})$ 的相对误差

$$\delta f(x) = \frac{f(x) - f(\widetilde{x})}{f(x)}$$

相对误差的比 C_p 称为计算函数值问题的条件数：

$$C_p = \left| \frac{\delta x}{\delta f(x)} \right| = \frac{\left| \dfrac{f(x) - f(\widetilde{x})}{f(x)} \right|}{\left| \dfrac{\Delta x}{x} \right|} \approx \left| \frac{x f'(x)}{f(x)} \right|$$

当条件数 C_p 很大时，即便相对误差不大，所引起的函数值的相对误差也很大。出现这种情况的问题就是病态问题。

一般情况下，条件数大于 10 时，就认为问题是病态的。条件数越大问题病态就越严重。病态是问题本身固有的性质，与数值计算方法无关。

例 1-17 计算 $f(x) = x^n$ 问题的条件数。

因为该问题的条件数

$$C_p \approx \left| \frac{x f'(x)}{f(x)} \right| = \left| \frac{x \cdot (x^n)'}{x^n} \right| = \left| \frac{x \cdot (n \cdot x^{n-1})}{x^n} \right| = n$$

所以函数值的相对误差将放大 n 倍。例如，当 $n = 10$ 时，

$$f(2) = 2^{10} = 1024$$
$$f(2.01) = 2.01^{10} \approx 1076.367$$

习 题 1

1. 什么是计算数学？现代计算数学主要研究哪些问题？

2. 假定 $y = 2x^2 + 1, x \in [0, 1]$，求解该函数与坐标轴围成的图形的面积(参考图 1-2)：

(1) 分 x 为 70 等分，输出 70 个矩形面积的累加和作为面积值。

(2) 分 x 为 10 等分，求 10 个矩形面积的累加和 s_1；将第一步的 10 等分各自 2 等分，由 s_1 推算出 20 个矩形面积的累加和 s_2；以此类推，将前一步的 i 等分各自 2 等分，由 s_i 推算出 $2i$ 个矩形面积的累加和 s_{i+1}，如果 $s_{i+1} - s_i < 0.000\,01$，则停止运算，并输出 s_{i+1} 作为面积值。

3. 用秦九韶算法计算

$$p(x) = 2x^3 + 7x^2 - 9$$

在 $x = 2$ 处的值。

4. 迭代法求解方程

$$x^2 - 2 = 0$$

迭代式为

$$x_{k+1} = x_k - \frac{f(x_k)}{f'(x_k)}, \quad k = 0, 1, 2, \cdots, n$$

取 $x_0 = 1.3$，当 $x_k \approx 1.414\,213\,56$ 时结束。

5. 什么是绝对误差？什么是相对误差？什么是有效数字？它们之间有什么关系？

6. 下列各数都是经过四舍五入得到的近似值，它们各有几位有效数字？

$$3.0002, \quad 789.260, \quad 0.00987, \quad 300.21$$
$$42, \quad 3, \quad 7020, \quad 0.1008, \quad 0.0020$$

7. 假定 x 的相对误差为 2%，求 x^n 的相对误差。

8. 要求计算圆面积时产生的相对误差不超过 0.01。那么，测量圆半径 R 时，允许的相对误差不超过多少？

9. 求方程

$$x^2 - 56x + 1 = 0$$

的两个根，保留至少 4 位有效数字。

10. 试用消元法解方程组

$$\begin{cases} x + 10^{15}y = 10^{15} \\ x + y = 2 \end{cases}$$

假定只用 3 位数计算，那么结果是否可靠？

11. 求方程

$$x^2 - 56x + 1 = 0$$

的两个根，保留至少 4 位有效数字。

12. 举例说明什么是病态问题。求解方程

$$(x-1)(x-2)\cdots(x-20) = 0$$

是否病态问题？

第2章 线性方程组的直接解法

CHAPTER

线性方程组的一般形式

$$\begin{cases} a_{11}x_1 + a_{12}x_2 + \cdots + a_{1n}x_n = b_1 \\ a_{21}x_1 + a_{22}x_2 + \cdots + a_{2n}x_n = b_2 \\ \qquad\qquad\vdots \\ a_{n1}x_1 + a_{n2}x_2 + \cdots + a_{nn}x_n = b_n \end{cases}$$

可以简记为

$$\sum_{j=1}^{n} a_{ij}x_j = b_i, \quad i = 1, 2, \cdots, n$$

当系数行列式不为零时,方程组的解唯一。

实际求解线性方程组的方法主要有两种:消去法与迭代法(见第 4 章)。消去法属于直接解法,其基本操作是施行初等行变换,将原方程组的系数矩阵化为上三角矩阵(高斯消去法)或单位矩阵(高斯-约当消去法)。这样既可以保证方程组的解不变,又降低了算术运算次数;为保证算法的稳定性,每次消元都要选主元素,这是求解线性方程组的重要环节。

矩阵三角分解法是消去法的另一种表现形式。特殊方程组的解法类同于矩阵三角分解法,但处理更为简单,算术运算次数更低。

2.1 高斯消去法

高斯消去法是一种古老的方法,但用在现代计算机上仍然十分有效。它的设计思想是通过将一个方程乘以或除以某个不为零的常数,以及将两个方程相加或相减的方法,逐步消去方程中的变元,从而将原方程组转化为便于求解的三角方程组或对角方程组的形式。

2.1.1 基本方法

例 2-1 求解线性方程组 $\begin{cases} 7x_1 + 8x_2 + 11x_3 = -3 \\ 5x_1 + x_2 - 3x_3 = -4 \\ x_1 + 2x_2 + 3x_3 = 1 \end{cases}$ 。

解：通过观察发现,可以交换原方程组中第一个方程与第三个方程的位置,得到同解的线性方程组

$$\begin{cases} x_1 + 2x_2 + 3x_3 = 1 & (1) \\ 5x_1 + x_2 - 3x_3 = -4 & (2) \\ 7x_1 + 8x_2 + 11x_3 = -3 & (3) \end{cases}$$

第一步,把方程(1)乘以 -5 加到方程(2),方程(1)乘以 -7 加到方程(3),消去方程(2)和(3)中的变元 x_1,得同解方程组

$$\begin{cases} x_1 + 2x_2 + 3x_3 = 1 & (1) \\ -9x_2 - 18x_3 = -9 & (2)' \\ -6x_2 - 10x_3 = -10 & (3)' \end{cases}$$

第二步,给方程(2)′乘以 $-\dfrac{1}{9}$,得方程

$$x_2 + 2x_3 = 1 \qquad (2)''$$

第三步,给方程(2)″乘以 6 加到方程(3)′,得到方程

$$2x_3 = -4 \qquad (3)''$$

由方程(3)″解得

$$x_3 = -2 \qquad (3)'''$$

完成消元的过程,原方程组变为

$$\begin{cases} x_1 + 2x_2 + 3x_3 = 1 & (1) \\ x_2 + 2x_3 = 1 & (2)'' \\ x_3 = -2 & (3)''' \end{cases}$$

第四步,将方程(3)‴代入(2)″,得到

$$x_2 = 5 \qquad (2)'''$$

第五步,将方程(3)‴和(2)‴代入(1),得到

$$x_1 = -3 \qquad (1)'$$

完成回代的过程,最终得到原方程组的解为

$$\begin{cases} x_1 = -3 \\ x_2 = 5 \\ x_3 = -2 \end{cases}$$

1. 求解三元一次线性方程组

将例 2-1 的解题方法推广到一般的三元方程组

$$\begin{cases} a_{11}x_1 + a_{12}x_2 + a_{13}x_3 = b_1 & (1) \\ a_{21}x_1 + a_{22}x_2 + a_{23}x_3 = b_2 & (2) \\ a_{31}x_1 + a_{32}x_2 + a_{33}x_3 = b_3 & (3) \end{cases}$$

先由上至下逐行施行消元。

第一步,先将方程(1)中 x_1 的系数化为 1,这里不妨设 $a_{11} \neq 0$,得到方程

$$x_1 + a_{12}^{(1)}x_2 + a_{13}^{(1)}x_3 = b_1^{(1)} \qquad (1)'$$

然后利用它将方程(2)和(3)中的 x_1 消去,得到新的方程组

$$\begin{cases} x_1 + a_{12}^{(1)} x_2 + a_{13}^{(1)} x_3 = b_1^{(1)} & (1)' \\ a_{22}^{(1)} x_2 + a_{23}^{(1)} x_3 = b_2^{(1)} & (2)' \\ a_{32}^{(1)} x_2 + a_{33}^{(1)} x_3 = b_3^{(1)} & (3)' \end{cases}$$

第二步,再将方程$(2)'$中x_2的系数化为1,得到方程

$$x_2 + a_{23}^{(2)} x_3 = b_2^{(2)} \qquad (2)''$$

然后利用它将方程$(3)'$中的x_2消去,得到新的方程组

$$\begin{cases} x_1 + a_{12}^{(1)} x_2 + a_{13}^{(1)} x_3 = b_1^{(1)} & (1)' \\ x_2 + a_{23}^{(2)} x_3 = b_2^{(2)} & (2)'' \\ a_{33}^{(2)} x_3 = b_3^{(2)} & (3)'' \end{cases}$$

由方程$(3)''$求出

$$x_3 = b_3^{(3)} \qquad (3)'''$$

以上是消元的过程,这样原方程组变成如下形式:

$$\begin{cases} x_1 + a_{12}^{(1)} x_2 + a_{13}^{(1)} x_3 = b_1^{(1)} & (1)' \\ x_2 + a_{23}^{(2)} x_3 = b_2^{(2)} & (2)'' \\ x_3 = b_3^{(3)} & (3)'' \end{cases}$$

接下来由下至上逐行施行回代。

第三步,将方程$(3)'''$代入$(2)''$,得到

$$x_2 = b_2^{(3)} \qquad (2)'''$$

第四步,将方程$(3)'''$和$(2)'''$代入$(1)'$,得到

$$x_1 = b_1^{(3)} \qquad (1)''$$

以上是回代的过程,这样原方程组最终变成如下形式:

$$\begin{cases} x_1 = b_1^{(3)} & (1)'' \\ x_2 = b_2^{(3)} & (2)''' \\ x_3 = b_3^{(3)} & (3)''' \end{cases}$$

即为原方程组的解。

2. 求解线性方程组的高斯消去法

进一步考察一般形式的线性方程组

$$\begin{cases} a_{11} x_1 + a_{12} x_2 + \cdots + a_{1n} x_n = b_1 \\ a_{21} x_1 + a_{22} x_2 + \cdots + a_{2n} x_n = b_2 \\ \qquad\qquad\qquad \vdots \\ a_{n1} x_1 + a_{n2} x_2 + \cdots + a_{nn} x_n = b_n \end{cases} \qquad (2\text{-}1)$$

该方程组可简记为

$$\sum_{j=1}^{n} a_{ij} x_j = b_i, \quad i = 1, 2, \cdots, n$$

1)消元过程

将方程组$(2\text{-}1)$第一个方程中变元x_1的系数化为1,使之变成

$$x_1 + \sum_{j=2}^{n} a_{1j}^{(1)} x_j = b_1^{(1)} \qquad (1)'$$

其中，$a_{1j}^{(1)} = \dfrac{a_{1j}}{a_{11}}, b_1^{(1)} = \dfrac{b_1}{a_{11}}, a_{11} \neq 0, j = 2, 3, \cdots, n$。

利用方程 $(1)'$ 将原方程组其余方程中的变元 x_1 消去，得到同解的方程组

$$\begin{cases} x_1 + \displaystyle\sum_{j=2}^{n} a_{1j}^{(1)} x_j = b_1^{(1)} \\ \displaystyle\sum_{j=2}^{n} a_{ij}^{(1)} x_j = b_i^{(1)}, \quad i = 2, 3, \cdots, n \end{cases} \tag{2-1}'$$

其中，$a_{ij}^{(1)} = a_{ij} - a_{i1} a_{1j}^{(1)}, b_i^{(1)} = b_i - a_{i1} b_1^{(1)}, i = 2, 3, \cdots, n; j = 2, 3, \cdots, n$。

如此进行下去，经过 k 步消元以后，得到同解线性方程组

$$\begin{cases} x_1 + \displaystyle\sum_{j=2}^{n} a_{1j}^{(1)} x_j = b_1^{(1)} \\ x_2 + \displaystyle\sum_{j=3}^{n} a_{2j}^{(2)} x_j = b_1^{(2)} \\ \quad\quad \vdots \\ x_k + \displaystyle\sum_{j=k+1}^{n} a_{kj}^{(k)} x_j = b_k^{(k)} \\ \displaystyle\sum_{j=k+1}^{n} a_{ij}^{(k)} x_j = b_i^{(k)}, \quad i = k+1, k+2, \cdots, n \end{cases} \tag{2-2}$$

其中

$$a_{kj}^{(k)} = \dfrac{a_{kj}^{(k-1)}}{a_{kk}^{(k-1)}}, b_k^{(k)} = \dfrac{b_k^{(k-1)}}{a_{kk}^{(k-1)}}, \quad a_{kk}^{(k-1)} \neq 0, \quad j = k+1, k+2, \cdots, n$$

$$a_{ij}^{(k)} = a_{ij}^{(k-1)} - a_{ik}^{(k-1)} a_{kj}^{(k)}, \quad b_i^{(k)} = b_i^{(k-1)} - a_{ik}^{(k-1)} b_k^{(k)}$$

这里 $i = k+1, k+2, \cdots, n; j = k+1, k+2, \cdots, n$。

经过 n 步消元以后，原方程组变为

$$\begin{cases} x_1 + a_{12}^{(1)} x_2 + a_{13}^{(1)} x_3 + \cdots + a_{1n}^{(1)} x_n = b_1^{(1)} \\ x_2 + a_{23}^{(2)} x_3 + \cdots + a_{2n}^{(2)} x_n = b_2^{(2)} \\ \quad\quad \vdots \\ x_{n-1} + a_{n-1,n}^{(n-1)} x_n = b_{n-1}^{(n-1)} \\ x_n = b_n^{(n)} \end{cases} \tag{2-3}$$

称此线性方程组为**三角形方程组**。

2）回代过程

将上面的方程组由下而上逐步回代，可得原方程组的解为

$$\begin{cases} x_n = b_n^{(n)} \\ x_i = b_i^{(i)} - \displaystyle\sum_{j=i+1}^{n} a_{ij}^{(i)} x_j, \quad i = n-1, n-2, \cdots, 1 \end{cases} \tag{2-4}$$

这里介绍的解法称为**高斯（Gauss）消去法**，也称为**顺序高斯消去法**。

附 在 Python 程序中，可以调用 numpy 库中 linalg 模块的 solve() 函数来求解线性方

程组,求解例 2-1 的程序如下。

```
#高斯消去法求解线性方程组 Ax=B
import numpy as np
def gauss(A,B):
    '''顺序高斯消去法
        A、B: 系数矩阵、常数向量
        n、m: 行数、列数
        X: 解向量
    '''
    n,m=A.shape
    X=np.empty(m)
    #消元 n-1 趟
    for k in range(n-1):
        #第 k 行消元
        for i in range(k+1,n):
            temp=A[i][k]/A[k][k]
            #计算第 i 行第 k 列
            for j in range(n):
                A[i][j]=A[i][j]-temp*A[k][j]
            B[i]=B[i]-temp*B[k]
    #回代
    X[m-1]=B[m-1]/A[m-1][m-1]
    for i in range(n-2,-1,-1):
        sum=0
        for j in range(i+1,n):
            sum+=A[i][j]*X[j]
        X[i]=(B[i]-sum)/A[i][i]
    print(X)
if __name__=='__main__':
    #准备系数矩阵、常数向量
    A=np.array([[7, 8, 11],
                [5, 1, -3],
                [1, 2, 3]],dtype=float)
    B=np.array([-3,-4,1],dtype=float)
    #调用 gauss()函数求解
    gauss(A,B)
```

程序的运行结果如下:

```
[-2.9999999999999996, 4.999999999999998, -1.9999999999999991]
```

3. 高斯消去法的运算量

由式(2-2)~式(2-4)可知,消去过程中第 k 步的运算量为

$$\text{乘除法次数} \quad (n-k)^2+2(n-k)=(n-k)(n-k+2)$$

$$\text{加减法次数} \quad (n-k)^2+(n-k)=(n-k)(n-k+1)$$

做完 $n-1$ 步后,消去过程的总运算量为

$$\text{乘除法次数} \quad \sum_{k=1}^{n-1}(n-k)(n-k+2)=\frac{n^3}{3}+\frac{n^2}{2}-\frac{5n}{6}$$

$$\text{加减法次数} \quad \sum_{k=1}^{n-1}(n-k)(n-k+1)=\frac{n^3}{3}-\frac{n}{3}$$

回代过程的运算量为

$$\text{乘除法次数} \quad \sum_{k=1}^{n}(n-k)=\frac{n^2}{2}+\frac{n}{2}$$

$$\text{加减法次数} \quad \sum_{k=1}^{n}(n-k)=\frac{n^2}{2}-\frac{n}{2}$$

于是高斯消去法的总运算量为

$$\text{乘除法次数} \quad \frac{n^3}{3}+n^2-\frac{n}{3}$$

$$\text{加减法次数} \quad \frac{n^3}{3}+\frac{n^2}{2}-\frac{5n}{6}$$

由此可见,乘除次数和加减次数相差不多,这个现象在一般计算方法中常常出现。由于一般计算机中乘除运算时间远远超过加减运算时间,所以在估计一种计算方法的运算量时,常常只需要估计乘除的次数。又因为 n 很大时,$n^{k+1}\gg n^k$,所以在比较计算量的大小时,往往只比较 n 的最高次项。例如,当 n 充分大时,高斯消去法的总计算量约为 $\dfrac{n^3}{3}$ 次乘除运算。

2.1.2 选主元的高斯消去法

顺序高斯消去法的缺点是必须满足每一步的主元 $a_{kk}^{(k)}\neq 0$,此外,即使 $a_{kk}^{(k)}\neq 0$,但其绝对值很小时,把 $a_{kk}^{(k)}$ 当作除数,就会导致其他元素量级的巨大增长和舍入误差的扩散,最后导致计算结果不可靠,即小主元的出现是造成顺序高斯消去法不稳定的根源。

例如,方程组

$$\begin{cases} 0.000\,01x_1+2x_2=1 \\ 2x_1+3x_2=2 \end{cases}$$

准确到小数点后第 9 位的解为 $x_1=0.250\,001\,875,x_2=0.499\,998\,749$。若用 4 位浮点十进制数,按上述高斯消去法求解,则有

$$\begin{cases} 10^{-4}\times 0.1000x_1+10^1\times 0.2000x_2=10^1\times 0.1000 \\ -10^6\times 0.4000x_2=-10^6\times 0.2000 \end{cases}$$

回代解得 $x_1=0,x_2=0.5000$,显然严重失真。

1. 列主元消去法

在高斯消去法中为了避免小主元的出现,需要采用"选主元"的方法,也就是说要选取绝对值最大的元素作为主元,具体步骤如下。

假定求解形如式(2-1)的线性方程组。

第一步,在 $a_{i1},i=1,2,\cdots,n$ 中选取绝对值最大的元,不妨设为 a_{p1},然后交换第一个方程与第 p 个方程的位置,再进行消去法的第一步,得到同解方程组

$$\begin{cases} a_{11}^{(1)}x_1+a_{12}^{(1)}x_2+\cdots+a_{1n}^{(1)}x_n=b_1^{(1)} \\ a_{22}^{(1)}x_2+\cdots+a_{2n}^{(1)}x_n=b_2^{(1)} \\ \quad\quad\vdots \\ a_{n2}^{(1)}x_2+\cdots+a_{nn}^{(1)}x_n=b_n^{(1)} \end{cases}$$

第二步,在 $a_{i2}^{(1)}, i=2,3,\cdots,n$ 中选取绝对值最大的元,不妨设为 $a_{q2}^{(1)}$,然后交换第二个方程与第 q 个方程的位置,再进行消去法的第二步。如此进行下去,直到完成消去过程,得到三角形方程组。

第三步,由下至上求解该三角形方程组,完成回代过程即可。

上述选主元的方法称为**列主元消去法**。

下面用列主元消去法求解线性方程组

$$\begin{cases} 0.000\,01x_1 + 2x_2 = 1 \\ 2x_1 + 3x_2 = 2 \end{cases}$$

第一列选 2 为主元,作行交换得

$$\begin{cases} 2x_1 + 3x_2 = 2 \\ 0.000\,01x_1 + 2x_2 = 1 \end{cases}$$

用 4 位浮点十进制数,按高斯消去法求解,则有

$$\begin{cases} 10^1 \times 0.2000x_1 + 10^1 \times 0.3000x_2 = 10^1 \times 0.2000 \\ 10^1 \times 0.2000x_2 = 10^1 \times 0.1000 \end{cases}$$

回代解得

$$x_1 = 0.2500, x_2 = 0.5000$$

例 2-2 求解线性方程组 $\begin{cases} 0.0003x_1 + 3.0000x_2 = 2.0001 \\ 1.0000x_1 + 1.0000x_2 = 1.0000 \end{cases}$。

解:第一步,交换方程组中两个方程的位置,得到

$$\begin{cases} 1.0000x_1 + 1.0000x_2 = 1.0000 \\ 0.0003x_1 + 3.0000x_2 = 2.0001 \end{cases}$$

第二步,消去第二个方程中的 x_1,得到

$$\begin{cases} 1.0000x_1 + 1.0000x_2 = 1.0000 \\ 2.9997x_2 = 1.9998 \end{cases}$$

第三步,回代解得

$$x_1 = 0.3333, \quad x_2 = 0.6667$$

上述结果与精确解 $x_1 = \dfrac{1}{3}, x_2 = \dfrac{2}{3}$ 非常接近,可见抑制舍入误差的增长是十分重要的。

附 列主元高斯消去法 Python 程序。

```
#列主元高斯消去法解线性方程组
import numpy as np
def swap(A,column,n):
    #含主元的方程与本次第一个方程交换
    A=list(A)                #数组变为列表
    for i in range(column,n):
        if np.abs(A[column][column])<np.abs(A[i][column]):
            A.append(A[column])
            A[column]=A[i]
            A[i]=A[n]
            del A[n]
```

```
    A=np.array(A)                    #列表变为数组
    return A
def gaussColumn(A):
    ''' 消元,化为上三角
        A、len(A)-1: 线性方程组的增广矩阵,将要消元的行数
        answer: 线性方程组的解
    '''
    for column in range(len(A)-1):
        A=swap(A,column,len(A))
        print(f"第{column+1}次交换后的增广矩阵\n{A}")
        for row in range(column+1, len(A)):
            temp=A[row][column]/A[column][column]
            j=0
            for Value in A[column]:
                i=row
                A[i][j]=A[i][j]-Value * temp
                #防止下标(索引号)超界
                if j<len(A):
                    j+=1
    #回代
    answer,A=[],list(A)
    A.reverse()
    for i in range(len(A)):
        if i==0:
            answer.append(A[0][-1]/A[0][-2])
        else:
            known=0
            for j in range(i):
                known=known+answer[j] * A[i][-2-j]
            answer.append((A[i][-1]-known)/A[i][-i-2])
    answer.reverse()
    return answer
if __name__ =='__main__':
    #准备数据,代入 gaussColumn()函数求解
    A=np.array([[ 7, 8, 11,-3],
                [ 5, 1, -3,-4],
                [ 1, 2, 3, 1] ],dtype=float)
    print(f'线性方程组的增广矩阵: \n{A}')
    print(f"线性方程组的解: \n{gaussColumn(A)}",)
```

程序的运行结果如下:

```
线性方程组的增广矩阵:
[[ 7.  8. 11. -3.]
 [ 5.  1. -3. -4.]
 [ 1.  2. 3.   1.]]
第1次交换后的增广矩阵
[[ 7.  8. 11. -3.]
 [ 5.  1. -3. -4.]
 [ 1.  2.  3.  1.]]
```

第 2 次交换后的增广矩阵

```
[[ 7.          8.           11.           -3.       ]
 [ 0.         -4.71428571  -10.85714286  -1.85714286]
 [ 0.          0.85714286    1.42857143   1.42857143]]
```

线性方程组的解：

```
[-2.9999999999999996, 4.999999999999998, -1.9999999999999991]
```

2. 全主元消去法

在做除法运算时，分母的绝对值越小，舍入误差影响就越大。因此在做除法运算时，要选取绝对值比较大的作分母，这就是选主元消去法的基本思想。

在消去过程中，作为除数的有 $a_{11}^{(1)}, a_{22}^{(2)}, \cdots, a_{nn}^{(n)}$，除了可以按列选主元以外，还可以在线性方程组的所有变元系数中选取绝对值最大的数作为 $a_{11}^{(1)}, a_{22}^{(2)}, \cdots, a_{nn}^{(n)}$，进行消元，这种方法称为**全主元消去法**。

例 2-3　求解线性方程组 $\begin{cases} 12x_1 - 3x_2 + 3x_3 = 15 \\ -18x_1 + 3x_2 - x_3 = -15 \\ x_1 + x_2 + x_3 = 6 \end{cases}$，取 4 位有效数字。

解：第一步，在 3 个方程的系数中选取绝对值最大者作为主元 $a_{11}^{(1)}$，可见 $a_{11}^{(1)} = -18$。为此，交换第一个方程和第二个方程的位置，并消去其余两个方程中的 x_1，得到

$$\begin{cases} -18x_1 + 3x_2 - x_3 = -15 \\ x_2 + 2.333x_3 = 5.000 \\ 1.167x_2 + 0.944x_3 = 5.167 \end{cases} \tag{2-5}$$

第二步，在方程组 (2-5) 的后两个方程中再选取绝对值最大的元素作为主元 $a_{22}^{(2)}$，这时应为 $a_{22}^{(2)} = 2.333$。于是将方程组 (2-5) 中第二个方程的变元 x_2 和 x_3 的项进行交换后消去第三个方程中的 x_3，得到

$$\begin{cases} -18x_1 + 3x_2 - x_3 = -15 \\ 2.333x_3 + x_2 = 5.000 \\ 1.572x_2 = 3.144 \end{cases}$$

第三步，回代解得

$$x_1 = 1.000, \quad x_2 = 2.000, \quad x_3 = 3.000$$

2.1.3　高斯-约当消去法

在"线性代数"课程的学习过程中，学习了通过初等变换的方法把线性方程组的增广矩阵化为行最简型，从而得到方程组的解，这种方法称为高斯-约当消去法。

例 2-4　用高斯-约当消去法求解线性方程组 $\begin{cases} 12x_1 - 3x_2 + 3x_3 = 15 \\ -18x_1 + 3x_2 - x_3 = -15 \\ x_1 + x_2 + x_3 = 6 \end{cases}$。

解：交换方程组的第一个和第三个方程，再利用初等行变换将所得方程组的增广矩阵化为行最简型矩阵

$$\begin{pmatrix} 1 & 1 & 1 & 6 \\ -18 & 3 & -1 & -15 \\ 12 & -3 & 3 & 15 \end{pmatrix} \xrightarrow[r_3-12r_1]{r_2+18r_1} \begin{pmatrix} 1 & 1 & 1 & 6 \\ 0 & 21 & 17 & 93 \\ 0 & -15 & -9 & -57 \end{pmatrix} \xrightarrow{\frac{1}{21}r_2} \begin{pmatrix} 1 & 1 & 1 & 6 \\ 0 & 1 & \frac{17}{21} & \frac{31}{7} \\ 0 & -15 & -9 & -57 \end{pmatrix}$$

$$\xrightarrow{r_3+15r_2} \begin{pmatrix} 1 & 1 & 1 & 6 \\ 0 & 1 & \frac{17}{21} & \frac{31}{7} \\ 0 & 0 & \frac{22}{7} & \frac{66}{7} \end{pmatrix} \xrightarrow{\frac{7}{22}r_3} \begin{pmatrix} 1 & 1 & 1 & 6 \\ 0 & 1 & \frac{17}{21} & \frac{31}{7} \\ 0 & 0 & 1 & 3 \end{pmatrix} \xrightarrow[r_1-r_3]{r_2-\frac{17}{21}r_3} \begin{pmatrix} 1 & 1 & 0 & 3 \\ 0 & 1 & 0 & 2 \\ 0 & 0 & 1 & 3 \end{pmatrix} \xrightarrow{r_1-r_2} \begin{pmatrix} 1 & 0 & 0 & 1 \\ 0 & 1 & 0 & 2 \\ 0 & 0 & 1 & 3 \end{pmatrix}$$

可得原方程组的解为 $x_1=1, x_2=2, x_3=3$。

如果一个方阵可逆,则高斯-约当消去法还可用来求解方阵的逆矩阵。

例 2-5 求方阵 $A=\begin{pmatrix} 1 & 1 & 0 & 3 \\ 2 & 1 & -1 & 1 \\ 3 & -1 & -1 & 2 \\ -1 & 2 & 3 & -1 \end{pmatrix}$ 的逆矩阵。

解:构造分块矩阵,对其施行初等行变换化为行最简型矩阵

$$(A \mid E) = \left(\begin{array}{cccc|cccc} 1 & 1 & 0 & 3 & 1 & 0 & 0 & 0 \\ 2 & 1 & -1 & 1 & 0 & 1 & 0 & 0 \\ 3 & -1 & -1 & 2 & 0 & 0 & 1 & 0 \\ -1 & 2 & 3 & -1 & 0 & 0 & 0 & 1 \end{array}\right) \xrightarrow[\substack{r_3-3r_1 \\ r_4+r_1}]{r_2-2r_1} \left(\begin{array}{cccc|cccc} 1 & 1 & 0 & 3 & 1 & 0 & 0 & 0 \\ 0 & -1 & -1 & -5 & -2 & 1 & 0 & 0 \\ 0 & -4 & -1 & -7 & -3 & 0 & 1 & 0 \\ 0 & 3 & 3 & 2 & 1 & 0 & 0 & 1 \end{array}\right)$$

$$\xrightarrow{-r_2} \left(\begin{array}{cccc|cccc} 1 & 1 & 0 & 3 & 1 & 0 & 0 & 0 \\ 0 & 1 & 1 & 5 & 2 & -1 & 0 & 0 \\ 0 & -4 & -1 & -7 & -3 & 0 & 1 & 0 \\ 0 & 3 & 3 & 2 & 1 & 0 & 0 & 1 \end{array}\right) \xrightarrow[r_4-3r_2]{r_3+4r_2} \left(\begin{array}{cccc|cccc} 1 & 1 & 0 & 3 & 1 & 0 & 0 & 0 \\ 0 & 1 & 1 & 5 & 2 & -1 & 0 & 0 \\ 0 & 0 & 3 & 13 & 5 & -4 & 1 & 0 \\ 0 & 0 & 0 & -13 & -5 & 3 & 0 & 1 \end{array}\right)$$

$$\xrightarrow{-\frac{1}{13}r_4} \left(\begin{array}{cccc|cccc} 1 & 1 & 0 & 3 & 1 & 0 & 0 & 0 \\ 0 & 1 & 1 & 5 & 2 & -1 & 0 & 0 \\ 0 & 0 & 3 & 13 & 5 & -4 & 1 & 0 \\ 0 & 0 & 0 & 1 & \frac{5}{13} & \frac{-3}{13} & 0 & \frac{-1}{13} \end{array}\right) \xrightarrow[\substack{r_2-5r_4 \\ r_1-r_4}]{r_3-13r_4} \left(\begin{array}{cccc|cccc} 1 & 1 & 0 & 0 & \frac{-2}{13} & \frac{9}{13} & 0 & \frac{3}{13} \\ 0 & 1 & 1 & 0 & \frac{1}{13} & \frac{2}{13} & 0 & \frac{5}{13} \\ 0 & 0 & 3 & 0 & 0 & -1 & 1 & 1 \\ 0 & 0 & 0 & 1 & \frac{5}{13} & \frac{-3}{13} & 0 & \frac{-1}{13} \end{array}\right)$$

$$\xrightarrow{\frac{1}{3}r_3} \left(\begin{array}{cccc|cccc} 1 & 1 & 0 & 0 & \frac{-2}{13} & \frac{9}{13} & 0 & \frac{3}{13} \\ 0 & 1 & 1 & 0 & \frac{1}{13} & \frac{2}{13} & 0 & \frac{5}{13} \\ 0 & 0 & 1 & 0 & 0 & \frac{-1}{3} & \frac{1}{3} & \frac{1}{3} \\ 0 & 0 & 0 & 1 & \frac{5}{13} & \frac{-3}{13} & 0 & \frac{-1}{13} \end{array}\right) \xrightarrow{r_2-r_3} \left(\begin{array}{cccc|cccc} 1 & 1 & 0 & 0 & \frac{-2}{13} & \frac{9}{13} & 0 & \frac{3}{13} \\ 0 & 1 & 0 & 0 & \frac{1}{13} & \frac{3}{13} & \frac{-1}{3} & \frac{4}{13} \\ 0 & 0 & 1 & 0 & 0 & \frac{-1}{3} & \frac{1}{3} & \frac{1}{3} \\ 0 & 0 & 0 & 1 & \frac{5}{13} & \frac{-3}{13} & 0 & \frac{-1}{13} \end{array}\right)$$

$$\xrightarrow{r_1 - r_2} \left(\begin{array}{cccc|cccc} 1 & 0 & 0 & 0 & \dfrac{-3}{13} & \dfrac{6}{13} & \dfrac{1}{3} & \dfrac{-1}{13} \\[3mm] 0 & 1 & 0 & 0 & \dfrac{1}{13} & \dfrac{3}{13} & \dfrac{-1}{3} & \dfrac{4}{13} \\[3mm] 0 & 0 & 1 & 0 & 0 & \dfrac{-1}{3} & \dfrac{1}{3} & \dfrac{1}{3} \\[3mm] 0 & 0 & 0 & 1 & \dfrac{5}{13} & \dfrac{-3}{13} & 0 & \dfrac{-1}{13} \end{array} \right)$$

由此可得方阵 $\boldsymbol{A}$ 的逆矩阵为

$$\boldsymbol{A}^{-1} = \begin{pmatrix} \dfrac{-3}{13} & \dfrac{6}{13} & \dfrac{1}{3} & \dfrac{-1}{13} \\[3mm] \dfrac{1}{13} & \dfrac{3}{13} & \dfrac{-1}{3} & \dfrac{4}{13} \\[3mm] 0 & \dfrac{-1}{3} & \dfrac{1}{3} & \dfrac{1}{3} \\[3mm] \dfrac{5}{13} & \dfrac{-3}{13} & 0 & \dfrac{-1}{13} \end{pmatrix}$$

2.2　矩阵的三角分解

　　高斯消去法相当于将线性方程组的系数矩阵分解成为下三角矩阵与上三角矩阵的乘积,从而将线性方程组求解转化为三角方程组的求解。可见,如果先对线性方程组的系数矩阵进行三角分解,再对其求解将变得非常容易。

2.2.1　高斯消去法的矩阵解释

　　利用高斯消去法求解线性方程组(2-1)的过程中,只与变元的系数和方程等号右边的常数有关,而与变元的符号无关,因此,只需处理系数和常数即可。不妨将方程(2-1)中系数构成的矩阵记作 $\boldsymbol{A}$,称为**系数矩阵**,将常数构成的矩阵记作 $\boldsymbol{b}$,称为**常数矩阵**,变元构成的矩阵记作 $\boldsymbol{x}$,称为**未知矩阵**,即

$$\boldsymbol{A} = \begin{pmatrix} a_{11} & a_{12} & \cdots & a_{1n} \\ a_{21} & a_{22} & \cdots & a_{2n} \\ \vdots & \vdots & \ddots & \vdots \\ a_{n1} & a_{n2} & \cdots & a_{nn} \end{pmatrix}, \quad \boldsymbol{b} = \begin{pmatrix} b_1 \\ b_2 \\ \vdots \\ b_n \end{pmatrix}, \quad \boldsymbol{x} = \begin{pmatrix} x_1 \\ x_2 \\ \vdots \\ x_n \end{pmatrix}$$

将系数和常数构成的矩阵记作 $\widetilde{\boldsymbol{A}}$,称为**增广矩阵**,即

$$\widetilde{\boldsymbol{A}} = \begin{pmatrix} a_{11} & a_{12} & \cdots & a_{1n} & b_1 \\ a_{21} & a_{22} & \cdots & a_{2n} & b_2 \\ \vdots & \vdots & \ddots & \vdots & \vdots \\ a_{n1} & a_{n2} & \cdots & a_{nn} & b_n \end{pmatrix}$$

从而,线性方程组(2-1)具有矩阵形式

$$\boldsymbol{A}\boldsymbol{x} = \boldsymbol{b} \tag{2-6}$$

利用高斯消去法求解方程组(2-1)时只需对其增广矩阵 $\widetilde{A}$ 执行一系列的初等行变换即可。交换矩阵的第 i 行与第 j 行,记作 $r_i \leftrightarrow r_j$;给矩阵的第 i 行乘以不为零的常数 k,记作 kr_i;给矩阵的第 i 行乘以不为零的常数 k 加到第 j 行上去,记作 $r_j + kr_i$。

高斯消去法的消元过程,从矩阵运算的角度来看,从方程组(2-1)中消去变元 x_1 得到同解方程组(2-1)′的操作,相当于给增广矩阵 $\widetilde{A} = (A \quad b)$ 左乘一个初等变换矩阵 L_1,这里

$$L_1 = \begin{pmatrix} 1 & 0 & 0 & 0 & 0 \\ -l_{21} & 1 & 0 & 0 & 0 \\ -l_{31} & 0 & 1 & 0 & 0 \\ \vdots & \vdots & \vdots & \vdots & \vdots \\ -l_{n1} & 0 & 0 & \cdots & 1 \end{pmatrix}, \quad l_{i1} = \frac{a_{i1}}{a_{11}}, \quad i = 2, 3, \cdots, n$$

得到

$$L_1 A = A^{(1)} = \begin{pmatrix} 1 & a_{12}^{(1)} & \cdots & a_{1n}^{(1)} \\ 0 & a_{22}^{(1)} & \cdots & a_{2n}^{(1)} \\ \vdots & \vdots & \ddots & \vdots \\ 0 & a_{n2}^{(1)} & \cdots & a_{nn}^{(1)} \end{pmatrix}, \quad L_1 b = \begin{pmatrix} b_1^{(1)} \\ b_2^{(1)} \\ \vdots \\ b_n^{(1)} \end{pmatrix}$$

类似地,消去变元 x_2 的过程相当于左乘初等矩阵 L_2,这里

$$L_2 = \begin{pmatrix} 1 & 0 & 0 & 0 & 0 \\ 0 & 1 & 0 & 0 & 0 \\ 0 & -l_{32} & 1 & 0 & 0 \\ \vdots & \vdots & \vdots & \vdots & \vdots \\ 0 & -l_{n2} & 0 & \cdots & 1 \end{pmatrix}, \quad l_{i2} = \frac{a_{i2}^{(1)}}{a_{22}^{(1)}}, \quad i = 3, 4, \cdots, n$$

得到

$$L_2(L_1 A) = L_2 A^{(1)} = \begin{pmatrix} 1 & a_{12}^{(1)} & a_{13}^{(1)} & \cdots & a_{1n}^{(1)} \\ 0 & 1 & a_{23}^{(2)} & \cdots & a_{2n}^{(2)} \\ 0 & 0 & a_{33}^{(2)} & \cdots & a_{3n}^{(2)} \\ \vdots & \vdots & \vdots & \ddots & \vdots \\ 0 & 0 & a_{n3}^{(2)} & \cdots & a_{nn}^{(2)} \end{pmatrix}, \quad L_2(L_1 b) = \begin{pmatrix} b_1^{(1)} \\ b_2^{(2)} \\ \vdots \\ b_n^{(2)} \end{pmatrix}$$

如此进行下去,$n-1$ 步后得到

$$L_{n-1} L_{n-2} \cdots L_2 L_1 A = \begin{pmatrix} a_{11}^{(1)} & a_{12}^{(1)} & \cdots & a_{1,n-1}^{(1)} & a_{1n}^{(1)} \\ 0 & a_{22}^{(2)} & \cdots & a_{2,n-1}^{(2)} & a_{2n}^{(2)} \\ 0 & 0 & \cdots & a_{3,n-1}^{(3)} & a_{3n}^{(3)} \\ \vdots & \vdots & \ddots & \vdots & \vdots \\ 0 & 0 & \cdots & a_{n,n-1}^{(n)} & a_{nn}^{(n)} \end{pmatrix},$$

$$L_{n-1} L_{n-2} \cdots L_2 L_1 b = \begin{pmatrix} b_1^{(1)} \\ b_2^{(2)} \\ \vdots \\ b_n^{(n)} \end{pmatrix}$$

这里,$L_k (k=1,2,\cdots,n-1)$ 都是可逆矩阵,令 $L = L_1^{-1} L_2^{-1} \cdots L_{n-1}^{-1}$,则

$$L^{-1} = L_{n-1} L_{n-2} \cdots L_2 L_1$$

记

$$\begin{pmatrix} a_{11}^{(1)} & a_{12}^{(1)} & \cdots & a_{1,n-1}^{(1)} & a_{1n}^{(1)} \\ 0 & a_{22}^{(2)} & \cdots & a_{2,n-1}^{(2)} & a_{2n}^{(2)} \\ 0 & 0 & \cdots & a_{3,n-1}^{(3)} & a_{3n}^{(3)} \\ \vdots & \vdots & \ddots & \vdots & \vdots \\ 0 & 0 & \cdots & a_{n,n-1}^{(n)} & a_{nn}^{(n)} \end{pmatrix} = R, \quad \begin{pmatrix} b_1^{(1)} \\ b_2^{(2)} \\ \vdots \\ b_n^{(n)} \end{pmatrix} = y,$$

可得

$$L^{-1} A = R, \quad L^{-1} b = y$$

即

$$L^{-1}(A \quad b) = (L^{-1} A \quad L^{-1} b) = (R \quad y)$$

高斯消去法回代过程就是求解线性方程组

$$Rx = y$$

由于 $L^{-1} A = R$,可得 $A = LR$,其中

$$L = \begin{pmatrix} 1 & & & & \\ l_{21} & 1 & & & \\ l_{31} & l_{32} & 1 & & \\ \vdots & \vdots & \vdots & \ddots & \\ l_{n1} & l_{n2} & l_{n3} & \cdots & 1 \end{pmatrix}$$

是一个对角元为 1 的下三角形矩阵,称为单位下三角矩阵。

可见,通过高斯消去法可以把系数矩阵 A 分解为单位下三角阵 L 与上三角阵 R 的乘积。上述分解称为 A 的 **LR 分解**,也称为**杜里特尔(Doolittle)分解**。

2.2.2　*LU* 分解

当矩阵 A 的所有顺序主子式都不为零时,矩阵 A 可唯一地分解为两个三角矩阵的乘积,即

$$A = LU$$

其中

$$L = \begin{pmatrix} 1 & & & & \\ l_{21} & 1 & & & \\ l_{31} & l_{32} & 1 & & \\ \vdots & \vdots & \vdots & \ddots & \\ l_{n1} & l_{n2} & l_{n3} & \cdots & 1 \end{pmatrix}, \quad U = \begin{pmatrix} u_{11} & u_{12} & \cdots & u_{1,n-1} & u_{1n} \\ & u_{22} & \cdots & u_{2,n-1} & u_{2n} \\ & & \ddots & \vdots & \vdots \\ & & & u_{n-1,n-1} & u_{n-1,n} \\ & & & & u_{nn} \end{pmatrix}$$

可见,L 是单位下三角矩阵,U 是上三角矩阵。

此时求解线性方程组 $Ax = b$ 的问题将变得十分容易,因为方程组可以写成

$$LUx = b \tag{2-7}$$

令 $Ux = y$,则有

$$Ly = b \tag{2-8}$$

因为 L 是单位下三角矩阵,因此方程组(2-8)的解为

$$\begin{cases} y_1 = b_1 \\ y_i = b_i - \sum_{j=1}^{i-1} l_{ij} y_j \end{cases}, \quad i = 2, 3, \cdots, n \tag{2-9}$$

又因为 U 是上三角矩阵,根据 $Ux = y$,解得

$$\begin{cases} x_n = \dfrac{y_n}{u_{nn}} \\ x_i = \dfrac{y_i - \sum_{j=n}^{i+1} u_{ij} x_j}{u_{ii}} \end{cases}, \quad i = n-1, \cdots, 3, 2, 1 \tag{2-10}$$

用 LU 直接分解的方法求解方程组所需要的计算量仍为 $\frac{1}{3} n^3 + o(n^2)$,与高斯消去法计算需要的计算量基本相同。但是 LU 分解法把对系数矩阵的计算和对常数项的计算分开了,这就使计算系数矩阵相同而常数项不同的一系列方程组时变得较方便。

例 2-6 求解下列线性方程组:

$$(1) \begin{cases} 2x_1 + 2x_2 + 3x_3 + x_4 = 3 \\ 4x_1 + 7x_2 + 7x_3 = -3 \\ -2x_1 + 4x_2 + 5x_3 - x_4 = 3 \\ x_1 + x_2 - x_4 = -3 \end{cases}; \qquad (2) \begin{cases} 2x_1 + 2x_2 + 3x_3 + x_4 = 3 \\ 4x_1 + 7x_2 + 7x_3 = 1 \\ -2x_1 + 4x_2 + 5x_3 - x_4 = 7 \\ x_1 + x_2 - x_4 = -2 \end{cases};$$

$$(3) \begin{cases} 2x_1 + 2x_2 + 3x_3 + x_4 = -7 \\ 4x_1 + 7x_2 + 7x_3 = -10 \\ -2x_1 + 4x_2 + 5x_3 - x_4 = 10 \\ x_1 + x_2 - x_4 = -8 \end{cases}; \qquad (4) \begin{cases} 2x_1 + 2x_2 + 3x_3 + x_4 = -2 \\ 4x_1 + 7x_2 + 7x_3 = -1 \\ -2x_1 + 4x_2 + 5x_3 - x_4 = 4 \\ x_1 + x_2 - x_4 = -3 \end{cases}°$$

解:通过观察发现这 4 个方程组等号左边的部分都是相同的,即有相同的系数矩阵。

第一步,对系数矩阵 A 进行 LU 分解,设

$$A = \begin{pmatrix} 2 & 2 & 3 & 1 \\ 4 & 7 & 7 & 0 \\ -2 & 4 & 5 & -1 \\ 1 & 1 & 0 & -1 \end{pmatrix} = \begin{pmatrix} 1 & & & \\ l_{21} & 1 & & \\ l_{31} & l_{32} & 1 & \\ l_{41} & l_{42} & l_{43} & 1 \end{pmatrix} \begin{pmatrix} u_{11} & u_{12} & u_{13} & u_{14} \\ & u_{22} & u_{23} & u_{24} \\ & & u_{33} & u_{34} \\ & & & u_{44} \end{pmatrix} = LU$$

计算得

$$LU = \begin{pmatrix} u_{11} & u_{12} & u_{13} & u_{14} \\ l_{21}u_{11} & l_{21}u_{12}+u_{22} & l_{21}u_{13}+u_{23} & l_{21}u_{14}+u_{24} \\ l_{31}u_{11} & l_{31}u_{12}+l_{32}u_{22} & l_{31}u_{13}+l_{32}u_{23}+u_{33} & l_{31}u_{14}+l_{32}u_{24}+u_{34} \\ l_{41}u_{11} & l_{41}u_{12}+l_{42}u_{22} & l_{41}u_{13}+l_{42}u_{23}+l_{43}u_{33} & l_{41}u_{14}+l_{42}u_{24}+l_{43}u_{34}+u_{44} \end{pmatrix}$$

利用矩阵相等则对应位置上的元素相等的原理,可以逐一求出 L 与 U 的各元素。

首先,从第一行对应位置上的各元素相等,可以求得 U 的第一行各元素。

$$u_{11} = a_{11} = 2, \quad u_{12} = a_{12} = 2, \quad u_{13} = a_{13} = 3, \quad u_{14} = a_{14} = 1$$

再从第一列对应位置上的元素相等及 $u_{11} = 2$,求出 L 的第一列各元素。

$$l_{21}u_{11}=4, \quad u_{11}=2 \quad \Rightarrow \quad l_{21}=2$$

$$l_{31}u_{11}=-2, \quad u_{11}=2 \quad \Rightarrow \quad l_{31}=-1$$

$$l_{41}u_{11}=1, \quad u_{11}=2 \quad \Rightarrow \quad l_{41}=\frac{1}{2}$$

从第二行对应位置上的各元素相等,可以求得 U 的第二行各元素。

$$l_{21}u_{12}+u_{22}=7, \quad l_{21}=2, u_{12}=2 \quad \Rightarrow \quad u_{22}=3$$

$$l_{21}u_{13}+u_{23}=7, \quad l_{21}=2, u_{13}=3 \quad \Rightarrow \quad u_{23}=1$$

$$l_{21}u_{14}+u_{24}=0, \quad l_{21}=2, u_{14}=1 \quad \Rightarrow \quad u_{24}=-2$$

从第二列对应位置上的元素相等,求出 L 的第二列各元素。

$$l_{31}u_{12}+l_{32}u_{22}=4, \quad l_{31}=-1, \quad u_{12}=2, \quad u_{22}=3 \quad \Rightarrow \quad l_{32}=2$$

$$l_{41}u_{12}+l_{42}u_{22}=1, \quad l_{41}=\frac{1}{2}, \quad u_{12}=2, \quad u_{22}=3 \quad \Rightarrow \quad l_{42}=0$$

从第三行对应位置上的各元素相等,可以求得 U 的第三行各元素。

$$l_{31}u_{13}+l_{32}u_{23}+u_{33}=5, \quad l_{31}=-1, u_{13}=3, \quad l_{32}=2, \quad u_{23}=1 \quad \Rightarrow \quad u_{33}=6$$

$$l_{31}u_{14}+l_{32}u_{24}+u_{34}=-1, \quad l_{31}=-1, u_{14}=1, \quad l_{32}=2, \quad u_{24}=-2 \quad \Rightarrow \quad u_{34}=4$$

从第三列对应位置上的元素相等,求出 L 的第三列元素。

$$l_{41}u_{13}+l_{42}u_{23}+l_{43}u_{33}=0, \quad l_{41}=\frac{1}{2}, \quad u_{13}=3, \quad l_{42}=0, \quad u_{23}=1,$$

$$u_{33}=6 \quad \Rightarrow \quad l_{43}=-\frac{1}{4}$$

最后,从第四行对应位置上的各元素相等,可以求得 U 的第四行元素。

$$l_{41}u_{14}+l_{42}u_{24}+l_{43}u_{34}+u_{44}=-1, \quad l_{41}=\frac{1}{2}, \quad u_{14}=1, \quad l_{42}=0,$$

$$u_{24}=-2, \quad l_{43}=-\frac{1}{4}, \quad u_{34}=4 \quad \Rightarrow \quad u_{44}=-\frac{1}{2}$$

从而

$$\boldsymbol{L}=\begin{pmatrix} 1 & & & \\ 2 & 1 & & \\ -1 & 2 & 1 & \\ \frac{1}{2} & 0 & -\frac{1}{4} & 1 \end{pmatrix}, \quad \boldsymbol{U}=\begin{pmatrix} 2 & 2 & 3 & 1 \\ & 3 & 1 & -2 \\ & & 6 & 4 \\ & & & -\frac{1}{2} \end{pmatrix}$$

第二步,求解方程组 $\boldsymbol{L}\boldsymbol{y}=\boldsymbol{b}$,即

$$\begin{cases} y_1=b_1 \\ 2y_1+y_2=b_2 \\ -y_1+2y_2+y_3=b_3 \\ \frac{1}{2}y_1-\frac{1}{4}y_3+y_4=b_4 \end{cases}$$

可得

$$y_1=b_1, \quad y_2=b_2-2y_1, \quad y_3=b_3+y_1-2y_2, \quad y_4=b_4-\frac{1}{2}y_1+\frac{1}{4}y_3$$

让 $b = \begin{pmatrix} b_1 \\ b_2 \\ b_3 \\ b_4 \end{pmatrix}$ 分别取值为 $\begin{pmatrix} 3 \\ -3 \\ 3 \\ -3 \end{pmatrix}$, $\begin{pmatrix} 3 \\ 1 \\ 7 \\ -2 \end{pmatrix}$, $\begin{pmatrix} -7 \\ -10 \\ 10 \\ 8 \end{pmatrix}$, $\begin{pmatrix} -2 \\ -1 \\ 4 \\ -3 \end{pmatrix}$, 根据上式解得 $y = \begin{pmatrix} y_1 \\ y_2 \\ y_3 \\ y_4 \end{pmatrix}$ 的值依次

为 $\begin{pmatrix} 3 \\ -9 \\ 24 \\ \frac{3}{2} \end{pmatrix}$, $\begin{pmatrix} 3 \\ -5 \\ 20 \\ \frac{3}{2} \end{pmatrix}$, $\begin{pmatrix} -7 \\ 4 \\ -5 \\ -\frac{23}{4} \end{pmatrix}$, $\begin{pmatrix} -2 \\ 3 \\ -4 \\ -3 \end{pmatrix}$。

第三步,求解方程组 $Ux = y$,即

$$\begin{cases} 2x_1 + 2x_2 + 3x_3 + x_4 = y_1 \\ 3x_2 + x_3 - 2x_4 = y_2 \\ 6x_3 + 4x_4 = y_3 \\ -\dfrac{1}{2}x_4 = y_4 \end{cases}$$

可得

$$x_4 = -2y_4, \quad x_3 = \frac{1}{6}(y_3 - 4x_4), \quad x_2 = \frac{1}{3}(y_2 - x_3 + 2x_4),$$

$$x_1 = \frac{1}{2}(y_1 - 2x_2 - 3x_3 - x_4)$$

让 $y = \begin{pmatrix} y_1 \\ y_2 \\ y_3 \\ y_4 \end{pmatrix}$ 分别取值为 $\begin{pmatrix} 3 \\ -9 \\ 24 \\ \frac{3}{2} \end{pmatrix}$, $\begin{pmatrix} 3 \\ -5 \\ 20 \\ \frac{3}{2} \end{pmatrix}$, $\begin{pmatrix} -7 \\ 4 \\ -5 \\ -\frac{23}{4} \end{pmatrix}$, $\begin{pmatrix} -2 \\ 3 \\ -4 \\ -3 \end{pmatrix}$, 根据上式解得 $x = \begin{pmatrix} x_1 \\ x_2 \\ x_3 \\ x_4 \end{pmatrix}$ 的值依次

为 $\begin{pmatrix} 1 \\ -7 \\ 6 \\ -3 \end{pmatrix}$, $\begin{pmatrix} \frac{4}{9} \\ -\frac{49}{9} \\ \frac{16}{3} \\ -3 \end{pmatrix}$, $\begin{pmatrix} -\frac{25}{3} \\ \frac{71}{6} \\ -\frac{51}{6} \\ \frac{23}{2} \end{pmatrix}$, $\begin{pmatrix} -\frac{32}{9} \\ \frac{59}{9} \\ -\frac{14}{3} \\ 6 \end{pmatrix}$。

2.3 追赶法

利用矩阵的三角分解(如 LR 分解),易于导出一些特殊方程组的解法。

2.3.1 二对角方程组的回代过程

把含有大量零元素的矩阵称为**稀疏矩阵**,如熟知的对角矩阵,其非零元素集中在主对角

线上。

如果矩阵的非零元素集中分布在主对角线及下次对角线或上次对角线上,这样的矩阵称为**下二对角矩阵**或**上二对角矩阵**,对应的方程组称为**下二对角方程组**或**上二对角方程组**。下二对角方程组和上二对角方程组统称为**二对角方程组**。

二对角方程组的求解较容易。

例 2-7　求解线性方程组

$$\begin{cases} 3x_1 = 10 \\ x_1 + 2x_2 = 5 \\ \quad -4x_2 + x_3 = -5 \\ \quad\quad 2x_3 - 3x_4 = -1 \\ \quad\quad\quad 3x_4 - x_5 = 6 \end{cases}。$$

解:由第一个方程解得 $x_1 = \dfrac{10}{3}$,

将其代入第二个方程解得 $x_2 = \dfrac{5}{6}$,

将 $x_2 = \dfrac{5}{6}$ 代入第三个方程解得 $x_3 = -\dfrac{5}{3}$,

将 $x_3 = -\dfrac{5}{3}$ 代入第四个方程解得 $x_4 = -\dfrac{7}{9}$,

最后,将 $x_4 = -\dfrac{7}{9}$ 代入第五个方程解得 $x_4 = -\dfrac{25}{3}$。

一般地,对于下二对角方程组

$$\begin{cases} a_{11}x_1 = b_1 \\ a_{21}x_1 + a_{22}x_2 = b_2 \\ \quad\quad \vdots \\ a_{n,n-1}x_{n-1} + a_{nn}x_n = b_n \end{cases}$$

即

$$\begin{cases} a_{11}x_1 = b_1 \\ a_{i,i-1}x_{i-1} + a_{ii}x_i = b_i \end{cases}, \quad i = 2,3,\cdots,n$$

由上至下逐步回代即可顺序得出它的解

$$x_1 \rightarrow x_2 \rightarrow \cdots \rightarrow x_n$$

回代公式为

$$\begin{cases} x_1 = \dfrac{b_1}{a_{11}} \\ x_i = \dfrac{1}{a_{ii}}(b_i - a_{i,i-1}x_{i-1}) \end{cases}, \quad i = 2,3,\cdots,n \qquad (2\text{-}11)$$

类似地,对于上二对角方程组

$$\begin{cases} a_{11}x_1 + a_{12}x_2 = b_1 \\ a_{22}x_2 + a_{23}x_3 = b_2 \\ \quad\quad \vdots \\ a_{nn}x_n = b_n \end{cases}$$

即

$$\begin{cases} a_{ii}x_i + a_{i,i+1}x_{i+1} = b_i \\ a_{nn}x_n = b_n \end{cases}, \quad i = 1, 2, \cdots, n-1$$

由下至上逐步回代即可顺序得出它的解

$$x_n \rightarrow x_{n-1} \rightarrow \cdots \rightarrow x_1$$

其回代公式为

$$\begin{cases} x_n = \dfrac{b_n}{a_{nn}} \\ x_i = \dfrac{1}{a_{ii}}(b_i - a_{i,i+1}x_{i+1}) \end{cases}, \quad i = n-1, n-2, \cdots, 1 \tag{2-12}$$

例 2-8 求解线性方程组

$$\begin{cases} x_1 + 2x_2 = 5 \\ \quad -4x_2 + x_3 = -5 \\ \quad\quad 2x_3 - 3x_4 = -1 \\ \quad\quad\quad 3x_4 - x_5 = 6 \\ \quad\quad\quad\quad 3x_5 = 10 \end{cases}$$

解： 由第五个方程解得 $x_5 = \dfrac{10}{3}$，

将其代入第四个方程解得 $x_4 = \dfrac{28}{9}$，

将 $x_4 = \dfrac{28}{9}$ 代入第三个方程解得 $x_3 = \dfrac{25}{6}$，

将 $x_3 = \dfrac{25}{6}$ 代入第二个方程解得 $x_2 = \dfrac{55}{24}$，

最后，将 $x_2 = \dfrac{55}{24}$ 代入第一个方程解得 $x_1 = \dfrac{5}{12}$。

由此可见，下二对角方程组的解是顺序得出的，其求解过程称作**追的过程**。反之，上二对角方程组的解则是逆序得出的，其求解过程称作**赶的过程**。

2.3.2 解三对角方程组的追赶法

如果一个线性方程组其系数矩阵的非零元素集中分布在主对角线及上、下两条次对角线上，则称该线性方程组为**三对角方程组**。二对角方程组可以看作三对角方程组的特例，那么三对角方程组可否划归为二对角方程组来求解呢？

1. 解三对角方程组的追赶法步骤

一般地，对于线性方程组 $\boldsymbol{Ax} = \boldsymbol{d}$，其增广矩阵为

$$\widetilde{\boldsymbol{A}} = \begin{pmatrix} b_1 & c_1 & & & & & \bigg| & d_1 \\ a_2 & b_2 & c_2 & & & & \bigg| & d_2 \\ & a_3 & b_3 & c_3 & & & \bigg| & d_3 \\ & & \ddots & \ddots & \ddots & & \bigg| & \vdots \\ & & & a_{n-1} & b_{n-1} & c_{n-1} & \bigg| & d_{n-1} \\ & & & & a_n & b_n & \bigg| & d_n \end{pmatrix} \tag{2-13}$$

可将其系数矩阵 A 分解为下二对角矩阵 L 与上二对角矩阵 R 的乘积。

1）三对角矩阵 A 的 LR 分解

这里

$$A = \begin{pmatrix} b_1 & c_1 & & & & \\ a_2 & b_2 & c_2 & & & \\ & a_3 & b_3 & c_3 & & \\ & & \ddots & \ddots & \ddots & \\ & & & a_{n-1} & b_{n-1} & c_{n-1} \\ & & & & a_n & b_n \end{pmatrix}$$

记

$$L = \begin{pmatrix} l_1 & & & & \\ a_2 & l_2 & & & \\ & a_3 & l_3 & & \\ & & \ddots & \ddots & \\ & & & a_n & l_n \end{pmatrix}, \quad R = \begin{pmatrix} 1 & r_1 & & & \\ & 1 & r_2 & & \\ & & \ddots & \ddots & \\ & & & 1 & r_{n-1} \\ & & & & 1 \end{pmatrix}$$

由比较法可得计算式

$$\begin{cases} l_1 = b_1, \quad r_1 = \dfrac{c_1}{l_1} \\ l_i = b_i - r_{i-1} a_i, \quad i = 2, 3, \cdots, n \\ r_i = \dfrac{c_i}{l_i}, \quad i = 2, 3, \cdots, n-1 \end{cases} \tag{2-14}$$

2）求解两个二对角方程组

原方程组 $Ax = d$ 即为 $LRx = d$，记 $Rx = y$，则求解原方程组可转化为先求解一个下二对角方程组 $Ly = d$，再求解一个上二对角方程组 $Rx = y$。可得回代公式为

$$\begin{cases} y_1 = \dfrac{d_1}{l_1} \\ y_i = \dfrac{d_i - y_{i-1} a_i}{l_i}, \quad i = 2, 3, \cdots, n \\ x_i = y_i - r_i x_{i+1}, \quad i = n-1, n-2, \cdots, 1 \\ x_n = y_n \end{cases} \tag{2-15}$$

这里既有追的过程又有赶的过程，这种解法称为追赶法。

例 2-9 求解线性方程组 $\begin{cases} x_1 + 2x_2 = 3 \\ 3x_1 + x_2 + 2x_3 = -3 \\ 3x_2 + x_3 + 2x_4 = 3 \\ 3x_3 + x_4 = -3 \end{cases}$。

解：第一步，将系数矩阵 A 进行 LR 分解：

$$A = \begin{pmatrix} 1 & 2 & & \\ 3 & 1 & 2 & \\ & 3 & 1 & 2 \\ & & 3 & 1 \end{pmatrix}$$

$$l_1 = b_1 = 1, \quad r_1 = \frac{c_1}{l_1} = \frac{2}{1} = 2;$$

$$l_2 = b_2 - r_1 a_2 = 1 - 2 \times 3 = -5, \quad r_2 = \frac{c_2}{l_2} = \frac{2}{-5} = -\frac{2}{5};$$

$$l_3 = b_3 - r_2 a_3 = 1 - \left(-\frac{2}{5}\right) \times 3 = \frac{11}{5}, \quad r_3 = \frac{c_3}{l_3} = \frac{2}{\frac{11}{5}} = \frac{10}{11};$$

$$l_4 = b_4 - r_3 a_4 = 1 - \frac{10}{11} \times 3 = -\frac{19}{11}$$

从而

$$L = \begin{pmatrix} 1 & & & \\ 3 & -5 & & \\ & 3 & \frac{11}{5} & \\ & & 3 & -\frac{19}{11} \end{pmatrix}, \quad R = \begin{pmatrix} 1 & 2 & & \\ & 1 & -\frac{2}{5} & \\ & & 1 & \frac{10}{11} \\ & & & 1 \end{pmatrix}$$

第二步,求解下二对角方程组 $Ly = d$,即

$$\begin{cases} y_1 = 3 \\ 3y_1 - 5y_2 = -3 \\ 3y_2 + \frac{11}{5}y_3 = 3 \\ 3y_3 - \frac{19}{11}y_4 = -3 \end{cases}$$

由上至下回代易求得

$$y_1 = 3, \quad y_2 = \frac{12}{5}, \quad y_3 = -\frac{21}{11}, \quad y_4 = -\frac{30}{19}$$

第三步,求解上二对角方程组 $Rx = y$,即

$$\begin{cases} x_1 + 2x_2 = 3 \\ x_2 - \frac{2}{5}x_3 = \frac{12}{5} \\ x_3 + \frac{10}{11}x_4 = -\frac{21}{11} \\ x_4 = -\frac{30}{19} \end{cases}$$

由下至上回代易求得

$$x_4 = -\frac{30}{19}, \quad x_3 = -\frac{9}{19}, \quad x_2 = \frac{42}{19}, \quad x_1 = -\frac{27}{19}$$

附 追赶法求解线性方程组的 Python 程序。

```
#解三对角线性方程组
import numpy as np
def tridiagonal(a,b,c,d):
```

```
'''三对角线性方程组 Ax=d
A=[b1  c1   0   0     0
   a1  b2  c2   0     0
    0  a2  b3  c3     0
              ...
    0   0       an-1  bn]
d=[d1,d2,…,dn]
x=[x1,x2,…,xn]: 解向量 X
'''
n=len(b)
beta=np.ones(n) * b[0]
y=np.ones(n) * d[0]
for i in range(1,n):
    beta[i]=b[i]-(a[i-1]/beta[i-1]) * c[i-1]
    y[i]=d[i]-(a[i-1]/beta[i-1]) * y[i-1]
#回代
x=np.ones(n) * y[-1]/beta[-1]
iter=np.linspace(n-2,0,n-1)
for i in iter:
    i=int(i)
    x[i]=(y[i]-c[i] * x[i+1])/beta[i]
print("三对角线性方程组的解:\nx={}".format(x))
if __name__=='__main__':
    #准备数据
    A=np.array([3, 3, 3])
    B=np.array([1, 1, 1, 1])
    C=np.array([2, 2, 2])
    D=np.array([3,-3, 3, -3])
    #调用自定义函数求解
    tridiagonal(A,B,C,D)
```

程序的运行结果如下:

```
三对角线性方程组的解:
x=[-1.42105263 2.21052632 -0.47368421 -1.57894737]
```

2. 追赶法的可行性

为使式(2-15)有意义,必须满足 $l_i \neq 0, i = 2, 3, \cdots, n$。为此,考察系数矩阵为对角占优阵的情形。

定义 2.1　三对角阵

$$
A = \begin{pmatrix}
b_1 & c_1 & & & & \\
a_2 & b_2 & c_2 & & & \\
& a_3 & b_3 & c_3 & & \\
& & \ddots & \ddots & \ddots & \\
& & & a_{n-1} & b_{n-1} & c_{n-1} \\
& & & & a_n & b_n
\end{pmatrix}
$$

称为**对角占优阵**,如果主对角元素的绝对值大于同行次对角元素的绝对值之和,即

$$\begin{cases} |b_1| > |c_1| \\ |b_i| > |a_i| + |c_i|, \quad i = 2, 3, \cdots, n-1 \\ |b_n| > |a_n| \end{cases} \tag{2-16}$$

定理 2.1 若三对角方程组的系数矩阵是对角占优阵,则 $l_i = b_i - r_{i-1}a_i \neq 0, i = 2, 3, \cdots, n$。

证 按照对角占优条件(2-16)可知

$$|r_1| = \frac{|c_1|}{|b_1|} < 1,$$

$$|b_2 - a_2 r_1| \geqslant |b_2| - |a_2| > |c_2|,$$

$$|r_2| = \frac{|c_2|}{|b_2 - a_2 r_1|} < \frac{|c_2|}{|c_2|} = 1,$$

$$|b_3 - a_3 r_2| \geqslant |b_3| - |a_3| > |c_3|,$$

$$|r_3| = \frac{|c_3|}{|b_3 - a_3 r_2|} < \frac{|c_3|}{|c_3|} = 1$$

以此类推,可知 $b_i - r_{i-1}a_i \neq 0, i = 2, 3, \cdots, n$,定理得证。

3. 追赶法的运算量

追赶法针对三对角方程组的具体特点,在设计算法时将大量零元素撇开,从而大大降低了计算量,易知追赶法大约需要 $3n$ 次加减运算与 $5n$ 次乘除运算。

在计算机上使用追赶法是求解三对角方程组的一种有效方法,它具有计算量小、方法简单及算法稳定等特点,因而有广泛的实际应用。此外,三对角方程组在样条插值、微分方程数值解等问题中大量出现,且系数矩阵大都具有对角占优性质,因此,不必选主元就能保证算法的稳定。

2.4 平方根法

本节介绍关于正定对称矩阵的平方根法和 $\boldsymbol{LDL}^{\mathrm{T}}$ 分解法。

2.4.1 正定对称矩阵的平方根法

当 $\boldsymbol{A}$ 是正定对称矩阵时,存在一个实的非奇异的下三角矩阵 $\boldsymbol{L}$,使得

$$\boldsymbol{A} = \boldsymbol{L}\boldsymbol{L}^{\mathrm{T}}$$

且当 $\boldsymbol{L}$ 的对角线元素为正时,这种分解是唯一的。

下面以三阶正定对称矩阵为例,利用直接分解的办法来计算矩阵 $\boldsymbol{L}$ 的元素。记

$$\boldsymbol{A} = \begin{pmatrix} a_{11} & a_{12} & a_{13} \\ a_{12} & a_{22} & a_{23} \\ a_{13} & a_{23} & a_{33} \end{pmatrix}, \quad \boldsymbol{L} = \begin{pmatrix} l_{11} & & \\ l_{21} & l_{22} & \\ l_{31} & l_{32} & l_{33} \end{pmatrix}$$

则

$$\boldsymbol{L}\boldsymbol{L}^{\mathrm{T}} = \begin{pmatrix} l_{11} & & \\ l_{21} & l_{22} & \\ l_{31} & l_{32} & l_{33} \end{pmatrix} \begin{pmatrix} l_{11} & l_{21} & l_{31} \\ & l_{22} & l_{32} \\ & & l_{33} \end{pmatrix} = \begin{pmatrix} l_{11}^2 & l_{11}l_{21} & l_{11}l_{31} \\ l_{21}l_{11} & l_{21}^2 + l_{22}^2 & l_{21}l_{31} + l_{22}l_{32} \\ l_{31}l_{11} & l_{31}l_{21} + l_{32}l_{22} & l_{31}^2 + l_{32}^2 + l_{33}^2 \end{pmatrix}$$

由

$$\begin{cases} l_{11}^2 = a_{11} \\ l_{21}l_{11} = a_{12} \\ l_{31}l_{11} = a_{13} \end{cases}$$

解得

$$\begin{cases} l_{11} = \sqrt{a_{11}} \\ l_{21} = \dfrac{a_{12}}{l_{11}} = \dfrac{a_{12}}{\sqrt{a_{11}}} \\ l_{31} = \dfrac{a_{13}}{l_{11}} = \dfrac{a_{13}}{\sqrt{a_{11}}} \end{cases}$$

由

$$\begin{cases} l_{21}^2 + l_{22}^2 = a_{22} \\ l_{21}l_{31} + l_{22} + l_{32} = a_{23} \end{cases}$$

解得

$$\begin{cases} l_{22} = \sqrt{a_{22} - l_{21}^2} \\ l_{32} = \dfrac{a_{23} - l_{21}l_{31}}{l_{22}} \end{cases}$$

由

$$l_{31}^2 + l_{32}^2 + l_{33}^2 = a_{33}$$

解得

$$l_{33} = \sqrt{a_{33} - l_{31}^2 - l_{32}^2}$$

例如，正定对称矩阵 $\begin{pmatrix} 5 & -4 & 1 \\ -4 & 6 & -4 \\ 1 & -4 & 6 \end{pmatrix}$ 按照上述讨论可分解为

$$\begin{pmatrix} 5 & -4 & 1 \\ -4 & 6 & -4 \\ 1 & -4 & 6 \end{pmatrix} = \begin{pmatrix} \sqrt{5} & & \\ -\dfrac{4}{\sqrt{5}} & \sqrt{\dfrac{14}{5}} & \\ \dfrac{1}{\sqrt{5}} & -\dfrac{16}{\sqrt{70}} & \sqrt{\dfrac{78}{35}} \end{pmatrix} \begin{pmatrix} \sqrt{5} & -\dfrac{4}{\sqrt{5}} & \dfrac{1}{\sqrt{5}} \\ & \sqrt{\dfrac{14}{5}} & -\dfrac{16}{\sqrt{70}} \\ & & \sqrt{\dfrac{78}{35}} \end{pmatrix}$$

一般地，对于 n 阶正定对称矩阵 $\boldsymbol{A}$，将其分解为 $\boldsymbol{L}\boldsymbol{L}^{\mathrm{T}}$，按照上述讨论可得计算公式

$$\begin{cases} l_{ii} = \sqrt{a_{ii} - \displaystyle\sum_{k=1}^{i-1} l_{ik}^2}, \quad i = 1,2,\cdots,n \\ l_{ji} = \dfrac{a_{ij} - \displaystyle\sum_{k=1}^{i-1} l_{jk}l_{ik}}{l_{ii}}, \quad j = i+1,i+2,\cdots,n \end{cases} \tag{2-17}$$

将 $\boldsymbol{A}$ 分解为 $\boldsymbol{L}\boldsymbol{L}^{\mathrm{T}}$ 的计算量约为 $\dfrac{1}{6}n^3 + o(n^2)$，在计算 $\boldsymbol{L}$ 的对角线元素时要完成 n 次开平方运算。因此，用式(2-17)分解正定对称矩阵后，再分别用追和赶的方法求解变元的过

程称为**平方根法**,又称为**楚列斯基(Cholesky)分解**。

例 2-10 求解线性方程组 $\begin{cases} 5x_1 - 4x_2 + x_3 = 2 \\ -4x_1 + 6x_2 - 4x_3 = -1 \\ x_1 - 4x_2 + 6x_3 = -1 \end{cases}$。

解:系数矩阵 $\boldsymbol{A} = \begin{pmatrix} 5 & -4 & 1 \\ -4 & 6 & -4 \\ 1 & -4 & 6 \end{pmatrix}$ 为正定对称矩阵。

第一步,将 $\boldsymbol{A}$ 分解为

$$\begin{pmatrix} 5 & -4 & 1 \\ -4 & 6 & -4 \\ 1 & -4 & 6 \end{pmatrix} = \begin{pmatrix} \sqrt{5} & & \\ -\dfrac{4}{\sqrt{5}} & \sqrt{\dfrac{14}{5}} & \\ \dfrac{1}{\sqrt{5}} & -\dfrac{16}{\sqrt{70}} & \sqrt{\dfrac{78}{35}} \end{pmatrix} \begin{pmatrix} \sqrt{5} & -\dfrac{4}{\sqrt{5}} & \dfrac{1}{\sqrt{5}} \\ & \sqrt{\dfrac{14}{5}} & -\dfrac{16}{\sqrt{70}} \\ & & \sqrt{\dfrac{78}{35}} \end{pmatrix} = \boldsymbol{LL}^\mathrm{T}$$

第二步,求解下三角形方程组 $\boldsymbol{Ly} = \boldsymbol{b}$,即

$$\begin{cases} \sqrt{5}\, y_1 = 2 \\ -\dfrac{4}{\sqrt{5}} y_1 + \sqrt{\dfrac{14}{5}}\, y_2 = -1 \\ \dfrac{1}{\sqrt{5}} y_1 - \dfrac{16}{\sqrt{70}} y_2 + \sqrt{\dfrac{78}{35}}\, y_3 = -1 \end{cases}$$

由追的过程解得

$$y_1 = \frac{2}{\sqrt{5}}, \quad y_2 = \frac{3}{\sqrt{70}}, \quad y_3 = -\frac{5}{7}$$

第三步,求解上三角形方程组 $\boldsymbol{L}^\mathrm{T}\boldsymbol{x} = \boldsymbol{y}$,即

$$\begin{cases} \sqrt{5}\, x_1 - \dfrac{4}{\sqrt{5}} x_2 + \dfrac{1}{\sqrt{5}} x_3 = \dfrac{2}{\sqrt{5}} \\ \sqrt{\dfrac{14}{5}}\, x_2 - \dfrac{16}{\sqrt{70}} x_3 = \dfrac{3}{\sqrt{70}} \\ \sqrt{\dfrac{78}{35}}\, x_3 = -\dfrac{5}{7} \end{cases}$$

由赶的过程解得

$$x_3 = -\frac{5\sqrt{5}}{\sqrt{546}}, \quad x_2 = \frac{3}{14} + \frac{20\sqrt{10}}{7\sqrt{273}}, \quad x_1 = \frac{4}{7} + \frac{39}{14}\sqrt{\frac{10}{273}}$$

2.4.2 LDL^T 分解

由例 2-10 可见,用平方根法求解方程组时,虽然在分解矩阵时计算量减少了一半,但计算对角线元素时要完成 n 次开方,这是不理想的,为避免开方运算,可把系数矩阵 $\boldsymbol{A}$ 分解为

$$\boldsymbol{A} = \boldsymbol{LDL}^\mathrm{T}$$

其中 L 为单位下三角矩阵,D 为对角矩阵且对角元素均不为零。

不妨设

$$L=\begin{pmatrix} 1 & & \\ l_{21} & 1 & \\ l_{31} & l_{32} & 1 \end{pmatrix}, \quad D=\begin{pmatrix} d_{11} & & \\ & d_{22} & \\ & & d_{33} \end{pmatrix}$$

则

$$A=\begin{pmatrix} a_{11} & a_{12} & a_{13} \\ a_{12} & a_{22} & a_{23} \\ a_{13} & a_{23} & a_{33} \end{pmatrix}$$

$$=\begin{pmatrix} 1 & & \\ l_{21} & 1 & \\ l_{31} & l_{32} & 1 \end{pmatrix}\begin{pmatrix} d_{11} & & \\ & d_{22} & \\ & & d_{33} \end{pmatrix}\begin{pmatrix} 1 & l_{21} & l_{31} \\ & 1 & l_{32} \\ & & 1 \end{pmatrix}$$

$$=\begin{pmatrix} d_{11} & d_{11}l_{21} & d_{11}l_{31} \\ l_{21}d_{11} & l_{21}^2 d_{11}+d_{22} & l_{31}l_{21}d_{11}+l_{32}d_{22} \\ l_{31}d_{11} & l_{31}l_{21}d_{11}+l_{32}d_{22} & l_{31}^2 d_{11}+l_{32}^2 d_{22}+d_{33} \end{pmatrix}$$

根据相等的矩阵对应位置上的元素相等的事实,得到矩阵 L 和 D 的各元素计算公式

$$d_{11}=a_{11}$$

$$l_{21}=\frac{a_{12}}{d_{11}}$$

$$d_{22}=a_{22}-l_{21}^2 d_{11}$$

$$l_{31}=\frac{a_{13}}{d_{11}}$$

$$l_{32}=\frac{a_{23}-l_{31}l_{21}d_{11}}{d_{22}}$$

$$d_{33}=a_{33}-l_{31}^2 d_{11}-l_{32}^2 d_{22}$$

求得矩阵 L 和 D 之后,解方程组 $Ax=b$ 可分为如下几步完成。

(1) 解下三角形方程组 $Ly=b$,得到 y 值;

(2) 计算向量 $z=(z_1,z_2,z_3)^{\mathrm{T}}$,其中 $z_i=\dfrac{y_i}{d_{ii}}$,$i=1,2,3$;

(3) 求解上三角形方程组 $L^{\mathrm{T}}x=z$,得到 x 值。

这一方法称为**改进平方根法**,又称为 **LDL^{T} 分解**。

例 2-11　利用 LDL^{T} 求解线性方程组 $\begin{cases} 5x_1-4x_2+x_3=2 \\ -4x_1+6x_2-4x_3=-1 \\ x_1-4x_2+6x_3=-1 \end{cases}$。

解:第一步,根据上述公式计算得到

$$d_{11}=5, \quad l_{21}=-\frac{4}{5}, \quad d_{22}=\frac{14}{5}, \quad l_{31}=\frac{1}{5}, \quad l_{32}=-\frac{8}{7}, \quad d_{33}=\frac{15}{7}$$

将系数矩阵 A 分解为

$$\begin{pmatrix} 5 & -4 & 1 \\ -4 & 6 & -4 \\ 1 & -4 & 6 \end{pmatrix} = \begin{pmatrix} 1 & & \\ -\dfrac{4}{5} & 1 & \\ \dfrac{1}{5} & -\dfrac{8}{7} & 1 \end{pmatrix} \begin{pmatrix} 5 & & \\ & \dfrac{14}{5} & \\ & & \dfrac{15}{7} \end{pmatrix} \begin{pmatrix} 1 & -\dfrac{4}{5} & \dfrac{1}{5} \\ & 1 & -\dfrac{8}{7} \\ & & 1 \end{pmatrix} = \boldsymbol{LDL}^{\mathrm{T}}$$

第二步,求解下三角形方程组 $\boldsymbol{L}\boldsymbol{y}=\boldsymbol{b}$,即

$$\begin{cases} y_1 = 2 \\ -\dfrac{4}{5}y_1 + y_2 = -1 \\ \dfrac{1}{5}y_1 - \dfrac{8}{7}y_2 + y_3 = -1 \end{cases}$$

由追的过程解得

$$y_1 = 2, \quad y_2 = \frac{3}{5}, \quad y_3 = -\frac{5}{7}$$

第三步,计算向量 $\boldsymbol{z}=(z_1,z_2,z_3)^{\mathrm{T}}$,

$$z_1 = \frac{y_1}{d_{11}} = \frac{2}{5}, \quad z_2 = \frac{y_2}{d_{22}} = \frac{3}{5}\bigg/\frac{14}{5} = \frac{3}{14}, \quad z_3 = \frac{y_3}{d_{33}} = -\frac{5}{7}\bigg/\frac{15}{7} = -\frac{1}{3}$$

第四步,求解上三角形方程组 $\boldsymbol{L}^{\mathrm{T}}\boldsymbol{x}=\boldsymbol{z}$,即

$$\begin{cases} x_1 - \dfrac{4}{5}x_2 + \dfrac{1}{5}x_3 = \dfrac{2}{5} \\ x_2 - \dfrac{8}{7}x_3 = \dfrac{3}{14} \\ x_3 = -\dfrac{1}{3} \end{cases}$$

由赶的过程解得

$$x_3 = -\frac{1}{3}, \quad x_2 = -\frac{1}{6}, \quad x_1 = \frac{1}{3}$$

习 题 2

1. 分别用顺序高斯消去法和选主元高斯消去法解下列方程组 $\boldsymbol{A}\boldsymbol{x}=\boldsymbol{b}$,其中:

(1) $\boldsymbol{A} = \begin{pmatrix} 2 & 3 & 4 \\ 1 & 1 & 9 \\ 1 & 2 & -6 \end{pmatrix}, \boldsymbol{b} = \begin{pmatrix} 0 \\ 2 \\ 1 \end{pmatrix}$;

(2) $\boldsymbol{A} = \begin{pmatrix} 2 & -4 & 2 \\ 1 & 2 & 3 \\ -3 & -2 & 5 \end{pmatrix}, \boldsymbol{b} = \begin{pmatrix} 2 \\ 3 \\ 1 \end{pmatrix}$;

(3) $\boldsymbol{A} = \begin{pmatrix} 0.0120 & 0.0100 & 0.1670 \\ 1.000 & 0.8334 & 5.910 \\ 3200 & 1200 & 4.200 \end{pmatrix}, \boldsymbol{b} = \begin{pmatrix} 0.6781 \\ 12.10 \\ 983.3 \end{pmatrix}$;

(4) $\boldsymbol{A}=\begin{pmatrix} 3 & -1 & 4 \\ -1 & 2 & -2 \\ 2 & -3 & -2 \end{pmatrix}, \boldsymbol{b}=\begin{pmatrix} 7 \\ -1 \\ 0 \end{pmatrix}$。

2. 对下列矩阵 $\boldsymbol{A}$ 进行 $\boldsymbol{LU}$ 分解,并求解方程组 $\boldsymbol{Ax}=\boldsymbol{b}$,其中:

(1) $\boldsymbol{A}=\begin{pmatrix} -3 & 2 & 6 \\ 10 & -7 & 0 \\ 5 & -1 & 5 \end{pmatrix}, \boldsymbol{b}=\begin{pmatrix} 4 \\ 7 \\ 6 \end{pmatrix}$;

(2) $\boldsymbol{A}=\begin{pmatrix} 2 & 1 & 1 \\ 1 & 3 & 2 \\ 1 & 2 & 2 \end{pmatrix}, \boldsymbol{b}=\begin{pmatrix} 4 \\ 6 \\ 5 \end{pmatrix}$;

(3) $\boldsymbol{A}=\begin{pmatrix} 12 & -3 & 3 \\ -18 & 3 & -1 \\ 1 & 1 & 1 \end{pmatrix}, \boldsymbol{b}=\begin{pmatrix} 15 \\ -15 \\ 6 \end{pmatrix}$;

(4) $\boldsymbol{A}=\begin{pmatrix} 3 & -1 & 4 \\ -1 & 2 & -2 \\ 2 & -3 & -2 \end{pmatrix}, \boldsymbol{b}=\begin{pmatrix} 7 \\ -1 \\ 0 \end{pmatrix}$。

3. 给定下列方程组:

(1) $\begin{cases} 0.01x+y=1, \\ x+y=2 \end{cases}$,

(2) $\begin{cases} 0.01x+y+z=2 \\ x+2y-z=2 \\ -x+y+z=1 \end{cases}$

先用克拉默法则求其精确解,再用高斯消去法和选主元高斯消去法求解,并比较结果。

4. 对以四阶希尔伯特(Hilbert)矩阵为系数矩阵的方程组

$$\begin{cases} x_1+\dfrac{1}{2}x_2+\dfrac{1}{3}x_3+\dfrac{1}{4}x_4=1 \\[2mm] \dfrac{1}{2}x_1+\dfrac{1}{3}x_2+\dfrac{1}{4}x_3+\dfrac{1}{5}x_4=0 \\[2mm] \dfrac{1}{3}x_1+\dfrac{1}{4}x_2+\dfrac{1}{5}x_3+\dfrac{1}{6}x_4=0 \\[2mm] \dfrac{1}{4}x_1+\dfrac{1}{5}x_2+\dfrac{1}{6}x_3+\dfrac{1}{7}x_4=0 \end{cases}$$

用高斯消去法求解,并与精确解比较。

5. 用追赶法求解下列方程组。

$$\begin{pmatrix} 4 & -1 & & & \\ -1 & 4 & -1 & & \\ & -1 & 4 & -1 & \\ & & -1 & 4 & -1 \\ & & & -1 & 4 \end{pmatrix}\begin{pmatrix} x_1 \\ x_2 \\ x_3 \\ x_4 \\ x_5 \end{pmatrix}=\begin{pmatrix} 100 \\ 0 \\ 0 \\ 0 \\ 200 \end{pmatrix}$$

6. 分别用平方根法和 $\boldsymbol{LDL}^{\mathrm{T}}$ 分解求解下列方程组 $\boldsymbol{Ax}=\boldsymbol{b}$,其中:

（1）$\boldsymbol{A}=\begin{pmatrix} 3 & 2 & 1 \\ 2 & 2 & 0 \\ 1 & 0 & 3 \end{pmatrix}$，$\boldsymbol{b}=\begin{pmatrix} 5 \\ 3 \\ 4 \end{pmatrix}$；

（2）$\boldsymbol{A}=\begin{pmatrix} 16 & 4 & 8 \\ 4 & 5 & -4 \\ 8 & -4 & 22 \end{pmatrix}$，$\boldsymbol{b}=\begin{pmatrix} 1 \\ 2 \\ 3 \end{pmatrix}$。

第3章

插 值 法

实际问题中的函数 $f(x)$ 是各种各样的,有的数学表达式过于复杂,有的只给出某些点上的函数值、导数值等离散数据。为了研究或使用 $f(x)$,往往构造一个简单函数 $p(x)$ 作为近似函数,通过处理 $p(x)$ 而获得使用 $f(x)$ 的效果。如果只需要 $p(x)$ 处理或给出离散数据,则称为 $f(x)$ 的插值函数。

选取不同的插值函数 $p(x)$,近似 $f(x)$ 的效果就会有所不同。由于代数多项式结构简单且计算与分析都比较方便,故常用作科研或工程上的插值函数,这就是代数插值。拉格朗日插值、牛顿插值、埃尔米特插值都可用于寻求整个区间上的代数插值多项式;但当多项式次数太高(涉及数据点太多)时插值效果可能会变差,这就需要使用分段拉格朗日插值、分段埃尔米特插值等方法。如果要求插值函数 $p(x)$ 是光滑曲线(插值点处的一阶二阶导数连续),还可以使用三次样条函数插值多项式。

3.1 插值及代数插值

插值法就是构造函数的近似表达式 $p(x)$,近似地表达表格函数或者复杂函数 $f(x)$ 的一种数学方法。如果构造 $p(x)$ 时,能够满足 x_i 处的 $p(x_i)$ 与 $f(x_i)$ 相等,而在别处则以 **$p(x)$ 近似地代替** $f(x)$,则称 $p(x)$ 为 $f(x)$ 的插值函数。

插值法的第一步是根据待解问题选择恰当的函数类作为原来函数的近似表达式;第二步是具体构造 $p(x)$ 表达式。

3.1.1 插值的概念

假定通过实验观测,得到如表 3-1 所示的一批数据 (x_i, y_i),$i = 0, 1$,$2, \cdots, n$,需要从中找到自变量 x 与因变量 y 之间的函数关系,一般可用一个近似函数 $y = f(x)$ 来表示。

表 3-1 一般插值数据表

x	x_0	x_1	x_2	$\cdots$	x_n
y	y_0	y_1	y_2	$\cdots$	y_n

依据一批给定的数据点(输入、输出变量的数据)来确定函数,就是确定满足特定要求的曲线或者曲面。函数 $y=f(x)$ 的产生办法常因观测数据及要求的不同而不同,一般可采用函数插值或数据拟合两种办法来实现。

如果只有一个输入变量、一个输出变量,则属于一元函数的拟合和插值;如果有多个输入变量,则为多元函数的拟合和插值。

如果要求曲线或曲面通过给定的所有数据点,就是插值问题;如果只是希望反映对象整体的变化趋势,而不强求曲线或曲面通过所有数据点,这就是数据拟合,又称为曲线拟合或曲面拟合。

注:在人工智能、大数据分析的数据挖掘过程中,原始数据中往往存在许多不完整或者偏离的数据。轻则影响执行效率,重则影响执行效果,一般都需要进行数据预处理,较为常用的是数据插补方法。插值法和拟合是两种主要的数据插补方法。

例 3-1 已知 $\sin(35°10')$、$\sin(35°20')$、$\sin(35°30')$ 三个函数值,如表 3-2 所示。求另外两个函数值 $\sin(35°16')$ 和 $\sin(35°27')$。

表 3-2 已知点函数值与未知点待求函数值

序 号	1	2	3	4	5
x	$35°10'$	$35°16'$	$35°20'$	$35°27'$	$35°30'$
$\sin x$	0.575 956 8	?	0.578 332 3	?	0.580 703 0

解:构造 $y_i=\sin(x_i)$ 的近似函数(已知点函数值与原函数相同):
$$p(x_i)=\sin(x_{i-1})+[\sin(x_{i+1})-\sin(x_{i-1})]\times(x_i-x_{i-1})$$
代入求解两个函数值:
$$\sin 35°16'=0.575\ 956\ 8+(0.578\ 332\ 3-0.575\ 956\ 8)\times0.6=0.577\ 382\ 1$$
$$\sin 35°27'=0.578\ 332\ 3+(0.580\ 703\ 0-0.578\ 332\ 3)\times0.7=0.579\ 991\ 8$$
调用 Windows 计算器求得(精确值):
$$\sin 35°16'=\sin(35+16\div60)=0.577\ 382\ 7\cdots$$
$$\sin 35°27'=\sin(35+27\div60)=0.579\ 992\ 2\cdots$$
考虑到代入 $p(x)$ 求未知函数值时,使用的已知函数值是近似数,因此,由近似函数 $p(x)$ 求得的函数值的精度是比较高的。也就是说,$p(x)$ 可以作为 $\sin(x)$ 的插值函数
$$y=\sin(x)\approx p(x)$$

3.1.2 代数插值

由于代数多项式结构简单,计算及理论分析都很方便,故科研与工程上经常选取代数多项式作为插值函数,这就是代数插值。代数插值方法很多,有拉格朗日插值、分段插值、牛顿插值、等距结点插值等。

1. 插值多项式

对于给定的函数(如表格函数)$y=f(x)$,已知 $n+1$ 个互异点 $x_0,x_1,x_2,\cdots,x_n$,且 $x_0<x_1<x_2<\cdots<x_n$,这些点上的函数取值为 $y_0,y_1,y_2,\cdots,y_n$,即
$$f(x_i)=y_i,\quad i=0,1,2,\cdots,n$$

求一个 n 次多项式 $y = p_n(x)$，在点 x_i 处满足

$$p_n(x_i) = y_i, \quad i = 0,1,2,\cdots,n$$

称这个问题的解 $y = p_n(x)$ 是给定函数 $y = f(x)$ 的插值多项式，即插值函数。而称 $y = f(x)$ 为被插值函数。$x_0, x_1, x_2, \cdots, x_n$ 称为插值结点(结点、基点)。x_0 为左端点，x_n 为右端点，称此二端点所限定的区间 (x_0, x_n) 为插值区间。

2. 代数插值问题的唯一有解性

代数插值实际上就是根据既定的 $n+1$ 个结点上的函数值，设法构造一个次数不高于 n 的代数多项式

$$p_n(x) = a_0 + a_1 x + a_2 x^2 + \cdots + a_n x^n$$

即由 $n+1$ 个条件确定 $n+1$ 个待定系数。将

$$p_n(x_i) = y_i, \quad i = 0,1,2,\cdots,n$$

代入，得到一个关于 $a_n, a_{n-1}, a_{n-2}, \cdots, a_1, a_0$ 的 $n+1$ 线性方程组

$$\begin{cases} a_0 + a_1 x_0 + a_2 x_0^2 + \cdots + a_{n-1} x_0^{n-1} + a_n x_0^n = y_0 \\ a_0 + a_1 x_1 + a_2 x_1^2 + \cdots + a_{n-1} x_1^{n-1} + a_n x_1^n = y_1 \\ \qquad\qquad\qquad\qquad \vdots \\ a_0 + a_1 x_{n-1} + a_2 x_{n-1}^2 + \cdots + a_{n-1} x_{n-1}^{n-1} + a_n x_{n-1}^n = y_{n-1} \\ a_0 + a_1 x_n + a_2 x_n^2 + \cdots + a_{n-1} x_n^{n-1} + a_n x_n^n = y_n \end{cases}$$

其系数行列式为范德蒙德(Vandermonde)行列式

$$V(x_0, x_1, \cdots, x_n) = \begin{vmatrix} 1 & x_0 & x_0^2 & \cdots & x_0^{n-1} & x_0^n \\ 1 & x_1 & x_1^2 & \cdots & x_1^{n-1} & x_1^n \\ \vdots & \vdots & \vdots & \ddots & \vdots & \vdots \\ 1 & x_{n-1} & x_{n-1}^2 & \cdots & x_{n-1}^{n-1} & x_{n-1}^n \\ 1 & x_n & x_n^2 & \cdots & x_n^{n-1} & x_n^n \end{vmatrix} = \prod_{i=1}^{n} \prod_{j=0}^{i-1} (x_i - x_j)$$

因为插值结点 x_i 互不相同；所以 $\prod_{i=1}^{n} \prod_{j=0}^{i-1} (x_i - x_j) \neq 0$。

根据解线性方程组的克拉默(Cramer)法则，方程组的解存在且唯一，从而 $p_n(x)$ 唯一确定。也就是说，n 次代数插值问题的解是存在且唯一的。解的唯一性保证了无论用什么方法求解 $p_n(x)$，其结果总是相同的。

这个证明实际上给出了代数插值多项式的一个构造方法，但因计算范德蒙德行列式的工作量太大，此方法不便于计算机求解。常用的方法有拉格朗日(Lagrange)插值、牛顿(Newton)插值等。

3. 插值的几何意义

代数插值的几何意义，就是通过 $n+1$ 个点 $(x_0, y_0), (x_1, y_1), \cdots, (x_n, y_n)$ 作一条 n 次代数曲线 $y = p_n(x)$，近似于曲线 $y = f(x)$，如图 3-1 所示。

在插值区间上，用 $y = p(x)$ 近似 $y = f(x)$，在插值结点 x_i 处，$f(x) = p(x_i)$，而在其他点 x 处，相应函数值就会有误差。令

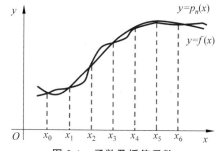

图 3-1　函数及插值函数

$$R(x) = f(x) - p(x)$$

则称 $R(x)$ 为插值多项式的余项，它表示用 $p(x)$ 近似 $f(x)$ 的截断误差的大小。一般来说，$|R(x)|$ 越小，近似程度越好。

3.2　拉格朗日插值

拉格朗日插值是一种重要的代数插值方法，其思路很简单，就是设计基函数 $l(x)$，使得 $L_n(x)$ 能够拟合 $f(x)$：

$$L_n(x) = \sum_{i=0}^{n} f(x_i) l_i(x)$$

$l_i(x)$ 的特点是，当 $x = x_i$ 时，$l_i(x_i) = 1$；当 $x = x_j \neq x_i$ 时，$l_i(x_j) = 0$。这样，$L_n(x)$ 就能穿过 $n+1$ 个 $(x_i, f(x_i))$。$L_n(x)$ 称为 n 次拉格朗日插值多项式，$l(x)$ 又称作 n 次插值基函数，$x_i(i = 0,1,2,\cdots,n)$ 称为插值结点。

3.2.1　线性插值

已知函数 $y = f(x)$ 在两个互异点 x_0, x_1 上的函数值 $y_0 = f(x_0)$，$y_1 = f(x_1)$，要求构造一个一次多项式 $y = p_1(x)$，使得

$$p_1(x_0) = y_0, \quad p_1(x_1) = y_1$$

1. 构造插值多项式

构造 $p_1(x)$ 的方法有如下两种。

(1) 设 $p_1(x_0) = ax + b$，视 a, b 为未知数，求解二元一次方程组

$$\begin{cases} ax_0 + b = y_0 \\ ax_1 + b = y_1 \end{cases}$$

即可求得 $p_1(x)$。

(2) 两点间的函数及插值多项式如图 3-2 所示。

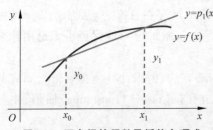

图 3-2　两点间的函数及插值多项式

$y = p_1(x)$ 表示通过两点 $A(x_0, y_0)$ 与 $B(x_1, y_1)$ 的直线。通过 A, B 两点的直线方程即为插值公式：

$$p_1(x) = y_0 + \frac{y_1 - y_0}{x_1 - x_0}(x - x_0) \quad (3\text{-}1)$$

也可改写成另一种插值公式：

$$p_1(x) = \frac{x - x_1}{x_0 - x_1} y_0 + \frac{x - x_0}{x_1 - x_0} y_1 \quad (3\text{-}2)$$

这两种形式的 $p_1(x)$ 都叫作函数 $y = f(x)$ 的插值多项式。这种插值一般称为线性插值，也称为两点插值。

2. 插值公式的特点

两种插值公式中，先看式(3-1)，其中 $\dfrac{y_1 - y_0}{x_1 - x_0}$ 就是差商 $\dfrac{f(x_1) - f(x_0)}{x_1 - x_0}$，当 x_1 逼近 x_0 时，趋于导数 $f'(x_0)$。因此，当 x_1 趋于 x_0 时，式(3-1)的极限形式为

$$p_1(x) = f(x_0) + f'(x_0)(x - x_0)$$

由此式可知,插值多项式 $y = p_1(x)$ 的极限形式,恰好是 $y = f(x)$ 在点 x_0 处的一阶泰勒 (Taylor)多项式。这个事实在几何上解释为:当 x_1 趋于 x_0 时,割线 $y = p_1(x)$ 逼近曲线 $y = f(x)$ 在点 $A(x_0, f(x_0))$ 处的切线。

再看式(3-2)的结构,如果记

$$A_0(x) = \frac{x - x_1}{x_0 - x_1}, \quad A_1(x) = \frac{x - x_0}{x_1 - x_0}$$

则式(3-2)可表示为式(3-3):

$$p_1(x) = A_0(x) \cdot y_0 + A_1(x) \cdot y_1 \tag{3-3}$$

其中,$A_0(x)$、$A_1(x)$ 称为线性插值的基函数,或称为以 x_1、x_0 为结点的基本插值多项式。该式说明,所构造的一次多项式 $y = p_1(x)$ 可以用两个线性插值基函数 $A_0(x)$、$A_1(x)$ 通过线性组合的方法构造出来。

将 x_0 与 x_1 分别代入式(3-3),根据插值条件易知:

$$A_0(x_0) = 1, \quad A_0(x_1) = 0$$
$$A_1(x_0) = 0, \quad A_1(x_1) = 1$$

可知基函数 $A_0(x)$、$A_1(x)$ 分别是适用于函数表

x	x_0	x_1
$A_0(x)$	1	0

和

x	x_0	x_1
$A_1(x)$	0	1

的插值多项式,而且

$$A_1(x_0) + A_1(x_1) \equiv 1$$

应该明确,$A_0(x)$、$A_1(x)$ 都是 x 的一次多项式,原因是

$$A_0(x) = \frac{x - x_1}{x_0 - x_1} = \frac{1}{x_0 - x_1} x + \left(-\frac{x_1}{x_1 - x_0} \right)$$

$$A_1(x) = \frac{x - x_0}{x_1 - x_0} = \frac{1}{x_1 - x_0} x + \left(-\frac{x_0}{x_1 - x_0} \right)$$

例 3-2　已知 $\sqrt{100} = 10, \sqrt{121} = 11$,求 $\sqrt{115}$ 的值。

解:根据题意可知

$$x_0 = 100, \quad y_0 = 10$$
$$x_1 = 121, \quad y_1 = 11$$
$$x = 115$$

代入线性插值式(3-1):

$$y = p_1(115) = 10 + \frac{11 - 10}{121 - 100} \times (115 - 100) \approx 10.714\ 285\ 7$$

与精确值 $\sqrt{115} = 10.723\ 805\ 29\cdots$ 比较,这个线性插值只有 3 位有效数字,计算精确度是比较低的。

3.2.2　抛物插值

线性插值仅用两个结点上的信息,计算精度自然低。为了提高精度,可以考虑三点插值

（二次、抛物插值）。

已知函数 $y=f(x)$ 在 3 个互异点 x_0,x_1,x_2 上的函数值

$$y_0=f(x_0), \quad y_1=f(x_1), \quad y_2=f(x_2)$$

要求构造一个二次多项式 $y=p_2(x)$，使得

$$p_2(x_0)=y_0, \quad p_2(x_1)=y_1, \quad p_2(x_2)=y_2$$

构造二次插值多项式 $p_2(x)$ 的方法有两种。

1. 构造插值函数 $p_2(x)$ 的第一种方法

设待求插值函数为

$$p_2(x_0)=ax^2+bx+c$$

其中，参数 a、b、c 由插值条件决定，即由下列方程组确定：

$$\begin{cases} ax_0^2+bx_0+c=y_0 \\ ax_1^2+bx_1+c=y_1 \\ ax_2^2+bx_2+c=y_2 \end{cases}$$

求解这个三元一次方程组，得知三个未知数 a、b、c 的值，即可确定 $p_2(x)$。

因为这里的 $x_i(i=0,1,2)$ 互异为已知条件。

所以可以证明：如果该方程组的系数行列式非零，其解是唯一的；故可确定 $p_2(x)$ 就是所要构造的插值函数。

2. 构造插值函数 $p_2(x)$ 的第二种方法

回顾线性插值

$$p_1(x)=A_0(x) \cdot y_0+A_1(x) \cdot y_1$$

该式中

$$A_0(x)=\frac{x-x_1}{x_0-x_1}, \quad A_1(x)=\frac{x-x_0}{x_1-x_0}$$

是线性插值的基函数，二者均为 x 的一次式，满足条件

$$A_0(x_0)=1, \quad A_0(x_1)=0$$
$$A_1(x_0)=0, \quad A_1(x_1)=1$$

而且，$p_1(x)$ 为基函数 $A_0(x)$ 与 $A_1(x)$ 的线性组合，线性组合的系数恰好为相应的函数值。

以此类推，如果二次插值函数 $p_2(x)$ 也是基函数的线性组合，则可知二次插值函数 $p_2(x)$ 的格式为

$$p_2(x)=A_0(x) \cdot y_0+A_1(x) \cdot y_1+A_2(x) \cdot y_2$$

其中，$A_i(x)(i=0,1,2)$ 为二次插值函数的基函数，且为二次式。于是，构造 $p_2(x)$ 就化为确定 $A_i(x)(i=0,1,2)$。

根据插值条件，二次插值函数的基函数必须满足如下条件。

条件 1：$A_0(x_0)=1,A_0(x_1)=0,A_0(x_2)=0$；

条件 2：$A_1(x_0)=0,A_1(x_1)=1,A_1(x_2)=0$；

条件 3：$A_2(x_0)=0,A_2(x_1)=0,A_2(x_2)=1$。

1）先确定 $A_0(x)$

由条件 1 中的 $A_0(x_1)$ 与 $A_0(x_2)$ 可知，$A_0(x)$ 必然包含因子 $x-x_1$ 与 $x-x_2$。

又因为 $A_0(x)$ 为二次式,故令
$$A_0(x)=\lambda(x-x_1)(x-x_2)$$
其中,待定系数 λ 可由条件 1 式中的条件 $A_0(x_0)=1$ 来确定,即
$$A_0(x)=\lambda(x-x_1)(x-x_2)=1$$
求得
$$\lambda=\frac{1}{(x-x_1)(x-x_2)}$$
代入求得
$$A_0(x)=\lambda(x-x_1)(x-x_2)=\frac{(x-x_1)(x-x_2)}{(x_0-x_1)(x_0-x_2)}$$

2) 再构造 $A_1(x)$ 与 $A_2(x)$

同样的步骤,根据条件 2 和条件 3 分别得到
$$A_1(x)=\frac{(x-x_0)(x-x_2)}{(x_1-x_0)(x_1-x_2)}$$
$$A_2(x)=\frac{(x-x_0)(x-x_1)}{(x_2-x_0)(x_2-x_1)}$$

3) 将上述基函数 $A_i(x)(i=0,1,2)$ 代入 $p_2(x)$ 的格式,得到二次插值函数 $p_2(x)$
$$p_2(x)=A_0(x)y_0+A_1(x)y_1+A_2(x)y_2$$
$$=\frac{(x-x_1)(x-x_2)}{(x_0-x_1)(x_0-x_2)}y_0+\frac{(x-x_0)(x-x_2)}{(x_1-x_0)(x_1-x_2)}y_1+\frac{(x-x_0)(x-x_1)}{(x_2-x_0)(x_2-x_1)}y_2$$
改写为
$$p_2(x)=y_0\prod_{\substack{j=0\\j\neq0}}^{2}\frac{(x-x_j)}{(x_0-x_j)}+y_1\prod_{\substack{j=0\\j\neq1}}^{2}\frac{(x-x_j)}{(x_1-x_j)}+y_2\prod_{\substack{j=0\\j\neq2}}^{2}\frac{(x-x_j)}{(x_2-x_j)}$$
这就是所要构造的函数 $y=f(x)$ 的二次插值函数公式,也称为抛物插值公式。

3. 二次插值的几何意义

二次插值的几何解释是:用通过三点 (x_0,y_0),(x_1,y_1),(x_2,y_2) 所作抛物线 $y=p_2(x)$ 来近似曲线 $y=f(x)$,如图 3-3 所示。这就是二次插值称为抛物插值的缘由。

例 3-3　已知 $\sqrt{100}=10,\sqrt{121}=11,\sqrt{144}=12$,求 $\sqrt{115}$ 的值。

解:根据题意可知
$$x_0=100,\quad y_0=10$$
$$x_1=121,\quad y_1=11$$
$$x_2=144,\quad y_2=12$$
$$x=115$$

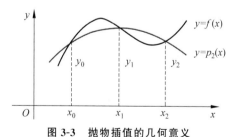

图 3-3　抛物插值的几何意义

代入抛物插值公式求解
$$y=p_2(115)$$
$$=\frac{(115-121)\times(115-144)}{(100-121)\times(100-144)}\times10+$$

$$\frac{(115-100)\times(115-144)}{(121-100)\times(121-144)}\times 11 +$$

$$\frac{(115-100)\times(115-121)}{(144-100)\times(144-121)}\times 12$$

$$\approx 10.722\ 755\ 5$$

与精确值 $\sqrt{115}=10.723\ 805\ 29\cdots$ 比较，这个抛物插值的计算精度具有 4 位有效数字，比线性插值（3 位有效数字）精确。

3.2.3 拉格朗日插值的一般形式

已知函数 $y=f(x)$ 有 $n+1$ 个互异点 $x_0,x_1,x_2,\cdots,x_n$，且 $x_0<x_1<x_2<\cdots<x_n$，以及这些点上的函数值 $y_0,y_1,y_2,\cdots,y_n$，要求构造一个次数不高于 n 的插值多项式 $p_n(x)$，使得

$$p_n(x_i)=y_i,\quad i=0,1,2,\cdots,n$$

可以仿照构造抛物插值多项式的方法，先构造插值基函数，再利用插值基函数构造多项式 $p_n(x)$。

1. 构造插值基函数

一般形式的插值基函数 $A_k(x)(k=0,1,2,\cdots,n)$ 是 n 次多项式，且满足条件

$$A_k(x)=\begin{cases}0, & i\neq k\\ 1, & i=k\end{cases}$$

即满足表 3-3 列出的函数表。

表 3-3 $A_k(x)(k=0,1,2,\cdots,n)$ 满足的函数表

x	x_0	x_1	x_2	...	x_{k-1}	x_k	x_{k+1}	...	x_n
$A_k(x)$	0	0	0	...	0	1	0	...	0

也就是说，除 x_k 之外的其他所有结点，都是基函数 $A_k(x)$ 的零点。

按照之前抛物插值基函数的求解方法，可以得到

$$A_0(x)=\frac{(x-x_1)(x-x_2)\cdots(x-x_n)}{(x_0-x_1)(x_0-x_2)\cdots(x_0-x_n)}=\prod_{\substack{j=0\\j\neq 0}}^{n}\frac{(x-x_j)}{(x_0-x_j)}$$

$$A_1(x)=\frac{(x-x_0)(x-x_2)\cdots(x-x_n)}{(x_1-x_0)(x_1-x_2)\cdots(x_1-x_n)}=\prod_{\substack{j=0\\j\neq 1}}^{n}\frac{(x-x_j)}{(x_1-x_j)}$$

基函数的一般形式 $A_k(x)$ 为

$$A_k(x)=\frac{(x-x_0)\cdots(x-x_{k-1})(x-x_{k+1})\cdots(x-x_n)}{(x_k-x_0)\cdots(x_k-x_{k-1})(x_k-x_{k+1})\cdots(x_k-x_n)}=\prod_{\substack{j=0\\j\neq k}}^{n}\frac{(x-x_j)}{(x_k-x_j)}$$

2. 构造插值多项式

在求得 $n+1$ 个 n 次多项式

$$A_k(x),\quad k=0,1,2,\cdots,n$$

即 $n+1$ 个基函数之后，由这些基函数进行线性组合，可得

$$p_n(x)=A_0(x)y_0+A_1(x)y_1+\cdots+A_n(x)y_n$$

$$= y_0 \prod_{\substack{j=0 \\ j\neq 0}}^{n} \frac{(x-x_j)}{(x_0-x_j)} + y_1 \prod_{\substack{j=0 \\ j\neq 1}}^{n} \frac{(x-x_j)}{(x_1-x_j)} + \cdots + y_k \prod_{\substack{j=0 \\ j\neq k}}^{n} \frac{(x-x_j)}{(x_k-x_j)} + \cdots + y_n \prod_{\substack{j=0 \\ j\neq n}}^{n} \frac{(x-x_j)}{(x_n-x_j)}$$

改写为

$$p_n(x) = \sum_{k=0}^{n} \left(y_k \prod_{\substack{j=0 \\ j\neq k}}^{n} \frac{(x-x_j)}{(x_k-x_j)} \right)$$

这就是所要求的插值多项式,称为一般形式的拉格朗日插值公式。

3. 插值多项式的意义

可以看出,拉格朗日插值公式满足插值条件

$$p_n(x_i) = y_i, \quad i = 0,1,2,\cdots,n$$

特别地,当 $n=1$ 时,公式变成线性插值公式;当 $n=2$ 时,公式变成抛物插值公式。

在给定点 x,用插值公式计算 $p_n(x)$ 的值,并作为函数 $y=f(x)$ 在点 x 处的近似值,这个过程称为插值。插值多项式的次数称为插值的阶数。点 x 称为插值点。如果插值点 x 位于插值区间内,这种插值过程称为内插,否则称为外插或外推。

例 3-4　已知函数如表 3-4 所示。

表 3-4　已知函数表

x_i	0.561 60	0.562 80	0.564 01	0.565 21
y_i	0.827 41	0.826 59	0.825 77	0.824 95

用三次拉格朗日插值公式求当 $x=0.5635$ 时的近似值。

解: 本例中,求值结果为 $y=0.826\ 115\ 663\ 864\ 317\ 9$。

附: 三次拉格朗日插值的 Python 程序。

```python
import numpy as np
def lagrange_interpolation(xi, yi, x):
    #拉格朗日插值
    n=len(xi)
    y=0
    for i in range(n):
        p=yi[i]
        for j in range(n):
            if j!=i:
                p*=(x-xi[j])/(xi[i]-xi[j])
        y+=p
    return y
if __name__=='__main__':
    #已知结点及其函数值
    xKnown=np.array([0.56160, 0.56280, 0.56401, 0.56521])
    yKnown=np.array([0.82741, 0.82659, 0.82577, 0.82495])
    #新结点求值
    xNew=0.5635
    yNew=lagrange_interpolation(xKnown, yKnown, xNew)
    print(yNew)
```

3.2.4 插值余项及误差估计

一般来说,插值函数 $p_n(x)$ 只是近似地刻画了原来的函数 $f(x)$,故在插值点处计算 $p_n(x)$ 并以此作为 $f(x)$ 的函数值,往往是有误差的。前面提到过,这种误差可用

$$R(x) = f(x) - p_n(x)$$

来表示。这里的 $R(x)$ 称为插值余项或者插值函数的截断误差。可见,用插值法求解得到的函数 $f(x)$ 的近似值是否准确有效,还要看误差 $R(x)$ 是否满足所要求的精度。这就需要研究插值误差 $R(x)$ 的估计方法。

1. 拉格朗日余项定理

设区间 $[a,b]$ 含有结点 $x_0,x_1,x_2,\cdots,x_n$,而 $f(x)$ 在区间 $[a,b]$ 内具有直到 $n+1$ 阶的导数,并且给定了

$$f(x_i) = y_i, \quad i = 0,1,2,\cdots,n$$

则当 $x \in [a,b]$ 时,对于公式

$$p_n(x) = \sum_{k=0}^{n} \left(y_k \prod_{\substack{j=0 \\ j \neq k}}^{n} \frac{(x - x_j)}{(x_k - x_j)} \right)$$

给出的 $p_n(x)$,有

$$R(x) = f(x) - p_n(x) = \frac{f^{(n+1)}(\xi)}{(n+1)!} \prod_{k=0}^{n} (x - x_k)$$

该式中,ξ 是与 x 有关的点,包含在由点 $x_0,x_1,x_2,\cdots,x_n$ 和 x 所界定的范围内,因而 $\xi \in [a,b]$。

注:ξ 并非一个常数,目标计算的 x 不同,ξ 会不同。也就是说,ξ 是 x 的一个函数。

可以看出,想要通过拉格朗日余项定理来估计插值误差 $R(x)$ 是比较困难的。不仅因为公式中的 ξ 点不易确定,其中的高阶导数 $f^{(n+1)}(\xi)$ 往往也不容易求得;而且,有时候 $y = f(x)$ 函数是一种不给出具体表达式的表格函数,更不能用这个公式来估计 $R(x)$。

2. 误差的事后估计

考虑 3 个插值结点 x_0、x_1、x_2。

先用 x_0、x_1 作线性插值。对于给定的插值点 x,求出 $y = f(x)$ 的一个近似值,记作 y_1;再用 x_0、x_2 作线性插值求得另一个近似值,记作 y_2。

按拉格朗日余项定理,有

$$y - y_1 = \frac{f''(\xi_1)}{2}(x - x_0)(x - x_1)$$

$$y - y_2 = \frac{f''(\xi_2)}{2}(x - x_0)(x - x_2)$$

两式中的 ξ_1、ξ_2 均属于所考虑的插值区间。假设在该区间内 $f''(x)$ 变化不大,将上面两式两端相除,消去近似相等的 $f''(\xi_1)$ 和 $f''(\xi_2)$,则有

$$\frac{y - y_1}{y - y_2} \approx \frac{x - x_1}{x - x_2}$$

整理成为

$$y \approx \frac{x - x_2}{x_1 - x_2} y_1 + \frac{x - x_1}{x_2 - x_1} y_2$$

将上式两端同时减去 y_1，得到插值结果 y_1 的误差估计式

$$y-y_1\approx\frac{x-x_1}{x_2-x_1}\quad(y_2-y_1)$$

可以看出，插值结果 y_1 的误差 $y-y_1$，可以通过两个插值结果的偏差 y_2-y_1 来估计。这种直接用计算结果来估计误差的方法就是误差的事后估计法。

例 3-5　已知$\sqrt{100}=10$，$\sqrt{121}=11$，估计线性插值法求解$\sqrt{115}$时的误差。

先取 $x_0=100$，$x_1=121$ 作结点，在例 3-2 中，已求得近似值

$$y_1=p_1(115)=10+\frac{11-10}{121-100}\times(115-100)\approx10.714\ 285\ 7$$

再取 $x_0=100$、$x_2=144$ 作结点，求得近似值

$$y_2=p_1(115)=10+\frac{12-10}{144-100}\times(115-100)\approx10.681\ 818\ 2$$

代入误差估计式，得到插值结果 y_1 的误差估计

$$y-y_1\approx\frac{115-121}{144-121}\times(10.681\ 818\ 2-10.714\ 285\ 7)\approx0.008\ 469\ 78$$

如果用这个误差值来修正插值结果 y_1，则可求得新的近似值

$$y+\Delta y=10.714\ 285\ 7+0.008\ 469\ 78=10.722\ 755\ 48$$

可见，这个近似值与抛物插值(例 3-3)的结果是一致的。

3.3　分段插值

分析插值余项公式可知，适当提高插值公式的阶数(增大 n 值)可以改善插值效果，但是，应用阶数太高的插值公式，效果往往会变差。实际插值时，常将插值范围划分为若干段，然后在每个分段上使用低阶插值，如线性插值或抛物插值，这就是分段插值法。

应用分段插值的关键是恰当地挑选插值结点。由余项公式

$$R_n(x)=\prod_{i=0}^{n}(x-x_i)\frac{f^{(n+1)}(\xi)}{(n+1)!}$$

可知，选取的结点 x_i 离插值点 x 越近，插值误差$|R_n|$越小，插值效果越好。

1. 多项式插值的龙格现象

当在一个固定区间上拉格朗日插值逼近一个函数时，使用的结点越多，插值多项式的次数就越高，那么，当插值多项式次数增加时，$p_n(x)$是否更加靠近被逼近函数呢？龙格(Runge)给出了一个等距结点插值多项式 $p_n(x)$不收敛于 $f(x)$的例子。

$$f(x)=\frac{1}{1+25x^2},\quad x\in[-1,1]$$

考虑区间[-1,1]上的一个等距划分，分点为

$$x_i=-1+\frac{2i}{n},\quad i=0,1,2,\cdots,n$$

则拉格朗日插值多项式为

$$p_n(x)=\sum_{i=0}^{n}\frac{1}{1+25x^2}A_i(x)$$

其中，$A_i(x)$，$i=0,1,2,\cdots,n$ 是 n 次拉格朗日插值基函数。

实践证明，7 次多项式在区间 $[-2,2]$ 之外，已经完全偏离了真实函数，5 次多项式次之，3 次多项式近似程度最好。也就是说，在本例中，次数越高，结果偏离越大。这就是龙格现象：给定一些样本点，对其进行多项式拟合时，有时候多项式次数越高，反而与真实函数的差距越大。

2. 分段线性插值

将线性插值公式

$$y = y_0 + \frac{y_1 - y_0}{x_1 - x_0}(x - x_0)$$

中的 x_0、x_1 换成 x_{i-1}、x_i；y_0、y_1 换成 y_{i-1}、y_i，则成为

$$y = y_{i-1} + \frac{y_i - y_{i-1}}{x_i - x_{i-1}}(x - x_{i-1})$$

这就是分段线性插值公式。也可以改写为

$$y = \frac{x - x_i}{x_{i-1} - x_i}y_{i-1} + \frac{x - x_{i-1}}{x_i - x_{i-1}}y_i$$

其中，x 为插值点。

问题在于，如果已知 $y_i = f(x_i)(i=0,1,2,\cdots,n)$，对于给定的插值点 x，应该选取哪两个插值结点来计算，即公式中的下标 i 应该取什么值呢？

（1）如果能判定插值点 x 位于某两个结点 x_{k-1} 与 x_k 之间，则自然可取这两个结点进行内插，这时候下标 $i=k$。

（2）如果 x 在 x_0 的左侧，则应取最靠近 x 的 x_0 和 x_1 作为插值结点，这时 $i=1$；若 x 在 x_n 的右侧，则应取最靠近 x_n 的 x_{n-1} 和 x_n 作为插值结点，这时 $i=n$。这两种插值称为外推。

综上所述，下标 i 的确定方法为

$$i = \begin{cases} 1, & x \leqslant x_0 \\ k, & x_{k-1} < x \leqslant x_k, \quad 1 \leqslant k \leqslant n \\ n, & x > x_n \end{cases}$$

这样，插值结点的选择便可由选择结构来控制而自动实现了。

注：分段线性插值也有缺点，因其连线为折线，整体的曲线不够光滑。

例 3-6　已知一批 $y=x^2$ 的函数值，如表 3-5 所示。

表 3-5　一批 $y=x^2$ 的函数值

x_i	-30	-20	-10	0	10	20	30	40	50	60	70
y_i	900	400	100	0	100	400	900	1600	2500	3600	4900

通过分段线性插值法，构造函数 $y=x^2$ 在区间 $x \in [-30,70]$ 的近似曲线（多段折线）。

解：本例通过执行 Python 程序完成任务。程序运行结果如图 3-4 所示。

附：分段线性插值的 Python 程序。

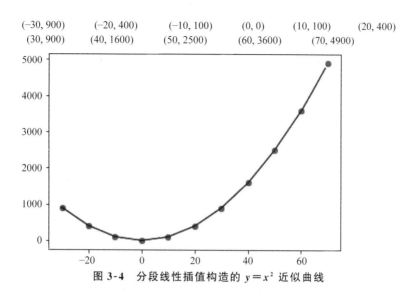

图 3-4　分段线性插值构造的 $y = x^2$ 近似曲线

```
import numpy as np
import matplotlib.pyplot as plt
def getLine(xn, yn):
    "分段线性插值闭包"
    def line(x):
        index=-1
        for i in range(1,len(xn)):
            "寻找 x 所属区间"
            if x>xn[i]:
                i=i+1
            else:
                index=i-1
                break
        if index==-1:
            return -100
        '''a0=(x-x_i+1)/(x_i-x_i+1)、a1=(x-x_i)/(x_i+1-x_i)
插值: y=a0 * y(i)+a1 * y(i+1)'''
        a0=(x-xn[index+1])/float((xn[index]-xn[index+1]))
        a1=(x-xn[index])/float((xn[index+1]-xn[index]))
        return a0 * yn[index]+a1 * yn[index+1]
    return line
#生成并输出已知函数值列表
xn,yn=[],[]
for i in range(-30,80,10):
    print((i,i * * 2),end=' ')
    xn.append(i)
    yn.append(i * * 2)
#分段线性插值
interpolat=getLine(xn, yn)
x=[i for i in range(-30, 70)]
```

```
y=[interpolat(i) for i in x]
#画函数图像
plt.plot(xn, yn, 'ro')
plt.plot(x, y, 'b-')
plt.show()
```

3. 分段抛物插值

如果有较高的计算精度要求,一般采用分段抛物插值。将抛物插值公式中的 x_0、x_1、x_2 换成 x_{i-1}、x_i、x_{i+1},则成为

$$y = \frac{(x-x_i)(x-x_{i+1})}{(x_{i-1}-x_i)(x_{i-1}-x_{i+1})}y_{i-1} + \frac{(x-x_{i-1})(x-x_{i+1})}{(x_i-x_{i-1})(x_i-x_{i+1})}y_i + \frac{(x-x_{i-1})(x-x_i)}{(x_{i+1}-x_{i-1})(x_{i+1}-x_i)}y_{i+1}$$

这就是分段抛物插值公式。

对于给定的插值点 x,究竟选用哪 3 个结点来进行插值计算呢?换句话说,该式中下标 i 应取何值,插值效果才最好呢?

(1) 如果插值点 x 位于某两个结点 x_{k-1} 与 x_k 之间,则第三个结点可取 x_{k-1},也可取 x_{k+1},为了提高计算精度,当然应该选靠近 x 的那一点。

(2) 进一步判断 x 究竟偏向区间 (x_{k-1}, x_k) 的哪一侧。

- 当 x 靠近 x_{k-1},即 $|x-x_{k-1}| \leqslant |x-x_k|$ 时,在 x_{k-2} 和 x_{k+1} 中 x_{k-2} 靠近 x,这时应取 x_{k-2} 为第三个插值结点,即令 $i=k-1$;
- 反之,当 x 靠近 x_k,即当 $|x-x_{k-1}| > |x-x_k|$ 时,应取 x_{k+1} 为第三个插值结点,这时令 $i=k$。

与分段线性插值相类似,当 $x \leqslant x_1$ 时,要进行外推,这时令 $i=1$,即取 x_0、x_1、x_2 为插值结点;$x > x_{n-1}$ 时,令 $i=n-1$,即取 x_{n-2}、x_{n-1}、x_n 为插值结点。

按上述分析,下标 i 的取值应为

$$i = \begin{cases} 1, & x \leqslant x_1 \\ k-1, & x_{k-1} < x \leqslant x_k \text{ 且 } |x-x_{k-1}| \leqslant |x-x_k| \quad (k=2,3,\cdots,n-1) \\ k, & x_{k-1} < x \leqslant x_k \text{ 且 } |x-x_{k-1}| > |x-x_k| \quad (k=2,3,\cdots,n-1) \\ n-1, & x > x_{n-1} \end{cases}$$

3.4 差商、差分与牛顿插值

应用拉格朗日插值法对 $y=f(x)$ 插值时,如果阶数不同,则每一项都必须重新计算。这样,进行高阶插值时,就不能利用低阶插值的结果而要重复计算。牛顿插值法解决了这个问题。牛顿插值多项式来自差商,其意义在于具有"承袭性"。即在插值过程中,增加的一项可以从上一项推算出来。

3.4.1 差商与拉格朗日插值公式

差商即<u>均差</u>。k 阶差商可表示为 $f(x_0), f(x_1), \cdots, f(x_k)$ 的线性组合。一次和二次插值的拉格朗日公式可以用差商形式表示。为了建立具有承袭性的插值公式,有必要引进差商的一般概念并研究其基本性质。

1. 差商的概念与性质

一阶差商是函数值之差与自变量之差之比

$$f[x_0, x_k] = \frac{f(x_k) - f(x_0)}{x_k - x_0}$$

可以作为一阶导数的近似值。二阶差商是一阶差商的差商

$$f[x_0, x_1, x_k] = \frac{f[x_1, x_k] - f[x_0, x_k]}{x_k - x_0}$$

一般地，有了 $k-1$ 阶差商，即可递推地定义 k 阶差商

$$f[x_0, x_1, \cdots, x_k] = \frac{f[x_1, \cdots, x_{k-1}, x_k] - f[x_0, x_1, \cdots, x_{k-1}]}{x_k - x_0}$$

利用差商的递推定义，可以构造如表 3-6 所示的差商表来计算差商。

表 3-6 差商表

x_i	$f(x_i)$	一 阶 差 商	二 阶 差 商	三 阶 差 商	四 阶 差 商
x_0	$f(x_0)$				
x_1	$f(x_1)$	$f[x_0, x_1]$			
x_2	$f(x_2)$	$f[x_1, x_2]$	$f[x_0, x_1, x_2]$		
x_3	$f(x_3)$	$f[x_2, x_3]$	$f[x_1, x_2, x_3]$	$f[x_0, x_1, x_2, x_3]$	
x_4	$f(x_4)$	$f[x_3, x_4]$	$f[x_2, x_3, x_4]$	$f[x_1, x_2, x_3, x_4]$	$f[x_0, x_1, x_2, x_3, x_4]$
$\vdots$	$\vdots$	$\vdots$	$\vdots$	$\vdots$	$\vdots$

下面是将要用到的两个 n 阶差商的基本性质。

(1) n 阶差商 $f[x_0, x_1, \cdots, x_n]$ 是由函数值 $f(x_0), f(x_1), \cdots, f(x_n)$ 线性组合而成的

$$f[x_0, x_1, \cdots, x_n] = \sum_{k=0}^{n} \frac{f(x_k)}{\prod_{\substack{j=0 \\ j \neq k}}^{n} (x_k - x_j)}$$

(2) 差商具有对称性，即在 n 阶差商 $f[x_0, x_1, \cdots, x_n]$ 中任意调换两个结点的顺序，其值不变。例如

$$f[x_0, x_1] = f[x_1, x_0]$$
$$f[x_0, x_1, x_2] = f[x_1, x_0, x_2] = f[x_0, x_2, x_1]$$

2. 线性插值公式的差商形式

如果将

$$p_0(x) = f(x_0)$$

当作零次插值多项式，考察线性插值公式

$$p_1(x) = f(x_0) + \frac{f(x_1) - f(x_0)}{x_1 - x_0}(x - x_0)$$

可以理解为：$p_1(x)$ 是由 $p_0(x)$ 修正得到的。其中修正项 $(x - x_0)$ 的系数

$$c_1 = \frac{f(x_1) - f(x_0)}{x_1 - x_0}$$

它实际上是函数增量与自变量增量之比,也就是函数 $y = f(x)$ 在相应区间 (x_0, x_1) 上的平均变化率,称这为 $f(x)$ 的一阶差商,并记为

$$f[x_0, x_1] = \frac{f(x_1) - f(x_0)}{x_1 - x_0}$$

于是线性插值公式成为

$$p_1(x) = f(x_0) + (x - x_0)f[x_0, x_1]$$

3. 抛物插值公式的差商形式

可以修正 $p_1(x)$,得到抛物插值公式。

由于 $p_2(x)$ 通过点 $(x_0, f(x_0))$、$(x_1, f(x_1))$ 及 $(x_2, f(x_2))$,故可将 $p_2(x)$ 写成

$$p_2(x) = p_1(x) + c_2(x - x_0)(x - x_1)$$

也就是

$$p_2(x) = f(x_0) + \frac{f(x_1) - f(x_0)}{x_1 - x_0}(x - x_0) + c_2(x - x_0)(x - x_1)$$

该式中,c_2 是修正项的系数。显然,因为

$$p_2(x_0) = f(x_0), \quad p_2(x_1) = f(x_1), \quad p_2(x_2) = f(x_2)$$

并将 $x = x_2$ 代入上式,可得

$$p_2(x_2) = f(x_0) + \frac{f(x_1) - f(x_0)}{x_1 - x_0}(x_1 - x_0) + c_2(x_2 - x_0)(x_2 - x_1) = f(x_2)$$

改写为

$$c_2 = \frac{\dfrac{f(x_2) - f(x_0)}{x_2 - x_0} - \dfrac{f(x_1) - f(x_0)}{x_1 - x_0}}{x_2 - x_1}$$

这个系数实际上是一阶差商的差商,用

$$f[x_0, x_1, x_2] = \frac{f[x_0, x_2] - f[x_0, x_1]}{x_2 - x_1}$$

表示,称为二阶差商。

这样,抛物插值公式就可以表示为

$$p_2(x) = f(x_0) + (x - x_0)f[x_0, x_1] + (x - x_0)(x - x_1)f[x_0, x_1, x_2]$$

3.4.2 牛顿插值

根据差商定义,可将一次与二次差商形式的拉格朗日插值公式推广到 $n+1$ 个插值结点的情形,同时还可得到插值多项式的余项。

1. 牛顿插值公式

在 $n+1$ 个插值结点 $x_i (i = 1, 2, \cdots, n)$ 之外,再给一个结点 $x \neq x_i (i = 1, 2, \cdots, n)$,则由差商定义得

$$f(x) = f(x_0) + (x - x_0)f[x, x_0]$$
$$f[x, x_0] = f[x_0, x_1] + (x - x_1)f[x, x_0, x_1]$$
$$f[x, x_0, x_1] = f[x_0, x_1, x_2] + (x - x_2)f[x, x_0, x_1, x_2]$$
$$\vdots$$

$$f[x, x_0, x_1, \cdots, x_{n-1}] = f[x_0, x_1, \cdots, x_n] + (x - x_n)f[x, x_0, x_1, \cdots, x_n]$$

将其中第二式 $f[x, x_0]$ 代入第一式 $f(x)$，得到

$$f(x) = f(x_0) + (x - x_0)f[x_0, x_1] + (x - x_0)(x - x_1)f[x, x_0, x_1]$$

也就是

$$f(x) = p_1(x) + R_1(x)$$

其中，$p_1(x)$ 就是差商形式的一次（线性）插值多项式，而 $R_1(x)$ 为线性插值余项，可表示为

$$R_1(x) = f(x) - p_1(x) = (x - x_0)(x - x_1)f[x, x_0, x_1]$$

类似地，将第三式代入，则有

$$f(x) = f(x_0) + (x - x_0)f[x_0, x_1] +$$
$$(x - x_0)(x - x_1)f[x_0, x_1, x_2] +$$
$$(x - x_0)(x - x_1)(x - x_2)f[x, x_0, x_1, x_2]$$

也就是

$$f(x) = p_2(x) + R_2(x)$$

其中，$p_2(x)$ 就是差商形式的二次（抛物）插值多项式，而 $R_2(x)$ 为线性插值余项，可表示为

$$R_2(x) = f(x) - p_2(x) = (x - x_0)(x - x_1)(x - x_2)f[x, x_0, x_1, x_2]$$

至此，可以推断出一般规律：每增加一个插值点，只要将高一阶差商代入其前一公式。以此类推，即可得到

$$f(x) = f(x_0) + (x - x_0)f[x_0, x_1] +$$
$$(x - x_0)(x - x_1)f[x_0, x_1, x_2] + \cdots +$$
$$(x - x_0)(x - x_1)\cdots(x - x_{n-1})f[x_0, x_1, \cdots, x_n] +$$
$$(x - x_0)(x - x_1)\cdots(x - x_n)f[x, x_0, x_1, \cdots, x_n]$$

记该式中最后一项为 $R_n(x)$，即

$$R_n(x) = (x - x_0)(x - x_1)\cdots(x - x_n)f[x, x_0, x_1, \cdots, x_n]$$

再记该式中前 $n+1$ 项为 $p_n(x)$，即（差商形式的插值公式）

$$p_n(x) = f(x_0) + (x - x_0)f[x_0, x_1] +$$
$$(x - x_0)(x - x_1)f[x_0, x_1, x_2] + \cdots +$$
$$(x - x_0)(x - x_1)\cdots(x - x_{n-1})f[x_0, x_1, \cdots, x_n]$$

则有

$$f(x) = p_n(x) + R_n(x)$$

注意到插值余项 $R_n(x_i) = 0 (i = 1, 2, \cdots, n)$，故构造而成 n 次多项 $p_n(x)$ 式必然满足

$$p_n(x_i) = f(x_i), \quad i = 1, 2, \cdots, n$$

可见，$p_n(x)$ 就是符合要求的插值多项式。这种差商形式的插值公式称为牛顿插值公式。

2. 牛顿插值的计算

牛顿插值公式具有承袭性，其优点是计算工作量小，特别是当提高插值阶数时，拉格朗日插值公式中每项都必须重新计算，而牛顿插值公式中却只需计算最后一项，将此项值累加到前一阶插值结果上即可。牛顿插值公式可用于求非等距结点的函数值。

应用牛顿插值法，大体上按以下步骤操作。

S1　计算各阶差商值,即构造差商表。

S2　按牛顿插值公式计算插值结果。

S3　比较插值结果,判断:需要高一阶插值吗? 是则转 S2。

S4　输出插值结果。

S5　结束。

例 3-7　列表函数 $f(x)=\lg(x)$ 的值如表 3-7 所示,用牛顿插值法求 lg4.01 的值。

表 3-7　lg$x$ 函数表

x	4.0002	4.0104	4.0233	4.0294
$f(x)$	0.6020817	0.6031877	0.6045824	0.6052404

解:已知 $x_0=4.0002,x_1=4.0104,x_2=4.0233,x_3=4.0294$。

根据给定的函数表作差商表,如表 3-8 所示。

表 3-8　求 lg4.01 的差商表

x	$f(x)$	一阶差商	二阶差商	三阶差商
4.0002	0.6020817			
4.0104	0.6031877	0.108431		
4.0233	0.6045824	0.108116	−0.013636	
4.0294	0.6052404	0.107869	−0.013000	0.021781

代入牛顿插值公式,求得

$$
\begin{aligned}
\lg 4.01 =& f(x_0)+(x-x_0)f[x_0,x_1]+ \\
& (x-x_0)(x-x_1)f[x_0,x_1,x_2]+ \\
& (x-x_0)(x-x_1)(x-x_2)f[x_0,x_1,x_2,x_3] \\
=& 0.6020817+(4.01-4.0002)\times 0.108431+ \\
& (4.01-4.0002)\times(4.01-4.0104)\times(-0.013636)+ \\
& (4.01-4.0002)\times(4.01-4.0104)\times(4.01-4.0294)\times 0.021781 \\
=& 0.6031443
\end{aligned}
$$

注:插值多项式 $p_n(x)$ 的系数就是差商表斜线上的各阶差商。如果需要更高阶的差商,则可按差商定义进行计算,将表向下向右延伸,当给定 x 而要计算 $p_n(x)$ 的值时,可将 $x-x_i$ 的值列在表右端,更便于计算。

附　牛顿插值的 Python 程序。

```
import numpy as np
def newton(xi,fi,x):
    #牛顿插值:计算各阶差商
    n=len(xi)
    c=np.zeros((n,n))
    for i in range(n):
```

```
            c[i,0]=fi[i]
        for i in range(1,n):
            for j in range(i,n):
                c[j,i]=(c[j,i-1]-c[j-1,i-1])/(xi[j]-xi[j-i])
        #牛顿插值:计算插值结果
        s=fi[0]
        for i in range(1,n):
            t=1
            for j in range(0,i):
                t*=(x-xi[j])
            s+=c[i,i]*t
        return s
    if __name__=='__main__':
        #已知结点及其函数值
        xKnown=np.array([4.0002, 4.0104, 4.0233, 4.0294])
        fKnown=np.array([0.6020817, 0.6031877, 0.6045824, 0.6052404])
        #新结点求值
        xNew=4.01
        fNew=newton(xKnown, fKnown, xNew)
        print(fNew)
```

程序的运行结果如下:

```
0.6031443812538274
```

3. 牛顿插值公式的余项

对于差商表示的插值余项

$$R_n(x) = (x-x_0)(x-x_1)\cdots(x-x_n)f[x,x_0,x_1,\cdots,x_n]$$

可通过差商与导数的关系,推导出用导数表示的插值余项。

根据微分中值定理,在(x_0,x_1)区间内存在一点ξ,使得

$$f'(\xi) = \frac{f(x_1)-f(x_0)}{x_1-x_0} = f[x_0,x_1]$$

从该式得到差商与一阶导数的关系,再推广到n阶导数,则有

$$f[x_0,x_1,\cdots,x_n] = \frac{f^{(n)}(\xi)}{n!}$$

其中,ξ为插值区间内一点。这个公式的正确性可用洛尔定理证明。

类似地,只要再增加一个点$x \neq x_i(i=1,2,\cdots,n)$,即可将插值余项$R_n(x)$中的$n+1$阶差商,用$n+1$阶导数表示为

$$f[x,x_0,x_1,\cdots,x_n] = \frac{f^{(n+1)}(\xi)}{(n+1)!}$$

其中,ξ、x均为插值区间内的点,且ξ依赖于x,即当x变化时ξ也随之变化。将此结果代入差商表示的插值余项式,即可得到用导数表示的插值余项

$$R_n(x) = (x-x_0)(x-x_1)\cdots(x-x_n)\frac{f^{(n+1)}(\xi)}{(n+1)!}$$

改写为

$$R_n(x) = \prod_{i=0}^{n} (x - x_i) \frac{f^{(n+1)}(\xi)}{(n+1)!}$$

这就是牛顿插值的余项公式,与拉格朗日插值余项公式完全一样。

由插值多项式的唯一性可知,牛顿插值多项式与拉格朗日插值多项式是相等的,它们的余项也是相等的。故可得到这样的一个等式关系。

与拉格朗日插值多项式相比,牛顿插值多项式更具有一般性。其误差项对于仅由离散点给出的 $f(x)$ 或者导数不存在的 $f(x)$ 仍然适用,从而应用更为广泛。

3.4.3 差分、差商及导数的关系

在实际问题中,列表函数的自变量往往按等距离的点给出。这种情况下,函数插值就要用差分而不是差商了。也就是说,当所有插值结点都是等距离时,可将插值公式表示为简单的差分形式。

1. 向前差分

设函数 $f(x)$ 在等距结点 $x = x_0 + ih(i = 1, 2, \cdots, n)$ 上的值为 $y_0 = f(x_i)$,则 $f(x)$ 在每个小区间 $[x_i, x_{i+1}]$ 上的改变量 $y_{i+1} - y_i$,称为 $f(x)$ 在点 x_i 上的一阶差分或向前差分。记作

$$\Delta y_i = y_{i+1} - y_i$$

对一阶差分再取一次差分就是二阶差分,记为

$$\begin{aligned}
\Delta^2 y_i &= \Delta y_{i+1} - \Delta y_i \\
&= (y_{i+2} - y_{i+1}) - (y_{i+1} - y_i) \\
&= y_{i+2} - 2y_{i+1} + y
\end{aligned}$$

一般地,n 阶差分为 $n-1$ 阶差分的差分,即

$$\Delta^n y_i = \Delta^{n-1} y_{i+1} - \Delta^{n-1} y_i$$

依据差分逐层递推的特点,计算向前差分时,用如表 3-9 所示向前差分表(给出四阶差分)较为方便。

表 3-9　向前差分表

x_i	y_i	Δy_i	$\Delta^2 y_i$	$\Delta^3 y_i$	$\Delta^4 y_i$
x_0	y_0	Δy_0	$\Delta^2 y_0$	$\Delta^3 y_0$	$\Delta^4 y_0$
x_1	y_1	Δy_1	$\Delta^2 y_1$	$\Delta^3 y_1$	
x_2	y_2	Δy_2	$\Delta^2 y_2$		
x_3	y_3	Δy_3			
x_4	y_4				

2. 向后差分

与向前差分相仿,对于函数 $f(x)$,将每个等长小区间 $[x_i, x_{i+1}]$ 上的改变量 $f(x_i) - f(x_{i-1})$ 称为 $f(x)$ 在点 x_i 处的一阶向后差分。记作

$$\nabla y_i = y_i - y_{i-1}$$

类似地,二阶差分为一阶差分的差分

$$\nabla^2 y_i = \nabla y_i - \nabla y_{i-1}$$

一般地，n 阶差分为

$$\nabla^n y_i = \nabla^{n-1} y_i - \nabla^{n-1} y_{i-1}$$

与向前差分类同，在计算各阶向后差分时，也要按差分定义进行计算。

3. 差分的性质

差分具有如下性质。

（1）常数的差分为零。

（2）如果 $f(x) = \varepsilon(x) + g(x)$，则有

$$\Delta f(x) = \Delta\varepsilon(x) + \Delta g(x)$$

如果 $f(x) = k \cdot g(x)$，则有

$$\Delta f(x) = k \cdot \Delta g(x)$$

（3）如果 $f(x)$ 是 m 次多项式，则其 k 阶差分为 $m-k$ 次多项式；当 $k > m$ 时，则

$$\Delta^k f(x) = 0$$

4. 差分与差商的关系

差分、差商和导数之间存在着密切的关系。根据差分的定义，可知差商与差分的关系

$$f[x_0, x_1] = \frac{y_1 - y_0}{x_1 - x_0} = \frac{\Delta y_0}{h}$$

$$f[x_0, x_1, x_2] = \frac{f[x_1, x_2] - f[x_0, x_1]}{x_2 - x_0} = \frac{1}{2h}\left(\frac{\Delta y_1}{h} - \frac{\Delta y_0}{h}\right) = \frac{\Delta^2 y_0}{2h^2}$$

一般地，差分与差商之间的关系为

$$f[x_0, x_1, \cdots, x_n] = \frac{\Delta^n y_0}{n! h^n}$$

5. 差分与导数的关系

根据差商与导数之间的关系

$$f[x_0, x_1, \cdots, x_n] = \frac{f^{(n)}(\xi)}{n!}$$

可进一步推知

$$\frac{\Delta^n y_0}{n! h^n} = \frac{f^{(n)}(\xi)}{n!}$$

因此，差分与导数之间的关系为

$$\Delta^n y_0 = h^n f^{(n)}(\xi)$$

3.4.4　等距结点插值公式

根据差分的概念及差商与差分的关系，可以通过牛顿插值公式来建立等距结点的插值公式。由于结点间距离相等，可设两相邻结点间距离为 h，于是

$$x_1 = x_0 + h, x_2 = x_0 + 2h, \cdots, x_n = x_0 + nh$$

令 $x = x_0 + th$，则有

$$x - x_0 = (x_0 + th) - x_0 = th$$

$$x - x_1 = (x_0 + th) - (x_0 + h) = h(t-1)$$

······

$$x - x_n = (x_0 + th) - (x_0 + nh) = h(t - n)$$

将该式与差商与差分的关系式一起代入牛顿插值公式,则有

$$p_n(x) = f(x_0) + (x - x_0)f[x_0, x_1] + \cdots +$$
$$(x - x_0)(x - x_1)\cdots(x - x_{n-1})f[x_0, x_1, \cdots, x_n]$$

$$= y_0 + th \cdot \frac{\Delta y_0}{h} + th \cdot (t-1)h \cdot \frac{\Delta^2 y_0}{2! \ h^2} + \cdots +$$

$$th \cdot (t-1)h \cdot (t-2)h \cdot \cdots \cdot (t-(n-1))h \cdot \frac{\Delta^n y_0}{n! \ h^2}$$

即为

$$p_n(x) = y_0 + t\frac{\Delta y_0}{1!} + t(t-1)\frac{\Delta^2 y_0}{2!} + \cdots +$$
$$t(t-1)(t-2)\cdots(t-(n-1))\frac{\Delta^n y_0}{n!}$$

这就是等距结点插值公式,也称为牛顿向前插值公式。

在牛顿插值的余项公式中,以 $x_i + th$ 代替 x,可得牛顿向前插值公式的余项

$$R_n(x) = h^{n+1}t(t-1)(t-2)\cdots(t-n)\frac{f^{(n+1)}(\xi)}{(n+1)!}$$

该式中,ξ 在 x_0 与 $x_0 + nh$ 之间,$t = \frac{x - x_0}{h}$。

关于牛顿向后插值公式,根据向后差分的定义,易推出为

$$p_n(x) = y_n + t\frac{\nabla y_n}{1!} + t(t+1)\frac{\Delta^2 y_n}{2!} + \cdots +$$
$$t(t+1)(t+2)\cdots(t+(n-1))\frac{\Delta^n y_n}{n!}$$

其余项为

$$R_n(x) = h^{n+1}t(t+1)(t+2)\cdots(t+n)\frac{f^{(n+1)}(\xi)}{(n+1)!}$$

该式中,ξ 在 $x_0 + nh$ 与 x_0 之间,$t \in [-n, t]$。

牛顿向前插值的递推过程与牛顿插值相似,大体上分为如下 5 步。

S1　根据所给条件计算差分表。

S2　按牛顿向前插值公式计算插值结果。

S3　比较插值结果,判断:需要进行高一阶插值吗?是则转 S2。

S4　输出插值结果。

S5　算法结束。

例 3-8　已知函数 $y = e^x$ 的某些函数值,如表 3-10 所示。

表 3-10　一批函数值

x_i	0.4	0.6	0.8	1.0
y_i	1.492	1.822	2.226	2.718

要求使用三阶牛顿向前插值公式,求 $x=0.7$ 时的函数值。

解:本例已知条件,$x=0.7$,$x_0=0.4$,

$$h=0.4-0.2=0.6-0.4=0.8-0.6=1.0-0.8=0.2$$

$$t=\frac{x-x_0}{h}=\frac{0.7-0.4}{0.2}=1.5$$

第一步,按照差分定义,计算一至三阶的差分值:

$$\Delta y_0=y_1-y_0=1.822-1.492=0.330$$

$$\Delta y_1=y_2-y_1=2.226-1.822=0.404$$

$$\cdots\cdots$$

$$\Delta^2 y_0=\Delta y_1-\Delta y_0=0.404-0.330=0.074$$

$$\cdots\cdots$$

$$\Delta^3 y_0=\Delta^2 y_1-\Delta^2 y_0=0.088-0.074=0.014$$

计算结果填表,如表 3-11 所示。

表 3-11　计算得到的一至三阶差分值

x_i	y_i	Δy_i	$\Delta^2 y_i$	$\Delta^3 y_i$
$x_0=0.4$	$y_0=1.492$	$\Delta y_0=0.330$	$\Delta^2 y_0=0.074$	$\Delta^3 y_0=0.014$
$x_1=0.6$	$y_1=1.822$	$\Delta y_1=0.404$	$\Delta^2 y_1=0.088$	
$x_2=0.8$	$y_2=2.226$	$\Delta y_2=0.492$		
$x_3=1.0$	$y_3=2.718$			

第二步,应用牛顿向前插值公式,求得 $x=0.7$ 时函数的近似值:

$$p_n(x)=y_0+t\frac{\Delta y_0}{1!}+t(t-1)\frac{\Delta^2 y_0}{2!}+t(t-1)(t-2)\frac{\Delta^3 y_0}{3!}$$

$$=1.492+1.5\times\frac{0.330}{1!}+1.5\times(1.5-1)\times\frac{0.074}{2!}+1.5\times(1.5-1)\times(1.5-2)\times\frac{0.014}{3!}$$

$$=1.492+0.495+0.02775+(-0.000875)=2.013875$$

第三步,分析计算结果。

函数的真实值 $e^{0.7}=2.0137527\cdots$。可见,牛顿向前插值法求得的函数值精度达到了列表函数所给的 4 位有效数字(未考虑已知函数值本身的误差),且其计算过程比同阶拉格朗日插值与差商插值都简单。

3.5　埃尔米特插值

在某些实际插值问题中,为了保证插值函数能更好地"密合"原来的函数,不但要求"过点",即插值函数与原有函数在 $n+1$ 个互异结点上的函数值相等

$$p(x_i)=y_i,\quad i=0,1,2,\cdots,n$$

而且要求"相切",即在结点上导数值相等

$$p'(x_i)=y_i',\quad i=0,1,2,\cdots,n$$

甚至要求高阶导数也相等

$$p^{(k)}(x_i) = f^{(k)}(x_i), \quad i = 0,1,2,\cdots,n; k = 0,1,2,\cdots,m$$

这类插值称为埃尔米特(Hermite)插值,即切触插值。

3.5.1　重结点差商与泰勒插值

设 $x_0, x_1, \cdots, x_n$ 为 $[a,b]$ 上的相异结点,$f(x) \in C^n[a,b]$,即 $f(x)[a,b]$ 在 $[a,b]$ 上有 n 阶连续导数,则 $f[x_0, x_1, \cdots, x_n]$ 是其变量的连续函数。

1. 重结点差商

如果 $[a,b]$ 上的结点互异,则按差商定义(n 阶差商为其 n 阶差分与其步长 n 次幂的比值),有

$$\lim_{x \to x_0} f[x_0, x_1] = \lim_{x \to x_0} \frac{f(x) - f(x_0)}{x - x_0} = f'(x_0)$$

由此定义重结点差商

$$f[x_0, x_0] = \lim_{x \to x_0} f[x_0, x_1] = f'(x_0)$$

可仿此定义重结点的二阶差商,当 $x \neq x_0$ 时,有

$$f[x_0, x_0, x_1] = \frac{f[x_0, x_1] - f[x_0, x_0]}{x_1 - x_0}$$

当 $x_1 \to x_0$ 时,根据差商的性质

$$f[x_0, x_1, \cdots, x_n] = \frac{f^{(n)}(\xi)}{n!}, \quad \xi \in [a,b]$$

定义重结点的二阶差商

$$f[x_0, x_0, x_0] = \lim_{\substack{x_1 \to x_0 \\ x_2 \to x_0}} f[x_0, x_1, x_2] = \frac{1}{2} f''(x_0)$$

一般地,可定义重结点的 n 阶差商

$$f[x_0, x_0, \cdots, x_0] = \lim_{x_i \to x_0} f[x_0, x_1, \cdots, x_n] = \frac{1}{n!} f^{(n)}(x_0), \quad i = 1,2,\cdots,n$$

2. 泰勒插值多项式

在牛顿插值多项式中,令 $x \to x_0 (i = 1,2,\cdots,n)$,则由 n 阶重结点均差式可得泰勒(Taylor)多项式

$$p_n(x) = f(x_0) + (x - x_0) \frac{f'(x_0)}{1!} + (x - x_0)^2 \frac{f''(x_0)}{2!} + \cdots + (x - x_0)^n \frac{f^{(n)}(x_0)}{n!}$$

这实际上是在点 x_0 附近逼近 $f(x)$ 的一个带导数的插值多项式,满足条件

$$p_n^{(k)}(x_0) = f^{(k)}(x_0), \quad k = 0,1,2,\cdots,n$$

称该式为泰勒插值多项式。它就是 $f(x)$ 在 x_0 点的泰勒展开式的前 $n+1$ 项之和。其余项为

$$R_n(x) = (x - x_0)^{n+1} \frac{f^{(n+1)}(\xi)}{(n+1)!}, \quad \xi \in (a,b)$$

该式与插值余项(拉格朗日余项定理)式中令 $x_i \to x_0 (i = 0,1,2,\cdots,n)$ 的结果一致。

泰勒插值就是 $f(x)$ 在一个插值点 x_0 的 n 次埃尔米特插值。由于满足 n 阶可导这个条件过于苛刻,因而限制了泰勒插值的应用;在埃尔米特插值中,并不要求所有插值点上的

导数都相等。有时候，只需要部分插值点上的导数相等即可。

3.5.2 三点三次埃尔米特插值

一般地，只要给出 $m+1$ 个包含函数值与导数值的插值条件，就可以构造次数不超过 m 的埃尔米特插值多项式。一种典型的例子是三点三次埃尔米特插值。

1. 三点三次埃尔米特插值的概念

设插值结点为 x_0, x_1, x_2，则满足插值条件

$$p(x_0) = f(x_0), \quad p(x_1) = f(x_1), \quad p(x_2) = f(x_2), \quad p'(x_0) = f'(x_0)$$

的多项式 $p(x)$ 就称为三点三次埃尔米特插值多项式。

由于 $p(x_i) = f(x_i)$，故可仿照牛顿插值多项式，设

$$p(x) = f(x_0) + (x - x_0)f[x_0, x_1] + (x - x_0)(x - x_1)f[x_0, x_1, x_2] + $$
$$A(x - x_0)(x - x_1)(x - x_2)$$

其中，A 为待定系数，将 $p'(x_0) = f'(x_0)$ 代入，可得

$$A = \frac{f'(x_0) + f[x_0, x_1] + (x_1 - x_0)f[x_0, x_1, x_2]}{(x_1 - x_0)(x_1 - x_2)}$$

2. 三次埃尔米特插值的误差估计

根据插值条件，可将插值余项写成

$$R_3(x_1) = f(x) - p(x) = (x - x_0)(x - x_1)^2(x - x_2)K(x)$$

其中，$K(x)$ 待定。按照类似于拉格朗日插值余项公式的推导过程，可得

$$R_3(x_1) = (x - x_0)(x - x_1)^2(x - x_2)\frac{f^{(4)}(\xi)}{4!}$$

其中，ξ 位于由 x_0, x_1, x_2 与 x 所界定的区间内。

例 3-9 已知函数 $f(x) = x^{3/2}$，插值条件为 $f\left(\frac{1}{4}\right) = \frac{1}{8}, f(1) = 1, f\left(\frac{9}{4}\right) = \frac{27}{8}, f'(1) = \frac{3}{2}$。

给出三次埃尔米特插值多项式，并写出余项。

要求：计算过程中不做近似计算。

解： 根据给定的插值条件作差商表，如表 3-12 所示。

表 3-12　求 $f(x) = x^{3/2}$ 的差商表

x_i	$f(x_i)$	一 阶 差 商	二 阶 差 商
1/4	1/8		
1	1	7/6	
9/4	27/8	19/10	11/30

设三次插值多项式为

$$p(x) = \frac{1}{8} + \left(x - \frac{1}{4}\right) \times \frac{7}{6} + \left(x - \frac{1}{4}\right) \times (x - 1) \times \frac{11}{30} + $$
$$A \times \left(x - \frac{1}{4}\right) \times (x - 1) \times \left(x - \frac{9}{4}\right)$$

将 $p'(1) = f'(1) = \dfrac{3}{2}$ 代入，求得 $A = -\dfrac{14}{225}$，故三次埃尔米特插值多项式为

$$p(x) = \frac{1}{8} + \left(x - \frac{1}{4}\right) \times \frac{7}{6} + \left(x - \frac{1}{4}\right) \times (x-1) \times \frac{11}{30} -$$

$$\left(x - \frac{1}{4}\right) \times (x-1) \times \left(x - \frac{9}{4}\right) \times \left(-\frac{14}{225}\right)$$

$$= -\frac{14}{225}x^3 + \frac{263}{450}x^2 + \frac{233}{450}x - \frac{1}{25}$$

余项为

$$R(x) = f(x) - p(x) = \left(x - \frac{1}{4}\right) \times (x-1)^2 \times \left(x - \frac{9}{4}\right) \times \frac{f^{(4)}(\xi_x)}{4!}$$

$$= \left(x - \frac{1}{4}\right) \times (x-1)^2 \times \left(x - \frac{9}{4}\right) \times \frac{9\xi_x^{-5/2}}{16 \times 4!}$$

3.5.3 分段三次埃尔米特插值

牛顿插值或拉格朗日插值时，如果用高次插值多项式 $p_n(x)$ 逼近 $f(x)$，有可能出现龙格现象。为了避免这种现象，引出了分段线性与分段二次拉格朗日插值函数。可以看出，这两种插值函数具有良好的一致收敛性。但是这两种插值函数都有一个致命的缺点，那就是它们不是光滑的，即在结点处的左右导数是不相等的，为了克服这个缺点，自然而然的想法就是在插值条件中引入导数的条件，从而保证对任意插值结点，当 $n \to \infty$ 时，$p_n(x)$ 收敛于 $f(x)$。这就引出了分段埃尔米特插值。

分段三次埃尔米特插值时，每两个结点间的多项式是埃尔米特三次多项式（最高阶 3 次，4 个待定系数），而且要求结点处 x_i 取值及导数取值都与原有函数相等，即

$$p(x_i) = f(x_i), \quad p'(x_i) = f'(x_i)$$

1. 分段三次埃尔米特插值的概念

设 $f(x) \in C^1[a,b]$ 在结点 $a = x_0 < x_1 < \cdots < x_n = b$ 上给定函数值和导数值

$$f(x_k), \quad f'(x_k), \quad k = 1, 2, \cdots, n$$

如果函数 $p(x)$ 满足下列条件。

(1) $p(x) \in C^1[a,b]$；

(2) $p(x)$ 满足插值条件 $p(x_i) = f(x_i), p'(x_i) = f'(x_i), k = 1, 2, \cdots, n$；

(3) 在每个小区间 $[x_k, x_{k+1}](k = 1, 2, \cdots, n)$ 上，两个端点各有一个函数值和一个一阶导数值，这样 4 个条件构成的 $p(x)$ 是一个三次多项式。称 $p(x)$ 为 $f(x)$ 以 $a = x_0 < x_1 < \cdots < x_n = b$ 为结点的分段三次埃尔米特插值多项式。

在每个小区间 $[x_k, x_{k+1}]$ 上用基于牛顿插值的埃尔米特插值，即用差商形式

$$p(x) = f(x_k) + (x - x_k)f[x_k, x_k] + (x - x_k)^2 f[x_k, x_k, x_{k+1}] +$$

$$(x - x_k)^2 (x - x_{k+1})f[x_k, x_k, x_{k+1}, x_{k+1}], \quad x \in [x_k, x_{k+1}]$$

该式对于 $k = 0, 1, 2, \cdots, n-1$ 均成立。

2. 分段三次埃尔米特插值公式

假定在每个结点 x_i 上给出了函数值 y_i 与 y_i'，则分段三次埃尔米特插值问题如下。

构造具有分划

$$\Delta: a = x_0 < x_1 < \cdots < x_n = b$$

的分段三次式,使得下式成立:

$$p_3(x_i) = y_i, \quad p_3'(x_i) = y_i', \quad i = 1, 2, \cdots, n$$

因为每个子区间 $[x_k, x_{k+1}]$ 上 $p_3(x_i)$ 都是三次式,且有

$$p_3(x_i) = y_i, \quad p_3'(x_i) = y_i', \quad p_3(x_{i+1}) = y_{i+1}, \quad p_3'(x_{i+1}) = y_{i+1}'$$

成立,则有分段三次埃尔米特插值多项式

$$p_3(x) = \varphi_0\left(\frac{x - x_i}{h_i}\right) y_i + \varphi_1\left(\frac{x - x_i}{h_i}\right) y_{i+1} +$$

$$h_i \psi_0\left(\frac{x - x_i}{h_i}\right) y_i' + h_i \psi_1\left(\frac{x - x_i}{h_i}\right) y_{i+1}'$$

该式中,$h_i = x_{i+1} - x_i, x_i \leqslant x \leqslant x_{i+1}$,而

$$\varphi_0(x) = (x - 1)^2 (2x + 1), \quad \varphi_1(x) = x^2(-2x + 3)$$

$$\psi_0(x) = x(x - 1)^2, \quad \psi_1(x) = x^2(x - 1)$$

3. 分段三次埃尔米特插值的误差估计

类似地,小区间内三次埃尔米特插值多项式的误差估计为

$$|f(x) - p(x)| \leqslant \frac{h_{k+1}^4}{384} \max_{x_k \leqslant x \leqslant x_{k+1}} |f^{(4)}(x)|, \quad x \in [x_k, x_{k+1}]$$

因此,分段三次埃尔米特插值多项式在整个大区间内的误差估计(定理)如下。

设 $f(x) \in C^4[a, b]$,$p(x)$ 为 $f(x)$ 在结点 $a = x_0 < x_1 < \cdots < x_n = b$ 上的分段三次埃尔米特插值多项式。则有

$$\|f(x) - p(x)\|_\infty \leqslant \frac{h^4}{384} |f^{(4)}(x)|_\infty, \quad \text{其中} \ h = \max_{1 \leqslant k \leqslant n} (x_k - x_{k+1})$$

可以看出,分段三次埃尔米特插值一定是收敛的,即当 h 趋于零时,插值余项一定趋于零。而且由于 $p(x_i)$ 的导函数在 x_i 点的左极限与右极限都存在,并且恰好等于 y_i',因此,$p(x)$ 在整个区间内具有一阶连续导数。

3.6 样条插值

样条是飞机、轮船等设计制造过程中用于描绘光滑外形曲线(放样)的工具。样条本质上是一段接一段的三次多项式拼合而成的曲线。在拼接处,不仅函数是连续的,而且一阶与二阶导数也是连续的。

样条函数是满足一定连续条件的分段多项式。样条插值是一种分段光滑插值。其基本思想是:在每个小区间(由两个相邻结点构成)内使用低次多项式逼近,并且保证各结点连接处是光滑的(导数连续)。为了得到精度较高且过渡较为平滑的曲线,最常见的是应用三次样条插值。这种方法已成为数值逼近的一个重要分支,广泛地应用于产品外形设计乃至计算机辅助设计的许多领域。

3.6.1 样条函数

"样条"(spline)是富有弹性的细长条形绘图工具。绘图者用重物(压铁)迫使样条通过

指定的点(型值点),并调整样条使其具有光滑的外形,如图 3-5 所示。

就物理而言,样条满足型值点的约束,同时使得势能达到最小。就数学而言,这样确定的样条曲线具有连续的一阶、二阶导数,恰好为三次样条函数。

样条函数的概念来源于工程设计实践。样条函数是充分光滑的,保证了其外形曲线的平滑优美;但又保留着一定的间断性,从而转折自如,可以灵活运用。

1. 零次样条

常用的阶梯函数就是简单的零次样条,如图 3-6 所示。

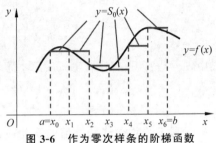

图 3-6　作为零次样条的阶梯函数

图 3-5　物理样条示意

对于区间 $[a,b]$ 的某个分划 $\Delta: a=x_0<x_1<\cdots<x_n=b$,如果 $S_0(x)$ 在每个子区间上都是零次式(常数),即

$$s_0(x)=\begin{cases}c_0, & x\in[x_0,x_1]\\ c_1, & x\in[x_1,x_2]\\ \vdots & \vdots \\ c_{n-1}, & x\in[x_{n-1},x_n]\end{cases}$$

则称 $S_0(x)$ 为具有分划 Δ 的零次样条。

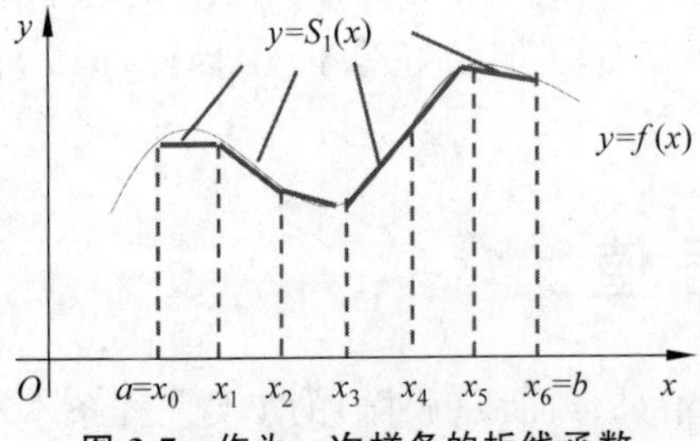

2. 一次样条

常用的折线函数就是一次样条,如图 3-7 所示。

图 3-7　作为一次样条的折线函数

对于区间 $[a,b]$ 的某个分划 $\Delta: a=x_0<x_1<\cdots<x_n=b$,如果 $S_0(x)$ 在每个子区间上都是一次式(常数),即

$$S_1(x)=\begin{cases}a_0x+b_0, & x\in[x_0,x_1]\\ a_1x+b_1, & x\in[x_1,x_2]\\ \vdots & \vdots \\ a_{n-1}x+b_{n-1}, & x\in[x_{n-1},x_n]\end{cases}$$

而且在每个内结点 $x_i(i=0,1,2,\cdots,n-1)$ 处的函数值连续,即

$$S_1(x_i^-)=S_1(x_i^+),\quad i=0,1,2,\cdots,n-1$$

则称 $S_1(x)$ 为具有分划 Δ 的一次样条。

任意给定 $x\in[x_i,x_{i+1}](i=0,1,2,\cdots,n-1)$,都可以用这个样条函数估值。首先判断 x 的区间,然后根据该段的直线求值。有时候,将左边首个区间扩大为 $(-\infty,x_1]$,右边最后一个区间扩大为 $[x_{n-1},\infty)$,这样,对任意实数 x,就都可用这个样条函数估值了。

3. m 次与三次样条函数

给定区间 $[a,b]$ 的某个分划

$$\Delta: a = x_0 < x_1 < \cdots < x_n = b$$

如果函数 $S(x)$ 满足下列两个条件。

(1) $S(x)$ 在每个子区间 $[x_i, x_{i+1}](i=0,1,2,\cdots,n-1)$ 上都是 m 次多项式；

(2) $S(x)$ 及其 $m-1$ 阶的导数在 $[a,b]$ 上连续。

则称 $S(x)$ 是关于分划 Δ 的 m 次样条函数，记为 $S(x)$ 或 $S_m(x)$。$x_0, x_1, \cdots, x_n$ 称为样条结点。

如果取 $m=3$，则会得到最常用的三次样条函数；如果再给定函数 $S_3(x)$ 在分划 Δ 和结点上的函数值

$$S_3(x_i) = y_1, \quad i = 0, 1, 2, \cdots, n$$

则称 $S_3(x)$ 为 $y=f(x)$ 在 $[a,b]$ 上关于分划 Δ 的三次样条插值函数。

3.6.2　三次样条插值

前面介绍了两类插值多项式，一类是整个区间上的插值多项式：拉格朗日插值多项式、牛顿插值多项式。通过分析发现，使用高次插值多项式时，会出现龙格现象。为了避免这种现象，一般要求插值多项式不能超过 7 次。

假如只用 6 次及 6 次以下的插值多项式，则当未能达到精度要求时，为了避免龙格现象，又给出了第二种处理方法：分段插值多项式。而且给出了两种类型：分段拉格朗日插值多项式和分段埃尔米特插值多样式。这两类分段插值多项式都是收敛的，在整个区间上都是连续的。但是分段拉格朗日插值多项式不一定光滑；分段（如三点三阶）埃尔米特插值多项式只能保证一阶连续可导，而在处理某些实际问题时，只保证一阶连续可导往往是不够的。例如，飞机轮船的外形设计，流体力学中某些流线型等，对光滑程度的要求较高，除了一阶导数连续之外，还要求二阶导数也是连续的，这就需要应用三次样条函数插值多项式。

注：样条插值与分段埃尔米特插值的主要区别在于，样条插值曲线本身是光滑的，因为样条需要满足结点插值条件与平滑性；分段埃尔米特插值需要同时满足结点的函数值及导数值。换言之，埃尔米特插值的平滑性是由给定的结点导数值决定的。

1. 三次样条插值函数

如果函数 $y=f(x)$ 在点 $x_0, x_1, \cdots, x_n$ 的值分别为 $y_0, y_1, \cdots, y_n$，而 $S(x)$ 是 $f(x)$ 的三次样条插值函数。则 $S(x)$ 必须满足。

(1) 插值条件：$S(x_i) = y_i (i=0,1,2,\cdots,n)$。

(2) 连续条件：$\lim\limits_{x \to x_i} S(x) = S(x_i) = y_i (i=1,2,\cdots,n-1)$。

(3) 一阶导数连续条件：$\lim\limits_{x \to x_i} S'(x) = S'(x_i) = m_i (i=1,2,\cdots,n-1)$。

(4) 二阶导数连续条件：$\lim\limits_{x \to x_i} S''(x) = S''(x_i) (i=1,2,\cdots,n-1)$。

2. 构造三次样条插值函数的条件

可用待定系数法构造样条插值函数。问题在于参数的选择：由于样条插值函数 $S(x)$ 在每个子区间上都是三次式，每个三次式有 4 个系数，因此，总共需要确定 $4n$ 个系数；但插值条件只给出 $4n-2$ 个条件，还差两个条件。

为了保证三次样条插值多项式的唯一性,通常会对插值多项式在整个区间两个端点处的状态加以描述,成为边界条件。

(1) 由区间端点处的一阶导数给出边界条件:

$$S'(x_0) = m_0 = f'(x_0), \quad S'(x_n) = m_n = f'(x_n)$$

(2) 由区间端点处的二阶导数给出边界条件:

$$S''(x_0) = f''(x_0), \quad S''(x_n) = f''(x_n)$$

特殊情况(自然边界条件)下

$$S''(x_0) = S''(x_n) = 0$$

(3) 如果待插值函数 $f(x)$ 具有周期性,则可给出周期性的三次样条的插值条件。

原则上可以选取分段多项式的系数作为待定参数,但这种方法计算量太大。

3. 构造三次样条插值函数的三转角法

构造三次样条插值多项式时,选择的边界条件不同,所得到的表达式就不同。下面考虑采用第一类边界条件所得到的三次样条插值多项式。

由于边界条件给出的是整个 $[a,b]$ 区间左端点 a 和右端点 b 的导数值,因此,假定三次样条的导函数在中间结点 S_i 的值用 m_i 来表示

$$S'(x_i) = m_i, \quad i = 0,1,2,\cdots,n$$

这样,已知条件就有:每个小区间左右端点的函数值、左右端点的导数值和 m_i,故可利用三次埃尔米特插值的一般表达式写出样条插值函数在第 i 个小区间上的一般表达式

$$S(x) = \sum_{i=0}^{n} y_i \alpha_i(x) + m_i \beta_i(x), \quad i = 0,1,2,\cdots,n$$

y_i 所对应的是 $\alpha_i(x)$,m_i 所对应的是 $\beta_i(x)$,其中 $\alpha_i(x)$ 与 $\beta_i(x)$ 称为分段三次埃尔米特插值的基函数。结合第一类边界条件,即可构成关于 m_i 的三对角方程组,从而求出 m_i,最后得到三次样条函数。这种方法称为三转角方法。

注:力学上,m_i 解释为细梁在结点截面处的转角,且与相邻结点的两个转角有关。

假设 $S'(x_i) = m_i (i = 0,1,2,\cdots,n)$,比照分段三次埃尔米特插值多项式,则在小区间上,即当 $x \in [x_{i-1}, x_i]$ 且 $h_i = x_{i+1} - x_i$ 时,

$$S(x) = \frac{(x-x_{i+1})^2[h_i + 2(x-x_i)]}{h_i^3} y_i + \frac{(x-x_i)^2[h_i + 2(x_{i+1}-x)]}{h_i^3} y_{i+1} +$$

$$\frac{(x-x_{i+1})^2(x-x_i)}{h_i^2} m_i + \frac{(x-x_i)^2(x-x_{i+1})}{h_i^2} m_{i+1}$$

为了给出 $S(x)$,需要确定 $m_i (i = 0,1,2,\cdots,n)$。

可利用三次样条的定义"其二阶导数在每个结点处都是连续的"

$$S''(x_i - 0) = S''(x_i + 0), \quad i = 1,2,\cdots,n-1$$

来求出 m_i。对 $S(x)$ 先求一阶导数,再求二阶导数,求得当 $x \in [x_i, x_{i+1}]$ 时,

$$S''(x) = \frac{6x - 2x_i - 4x_{i+1}}{h_i^2} m_i + \frac{6x - 4x_i - 2x_{i+1}}{h_i^2} m_{i+1} + \frac{6(x_i + x_{i+1} - 2x)}{h_i^3}(y_{i+1} - y_i)$$

可以看出,$S(x)$ 函数的二阶导函数是一个线性函数。考察它在 x_i 点的左极限

$$\lim_{x \to x_i+0} S''(x) = -\frac{4}{h_i} m_i - \frac{2}{h_i} m_{i+1} + \frac{6}{h_i^2}(y_{i+1} - y_i)$$

用 $i-1$ 代替 i、i 代替 $i+1$，求得当 $x \in [x_{i-1}, x_i]$ 时，

$$S''(x) = \frac{6x - 2x_{i-1} - 4x_i}{h_{i-1}^2} m_{i-1} + \frac{6x - 4x_{i-1} - 2x_i}{h_{i-1}^2} m_i +$$

$$\frac{6(x_{i-1} + x_i - 2x)}{h_{i-1}^3}(y_i - y_{i-1})$$

再考察 $S(x)$ 的二阶导函数在 x_i 点的右极限

$$\lim_{x \to x_i - 0} S''(x) = \frac{2}{h_{i-1}} m_{i-1} + \frac{4}{h_{i-1}} m_i - \frac{6}{h_{i-1}^2}(y_i - y_{i-1})$$

由连续性条件 $\lim\limits_{x \to x_i + 0} S''(x) = \lim\limits_{x \to x_i - 0} S''(x)$，得

$$\frac{1}{h_{i-1}} m_{i-1} + 2\left(\frac{1}{h_{i-1}} + \frac{1}{h_i}\right) m_i + \frac{1}{h_i} m_{i+1}$$

$$= 3\left(\frac{y_{i+1} - y_i}{h_i^2} + \frac{y_i - y_{i-1}}{h_{i-1}^2}\right), \quad i = 1, 2, \cdots, n-1$$

等式两边同除以 $\left(\dfrac{1}{h_{i-1}} + \dfrac{1}{h_i}\right)$，并记

$$\lambda_i = \frac{h_i}{h_i + h_{i-1}}, \quad \mu_i = \frac{h_{i-1}}{h_i + h_{i-1}}$$

$$g_i = 3\left(\lambda_i \frac{y_i - y_{i-1}}{h_{i-1}} + \mu_i \frac{y_{i+1} - y_i}{h_i}\right)$$

$$= 3(\lambda_i f[x_{i-1}, x_i] + \mu_i f[x_i, x_{i+1}])$$

则方程简化为

$$\lambda_i m_{i-1} + 2m_i + \mu_i m_{i+1} = g_i, \quad i = 1, 2, \cdots, n-1$$

这样就得到了一个关于 m_{i-1}、m_i、m_{i+1} 的方程，其中 λ_i、μ_i、g_i 均为已知数，未知的是 m_{i-1}、m_i、m_{i+1}。每个结点都有一个这样的方程。当遍取各点，即 i 从 1 变化到 $n-1$ 时，就得到了关于 m_i 的一个方程组，因为给的是第一类边界条件，即整个区间两个端点的一阶导数 m_0 与 m_n 是已知的

$$m_0 = y_0', \quad m_n = y_n'$$

带入上式，得到方程组

$$\begin{pmatrix} 2 & \mu_1 & & & & \\ \lambda_2 & 2 & \mu_2 & & & \\ & \ddots & \ddots & \ddots & & \\ & & \lambda_{n-2} & 2 & \mu_{n-2} \\ & & & \lambda_{n-1} & 2 \end{pmatrix} \begin{pmatrix} m_1 \\ m_2 \\ \vdots \\ m_{n-2} \\ m_{n-1} \end{pmatrix} = \begin{pmatrix} g_1 - \lambda_1 y_0' \\ g_2 \\ \vdots \\ g_{n-2} \\ g_{n-1} - \mu_{n-1} y_n' \end{pmatrix}$$

这是一个包含 $n-1$ 个未知数、$n-1$ 个方程的方程组，其系数矩阵是一个三对角矩阵。如果取自区间 $[a, b]$ 的结点很多，则该系数矩阵为大型稀疏的三对角矩阵，便于计算机程序设计（如追赶法）求解，获取 m_{i-1}、m_i、m_{i+1} 的值。

三转角法也可用于第二类或第三类边界条件的三次样条插值函数求解。但因第二类边界条件中未给出 m_0 与 m_n，增加了两个未知数，因此需要给方程组中添加两个方程。如果

边界条件为

$$S''(x_0) = y_0'', \quad S''(x_n) = y_n''$$

则有两个方程

$$2m_0 + m_i = 3f[x_0, x_1] - \frac{1}{2}h_1 y_0'' = g_0$$

$$m_{n-1} + 2m_n = 3f[x_{n-1}, x_n] + \frac{1}{2}h_n y_n'' = g_n$$

将这两个方程与刚才的 $n-1$ 个方程放在一起,就得到了包含 $n+1$ 个未知数及 $n+1$ 个方程的线性方程组。其系数矩阵仍然是大型稀疏三对角矩阵。

例 3-10 函数 $y = f(x)$ 如表 3-8 所示,求解区间 $[0,3]$ 上的三次样条插值函数 $S(x)$,并计算 $x = 1.5$ 处的值。

表 3-13 函数 $y = f(x)$ 的函数值及导数值

x_i	0	1	2	3
$f(x_i)$	0	1	0	1
$f'(x_i)$	1			0

解: 已知 $h_0 = h_1 = h_2 = 1$,$m_0 = f'(x_0) = 1$,$m_3 = f'(x_3) = 0$。

计算参数

$$\lambda_1 = \frac{h_0}{h_1 + h_0} = \frac{1}{2}, \quad \mu_1 = 1 - \lambda_1 = \frac{1}{2}$$

$$g_1 = 3(\lambda_1 f[x_0, x_1] + \mu_1 f[x_1, x_2]) = 3\left(\frac{1}{2} \times (1-0) + \frac{1}{2} \times (0-1)\right) = 0$$

同理,求得

$$\lambda_2 = \frac{1}{2}, \quad \mu_2 = \frac{1}{2}, \quad g_2 = 3\left(\frac{1}{2} \times (0-1) + \frac{1}{2} \times (1-0)\right) = 0$$

由等式 $\lambda_i m_{i-1} + 2m_i + \mu_i m_{i+1} = g_i$,得

$$\begin{cases} \dfrac{1}{2}m_0 + 2m_i + \dfrac{1}{2}m_2 = 0 \\ \dfrac{1}{2}m_1 + 2m_2 + \dfrac{1}{2}m_3 = 0 \end{cases}$$

代入已知数 m_0、m_3,求得

$$m_1 = -\frac{4}{15}, \quad m_2 = \frac{1}{15}$$

再由

$$S_i(x) = \frac{(x - x_{i+1})^2 [h_i + 2(x - x_i)]}{h_i^3} y_i + \frac{(x - x_i)^2 [h_i + 2(x_{i+1} - x)]}{h_i^3} y_{i+1} +$$

$$\frac{(x - x_{i+1})^2 (x - x_i)}{h_i^2} m_i + \frac{(x - x_i)^2 (x - x_{i+1})}{h_i^2} m_{i+1}$$

求得

$$S_0(x) = x^2[1 + 2(1-x)] + (x-1)^2 x + x^2(x-1)\left(-\frac{4}{15}\right)$$

$$S_1(x) = (x-2)^2[1 + 2(x-1)] + (x-2)^2(x-1)\left(-\frac{4}{15}\right) + (x-1)^2(x-2)\frac{1}{15}$$

$$S_2(x) = (x-2)^2[1 + 2(3-x)] + (x-2)(x-3)^2\frac{1}{15}$$

故所求三次样条函数

$$S(x) = \begin{cases} (3-2x)x^2 + x(x-1)^2 - \dfrac{4}{15}(x-1)x^2, & x \in [0,1] \\[3mm] (2x-1)(x-2)^2 - \dfrac{4}{15}(x-1)(x-2)^2 + \dfrac{1}{15}(x-2)(x-1)^2, & x \in [1,2] \\[3mm] (7-2x)(x-2)^2 + \dfrac{1}{15}(x-2)(x-3)^2, & x \in [2,3] \end{cases}$$

当 $x = 1.5$ 时，

$$S(1.5) = (2 * 1.5 - 1)(1.5-2)^2 - \frac{4}{15}(1.5-1)(1.5-2)^2 + \frac{1}{15}(1.5-2)(1.5-1)^2$$

$$= 0.458\ 333\ 333\ 333\ 333\ 3$$

习　题　3

1. 举例说明什么是插值，什么是插值函数。

2. 已知函数 $y = f(x)$ 的函数值如表 3-14 所示，用线性插值法找出 $\sin 0.705$ 与 $\cos 0.702$ 的近似值。

表 3-14　函数 $y = f(x)$ 的函数值

x	**0.70**	**0.71**
$\sin x$	0.644 217 687 2	0.651 833 771 0
$\cos x$	0.764 842 187 2	0.758 361 875 9

3. 构造拉格朗日插值多项式 $p(x)$，逼近 $y = f(x) = x^3$，要求：

(1) 取结点 $x_0 = -1, x_1 = 1$，进行线性插值。

(2) 取结点 $x_0 = -1, x_1 = 0, x_2 = 1$，进行抛物插值。

4. 已知 $y = \ln x$ 的几个函数值，如表 3-15 所示。

表 3-15　函数 $y = \ln x$ 的函数值

x_i	10	11	12	13	14
$\ln x_i$	2.3026	2.3979	2.4849	2.5649	2.6391

(1) 分别用线性插值与抛物插值求 $\ln 11.75$ 的近似值。

(2) 估计用线性插值与抛物插值计算 $\ln 11.75$ 的误差。

提示：

$$R_1(x) = (x-x_0)(x-x_1)\frac{f''(\xi)}{2!}, \quad \xi \in (11,12)$$

$$R_2(x) = (x-x_0)(x-x_1)(x-x_2)\frac{f^{(3)}(\xi)}{3!}$$

5. $f[x_0,x_1,x_2,x_3,x_4]$ 的定义是什么? 它与差分 $\Delta^{(4)}y_0$ 有什么关系?

6. 依据 3 个样点 $(0,1),(1,2),(2,3)$ 求插值多项式。

7. 什么是龙格现象? 分段插值有什么优点?

8. 举例说明 n 次多项式的 n 阶差商为常数。

9. 依据以下条件,构造三次牛顿插值多项式:

(1) 已知 $x=0,2,3,6$,对应的函数值为 $y=1,3,2,5$。

(2) 已知 $x=0,2,3,5,6$,对应的函数值为 $y=1,3,2,5,6$。

10. 已知 $f(x)=\sin x$ 的几个函数值,如表 3-16 所示。用牛顿向前插值法求 $\sin 0.57891$ 的近似值。

表 3-16　函数 $y=\sin x$ 的函数值

x	0.4	0.5	0.6	0.7
$\sin x$	0.389 42	0.479 43	0.564 64	0.644 22

11. 与拉格朗日插值法比较,牛顿插值法有哪些优点?

12. 埃尔米特与拉格朗日插值公式的构造有哪些相同点与不同点?

13. 与分段拉格朗日插值比较,分段三次埃尔米特插值有什么优点? 需要再提供哪些信息才能使用?

14. 什么是样条函数? 它有哪些特点?

15. 样条插值是分段插值吗? 就一次插值而言,样条插值与分段插值有什么关系?

16. 与分段三次埃尔米特插值比较,三次样条插值有什么优点?

17. 验证方程组

$$s_3 = \begin{cases} \dfrac{1}{15}(11x^3 - 26x^2 + 15x) & x \in [0,1] \\[2mm] \dfrac{1}{15}(-3x^3 + 16x^2 - 27x + 14) & x \in [1,2] \\[2mm] \dfrac{1}{15}(x^3 - 8x^2 + 21x - 18) & x \in [2,3] \end{cases}$$

是满足如表 3-17 所列数据的第一类边界样条插值问题的解。

表 3-17　函数 $y=f(x)$ 的函数值

x	0	1	2	3
y	0	0	0	0
y'	1			0

第4章

CHAPTER

迭 代 法

　　求解线性方程组的另一种重要方法是迭代法。迭代法是从某一取定的初始向量出发,按照一定的迭代格式,逐次计算出新的向量,得到向量序列,该向量序列将收敛于方程或方程组的精确解。这样经过有限次操作,得到的向量可取作方程或方程组的近似解。与直接解法不同,即使在计算过程中无舍入误差,迭代法也难以获得精确解。因此,迭代法是一类逐次逼近的方法。本章介绍迭代法的基本理论及几种常用的迭代法。

4.1　非线性方程求根

　　设非线性方程 $f(x)=0$,若存在 $\alpha\in R$,使得 $f(\alpha)=0$,则称数 α 为方程 $f(x)=0$ 的**根**或函数 $f(x)$ 的**零点**。

　　通常除了极少数简单方程的根可以用解析式表达外,一般方程的根都无法用一个式子来表达,即使能表示为解析式,往往很烦琐,使用不便。因此,必须研究求根的近似值的近似方法。

　　设函数 $f(x)$ 在闭区间 $[a,b]$ 上连续,且 $f(a)\cdot f(b)<0$。根据闭区间上连续函数的性质(零点定理)可知,方程 $f(x)=0$ 在 (a,b) 内至少有一个实根。进一步,若函数 $f(x)$ 在闭区间 $[a,b]$ 上单调,则方程 $f(x)=0$ 在 (a,b) 内有且仅有一个实根 α。由此,可以采用如下步骤来求这个根的近似值。

　　事先给定两个小的正数 ε 和 δ:

　　(1) 将区间 $[a,b]$ 二等分,计算中点处的函数值 $f\left(\dfrac{a+b}{2}\right)$。若 $\left|f\left(\dfrac{a+b}{2}\right)\right|<\delta$,则取 $\widetilde{\alpha}=\dfrac{a+b}{2}$ 作为 α 的近似值;否则,进行下一步。

　　(2) 计算 $f(b)\cdot f\left(\dfrac{a+b}{2}\right)$,若 $f(b)\cdot f\left(\dfrac{a+b}{2}\right)>0$,则取 $a_1=a,b_1=\dfrac{a+b}{2}$;若 $f(b)\cdot f\left(\dfrac{a+b}{2}\right)<0$,则取 $a_1=\dfrac{a+b}{2},b_1=b$。这样可得新的包含根 α 的闭区间 $[a_1,b_1]$,且 $b_1-a_1=\dfrac{b-a}{2}$。

（3）对新的含根闭区间重复上述步骤，直到 $b_n - a_n < \varepsilon$，此时取 $\tilde{\alpha} = \dfrac{a_n + b_n}{2}$ 作为 α 的近似值，误差满足

$$\mid \tilde{\alpha} - \alpha \mid < \frac{b_n - a_n}{2} = \frac{b - a}{2^{n+1}}$$

这种求方程 $f(x) = 0$ 的实根的近似方法称为**二分法**。

二分法程序简单，方法可靠，但要求得较精确的结果所需时间长，一般不单独使用，求方程根的主要方法是迭代法。

需要指出的是，方程 $f(x) = 0$ 的实根往往不止一个，这里说的求近似根是指求某一特定的根，因而事先要给出所求根的大体范围。确定根的范围，称为**根的隔离**。除代数方程有比较完整的理论外，一般用试探的办法，大体分划出根的范围，然后再用近似求根的方法加以精确化。

4.1.1　简单迭代法

将方程 $f(x) = 0$ 化为一个同解的方程

$$x = \varphi(x) \tag{4-1}$$

给定一个初值 x_0，代入式（4-1）计算得 $x_1 = \varphi(x_0)$，再将 x_1 代入式（4-1）计算得 $x_2 = \varphi(x_1)$，如此继续下去，可得一个数列 $\{x_k\}$，其中

$$x_{k+1} = \varphi(x_k), \quad k = 0, 1, 2, \cdots \tag{4-2}$$

数列 $\{x_k\}$ 称为**迭代序列**，函数 $\varphi(x)$ 称为**迭代函数**，式（4-2）称为**迭代格式**。

若迭代序列 $\{x_k\}$ 是收敛的，且收敛于 x^*，则当迭代函数 $\varphi(x)$ 连续时，有

$$\lim_{k \to \infty} x_{k+1} = \lim_{k \to \infty} \varphi(x_k) = \varphi\left(\lim_{k \to \infty} x_k\right) = \varphi(x^*)$$

即

$$x^* = \varphi(x^*)$$

也即

$$f(x^*) = 0$$

可见，只要迭代序列收敛，一般总收敛于原方程的根。实际计算时当然不可能迭代无穷多步，迭代到一定程度，就取 x_{k+1} 作为原方程根的近似值。这种求根法称为**简单迭代法**或**逐次逼近法**。

例 4-1　求方程 $9x^2 - \sin x - 1 = 0$ 在 $[0,1]$ 上的一个实根。

解：选取迭代函数 $\varphi(x) = \arcsin(9x^2 - 1)$，因为 $9x^2 - 1 = \sin x$，故 $x \in \left[0, \dfrac{\sqrt{2}}{3}\right] \subset [0,1]$。

可知 $\varphi(x)$ 在 $\left[0, \dfrac{\sqrt{2}}{3}\right]$ 上连续。任意选取初值 $x_0 = 0.4$，应用迭代函数 $\varphi(x)$ 反复迭代 4 次，可得

$$x_1 = 0.4556, \quad x_2 = 1.0514, \quad x_3 = 1.5708 - 2.8816i, \quad x_4 = -0.5812 - 5.2729i$$

可见迭代序列不收敛。事实上，这个迭代格式对 $[0,1]$ 内任意初值皆不收敛。这是否表明方程 $9x^2 - \sin x - 1 = 0$ 在 $[0,1]$ 上没有实根呢？

若选取迭代函数为 $\varphi(x)=\dfrac{1}{3}\sqrt{1+\sin x}$，可知 $\varphi(x)$ 在 $[0,1]$ 上连续。任选初值 $x_0=0.5$，应用迭代函数 $\varphi(x)$ 反复迭代 8 次，可得

$$x_1=0.4054,\quad x_2=0.3936,\quad x_3=0.3921,\quad x_4=0.3919,$$
$$x_5=0.3919,\quad x_6=0.3918,\quad x_7=0.3918,\quad x_8=0.3918$$

从而得到方程 $9x^2-\sin x-1=0$ 在 $[0,1]$ 上的一个实根为 0.3918。

由这个例子看出迭代序列的收敛性依赖于迭代函数的构造。下面给出迭代序列收敛的充分条件及误差估计。

定理 4.1　设迭代函数 $\varphi(x)$ 满足：

(1) 当 $x\in[a,b]$ 时，$\varphi(x)\in[a,b]$；

(2) 存在正数 $L<1$，使得对于任意的 $x\in[a,b]$，有

$$|\varphi'(x)|\leqslant L<1 \tag{4-3}$$

则 $x=\varphi(x)$ 在 $[a,b]$ 上有唯一的根 α，且对于任取的初值 $x_0\in[a,b]$，迭代序列 $x_{k+1}=\varphi(x_k)$，$k=0,1,2,\cdots$ 收敛于 α。

证：由于在 $[a,b]$ 上 $\varphi'(x)$ 存在，所以 $\varphi(x)$ 在闭区间 $[a,b]$ 上连续。构造函数 $g(x)=x-\varphi(x)$，则 $g(x)$ 在闭区间 $[a,b]$ 上连续。由条件(1)可知，$g(a)=a-\varphi(a)\leqslant0$，$g(b)=b-\varphi(b)\geqslant0$，根据闭区间上连续函数的性质(零点定理)可知，存在 $\alpha\in(a,b)$，使得 $g(\alpha)=0$，即 $\alpha=\varphi(\alpha)$。

若有另一个 $\bar\alpha$ 使得 $\bar\alpha=\varphi(\bar\alpha)$，则由微分中值定理及条件(2)可知：
$$|\alpha-\bar\alpha|=|\varphi(\alpha)-\varphi(\bar\alpha)|=|\varphi'(\xi)(\alpha-\bar\alpha)|\leqslant L|\alpha-\bar\alpha|$$
又因 $0<L<1$，所以 $\alpha-\bar\alpha=0$，即 $\alpha=\bar\alpha$。

又由 $|x_{k+1}-\alpha|=|\varphi(x_k)-\varphi(\alpha)|$
$$=|\varphi'(\xi)(x_k-\alpha)|\text{（由微分中值定理可得）}$$
$$\leqslant L|x_k-\alpha|$$
$$=L|\varphi(x_{k-1})-\varphi(\alpha)|$$
$$\leqslant L^2|x_{k-1}-\alpha|$$
$$\cdots$$
$$\leqslant L^{k+1}|x_0-\alpha|$$

因 $0<L<1$，可得
$$\lim_{k\to\infty}(x_{k+1}-\alpha)=0$$
即
$$\lim_{k\to\infty}x_k=0$$
证毕。

定理 4.1 中关系式(4-3)有明确的几何意义，它表明在根 α 的附近，$y=\varphi(x)$ 的切线不能太陡。$x=\varphi(x)$ 的根可以看作 $y=x$ 与 $y=\varphi(x)$ 的交点的横坐标。当 $|\varphi'(x)|<1$ 时，对任意取定的初值 $x_0\in[a,b]$，迭代序列收敛；反之，则可能发散。

在例 4-1 中，选取 $\varphi(x)=\dfrac{1}{3}\sqrt{\sin x+1}$ 时，定理 4.1 的条件成立：

$$0 \leqslant \varphi(x) \leqslant 1, \quad |\varphi'(x)| = \frac{|\cos x|}{6\sqrt{\sin x + 1}} < 1$$

因此,对于 $[0,1]$ 内任意初值,迭代序列 $x_{k+1} = \frac{1}{3}\sqrt{\sin x_k + 1}, k = 0, 1, 2, \cdots$ 收敛,且收敛于方程的根;而取 $\varphi(x) = \arcsin(9x^2 - 1)$ 时,定理 4.1 的条件不成立,故迭代序列不能保证收敛。

定理 4.2 在定理 4.1 的条件下,有误差估计式

$$|\alpha - x_k| \leqslant \frac{L^k}{1-L}|x_1 - x_0|, \quad 0 < L < 1 \tag{4-4}$$

证:对于任意的正整数 $m > k$,有

$$|x_m - x_k| = |x_m - x_{m-1} + x_{m-1} - x_{m-2} + \cdots + x_{k+1} - x_k|$$
$$\leqslant |x_m - x_{m-1}| + |x_{m-1} - x_{m-2}| + \cdots + |x_{k+1} - x_k|$$
$$= \sum_{n=k}^{m-1} |x_{n+1} - x_n|$$

又因为

$$|x_{n+1} - x_n| = |\varphi(x_n) - \varphi(x_{n-1})|$$
$$\leqslant L|x_n - x_{n-1}|$$
$$\leqslant L^n |x_1 - x_0|$$

所以

$$|x_m - x_k| \leqslant \sum_{n=k}^{m-1} L^n |x_1 - x_0|$$
$$\leqslant \frac{L^k}{1-L}|x_1 - x_0|$$

令 $m \to \infty$,得

$$|\alpha - x_k| \leqslant \frac{L^k}{1-L}|x_1 - x_0|$$

证毕。

若事先给出精度 ε,即要求 $|x_k - \alpha| < \varepsilon$,则由式(4-4)可以估计迭代次数

$$k > \frac{\ln \dfrac{\varepsilon(1-L)}{|x_1 - x_0|}}{\ln L}$$

在实际计算中,由于 L 不易求得,用式(4-4)估计误差不方便。下面介绍一种实用的估计办法。

对于任意正整数 n,设 $m = k + n$,则

$$|x_{k+n} - x_k| \leqslant |x_{k+1} - x_k| + |x_{k+2} - x_{k+1}| + \cdots + |x_{k+n} - x_{k+n-1}|$$
$$\leqslant (1 + L + L^2 + \cdots + L^{n-1})|x_{k+1} - x_k|$$
$$\leqslant \frac{1 - L^n}{1 - L}|x_{k+1} - x_k|$$

令 $n \to \infty$,则

$$| \, x_{k+n} - x_k \, | \leqslant \frac{1}{1-L} \, | \, x_{k+1} - x_k \, |$$

可见,在正常收敛即 $L<1$(不太接近 1)的情况下,只要相邻两次迭代结果相差足够小,就可以保证近似解 x_k 的精度。因此,如果要求精度 δ_1,则当 $|x_{k+1}-x_k|<\delta_1$ 时,就可以结束迭代过程,取 x_{k+1} 作为根的近似值;如果 $L \approx 1$,这个方法就不可靠了。

例 4-2 求方程 $x^3 - x^2 - 1 = 0$ 在 $x=1.5$ 附近的近似根,精度要求 $|x_k - \alpha| < 10^{-4}$。

解: 选取迭代函数为 $\varphi(x) = \sqrt[3]{x^2+1}$,可知 $\varphi(x)$ 在任意点处连续。选取初值 $x_0 = 1.5$,应用迭代函数 $\varphi(x)$ 反复迭代 9 次,即可满足精度要求。可得

$$x_1 = 1.4812, \quad x_2 = 1.4727, \quad x_3 = 1.4688, \quad x_4 = 1.4670, \quad x_5 = 1.4662,$$
$$x_6 = 1.4659, \quad x_7 = 1.4657, \quad x_8 = 1.4656, \quad x_9 = 1.4656$$

从而方程 $x^3 - x^2 - 1 = 0$ 在 $x=1.5$ 附近的近似根为 1.4656。

4.1.2 牛顿迭代法

如何构造迭代函数使得迭代序列一定收敛呢? 构造迭代函数的一条重要途径是用近似方程来代替原方程。

设 x_k 是方程 $f(x)=0$ 的一个近似根,把函数 $f(x)$ 在点 x_k 处进行泰勒展开,展开式为

$$f(x) = f(x_k) + f'(x_k)(x-x_k) + \frac{f''(x_k)}{2!}(x-x_k)^2 + \frac{f'''(x_k)}{3!}(x-x_k)^3 + \cdots$$

若取前两项来近似代替 $f(x)$(称为 $f(x)$ **的线性化**),则得近似的线性方程

$$f(x_k) + f'(x_k)(x-x_k) = 0$$

设 $f'(x_k) \neq 0$,令其解为 x_{k+1},可得

$$x_{k+1} = x_k - \frac{f(x_k)}{f'(x_k)} \tag{4-5}$$

式(4-5)称为**方程 $f(x)=0$ 的牛顿迭代式**。它对应的方程为

$$x = x - \frac{f(x)}{f'(x)} \quad (f'(x) \neq 0)$$

显然,该方程是方程 $f(x)=0$ 的同解方程,其迭代函数为

$$\varphi(x) = x - \frac{f(x)}{f'(x)}$$

在方程 $f(x)=0$ 的根 α 的某个邻域 $U(\alpha)$ 内,有

$$f(x) \approx 0$$

$$| \, \varphi'(x) \, | = \left| \frac{f(x)f''(x)}{(f'(x))^2} \right| = \frac{| \, f(x) \, | \cdot | \, f''(x) \, |}{(f'(x))^2} \leqslant L < 1$$

故在 $U(\alpha)$ 内,对于任取的初值 x_0,由式(4-5)得到的迭代序列收敛于 α。迭代式 $x = x - \frac{f(x)}{f'(x)}$ $(f'(x) \neq 0)$ 所确定的方法称为**牛顿迭代法**。

牛顿迭代法有明显的几何意义。由式(4-5)可知,x_{k+1} 是曲线 $y=f(x)$ 在点 $(x_k, f(x_k))$ 处的切线与 x 轴的交点的横坐标(见图 4-1),也就是说,新的近似值 x_{k+1} 是用代替

曲线 $y=f(x)$ 的切线与 x 轴相交得到的。曲线 $y=f(x)$ 在点 $(x_{k+1},f(x_{k+1}))$ 处的切线与 x 轴相交,又可得到 x_{k+2},如此重复下去。只要初值取的充分靠近 α,这个序列就会很快收敛于 α。

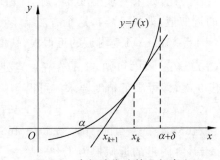

图 4-1 牛顿迭代法的几何意义

由于牛顿迭代法的局部收敛性对初值要求较高,为保证非局部收敛,必须增加一些条件。

定理 4.3 设函数 $f(x)$ 在闭区间 $[a,b]$ 上二阶导数存在,且满足:

(1) $f(a)f(b)<0$;

(2) $\forall x\in[a,b]$,$f'(x)\neq0$;

(3) $\forall x\in[a,b]$,$f''(x)$ 不变号;

(4) 初值 $x_0\in[a,b]$ 使得 $f(x_0)f''(x_0)>0$,

则牛顿迭代序列 $\{x_k\}$ 收敛于方程 $f(x)=0$ 在闭区间 $[a,b]$ 内的唯一根。

条件(1)保证了方程 $f(x)=0$ 的根一定存在;条件(2)表明函数 $f(x)$ 具有单调性,从而方程 $f(x)=0$ 的根是唯一的;条件(3)表明曲线 $y=f(x)$ 在闭区间 $[a,b]$ 上的凹凸性不改变;条件(4)保证了 $x\in[a,b]$ 时,$\varphi(x)\in[a,b]$。

对于此定理这里不作证明,只给出它的几何解释。图 4-2 的 4 种情形都满足定理的条件。从牛顿迭代法的几何意义可以断定,迭代序列是收敛的。

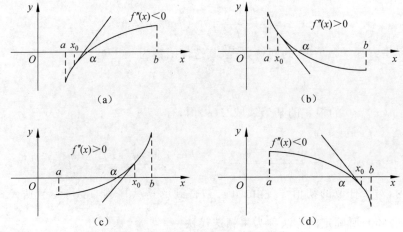

图 4-2 牛顿迭代序列与方程的根

牛顿迭代法的计算步骤如下。

（1）选取初值 x_0，计算 $f(x_0)$，$f'(x_0)$；

（2）计算 $x_{k+1} = x_k - \dfrac{f(x_k)}{f'(x_k)}$；

（3）若 $|x_{k+1} - x_k| < \varepsilon_1$ 或 $|f(x_{k+1})| < \varepsilon_2$，这里 ε_1、ε_2 为事先给定的比较小的正数，则终止迭代，并取 $\alpha \approx \tilde{\alpha} = x_{k+1}$。否则跳转至步骤（2），继续迭代。

如果迭代次数超过某一个上界 N 仍达不到要求或计算过程中 $f'(x_k) = 0$，则认为该方法失败。

例 4-3　用牛顿迭代法建立求平方根 $\sqrt{a}$（$a > 0$）的迭代式。

解：问题可转化为求方程 $x^2 - a = 0$（$a > 0$）的根。这里记 $f(x) = x^2 - a$，选取迭代函数为 $\varphi(x) = x - \dfrac{f(x)}{f'(x)} = x - \dfrac{x^2 - a}{2x} = x - \dfrac{x}{2} + \dfrac{a}{2x} = \dfrac{1}{2}\left(x + \dfrac{a}{x}\right)$。即用牛顿迭代法建立求平方根 $\sqrt{a}$（$a > 0$）的迭代式为 $\varphi(x) = \dfrac{1}{2}\left(x + \dfrac{a}{x}\right)$。

4.1.3　弦截法

设 x_k、x_{k-1} 是方程 $f(x) = 0$ 的近似根，它们对应的函数值为 $f(x_k)$ 和 $f(x_{k-1})$。作线性插值多项式

$$P(x) = f(x_k) + \frac{f(x_k) - f(x_{k-1})}{x_k - x_{k-1}}(x - x_k)$$

用 $P(x)$ 近似代替 $f(x)$ 得近似方程 $P(x) = 0$，令其解为 x_{k+1}，则

$$x_{k+1} = x_k - \frac{f(x_k)}{f(x_k) - f(x_{k-1})}(x_k - x_{k-1}) \tag{4-6}$$

由式（4-6）确定的迭代法称为**弦截法**。

弦截法有明显的几何意义。如图 4-3 所示，弦截法求 x_{k+1} 的过程，相当于过两点 $A(x_k, f(x_k))$ 和 $B(x_{k-1}, f(x_{k-1}))$ 作直线，用弦 AB 代替点 A 和点 B 之间的曲线 $f(x)$，弦 AB 与 x 轴的交点的横坐标即为 x_{k+1}，将 x_{k+1} 看作方程 $f(x) = 0$ 的新近似根。

与牛顿迭代法一样，当 $f(x)$ 在根的某邻域内有直至二阶的连续导数，且 $f'(x) \neq 0$ 时，弦截法具有局部收敛性。

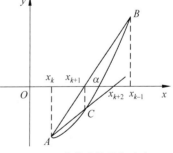

图 4-3　弦截法的几何意义

弦截法的计算步骤如下。

（1）选取初值 x_0、x_1，计算 $f(x_0)$、$f(x_1)$；

（2）计算 $x_{k+1} = x_k - \dfrac{f(x_k)}{f(x_k) - f(x_{k-1})}(x_k - x_{k-1})$ 及 $f(x_{k+1})$；

（3）若 $|x_{k+1} - x_k| < \varepsilon_1$ 或 $|f(x_{k+1})| < \varepsilon_2$，这里 ε_1、ε_2 为事先给定的比较小的正数，则终止迭代，并取 $\alpha \approx \tilde{\alpha} = x_{k+1}$。否则用 $(x_k, f(x_k))$、$(x_{k+1}, f(x_{k+1}))$ 分别代替 $(x_{k-1}, f(x_{k-1}))$、$(x_k, f(x_k))$，跳转至步骤（2）继续迭代。

如果迭代次数超过某一个上界 N 仍达不到要求，则认为该方法失败。

例 4-4 试用弦截法求方程 $x^3-x^2-1=0$ 在 $x=1.5$ 附近的近似根，精度要求 $|x_k-x_{k-1}|<10^{-4}$。

解：记 $f(x)=x^3-x^2-1$，任取初值 $x_0=1$，$x_1=2$，根据式(4-6)反复迭代 8 次可得
$$x_2=1.25,\quad x_3=1.3766,\quad x_4=1.4888,\quad x_5=1.4635,$$
$$x_6=1.4655,\quad x_7=1.4656,\quad x_8=1.4656$$

附 例 4-4 弦截法解方程的代码。

```
import math
f=lambda a: math.pow(a,3)-a*a-1
x0,x1=1,2
for k in range(1,8,1):
    r=x1-f(x1)/(f(x1)-f(x0)) * (x1-x0)
    print("% f"% r)
    x0=x1
    x1=r
```

在弦截法迭代式(4-6)中，若用固定点 $(x_0,f(x_0))$ 代替 $(x_{k-1},f(x_{k-1}))$，可得
$$x_{k+1}=x_k-\frac{f(x_k)}{f(x_k)-f(x_0)}(x_k-x_0) \tag{4-7}$$
由式(4-7)确定的迭代法称为**单点弦截法**，由式(4-6)确定的迭代法称为双点弦截法。

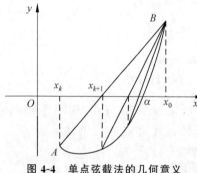

图 4-4 单点弦截法的几何意义

单点弦截法的几何意义如图 4-4 所示，用弦 AB 代替曲线 $f(x)$ 与 x 轴相交得 x_{k+1}，再过点 $(x_{k+1},f(x_{k+1}))$ 和 $(x_0,f(x_0))$ 作弦，与 x 轴相交得 x_{k+2}，如此迭代下去。每次作弦时，$(x_0,f(x_0))$ 都作为一个固定端点。

需要指出的是，单点弦截法实际上是 4.1.1 节中讨论过的简单迭代法，迭代函数为
$$\varphi(x)=x-\frac{f(x)}{f(x)-f(x_0)}(x-x_0)$$
由简单迭代法的一般理论可推得，单点弦截法是局部收敛的。

类似于定理 4.3 可得如下结论。

定理 4.4 设函数 $f(x)$ 在闭区间 $[a,b]$ 上二阶导数存在，且满足：

(1) $f(a)f(b)<0$；

(2) $\forall x\in[a,b]$，$f'(x)\neq0$；

(3) $\forall x\in[a,b]$，$f''(x)$ 不变号；

(4) 初值 $x_0,x_1\in[a,b]$ 使得 $f(x_0)f''(x_0)>0$ 且 $x_0\neq x_1$，则弦截法迭代序列 $\{x_k\}$ 收敛于方程 $f(x)=0$ 在闭区间 $[a,b]$ 内的唯一根。

例 4-5 试用单点弦截法求方程 $x^3-x^2-1=0$ 在 $x=1.5$ 附近的近似根，精度要求 $|x_k-x_{k-1}|<10^{-4}$。

解：记 $f(x)=x^3-x^2-1$，任取初值 $x_0=1$，$x_1=2$。根据式(4-7)反复迭代 24 次可得

$x_2=1.25$，　$x_3=1.64$，　$x_4=1.3718$，　$x_5=1.5314$，　$x_6=1.4264$，

$x_7=1.4915$，　$x_8=1.4495$，　$x_9=1.4759$，　$x_{10}=1.4951$，　$x_{11}=1.4697$，

$x_{12}=1.4629$，　$x_{13}=1.4673$，　$x_{14}=1.4645$，　$x_{15}=1.4662$，　$x_{16}=1.4651$，

$x_{17}=1.4658$，　$x_{18}=1.4654$，　$x_{19}=1.4657$，　$x_{20}=1.4655$，　$x_{21}=1.4656$，

$x_{22}=1.4655$，　$x_{23}=1.4656$，　$x_{24}=1.4656$

附　例 4-5 单点弦截法解方程的代码。

```
import math
f=lambda a: math.pow(a,3)-a*a-1
x0,x1=1,2
for k in range(0,30,1):
    x1=x1-f(x1)/(f(x1)-f(x0)) * (x1-x0)
    print("% f"% x1)
```

本例表明单点弦截法较双点弦截法收敛缓慢。

4.2　线性方程组的迭代解法

假定要求解一个 n 元线性方程组

$$\begin{cases} a_{11}x_1+a_{12}x_2+\cdots+a_{1n}x_n=b_1 \\ a_{21}x_1+a_{22}x_2+\cdots+a_{2n}x_n=b_2 \\ \qquad\qquad\vdots \\ a_{n1}x_1+a_{n2}x_2+\cdots+a_{nn}x_n=b_n \end{cases} \tag{4-8}$$

它的矩阵形式为

$$Ax=b \tag{4-9}$$

其中,系数矩阵 A 为可逆矩阵,b 为常数项构成的列向量(简称为常向量),x 为解向量。可以仿照 4.1 节中方程求根的办法,把线性方程组(4-9)改写成一个同解的方程组

$$x=Bx+g \tag{4-10}$$

从而建立迭代格式

$$x^{(k+1)}=Bx^{(k)}+g \tag{4-11}$$

这里称 B 为**迭代矩阵**。给出初始向量 $x^{(0)}$ 后,按照式(4-11)进行迭代,可以得到一个向量序列 $\{x^{(k)}\}$。若向量序列 $\{x^{(k)}\}$ 收敛于确定的向量 x^*,则 x^* 满足线性方程组 $x=Bx+g$,即 $x^*=Bx^*+g$,亦即 $Ax^*=b$。也就是说,向量 x^* 是线性方程组 $Ax=b$ 的解向量。

这种方法就是解线性方程组的迭代解法。与代数方程求根一样,需要讨论的问题是,如何建立迭代格式,向量序列收敛的条件是什么,如何估计误差,等等。

4.2.1　雅可比迭代法

将 n 元线性方程组(4-8)改写成便于迭代的形式,方法是多种多样的,先给出一种最简单的形式。

假设 $a_{ii}\neq0,i=1,2,\cdots,n$,则 n 元线性方程组(4-8)可改写为

$$
\begin{cases}
x_1 = -\dfrac{a_{12}}{a_{11}}x_2 - \dfrac{a_{13}}{a_{11}}x_3 - \cdots - \dfrac{a_{1n}}{a_{11}}x_n + \dfrac{b_1}{a_{11}} \\[2mm]
x_2 = -\dfrac{a_{21}}{a_{22}}x_1 - \dfrac{a_{23}}{a_{22}}x_3 - \cdots - \dfrac{a_{2n}}{a_{22}}x_n + \dfrac{b_2}{a_{22}} \\[2mm]
\qquad\qquad\qquad \vdots \\[2mm]
x_n = -\dfrac{a_{n1}}{a_{nn}}x_1 - \dfrac{a_{n2}}{a_{nn}}x_2 - \cdots - \dfrac{a_{n,n-1}}{a_{nn}}x_{n-1} + \dfrac{b_n}{a_{nn}}
\end{cases}
\tag{4-12}
$$

令

$$
\begin{cases}
\boldsymbol{b}_{ij} = -\dfrac{a_{ij}}{a_{ii}}, i \neq j \\[2mm]
\boldsymbol{g}_i = \dfrac{b_i}{a_{ii}}
\end{cases}, \quad i = 1,2,\cdots,n
$$

则得矩阵

$$
\boldsymbol{B} = \begin{pmatrix}
0 & -\dfrac{a_{12}}{a_{11}} & -\dfrac{a_{13}}{a_{11}} & \cdots & -\dfrac{a_{1,n-1}}{a_{11}} & -\dfrac{a_{1n}}{a_{11}} \\[3mm]
-\dfrac{a_{21}}{a_{22}} & 0 & -\dfrac{a_{23}}{a_{22}} & \cdots & -\dfrac{a_{2,n-1}}{a_{22}} & -\dfrac{a_{2n}}{a_{22}} \\[3mm]
-\dfrac{a_{31}}{a_{33}} & -\dfrac{a_{32}}{a_{33}} & 0 & \cdots & -\dfrac{a_{3,n-1}}{a_{33}} & -\dfrac{a_{3n}}{a_{33}} \\[3mm]
\vdots & \vdots & \vdots & \ddots & \vdots & \vdots \\[3mm]
-\dfrac{a_{n-1,1}}{a_{n-1,n-1}} & -\dfrac{a_{n-1,2}}{a_{n-1,n-1}} & -\dfrac{a_{n-1,3}}{a_{n-1,n-1}} & \cdots & 0 & -\dfrac{a_{n-1,n}}{a_{n-1,n-1}} \\[3mm]
-\dfrac{a_{n1}}{a_{nn}} & -\dfrac{a_{n2}}{a_{nn}} & -\dfrac{a_{n3}}{a_{nn}} & \cdots & -\dfrac{a_{n,n-1}}{a_{nn}} & 0
\end{pmatrix} = (\boldsymbol{b}_{ij})_{n \times n}
$$

及

$$
\boldsymbol{g} = \begin{pmatrix}
\dfrac{b_1}{a_{11}} \\[2mm]
\dfrac{b_2}{a_{22}} \\[2mm]
\vdots \\[2mm]
\dfrac{b_n}{a_{nn}}
\end{pmatrix} = \begin{pmatrix}
g_1 \\ g_2 \\ \vdots \\ g_n
\end{pmatrix}
$$

若记

$$
\boldsymbol{D} = \begin{pmatrix}
a_{11} & & & \\
& a_{22} & & \\
& & \ddots & \\
& & & a_{nn}
\end{pmatrix}
$$

可得

$$\boldsymbol{B} = \begin{pmatrix} \dfrac{1}{a_{11}} & & & \\ & \dfrac{1}{a_{22}} & & \\ & & \ddots & \\ & & & \dfrac{1}{a_{nn}} \end{pmatrix} \left[\begin{pmatrix} a_{11} & & & \\ & a_{22} & & \\ & & \ddots & \\ & & & a_{nn} \end{pmatrix} - \begin{pmatrix} a_{11} & a_{12} & \cdots & a_{1n} \\ a_{21} & a_{22} & \cdots & a_{2n} \\ \vdots & \vdots & \ddots & \vdots \\ a_{n1} & a_{n2} & \cdots & a_{nn} \end{pmatrix} \right]$$

$$= \boldsymbol{D}^{-1}(\boldsymbol{D} - \boldsymbol{A})$$

$$= \boldsymbol{E} - \boldsymbol{D}^{-1}\boldsymbol{A} \quad (\boldsymbol{E} \text{ 为单位矩阵})$$

以及

$$\boldsymbol{g} = \boldsymbol{D}^{-1}\boldsymbol{b}$$

此时线性方程组(4-12)的矩阵形式即为

$$\boldsymbol{x} = \boldsymbol{B}\boldsymbol{x} + \boldsymbol{g}$$

迭代格式为

$$\boldsymbol{x}^{(k+1)} = \boldsymbol{B}\boldsymbol{x}^{(k)} + \boldsymbol{g}, \quad k = 0,1,2,\cdots$$

迭代矩阵为 $\boldsymbol{B} = \boldsymbol{E} - \boldsymbol{D}^{-1}\boldsymbol{A}$ 的迭代法称为**雅可比迭代法**。

例 4-6　试用雅可比迭代法解线性方程组

$$\begin{cases} 2x_1 - x_2 = 1 \\ -x_1 + 2x_2 - x_3 = 0 \\ -x_2 + 2x_3 - x_4 = 1 \\ -x_3 + 2x_4 = 0 \end{cases}$$

并写出相应的迭代矩阵。

解：题设线性方程组可改写为

$$\begin{cases} x_1 = \dfrac{1}{2}x_2 + \dfrac{1}{2} \\ x_2 = \dfrac{1}{2}x_1 + \dfrac{1}{2}x_3 \\ x_3 = \dfrac{1}{2}x_2 + \dfrac{1}{2}x_4 + \dfrac{1}{2} \\ x_4 = \dfrac{1}{2}x_3 \end{cases}$$

即

$$\boldsymbol{x} = \begin{pmatrix} x_1 \\ x_2 \\ x_3 \\ x_4 \end{pmatrix} = \begin{pmatrix} 0 & \dfrac{1}{2} & 0 & 0 \\ \dfrac{1}{2} & 0 & \dfrac{1}{2} & 0 \\ 0 & \dfrac{1}{2} & 0 & \dfrac{1}{2} \\ 0 & 0 & \dfrac{1}{2} & 0 \end{pmatrix} \begin{pmatrix} x_1 \\ x_2 \\ x_3 \\ x_4 \end{pmatrix} + \begin{pmatrix} \dfrac{1}{2} \\ 0 \\ \dfrac{1}{2} \\ 0 \end{pmatrix} = \boldsymbol{B}\boldsymbol{x} + \boldsymbol{g}$$

这里

$$
B = \begin{pmatrix} 0 & \dfrac{1}{2} & 0 & 0 \\[2mm] \dfrac{1}{2} & 0 & \dfrac{1}{2} & 0 \\[2mm] 0 & \dfrac{1}{2} & 0 & \dfrac{1}{2} \\[2mm] 0 & 0 & \dfrac{1}{2} & 0 \end{pmatrix} = \begin{pmatrix} 1 & 0 & 0 & 0 \\ 0 & 1 & 0 & 0 \\ 0 & 0 & 1 & 0 \\ 0 & 0 & 0 & 1 \end{pmatrix} - \begin{pmatrix} 2 & 0 & 0 & 0 \\ 0 & 2 & 0 & 0 \\ 0 & 0 & 2 & 0 \\ 0 & 0 & 0 & 2 \end{pmatrix}^{-1} \begin{pmatrix} 2 & -1 & 0 & 0 \\ -1 & 2 & -1 & 0 \\ 0 & -1 & 2 & -1 \\ 0 & 0 & -1 & 2 \end{pmatrix}
$$

$$
= E - D^{-1}A
$$

任选初始向量 $x^{(0)} = (1,1,1,1)^{\mathrm{T}}$，根据式(4-11)反复迭代可得

$x^{(5)} = (1.1562, 1.2188, 1.5312, 0.6875)^{\mathrm{T}}$, $\quad x^{(10)} = (1.1611, 1.3760, 1.5371, 0.7852)^{\mathrm{T}}$,

$x^{(15)} = (1.1949, 1.3782, 1.5917, 0.7865)^{\mathrm{T}}$, $\quad x^{(20)} = (1.1953, 1.3971, 1.5924, 0.7982)^{\mathrm{T}}$,

$x^{(25)} = (1.1994, 1.3974, 1.5990, 0.7984)^{\mathrm{T}}$, $\quad x^{(30)} = (1.1994, 1.3997, 1.5991, 0.7998)^{\mathrm{T}}$,

$x^{(35)} = (1.1999, 1.3997, 1.5999, 0.7998)^{\mathrm{T}}$, $\quad x^{(40)} = (1.1999, 1.4000, 1.5999, 0.8000)^{\mathrm{T}}$,

$x^{(45)} = (1.2000, 1.4000, 1.6000, 0.8000)^{\mathrm{T}}$, $\quad x^{(50)} = (1.2000, 1.4000, 1.6000, 0.8000)^{\mathrm{T}}$,

由此可知题设方程组的解为 $x_1 = 1.2, x_2 = 1.4, x_3 = 1.6, x_4 = 0.8$。

附 雅可比迭代法的 Python 源代码。

```python
#雅可比迭代法求解线性方程组 AX=B
import numpy as np
def jacobi(A,B,x0,x,EPS,MAX):
    ''' 函数——雅可比迭代法求解线性方程组
        A、B、X: 系数方阵、常数项列向量、迭代初值列向量
        EPS、MAX: 精度、最大迭代次数
        n、x: 迭代次数、方程的解(数组)
    '''
    N,M=A.shape              #求矩阵行数、列数
    if N!=M:                 #系数矩阵须为方阵
        print("数据错!")
        return None
    for n in range(MAX):     #迭代求解
        for i in range(N):
            temp=0
            for j in range(N):
                if i!=j:
                    temp+=x0[j] * A[i][j]
            x[i]=(B[i]-temp)/A[i][i]
        print(x)
        #计算误差(左式-右式),判断是否小于指定精度
        error=np.linalg.norm(np.dot(A,x)-B)
        if error<EPS:
            return (x,n)
        else:
            x0=x.copy()
```

```
        return None
    if __name__=='__main__':
        #准备数据,代入雅可比迭代法函数,求解并输出线性方程组的解
        A=np.array([[2,-1,0,0],[-1,2,-1,0],[0,-1,2,-1],[0,0,-1,2]])
        B=np.array([1,0,1,0])
        xi=np.array([0.,0.,0.,0.])
        x0=np.array([1.,1.,1.,1.])
        xi=jacobi(A,B,x0,xi,1e-6,100)
        print("线性方程组的解: \n",xi)
```

程序的运行结果如下:

```
[1.          1.          1.5         0.5]
[1.          1.25        1.25        0.75]
[1.125       1.125       1.5         0.625]
[1.0625      1.3125      1.375       0.75 ]
[1.15625     1.21875     1.53125     0.6875 ]
[1.109375    1.34375     1.453125    0.765625]
[1.171875    1.28125     1.5546875   0.7265625]
[1.140625    1.36328125  1.50390625  0.77734375]
[1.18164062  1.32226562  1.5703125   0.75195312]
...

[1.19999958  1.39999974  1.59999933  0.79999984]
[1.19999987  1.39999946  1.59999979  0.79999966]
[1.19999973  1.39999983  1.59999956  0.7999999 ]
```

线性方程组的解:

```
(array([1.19999973, 1.39999983, 1.59999956, 0.7999999 ]), 65)
```

4.2.2　高斯-赛德尔迭代法

由雅可比迭代法可以看到,用 $\boldsymbol{x}^{(k)}$ 计算 $\boldsymbol{x}^{(k+1)}$ 时,需要保留 $\boldsymbol{x}^{(k)}$ 和 $\boldsymbol{x}^{(k+1)}$ 两个向量。实际上,假如先用$(x_1^{(k)},x_2^{(k)},\cdots,x_n^{(k)})^{\mathrm{T}}$(这里 $x_i^{(k)}$ 表示 $x^{(k)}$ 的第 i 个分量)代入式(4-12)的第一个方程,计算出 $x_1^{(k+1)}$,然后用新算出的第一个分量 $x_1^{(k+1)}$ 取代 $x_1^{(k)}$,用$(x_1^{(k+1)},x_2^{(k)},\cdots,x_n^{(k)})^{\mathrm{T}}$ 代入式(4-12)的第二个方程,计算出 $x_2^{(k+1)}$,再用$(x_1^{(k+1)},x_2^{(k+1)},x_3^{(k)},\cdots,x_n^{(k)})^{\mathrm{T}}$ 代入式(4-12)的第三个方程,计算出 $x_3^{(k+1)}$,如此进行下去,直到全部分量都替换完为止。这种改变既可以节省存储单元,又给编程带来方便,迭代过程为

$$\begin{cases} x_1^{(k+1)}=b_{12}x_2^{(k)}+b_{13}x_3^{(k)}+\cdots+b_{1n}x_n^{(k)}+g_1 \\ x_2^{(k+1)}=b_{21}x_1^{(k+1)}+b_{23}x_3^{(k)}+\cdots+b_{2n}x_n^{(k)}+g_2 \\ \quad\vdots \\ x_n^{(k+1)}=b_{n1}x_1^{(k+1)}+b_{n2}x_2^{(k+1)}+\cdots+b_{n,n-1}x_{n-1}^{(k+1)}+g_n \end{cases} \tag{4-13}$$

令

$$L = \begin{pmatrix} 0 & & & & & \\ b_{21} & 0 & & & & \\ b_{31} & b_{32} & 0 & & & \\ \vdots & \vdots & \vdots & \ddots & & \\ b_{n-1,1} & b_{n-1,2} & b_{n-1,3} & \cdots & 0 & \\ b_{n1} & b_{n2} & b_{n3} & \cdots & b_{n,n-1} & 0 \end{pmatrix}, \quad U = \begin{pmatrix} 0 & b_{12} & b_{13} & \cdots & b_{1,n-1} & b_{1n} \\ & 0 & b_{23} & \cdots & b_{2,n-1} & b_{2n} \\ & & \ddots & \vdots & \vdots & \vdots \\ & & & 0 & b_{n-2,n-1} & b_{n-2,n} \\ & & & & 0 & b_{n-1,n} \\ & & & & & 0 \end{pmatrix}$$

此时迭代过程(4-13)的矩阵形式为

$$x^{(k+1)} = Lx^{(k+1)} + Ux^{(k)} + g, \quad k = 0,1,2,\cdots$$

因为 $(E-L)^{-1}$ 存在，上面的迭代格式可以写成

$$x^{(k+1)} = (E-L)^{-1}Ux^{(k)} + (E-L)^{-1}g \tag{4-14}$$

迭代矩阵为 $B = (E-L)^{-1}U$ 的迭代法称为**高斯-赛德尔迭代法**。

需要指出的是，交换方程和未知量的次序都会影响高斯-赛德尔迭代法的计算结果，但这种交换对雅可比迭代法是没有影响的。

例 4-7 试用高斯-赛德尔迭代法解线性方程组

$$\begin{cases} 2x_1 - x_2 = 1 \\ -x_1 + 2x_2 - x_3 = 0 \\ -x_2 + 2x_3 - x_4 = 1 \\ -x_3 + 2x_4 = 0 \end{cases}$$

并写出相应的迭代矩阵。

解：题设线性方程组可改写为

$$\begin{cases} x_1 = \dfrac{1}{2}x_2 + \dfrac{1}{2} \\ x_2 = \dfrac{1}{2}x_1 + \dfrac{1}{2}x_3 \\ x_3 = \dfrac{1}{2}x_2 + \dfrac{1}{2}x_4 + \dfrac{1}{2} \\ x_4 = \dfrac{1}{2}x_3 \end{cases}$$

记

$$L = \begin{pmatrix} 0 & & & \\ \dfrac{1}{2} & 0 & & \\ & \dfrac{1}{2} & 0 & \\ & & \dfrac{1}{2} & 0 \end{pmatrix}, \quad U = \begin{pmatrix} 0 & \dfrac{1}{2} & & \\ & 0 & \dfrac{1}{2} & \\ & & 0 & \dfrac{1}{2} \\ & & & 0 \end{pmatrix}, \quad g = \begin{pmatrix} \dfrac{1}{2} \\ 0 \\ \dfrac{1}{2} \\ 0 \end{pmatrix}$$

计算

$$\boldsymbol{B}=(\boldsymbol{E}-\boldsymbol{L})^{-1}\boldsymbol{U}=\begin{pmatrix}1&&&\\-\dfrac{1}{2}&1&&\\&-\dfrac{1}{2}&1&\\&&-\dfrac{1}{2}&1\end{pmatrix}^{-1}\begin{pmatrix}0&\dfrac{1}{2}&&\\&0&\dfrac{1}{2}&\\&&0&\dfrac{1}{2}\\&&&0\end{pmatrix}$$

$$=\begin{pmatrix}1&&&\\\dfrac{1}{2}&1&&\\\dfrac{1}{4}&\dfrac{1}{2}&1&\\\dfrac{1}{8}&\dfrac{1}{4}&\dfrac{1}{2}&1\end{pmatrix}\begin{pmatrix}0&\dfrac{1}{2}&&\\&0&\dfrac{1}{2}&\\&&0&\dfrac{1}{2}\\&&&0\end{pmatrix}$$

$$=\begin{pmatrix}0&\dfrac{1}{2}&0&0\\0&\dfrac{1}{4}&\dfrac{1}{2}&0\\0&\dfrac{1}{8}&\dfrac{1}{4}&\dfrac{1}{2}\\0&\dfrac{1}{16}&\dfrac{1}{8}&\dfrac{1}{4}\end{pmatrix}$$

及

$$(\boldsymbol{E}-\boldsymbol{L})^{-1}\boldsymbol{g}=\begin{pmatrix}1&&&\\-\dfrac{1}{2}&1&&\\&-\dfrac{1}{2}&1&\\&&-\dfrac{1}{2}&1\end{pmatrix}^{-1}\begin{pmatrix}\dfrac{1}{2}\\0\\\dfrac{1}{2}\\0\end{pmatrix}$$

$$=\begin{pmatrix}1&&&\\\dfrac{1}{2}&1&&\\\dfrac{1}{4}&\dfrac{1}{2}&1&\\\dfrac{1}{8}&\dfrac{1}{4}&\dfrac{1}{2}&1\end{pmatrix}\begin{pmatrix}\dfrac{1}{2}\\0\\\dfrac{1}{2}\\0\end{pmatrix}$$

$$= \begin{pmatrix} \dfrac{1}{2} \\[2mm] \dfrac{1}{4} \\[2mm] \dfrac{5}{8} \\[2mm] \dfrac{5}{16} \end{pmatrix}$$

从而迭代矩阵为

$$\boldsymbol{B} = \begin{pmatrix} 0 & \dfrac{1}{2} & 0 & 0 \\[2mm] 0 & \dfrac{1}{4} & \dfrac{1}{2} & 0 \\[2mm] 0 & \dfrac{1}{8} & \dfrac{1}{4} & \dfrac{1}{2} \\[2mm] 0 & \dfrac{1}{16} & \dfrac{1}{8} & \dfrac{1}{4} \end{pmatrix}$$

任选初始向量 $\boldsymbol{x}^{(0)} = (1,1,1,1)^{\mathrm{T}}$,根据式(4-14)反复迭代可得

$\boldsymbol{x}^{(1)} = (1.0000,1.0000,1.5000,0.7500)^{\mathrm{T}}$, $\quad \boldsymbol{x}^{(4)} = (1.1562,1.3438,1.5547,0.7773)^{\mathrm{T}}$,

$\boldsymbol{x}^{(8)} = (1.1921,1.3897,1.5917,0.7958)^{\mathrm{T}}$, $\quad \boldsymbol{x}^{(12)} = (1.1986,1.3981,1.5985,0.7992)^{\mathrm{T}}$,

$\boldsymbol{x}^{(16)} = (1.1997,1.3997,1.5997,0.7999)^{\mathrm{T}}$, $\quad \boldsymbol{x}^{(20)} = (1.2000,1.3999,1.5999,0.8000)^{\mathrm{T}}$,

$\boldsymbol{x}^{(21)} = (1.2000,1.4000,1.6000,0.8000)^{\mathrm{T}}$, $\quad \boldsymbol{x}^{(22)} = (1.2000,1.4000,1.6000,0.8000)^{\mathrm{T}}$,

由此可知题设方程组的解为 $x_1 = 1.2, x_2 = 1.4, x_3 = 1.6, x_4 = 0.8$。

附　高斯-赛德尔迭代法的 Python 源代码。

```
#高斯-赛德尔迭代法求解线性方程组 AX=B
import numpy as np
def gaussSeidle(A,B,x0,EPS,MAX):
    ''' 高斯-赛德尔迭代法求解线性方程组
        A、B、X: 系数方阵、常数项列向量、迭代初值列向量
        EPS、MAX: 精度、最大迭代次数
        n、x: 迭代次数、方程的解(数组)
    '''
    N,M=A.shape              #求矩阵行数、列数
    if N!=M:                 #系数矩阵须为方阵
        print("数据错!")
        return None
    x=np.array(x0,dtype=float)
    for k in range(MAX):
        for i in range(N):
            sigma=0.0
            for j in range(N):
                if j!=i:
                    sigma+=A[i][j] * x[j]
```

```
        x[i]=(B[i]-sigma)/A[i][i]
        #计算误差(左式-右式),判断是否小于指定精度
        error=np.linalg.norm(np.dot(A,x)-B)
        if error<EPS:
            print("迭代次数: ",k+1)
            return x
if __name__=='__main__':
    #准备数据,代入自定义函数求解并输出计算结果
    A=np.array([[2,-1,0,0],[-1,2,-1,0],[0,-1,2,-1],[0,0,-1,2]])
    B=np.array([1,0,1,0])
    x0=np.array([1.,1.,1.,1.])
    epsilon,max=1.0E-9,100
    xi=gaussSeidle(A,B,x0,epsilon,max)
    print(xi)
```

程序的运行结果如下:

```
迭代次数: 46
[1.2 1.4 1.6 0.8]
```

4.2.3 迭代法的收敛条件及误差估计

讨论线性方程组迭代法的收敛条件,要用到谱半径的概念。所谓矩阵 A 的**谱半径**,是指 A 的所有特征值模的最大值,记 A 的谱半径为 $\rho(A)$,即有

$$\rho(A)=\max_{1\leqslant i\leqslant n}|\lambda_i| \tag{4-15}$$

其中,$\lambda_i,i=1,2,\cdots,n$ 为 n 阶方阵 A 的特征值。

设 α 为 n 阶方阵 A 的对应于特征值 λ 的特征向量,则

$$A\alpha=\lambda\alpha$$

两边同时取范数,得

$$\|A\alpha\|=\|\lambda\alpha\|=|\lambda|\cdot\|\alpha\|$$

又因为

$$\|A\alpha\|\leqslant\|A\|\cdot\|\alpha\|$$

故

$$|\lambda|\cdot\|\alpha\|\leqslant\|A\|\cdot\|\alpha\|$$

由于 α 为非零向量,故 $\|\alpha\|\neq0$。从而 n 阶方阵 A 的任何特征值 λ 都满足不等式

$$|\lambda|\leqslant\|A\|$$

进一步,可得

$$\rho(A)\leqslant\|A\| \tag{4-16}$$

关系式(4-16)在估计方阵 A 的特征值的上限时很有用处。因为一般来说,特征值不易计算,而范数是容易计算的。

定理 4.5 设有迭代格式 $x^{(k+1)}=Bx^{(k)}+g$,若 $\|B\|<1$,则对任意初始向量 $x^{(0)}$,得到的迭代序列 $\{x^{(k)}\}$ 都收敛,且有误差估计式

$$\parallel \boldsymbol{x}^{(k)} - \boldsymbol{x}^* \parallel \leqslant \frac{\parallel \boldsymbol{B} \parallel^k}{1 - \parallel \boldsymbol{B} \parallel} \parallel \boldsymbol{x}^{(1)} - \boldsymbol{x}^{(0)} \parallel \qquad (4\text{-}17)$$

证：若 $\parallel \boldsymbol{B} \parallel < 1$，由式(4-16)可知，

$$\rho(\boldsymbol{B}) \leqslant \parallel \boldsymbol{B} \parallel < 1$$

于是，对于方阵 $\boldsymbol{B}$ 的任何特征值 λ，有

$$\mid \lambda \mid < 1$$

从而行列式 $\mid \boldsymbol{E} - \boldsymbol{B} \mid \neq 0$，故 $(\boldsymbol{E} - \boldsymbol{B})^{-1}$ 存在。

所以线性方程组

$$(\boldsymbol{E} - \boldsymbol{B})\boldsymbol{x} = \boldsymbol{g}$$

有唯一的解 $\boldsymbol{x}^*$，即有 $\boldsymbol{x}^* = \boldsymbol{B}\boldsymbol{x}^* + \boldsymbol{g}$ 成立。

对任意初始向量 $\boldsymbol{x}^{(0)}$，由迭代格式 $\boldsymbol{x}^{(k+1)} = \boldsymbol{B}\boldsymbol{x}^{(k)} + \boldsymbol{g}$ 可得迭代序列 $\{\boldsymbol{x}^{(k)}\}$，有

$$\parallel \boldsymbol{x}^{(k+1)} - \boldsymbol{x}^* \parallel = \parallel \boldsymbol{B}(\boldsymbol{x}^{(k)} - \boldsymbol{x}^*) \parallel = \parallel \boldsymbol{B}^2 (\boldsymbol{x}^{(k-1)} - \boldsymbol{x}^*) \parallel = \cdots = \parallel \boldsymbol{B}^k (\boldsymbol{x}^{(1)} - \boldsymbol{x}^*) \parallel$$

于是

$$\parallel \boldsymbol{x}^{(k+1)} - \boldsymbol{x}^* \parallel \leqslant \parallel \boldsymbol{B}^k \parallel \cdot \parallel \boldsymbol{x}^{(1)} - \boldsymbol{x}^* \parallel \leqslant \parallel \boldsymbol{B} \parallel^k \cdot \parallel \boldsymbol{x}^{(1)} - \boldsymbol{x}^* \parallel$$

由于 $\parallel \boldsymbol{B} \parallel < 1$，故

$$\lim_{k \to \infty} \parallel \boldsymbol{x}^{(k+1)} - \boldsymbol{x}^* \parallel = 0$$

即

$$\lim_{k \to \infty} \boldsymbol{x}^{(k)} = \boldsymbol{x}^*$$

类似的，可知

$$\parallel \boldsymbol{x}^{(k+1)} - \boldsymbol{x}^{(k)} \parallel = \parallel \boldsymbol{B}(\boldsymbol{x}^{(k)} - \boldsymbol{x}^{(k-1)}) \parallel = \parallel \boldsymbol{B}^2 (\boldsymbol{x}^{(k-1)} - \boldsymbol{x}^{(k-2)}) \parallel = \cdots = \parallel \boldsymbol{B}^k (\boldsymbol{x}^{(1)} - \boldsymbol{x}^{(0)}) \parallel$$

$$\leqslant \parallel \boldsymbol{B}^k \parallel \cdot \parallel \boldsymbol{x}^{(1)} - \boldsymbol{x}^{(0)} \parallel \leqslant \parallel \boldsymbol{B} \parallel^k \cdot \parallel \boldsymbol{x}^{(1)} - \boldsymbol{x}^{(0)} \parallel$$

对任意两个正整数 k、n，有

$$\parallel \boldsymbol{x}^{(k+n)} - \boldsymbol{x}^{(k)} \parallel = \parallel \boldsymbol{x}^{(k+n)} - \boldsymbol{x}^{(k+n-1)} + \boldsymbol{x}^{(k+n-1)} - \boldsymbol{x}^{(k+n-2)} + \cdots + \boldsymbol{x}^{(k+2)} - \boldsymbol{x}^{(k+1)} + \boldsymbol{x}^{(k+1)} - \boldsymbol{x}^{(k)} \parallel$$

$$\leqslant \parallel \boldsymbol{x}^{(k+n)} - \boldsymbol{x}^{(k+n-1)} \parallel + \parallel \boldsymbol{x}^{(k+n-1)} - \boldsymbol{x}^{(k+n-2)} \parallel + \cdots +$$

$$\parallel \boldsymbol{x}^{(k+2)} - \boldsymbol{x}^{(k+1)} \parallel + \parallel \boldsymbol{x}^{(k+1)} - \boldsymbol{x}^{(k)} \parallel$$

$$\leqslant (\parallel \boldsymbol{B} \parallel^{k+n-1} + \parallel \boldsymbol{B} \parallel^{k+n-2} + \cdots + \parallel \boldsymbol{B} \parallel^{k+1} + \parallel \boldsymbol{B} \parallel^k) \parallel \boldsymbol{x}^{(1)} - \boldsymbol{x}^{(0)} \parallel$$

$$= \parallel \boldsymbol{B} \parallel^k (1 + \parallel \boldsymbol{B} \parallel + \cdots + \parallel \boldsymbol{B} \parallel^{n-1}) \parallel \boldsymbol{x}^{(1)} - \boldsymbol{x}^{(0)} \parallel$$

$$= \parallel \boldsymbol{B} \parallel^k \frac{1 - \parallel \boldsymbol{B} \parallel^n}{1 - \parallel \boldsymbol{B} \parallel} \parallel \boldsymbol{x}^{(1)} - \boldsymbol{x}^{(0)} \parallel$$

$$\leqslant \parallel \boldsymbol{B} \parallel^k \frac{1}{1 - \parallel \boldsymbol{B} \parallel} \parallel \boldsymbol{x}^{(1)} - \boldsymbol{x}^{(0)} \parallel$$

$$= \frac{\parallel \boldsymbol{B} \parallel^k}{1 - \parallel \boldsymbol{B} \parallel} \parallel \boldsymbol{x}^{(1)} - \boldsymbol{x}^{(0)} \parallel$$

当 $n \to \infty$ 时，即得

$$\parallel \boldsymbol{x}^{(k)} - \boldsymbol{x}^* \parallel \leqslant \frac{\parallel \boldsymbol{B} \parallel^k}{1 - \parallel \boldsymbol{B} \parallel} \parallel \boldsymbol{x}^{(1)} - \boldsymbol{x}^{(0)} \parallel$$

证毕。

若事先给出误差精度 ε，即要求 $\mid \boldsymbol{x}^{(k)} - \boldsymbol{x}^* \mid < \varepsilon$，则由式(4-17)可以估计迭代次数

$$k > \frac{\ln \frac{\varepsilon(1 - \parallel \boldsymbol{B} \parallel)}{\parallel \boldsymbol{x}^{(1)} - \boldsymbol{x}^{(0)} \parallel}}{\ln \parallel \boldsymbol{B} \parallel} \tag{4-18}$$

4.2.4　松弛迭代法

松弛法可以看作高斯-赛德尔迭代法的加速,高斯-赛德尔迭代法是松弛法的特例。

高斯-赛德尔迭代法的迭代格式为

$$\boldsymbol{x}^{(k+1)} = \boldsymbol{L}\boldsymbol{x}^{(k+1)} + \boldsymbol{U}\boldsymbol{x}^{(k)} + \boldsymbol{g}$$

不妨记

$$\Delta \boldsymbol{x} = \boldsymbol{x}^{(k+1)} - \boldsymbol{x}^{(k)} = \boldsymbol{L}\boldsymbol{x}^{(k+1)} + \boldsymbol{U}\boldsymbol{x}^{(k)} + \boldsymbol{g} - \boldsymbol{x}^{(k)}$$

于是

$$\boldsymbol{x}^{(k+1)} = \boldsymbol{x}^{(k)} + \Delta \boldsymbol{x} \tag{4-19}$$

对于高斯-赛德尔迭代法而言,$\boldsymbol{x}^{(k+1)}$ 可以看作向量 $\boldsymbol{x}^{(k)}$ 加上修正项 $\Delta \boldsymbol{x}$ 得到的。若在修正项前面加上一个参数 ω,便得到松弛法的计算公式:

$$\begin{aligned}\boldsymbol{x}^{(k+1)} &= \boldsymbol{x}^{(k)} + \omega \Delta \boldsymbol{x} \\ &= \boldsymbol{x}^{(k)} + \omega(\boldsymbol{L}\boldsymbol{x}^{(k+1)} + \boldsymbol{U}\boldsymbol{x}^{(k)} + \boldsymbol{g} - \boldsymbol{x}^{(k)}) \\ &= (1-\omega)\boldsymbol{x}^{(k)} + \omega(\boldsymbol{L}\boldsymbol{x}^{(k+1)} + \boldsymbol{U}\boldsymbol{x}^{(k)} + \boldsymbol{g})\end{aligned} \tag{4-20}$$

其分量形式为

$$x_i^{(k+1)} = (1-\omega)x_i^{(k)} + \omega\left(\sum_{j=1}^{i-1}b_{ij}x_j^{(k+1)} + \sum_{j=i+1}^{n}b_{ij}x_j^{(k)} + g_i\right) \tag{4-21}$$

$$i = 1, 2, \cdots, n; \quad k = 0, 1, 2, \cdots$$

其中,ω 称为**松弛因子**,当 $\omega > 1$ 时,这种迭代法称为**超松弛迭代法**;当 $\omega < 1$ 时,这种迭代法称为**低松弛迭代法**;当 $\omega = 1$ 时,这种迭代法就是高斯-赛德尔迭代法。

因为 $(\boldsymbol{E} - \omega\boldsymbol{L})^{-1}$ 存在,故式(4-20)可改写为

$$\boldsymbol{x}^{(k+1)} = (\boldsymbol{E} - \omega\boldsymbol{L})^{-1}[(1-\omega)\boldsymbol{E} + \omega\boldsymbol{U}]\boldsymbol{x}^{(k)} + \omega(\boldsymbol{E} - \omega\boldsymbol{L})^{-1}\boldsymbol{g}$$

这里把 $\boldsymbol{B}_\omega = (\boldsymbol{E} - \omega\boldsymbol{L})^{-1}[(1-\omega)\boldsymbol{E} + \omega\boldsymbol{U}]$ 称为松弛迭代法的迭代矩阵。

可见,松弛迭代法收敛的充要条件是 $\rho(B_\omega) < 1$。

定理 4.6　松弛迭代法收敛的必要条件是 $0 < \omega < 2$。

证:由 $\boldsymbol{B}_\omega$ 的特征多项式根与系数的关系可知

$$\begin{aligned}\prod_{i=1}^{n}\lambda_i &= \det\boldsymbol{B}_\omega \\ &= \det(\boldsymbol{E} - \omega\boldsymbol{L})^{-1} \cdot \det((1-\omega)\boldsymbol{E} + \omega\boldsymbol{U}) \\ &= (1-\omega)^n\end{aligned}$$

故

$$\rho(\boldsymbol{B}_\omega) \geqslant |1 - \omega|$$

若松弛迭代法收敛,则

$$|1 - \omega| \leqslant \rho(\boldsymbol{B}_\omega) < 1$$

即

$$0 < \omega < 2$$

证毕。

例 4-8 取 $\omega=1.46$,试用松弛迭代法解线性方程组

$$\begin{cases} 2x_1 - x_2 = 1 \\ -x_1 + 2x_2 - x_3 = 0 \\ -x_2 + 2x_3 - x_4 = 1 \\ -x_3 + 2x_4 = 0 \end{cases}$$

并写出相应的迭代矩阵。

解:可知

$$L = \begin{pmatrix} 0 & & & \\ \frac{1}{2} & 0 & & \\ & \frac{1}{2} & 0 & \\ & & \frac{1}{2} & 0 \end{pmatrix}, \quad U = \begin{pmatrix} 0 & \frac{1}{2} & & \\ & 0 & \frac{1}{2} & \\ & & 0 & \frac{1}{2} \\ & & & 0 \end{pmatrix}, \quad g = \begin{pmatrix} \frac{1}{2} \\ 0 \\ \frac{1}{2} \\ 0 \end{pmatrix}$$

从而松弛迭代法的迭代矩阵为

$$B_\omega = (E - \omega L)^{-1}[(1-\omega)E + \omega U]$$

$$= \left[\begin{pmatrix} 1 & & & \\ & 1 & & \\ & & 1 & \\ & & & 1 \end{pmatrix} - 1.46 \begin{pmatrix} 0 & & & \\ \frac{1}{2} & 0 & & \\ & \frac{1}{2} & 0 & \\ & & \frac{1}{2} & 0 \end{pmatrix} \right]^{-1} \cdot$$

$$\left[(1-1.46) \begin{pmatrix} 1 & & & \\ & 1 & & \\ & & 1 & \\ & & & 1 \end{pmatrix} + 1.46 \begin{pmatrix} 0 & \frac{1}{2} & & \\ & 0 & \frac{1}{2} & \\ & & 0 & \frac{1}{2} \\ & & & 0 \end{pmatrix} \right]$$

$$= \begin{pmatrix} -0.4600 & 0.7300 & 0 & 0 \\ -0.3358 & 0.0729 & 0.7300 & 0 \\ -0.2451 & 0.0532 & 0.0729 & 0.7300 \\ -0.1789 & 0.0388 & 0.0532 & 0.0729 \end{pmatrix}$$

迭代格式为

$$x^{(k+1)} = Bx^{(k)} + \omega(E - \omega L)^{-1}g \tag{4-22}$$

任选初始向量 $x^{(0)} = (1,1,1,1)^T$,根据式(4-22)反复迭代可得

$x^{(1)} = (1.0000, 1.0000, 1.7300, 0.8029)^T$, $x^{(3)} = (1.3890, 1.5056, 1.6790, 0.8450)^T$,

$x^{(5)} = (1.2059, 1.4019, 1.5861, 0.8001)^T$, $x^{(7)} = (1.1919, 1.3979, 1.5983, 0.7995)^T$,

$$\boldsymbol{x}^{(9)}=(1.1999,1.4004,1.6005,0.7998)^{\mathrm{T}},\quad \boldsymbol{x}^{(11)}=(1.2002,1.3999,1.6000,0.8000)^{\mathrm{T}},$$
$$\boldsymbol{x}^{(12)}=(1.1998,1.3999,1.5999,0.8000)^{\mathrm{T}},\quad \boldsymbol{x}^{(13)}=(1.2000,1.4000,1.6000,0.8000)^{\mathrm{T}},$$
$$\boldsymbol{x}^{(14)}=(1.2000,1.4000,1.6000,0.8000)^{\mathrm{T}},$$

由此可知题设方程组的解为 $x_1=1.2,x_2=1.4,x_3=1.6,x_4=0.8$。

4.3　非线性方程组的迭代解法

设有非线性方程组

$$\begin{cases} f_1(x_1,x_2,\cdots,x_n)=0 \\ f_2(x_1,x_2,\cdots,x_n)=0 \\ \quad\vdots \\ f_n(x_1,x_2,\cdots,x_n)=0 \end{cases} \tag{4-23}$$

其中，x_i 是实变量，f_i 是非线性实函数，$i=1,2,\cdots,n$。

求解非线性方程组常用的方法是迭代法，本节主要介绍方法，不讨论收敛性。

4.3.1　一般迭代法

将非线性方程组(4-23)改写为如下形式的同解方程组：

$$\begin{cases} x_1=g_1(x_1,x_2,\cdots,x_n) \\ x_2=g_2(x_1,x_2,\cdots,x_n) \\ \quad\vdots \\ x_n=g_n(x_1,x_2,\cdots,x_n) \end{cases} \tag{4-24}$$

建立迭代格式

$$\begin{cases} \boldsymbol{x}_1^{(k+1)}=g_1(\boldsymbol{x}_1^{(k)},\boldsymbol{x}_2^{(k)},\cdots,\boldsymbol{x}_n^{(k)}) \\ \boldsymbol{x}_2^{(k+1)}=g_2(\boldsymbol{x}_1^{(k)},\boldsymbol{x}_2^{(k)},\cdots,\boldsymbol{x}_n^{(k)}) \\ \quad\vdots \\ \boldsymbol{x}_n^{(k+1)}=g_n(\boldsymbol{x}_1^{(k)},\boldsymbol{x}_2^{(k)},\cdots,\boldsymbol{x}_n^{(k)}) \end{cases} \tag{4-25}$$

选取初始向量 $\boldsymbol{x}^{(0)}=(x_1^{(0)},x_2^{(0)},\cdots,x_n^{(0)})$，按照式(4-25)可得向量序列 $\{\boldsymbol{x}^{(k)}\}$。若向量序列 $\{\boldsymbol{x}^{(k)}\}$ 收敛，同时函数 $g_i,i=1,2,\cdots,n$ 连续，那么 $\{\boldsymbol{x}^{(k)}\}$ 必收敛于原方程组(4-23)的解。

例 4-9　求解以下方程组。

$$\begin{cases} 4x_1-x_2+\dfrac{1}{10}\mathrm{e}^{x_1}=1 \\ -x_1+4x_2+\dfrac{1}{8}x_1^2=0 \end{cases}$$

解：将原方程组改写为如下同解方程组：

$$\begin{cases} x_1=-\dfrac{1}{40}\mathrm{e}^{x_1}+\dfrac{1}{4}x_2+\dfrac{1}{4} \\ x_2=\dfrac{1}{4}x_1-\dfrac{1}{32}x_1^2 \end{cases}$$

建立迭代格式为

$$\begin{cases} \boldsymbol{x}_1^{(k+1)} = -\dfrac{1}{40}\mathrm{e}^{x_1^{(k)}} + \dfrac{1}{4}\boldsymbol{x}_2^{(k)} + \dfrac{1}{4} \\ \boldsymbol{x}_2^{(k+1)} = \dfrac{1}{4}\boldsymbol{x}_1^{(k)} - \dfrac{1}{32}(\boldsymbol{x}_1^{(k)})^2 \end{cases} \tag{4-26}$$

任选初始向量 $x^{(0)} = (1,1)^{\mathrm{T}}$，根据式(4-26)反复迭代可得

$\boldsymbol{x}^{(1)} = (0.4320, 0.2188)^{\mathrm{T}}$，　$\boldsymbol{x}^{(2)} = (0.2662, 0.1022)^{\mathrm{T}}$，　$\boldsymbol{x}^{(3)} = (0.2429, 0.0643)^{\mathrm{T}}$，

$\boldsymbol{x}^{(4)} = (0.2342, 0.0589)^{\mathrm{T}}$，　$\boldsymbol{x}^{(5)} = (0.2331, 0.0568)^{\mathrm{T}}$，　$\boldsymbol{x}^{(6)} = (0.2326, 0.0566)^{\mathrm{T}}$，

$\boldsymbol{x}^{(7)} = (0.2326, 0.0565)^{\mathrm{T}}$，　$\boldsymbol{x}^{(8)} = (0.2326, 0.0565)^{\mathrm{T}}$

由此可得题设方程组的解为 $x_1 = 0.2326, x_2 = 0.0565$。

此外，还可以按照高斯-赛德尔迭代法的思想，建立如下的迭代格式：

$$x_i^{(k+1)} = g_i(x_1^{(k+1)}, x_2^{(k+1)}, \cdots, x_{i-1}^{(k+1)}, x_i^{(k)} \cdots, x_n^{(k)}),$$
$$i = 1, 2, \cdots, n; \quad k = 0, 1, 2, \cdots$$

例 4-10　求解以下方程组。

$$\begin{cases} 4x_1 - x_2 + \dfrac{1}{10}\mathrm{e}^{x_1} = 1 \\ -x_1 + 4x_2 + \dfrac{1}{8}x_1^2 = 0 \end{cases}$$

解：建立迭代格式为

$$\begin{cases} \boldsymbol{x}_1^{(k+1)} = -\dfrac{1}{40}\mathrm{e}^{x_1^{(k)}} + \dfrac{1}{4}\boldsymbol{x}_2^{(k)} + \dfrac{1}{4} \\ \boldsymbol{x}_2^{(k+1)} = \dfrac{1}{4}\boldsymbol{x}_1^{(k+1)} - \dfrac{1}{32}(\boldsymbol{x}_1^{(k+1)})^2 \end{cases} \tag{4-27}$$

任选初始向量 $\boldsymbol{x}^{(0)} = (1,1)^{\mathrm{T}}$，根据式(4-27)反复迭代可得

$\boldsymbol{x}^{(1)} = (0.4320, 0.1022)^{\mathrm{T}}$，　$\boldsymbol{x}^{(2)} = (0.2370, 0.0575)^{\mathrm{T}}$，　$\boldsymbol{x}^{(3)} = (0.2327, 0.0565)^{\mathrm{T}}$，

$\boldsymbol{x}^{(4)} = (0.2326, 0.0565)^{\mathrm{T}}$，　$\boldsymbol{x}^{(5)} = (0.2326, 0.0565)^{\mathrm{T}}$

由此可得题设方程组的解为 $x_1 = 0.2326, x_2 = 0.0565$。

更一般的方法是把非线性方程组(4-23)化为如下的等价形式：

$$\begin{cases} l_1(x_1, x_2, \cdots, x_n) = \varphi_1(x_1, x_2, \cdots, x_n) \\ l_2(x_1, x_2, \cdots, x_n) = \varphi_2(x_1, x_2, \cdots, x_n) \\ \qquad\qquad \vdots \\ l_n(x_1, x_2, \cdots, x_n) = \varphi_n(x_1, x_2, \cdots, x_n) \end{cases}$$

其中左端是线性式，进一步建立迭代式

$$\begin{cases} l_1(x_1^{(k+1)}, x_2^{(k+1)}, \cdots, x_n^{(k+1)}) = \varphi_1(x_1^{(k)}, x_2^{(k)}, \cdots, x_n^{(k)}) \\ l_2(x_1^{(k+1)}, x_2^{(k+1)}, \cdots, x_n^{(k+1)}) = \varphi_2(x_1^{(k)}, x_2^{(k)}, \cdots, x_n^{(k)}) \\ \qquad\qquad \vdots \\ l_n(x_1^{(k+1)}, x_2^{(k+1)}, \cdots, x_n^{(k+1)}) = \varphi_n(x_1^{(k)}, x_2^{(k)}, \cdots, x_n^{(k)}) \end{cases}, \quad k = 0, 1, 2, \cdots \tag{4-28}$$

选取初始向量 $\boldsymbol{x}^{(0)} = (x_1^{(0)}, x_2^{(0)}, \cdots, x_n^{(0)})$，按照式(4-28)迭代，右端成为已知量，因而每步迭代需要解一个线性方程组。若用 4.2 节介绍的方法求解这个线性方程组，就形成一个双重迭代。

例 4-11　求解以下方程组。

$$\begin{cases} 4x_1 - x_2 + \dfrac{1}{10}\mathrm{e}^{x_1} = 1 \\ -x_1 + 4x_2 + \dfrac{1}{8}x_1^2 = 0 \end{cases}$$

解：题设方程组可改写成如下等价形式：

$$\begin{cases} 4x_1 - x_2 = -\dfrac{1}{10}\mathrm{e}^{x_1} + 1 \\ -x_1 + 4x_2 = -\dfrac{1}{8}x_1^2 \end{cases}$$

建立迭代格式为

$$\begin{cases} 4\boldsymbol{x}_1^{(k+1)} - \boldsymbol{x}_2^{(k+1)} = -\dfrac{1}{10}\mathrm{e}^{x_1^{(k)}} + 1 \\ -\boldsymbol{x}_1^{(k+1)} + 4\boldsymbol{x}_2^{(k+1)} = -\dfrac{1}{8}(\boldsymbol{x}_1^{(k)})^2 \end{cases}$$

改写为

$$\begin{cases} \boldsymbol{x}_1^{(k+1)} = \left[\boldsymbol{x}_2^{(k+1)} - \mathrm{e}^{x_1^{(k)}}/10 + 1\right]/4 \\ \boldsymbol{x}_2^{(k+1)} = \left[-\boldsymbol{x}_1^{(k+1)} - (\boldsymbol{x}_1^{(k)})^2/8\right]/4 \end{cases} \tag{4-29}$$

任选初始向量 $\boldsymbol{x}^{(0)} = (1,1)^{\mathrm{T}}$，根据式(4-29)同时应用高斯-赛德尔迭代法，反复迭代可得

$$\boldsymbol{x}^{(1)} = (0.4320, 0.0768)^{\mathrm{T}}, \quad \boldsymbol{x}^{(2)} = (0.2307, 0.0518)^{\mathrm{T}}, \quad \boldsymbol{x}^{(3)} = (0.2315, 0.0562)^{\mathrm{T}},$$

$$\boldsymbol{x}^{(4)} = (0.2325, 0.0565)^{\mathrm{T}}, \quad \boldsymbol{x}^{(5)} = (0.2326, 0.0565)^{\mathrm{T}}$$

由此可得题设方程组的解为 $x_1 = 0.2326, x_2 = 0.0565$。

　　附　迭代求解的程序如下。

```python
from math import *
x1,x2=1.0,1.0
k=0
while k<5:
    x1=(x2-exp(x1)/10+1)/4
    x2=(x1-(x1*x1)/8)/4
    print("x1^% d=% f\tx2^% d=% f"% (k,x1,k,x2))
    k=k+1
```

程序的运行结果如下：

```
x1^0=0.432043   x2^0=0.102178
x1^1=0.237034   x2^1=0.057503
x1^2=0.232689   x2^2=0.056480
x1^3=0.232570   x2^3=0.056452
x1^4=0.232567   x2^4=0.056452
```

4.3.2　牛顿迭代法

　　设 $\boldsymbol{x}^{(k)} = (x_1^{(k)}, x_2^{(k)}, \cdots, x_n^{(k)})$ 是方程组(4-23)的一组近似解，把方程组(4-23)的左端在

$(x_1^{(k)},x_2^{(k)},\cdots,x_n^{(k)})$处用多元函数的泰勒展开式展开,然后取线性部分,得方程组(4-23)的近似方程组

$$\begin{cases} f_1(x_1^{(k)},x_2^{(k)},\cdots,x_n^{(k)}) + \sum_{i=1}^{n} \dfrac{\partial f_1(x_1^{(k)},x_2^{(k)},\cdots,x_n^{(k)})}{\partial x_i}\Delta x_i^{(k)} = 0 \\ f_2(x_1^{(k)},x_2^{(k)},\cdots,x_n^{(k)}) + \sum_{i=1}^{n} \dfrac{\partial f_2(x_1^{(k)},x_2^{(k)},\cdots,x_n^{(k)})}{\partial x_i}\Delta x_i^{(k)} = 0 \\ \quad\vdots \\ f_n(x_1^{(k)},x_2^{(k)},\cdots,x_n^{(k)}) + \sum_{i=1}^{n} \dfrac{\partial f_n(x_1^{(k)},x_2^{(k)},\cdots,x_n^{(k)})}{\partial x_i}\Delta x_i^{(k)} = 0 \end{cases} \quad (4\text{-}30)$$

这是关于 $\Delta x_i^{(k)}=x_i-x_i^{(k)},i=1,2,\cdots,n$ 的线性方程组,它的系数矩阵称为**雅可比矩阵**,记为 $\boldsymbol{J}$。当系数行列式(称为**雅可比行列式**)不等于 0 时,即

$$|\boldsymbol{J}| = \begin{vmatrix} \dfrac{\partial f_1}{\partial x_1} & \dfrac{\partial f_1}{\partial x_2} & \cdots & \dfrac{\partial f_1}{\partial x_n} \\ \dfrac{\partial f_2}{\partial x_1} & \dfrac{\partial f_2}{\partial x_2} & \cdots & \dfrac{\partial f_2}{\partial x_n} \\ \vdots & \vdots & \ddots & \vdots \\ \dfrac{\partial f_n}{\partial x_1} & \dfrac{\partial f_n}{\partial x_2} & \cdots & \dfrac{\partial f_n}{\partial x_n} \end{vmatrix} \neq 0$$

方程组(4-30)有唯一解。记新得到的解为 $\boldsymbol{x}^{(k+1)}=(x_1^{(k+1)},x_2^{(k+1)},\cdots,x_n^{(k+1)})$,则有

$$x_i^{(k+1)} = x_i^{(k)} + \Delta x_i^{(k)}, \quad i=1,2,\cdots,n \quad (4\text{-}31)$$

选取初值 $\boldsymbol{x}^{(0)}=(x_1^{(0)},x_2^{(0)},\cdots,x_n^{(0)})$后,按照式(4-30)和式(4-31)进行迭代,这个方法称为**牛顿迭代法**。

例 4-12 试用牛顿迭代法解以下方程组。

$$\begin{cases} 4x_1 - x_2 + \dfrac{1}{10}e^{x_1} - 1 = 0 \\ -x_1 + 4x_2 + \dfrac{1}{8}x_1^2 = 0 \end{cases}$$

解:设 $\begin{cases} f_1(x_1,x_2)=4x_1-x_2+\dfrac{1}{10}e^{x_1}-1 \\ f_2(x_1,x_2)=-x_1+4x_2+\dfrac{1}{8}x_1^2 \end{cases}$,雅可比矩阵为

$$\begin{pmatrix} \dfrac{\partial f_1}{\partial x_1} & \dfrac{\partial f_1}{\partial x_2} \\ \dfrac{\partial f_2}{\partial x_1} & \dfrac{\partial f_2}{\partial x_2} \end{pmatrix} = \begin{pmatrix} 4+\dfrac{1}{10}e^{x_1} & -1 \\ -1+\dfrac{1}{4}x_1 & 4 \end{pmatrix}$$

建立迭代格式为

$$\begin{cases} 4x_1^{(k)} - x_2^{(k)} + \dfrac{1}{10}e^{x_1^{(k)}} - 1 + \left(4+\dfrac{1}{10}e^{x_1^{(k)}}\right)(\Delta x_1)^{(k)} - (\Delta x_2)^{(k)} = 0 \\ -x_1^{(k)} + 4x_2^{(k)} + \dfrac{1}{8}(x_1^{(k)})^2 + \left(-1+\dfrac{1}{4}x_1^{(k)}\right)(\Delta x_1)^{(k)} + 4(\Delta x_2)^{(k)} = 0 \end{cases} \quad (4\text{-}32)$$

及

$$\begin{cases} x_1^{(k+1)} = x_1^{(k)} + (\Delta x_1)^{(k)} \\ x_2^{(k+1)} = x_2^{(k)} + (\Delta x_2)^{(k)} \end{cases} \tag{4-33}$$

任选初始向量 $\boldsymbol{x}^{(0)} = (1,1)^{\mathrm{T}}$，雅可比行列式满足

$$\begin{vmatrix} \dfrac{\partial f_1(1,1)}{\partial x_1} & \dfrac{\partial f_1(1,1)}{\partial x_2} \\ \dfrac{\partial f_2(1,1)}{\partial x_1} & \dfrac{\partial f_2(1,1)}{\partial x_2} \end{vmatrix} = \begin{vmatrix} 4 + \dfrac{1}{10}\mathrm{e} & -1 \\ -1 + \dfrac{1}{4} & 4 \end{vmatrix} = \dfrac{61}{4} + \dfrac{2}{5}\mathrm{e} \neq 0$$

按照式(4-32)和式(4-33)反复进行迭代，可得

$(\Delta x_1)^{(1)} = -0.7475$，　$(\Delta x_2)^{(1)} = -0.9214$，　$\boldsymbol{x}^{(1)} = (0.2525, 0.0786)^{\mathrm{T}}$，

$(\Delta x_1)^{(2)} = -0.0199$，　$(\Delta x_2)^{(2)} = -0.0221$，　$\boldsymbol{x}^{(2)} = (0.2326, 0.0565)^{\mathrm{T}}$，

$(\Delta x_1)^{(3)} = -9.7008 \times 10^{-6}$，　$(\Delta x_2)^{(3)} = -1.4675 \times 10^{-5}$，　$\boldsymbol{x}^{(3)} = (0.2326, 0.0565)^{\mathrm{T}}$

由此可得题设方程组的解为 $x_1 = 0.2326, x_2 = 0.0565$。

如果在式(4-30)中把系数矩阵 $\boldsymbol{J}(x_1^{(k)}, x_2^{(k)}, \cdots, x_n^{(k)})$ 取为固定的 $\boldsymbol{J}(x_1^{(0)}, x_2^{(0)}, \cdots,$ $x_n^{(0)})$，则式(4-30)和式(4-31)成为

$$\begin{cases} f_i(x_1^{(k)}, x_2^{(k)}, \cdots, x_n^{(k)}) + \displaystyle\sum_{i=1}^{n} \dfrac{\partial f_i(x_1^{(0)}, x_2^{(0)}, \cdots, x_n^{(0)})}{\partial x_i} \Delta x_i^{(k)} = 0 \\ x_i^{(k+1)} = x_i^{(k)} + \Delta x_i^{(k)} \end{cases} \tag{4-34}$$

$$i = 1, 2, \cdots, n; \quad k = 0, 1, 2, \cdots$$

这个方法称为**简化牛顿迭代法**。简化牛顿迭代法运算量减小很多，当然收敛速度也随之降低，但仍不失为一种实用的方法。

例 4-13 试用简化牛顿迭代法解以下方程组。

$$\begin{cases} 4x_1 - x_2 + \dfrac{1}{10}\mathrm{e}^{x_1} - 1 = 0 \\ -x_1 + 4x_2 + \dfrac{1}{8}x_1^2 = 0 \end{cases}$$

解：设 $\begin{cases} f_1(x_1, x_2) = 4x_1 - x_2 + \dfrac{1}{10}\mathrm{e}^{x_1} - 1 \\ f_2(x_1, x_2) = -x_1 + 4x_2 + \dfrac{1}{8}x_1^2 \end{cases}$，雅可比矩阵为

$$\begin{pmatrix} \dfrac{\partial f_1}{\partial x_1} & \dfrac{\partial f_1}{\partial x_2} \\ \dfrac{\partial f_2}{\partial x_1} & \dfrac{\partial f_2}{\partial x_2} \end{pmatrix} = \begin{pmatrix} 4 + \dfrac{1}{10}\mathrm{e}^{x_1} & -1 \\ -1 + \dfrac{1}{4}x_1 & 4 \end{pmatrix}$$

任选初始向量 $\boldsymbol{x}^{(0)} = (1,1)^{\mathrm{T}}$，雅可比矩阵在 $\boldsymbol{x}^{(0)} = (1,1)^{\mathrm{T}}$ 处的值为

$$\begin{pmatrix} \dfrac{\partial f_1}{\partial x_1} & \dfrac{\partial f_1}{\partial x_2} \\ \dfrac{\partial f_2}{\partial x_1} & \dfrac{\partial f_2}{\partial x_2} \end{pmatrix}_{x^{(0)}} = \begin{pmatrix} 4 + \dfrac{1}{10}\mathrm{e}^{x_1} & -1 \\ -1 + \dfrac{1}{4}x_1 & 4 \end{pmatrix}_{x^{(0)}} = \begin{pmatrix} 4 + \dfrac{1}{10}\mathrm{e} & -1 \\ -\dfrac{3}{4} & 4 \end{pmatrix}$$

按照式(4-34)建立迭代格式为

$$\begin{cases} 4x_1^{(k)} - x_2^{(k)} + \dfrac{1}{10}e^{x_1^{(k)}} - 1 + \left(4 + \dfrac{1}{10}e\right)(\Delta x_1)^{(k)} - (\Delta x_2)^{(k)} = 0 \\ -x_1^{(k)} + 4x_2^{(k)} + \dfrac{1}{8}(x_1^{(k)})^2 - \dfrac{3}{4}(\Delta x_1)^{(k)} + 4(\Delta x_2)^{(k)} = 0 \end{cases}$$

及

$$\begin{cases} x_1^{(k+1)} = x_1^{(k)} + (\Delta x_1)^{(k)} \\ x_2^{(k+1)} = x_2^{(k)} + (\Delta x_2)^{(k)} \end{cases}$$

反复迭代可得

$(\Delta x_1)^{(1)} = -0.7475, (\Delta x_2)^{(1)} = -0.9214, \boldsymbol{x}^{(1)} = (0.2525, 0.0786)^T,$

$(\Delta x_1)^{(2)} = -0.0190, (\Delta x_2)^{(2)} = -0.0210, \boldsymbol{x}^{(2)} = (0.2335, 0.0576)^T,$

$(\Delta x_1)^{(3)} = -8.9087 \times 10^{-4}, (\Delta x_2)^{(3)} = -0.0011, \boldsymbol{x}^{(3)} = (0.2326, 0.0565)^T,$

$(\Delta x_1)^{(4)} = -4.2210 \times 10^{-5}, (\Delta x_2)^{(4)} = -5.0617 \times 10^{-5}, \boldsymbol{x}^{(4)} = (0.2326, 0.0565)^T,$

由此可得题设方程组的解为 $x_1 = 0.2326, x_2 = 0.0565$。

牛顿迭代法对初值的要求较高,当初值选取较为精确时,收敛是很快的。但每步都要计算函数的导数值,运算量较大。4.3.3 节介绍的拟牛顿法可避免这一缺点。

4.3.3　拟牛顿法

设 $\boldsymbol{x}^{(k)} = (x_1^{(k)}, x_2^{(k)}, \cdots, x_n^{(k)})$ 是方程组(4-23)的一组近似解,围绕这组解可再构造 n 组近似解,办法是:第 j 组近似解 $(x_1^{(k_j)}, x_2^{(k_j)}, \cdots, x_n^{(k_j)})$,$j = 1, 2, \cdots, n$ 与 $(x_1^{(k)}, x_2^{(k)}, \cdots, x_n^{(k)})$ 除第 j 个分量相差一个常数 $h > 0$ 外,其余皆相同,即

$$\begin{cases} x_i^{(k_j)} = x_i^{(k)} + h, & i = j \\ x_i^{(k_j)} = x_i^{(k)}, & i \neq j \end{cases}$$

于是,在 h 不太大的情形下,有

$$\frac{\partial f_i(x_1^{(k)}, x_2^{(k)}, \cdots, x_n^{(k)})}{\partial x_j} \approx \frac{f_i(x_1^{(k_j)}, x_2^{(k_j)}, \cdots, x_n^{(k_j)}) - f_i(x_1^{(k)}, x_2^{(k)}, \cdots, x_n^{(k)})}{h}, \quad j = 1, 2, \cdots, n$$

(4-35)

用式(4-35)右端的差商来代替左边的偏导数,式(4-30)成为

$$\begin{cases} f_1(x_1^{(k)}, x_2^{(k)}, \cdots, x_n^{(k)}) + \sum_{j=1}^{n} \dfrac{f_1(x_1^{(k_j)}, x_2^{(k_j)}, \cdots, x_n^{(k_j)}) - f_1(x_1^{(k)}, x_2^{(k)}, \cdots, x_n^{(k)})}{h} \Delta x_j^{(k)} = 0 \\ f_2(x_1^{(k)}, x_2^{(k)}, \cdots, x_n^{(k)}) + \sum_{j=1}^{n} \dfrac{f_2(x_1^{(k_j)}, x_2^{(k_j)}, \cdots, x_n^{(k_j)}) - f_2(x_1^{(k)}, x_2^{(k)}, \cdots, x_n^{(k)})}{h} \Delta x_j^{(k)} = 0 \\ \vdots \\ f_n(x_1^{(k)}, x_2^{(k)}, \cdots, x_n^{(k)}) + \sum_{j=1}^{n} \dfrac{f_n(x_1^{(k_j)}, x_2^{(k_j)}, \cdots, x_n^{(k_j)}) - f_n(x_1^{(k)}, x_2^{(k)}, \cdots, x_n^{(k)})}{h} \Delta x_j^{(k)} = 0 \end{cases}$$

(4-36)

其中,$\Delta x_i^{(k)} = x_i - x_i^{(k)}$,$i = 1, 2, \cdots, n$。记由式(4-36)得到的解为 $(x_1^{(k+1)}, x_2^{(k+1)}, \cdots, x_n^{(k+1)})$,则

$$x_i^{(k+1)} = x_i^{(k)} + \Delta x_i^{(k)}, \quad i = 1, 2, \cdots, n$$

这个方法称为**拟牛顿法**,它具有超线性收敛速度。

拟牛顿法的计算步骤如下。

（1）由已知近似解 $\boldsymbol{x}^{(k)}=(x_1^{(k)},x_2^{(k)},\cdots,x_n^{(k)})$，选取 $h>0$，构成 n 个点：
$$(x_1^{(k)},x_2^{(k)},\cdots,x_{i-1}^{(k)},x_j^{(k)}+h,x_{i+1}^{(k)},\cdots,x_1^{(k)}),\quad j=1,2,\cdots,n$$

（2）计算
$$e_i^{(k_j)}=f_i(x_1^{(k_j)},x_2^{(k_j)},\cdots,x_n^{(k_j)}),\quad i=1,2,\cdots,n;j=0,1,2,\cdots,n;k_0=k$$

$$z_i^{(k)}=\dfrac{\dfrac{\Delta x_i^{(k)}}{h}}{\displaystyle\sum_{i=1}^{n}\dfrac{\Delta x_i^{(k)}}{h}-1},\quad i=1,2,\cdots,n$$

（3）解方程组
$$\sum_{j=1}^{n}e_i^{(k_j)}z_i=e_i^{(k)},\quad i=1,2,\cdots,n$$

（4）组成新解
$$x_i^{(k+1)}=x_i^{(k)}-\frac{hz_i}{\alpha},\quad i=1,2,\cdots,n;\alpha=1-\sum_{i=1}^{n}z_i$$

（5）若 $\max\limits_{1\leqslant i\leqslant n}|f_i(x_1^{(k+1)},x_2^{(k+1)},\cdots,x_n^{(k+1)})|<\varepsilon$，则终止迭代，并取 $(x_1^{(k+1)},x_2^{(k+1)},\cdots,$ $x_n^{(k+1)})$ 为近似解；否则指标 k 加 1 跳转第一步继续迭代。

例 4-14 试用拟牛顿法解以下方程组。
$$\begin{cases}4x_1-x_2+\dfrac{1}{10}\mathrm{e}^{x_1}-1=0\\[2mm]-x_1+4x_2+\dfrac{1}{8}x_1^2=0\end{cases}$$

解：设 $\begin{cases}f_1(x_1,x_2)=4x_1-x_2+\dfrac{1}{10}\mathrm{e}^{x_1}-1\\[2mm]f_2(x_1,x_2)=-x_1+4x_2+\dfrac{1}{8}x_1^2\end{cases}$，任选初始向量 $\boldsymbol{x}^{(0)}=(1,1)^{\mathrm{T}}$ 及 $h=0.5$，则

$$\begin{cases}f_1(1,1)=2+\dfrac{1}{10}\mathrm{e}\\[2mm]f_2(1,1)=\dfrac{25}{8}\end{cases},\quad\begin{cases}\dfrac{f_1(1+0.5,1)-f_1(1,1)}{0.5}=4+\dfrac{1}{5}\mathrm{e}(\sqrt{\mathrm{e}}-1)\\[2mm]\dfrac{f_1(1,1+0.5)-f_1(1,1)}{0.5}=-1\end{cases}$$

$$\begin{cases}\dfrac{f_2(1+0.5,1)-f_2(1,1)}{0.5}=-\dfrac{11}{16}\\[2mm]\dfrac{f_2(1,1+0.5)-f_2(1,1)}{0.5}=4\end{cases}$$

按照式（4-36）可得方程组
$$\begin{cases}2+\dfrac{1}{10}\mathrm{e}+\left[4+\dfrac{1}{5}\mathrm{e}(\sqrt{\mathrm{e}}-1)\right](\Delta x_1)^{(0)}-(\Delta x_2)^{(0)}=0\\[2mm]\dfrac{25}{8}-\dfrac{11}{16}(\Delta x_1)^{(0)}+4(\Delta x_2)^{(0)}=0\end{cases}$$

解该方程组得
$$(\Delta x_1)^{(0)}=-0.6482,(\Delta x_2)^{(0)}=-0.8927$$

及
$$x_1^{(1)} = x_1^{(0)} + (\Delta x_1)^{(0)} = 0.2525, \quad x_2^{(1)} = x_2^{(0)} + (\Delta x_2)^{(0)} = 0.1073$$

即
$$x^{(1)} = (0.2525, 0.1073)$$

重复上述过程,可得

$$\begin{cases} f_1(0.2525, 0.1073) = 0.0314 \\ f_2(0.2525, 0.1073) = 0.1847 \end{cases}, \quad \begin{cases} \dfrac{f_1(0.2525 + 0.5, 0.1073) - f_1(0.2525, 0.1073)}{0.5} = 4.1671 \\ \dfrac{f_1(0.2525, 0.1073 + 0.5) - f_1(0.2525, 0.1073)}{0.5} = -1 \end{cases},$$

$$\begin{cases} \dfrac{f_2(0.2525 + 0.5, 0.1073) - f_2(0.2525, 0.1073)}{0.5} = -0.8744 \\ \dfrac{f_2(0.2525, 0.1073 + 0.5) - f_2(0.2525, 0.1073)}{0.5} = 3.9999 \end{cases}$$

按照式(4-36)可得方程组
$$\begin{cases} 0.0314 + 4.1671(\Delta x_1)^{(1)} - (\Delta x_2)^{(1)} = 0 \\ 0.1847 - 0.8744(\Delta x_1)^{(1)} + 3.9999(\Delta x_2)^{(1)} = 0 \end{cases}$$

解该方程组得
$$(\Delta x_1)^{(1)} = -0.0196, (\Delta x_2)^{(1)} = -0.0505$$

及
$$x_1^{(2)} = x_1^{(1)} + (\Delta x_1)^{(1)} = 0.2329, x_2^{(2)} = x_2^{(1)} + (\Delta x_2)^{(1)} = 0.0568$$

即
$$x^{(2)} = (0.2329, 0.0568)$$

第三次迭代可得

$$\begin{cases} f_1(0.2329, 0.0568) = 0.0010 \\ f_2(0.2329, 0.0568) = 0.0011 \end{cases}, \quad \begin{cases} \dfrac{f_1(0.2329 + 0.5, 0.0568) - f_1(0.2329, 0.0568)}{0.5} = 4.1638 \\ \dfrac{f_1(0.2329, 0.0568 + 0.5) - f_1(0.2329, 0.0568)}{0.5} = -0.9999 \end{cases},$$

$$\begin{cases} \dfrac{f_2(0.2329 + 0.5, 0.0568) - f_2(0.2329, 0.0568)}{0.5} = -0.8793 \\ \dfrac{f_2(0.2329, 0.0568 + 0.5) - f_2(0.2329, 0.0568)}{0.5} = 4.0000 \end{cases}$$

按照式(4-36)可得方程组
$$\begin{cases} 0.0010 + 4.1638(\Delta x_1)^{(2)} - 0.9999(\Delta x_2)^{(2)} = 0 \\ 0.0011 - 0.8793(\Delta x_1)^{(2)} + 4.0000(\Delta x_2)^{(2)} = 0 \end{cases}$$

解该方程组得
$$(\Delta x_1)^{(2)} = -3.2327 \times 10^{-4}, (\Delta x_2)^{(2)} = -3.4606 \times 10^{-4}$$

及
$$x_1^{(3)} = x_1^{(2)} + (\Delta x_1)^{(2)} = 0.2329, x_2^{(3)} = x_2^{(2)} + (\Delta x_2)^{(2)} = 0.0568$$

即
$$x^{(3)} = (0.2326, 0.0565)$$

得到了与牛顿迭代法相同的结论。

习 题 4

1. 用二分法求方程 $x^3+4x-7=0$ 在区间 $[1,2]$ 内的根,要求精确到小数点后第 3 位。

2. 用简单迭代法求方程 $x^4-3x-2=0$ 在区间 $[1,2]$ 内的根,要求精确到小数点后第 3 位。

3. 用弦截法求方程 $x\mathrm{e}^x-1=0$ 在 0.5 附近的根,要求精确到小数点后第 3 位。

4. 试用牛顿迭代法求 π 具有十位有效数字的近似值。

5. 分别用简单迭代法和高斯-赛德尔迭代法解下列方程组。

(1) $\begin{cases} x_1+2x_2=3 \\ 3x_1+2x_2=4 \end{cases}$
(2) $\begin{cases} 8x_1-x_2+x_3=1 \\ 2x_1+10x_2-x_3=4 \\ x_1+x_2-5x_3=3 \end{cases}$

6. 分别用高斯-赛德尔迭代法和超松弛迭代法(取 $\omega=1.46$)解下列方程组。

(1) $\begin{cases} 5x_1-x_2-x_3-x_4=-4 \\ -x_1+10x_2-x_3-x_4=12 \\ -x_1-x_2+5x_3-x_4=8 \\ -x_1-x_2-x_3+10x_4=34 \end{cases}$
(2) $\begin{cases} 2x_1-x_2=1 \\ -x_1+2x_2-x_3=0 \\ -x_2+2x_3-x_4=1 \\ -x_3+2x_4=0 \end{cases}$

(3) $\begin{cases} 4x_1-2x_2-4x_3=10 \\ -2x_1+17x_2+10x_3=3 \\ -4x_1+10x_2+9x_3=-7 \end{cases}$

7. 讨论求解方程组 $\boldsymbol{Ax}=\boldsymbol{b}$ 的雅可比迭代法和高斯-赛德尔迭代法的收敛性,其中:

(1) $\boldsymbol{A}=\begin{pmatrix} 2 & -1 & 1 \\ 1 & 1 & 1 \\ 1 & 1 & -2 \end{pmatrix}$
(2) $\boldsymbol{A}=\begin{pmatrix} 1 & 2 & -2 \\ 1 & 1 & 1 \\ 2 & 2 & 1 \end{pmatrix}$

8. 用牛顿迭代法解下列方程组:

(1) $\begin{cases} x^2+y^2=4 \\ x^2-y^2=1 \end{cases}$ 在点 $(1.6,1.2)$ 附近的解;

(2) $\begin{cases} 4x^2+y^2=4 \\ x+y=\sin(x-y) \end{cases}$ 在点 $(1,0)$ 附近的解。

9. 用拟牛顿迭代法解方程组 $\begin{cases} x^2+y^2=5 \\ xy-3x+y=1 \end{cases}$ 在点 $(1,1)$ 附近的解。

第5章 数值积分与数值微分

在科研与工程实践中,经常需要求解函数的积分或导数,但在很多情况下,已知的函数关系只是一个数据表或者复杂的解析式,难以得到用于求解积分值的原函数,或者难以直接求解导数,因而不能实际计算积分值或导数值。于是,数学家回归微积分本源,用求和来近似积分,用有限差分来近似微分,创造出数值求解法。

构造数值积分公式的常用方法是用积分区间上的 n 次插值多项式代替被积函数,导出插值型求积公式,当结点等距分布时称为牛顿-科茨公式。梯形公式与抛物线公式是最基本的近似公式,其精度较差;龙贝格算法是在区间逐次分半过程中,对梯形公式近似值加权平均求得精确度较高的积分值的方法,可在等距分布时获得简练易用且稳定性好的求积公式;当用不等距结点计算时,常用高斯型求积公式,其准确度高、稳定性好且可计算无穷积分。

数值微分是用函数值及其他已知信息来估算函数导数的方法。可以根据函数在某些离散点上的值来推算某点的导数或高阶导数的近似值,通常用差商代替微商,或用一个简单的可微函数(多项式、样条函数等)的导数近似代替待解的函数导数。

5.1 机械求积法

计算连续函数 $f(x)$ 在 $[a,b]$ 内的定积分时,只要找到 $f(x)$ 的原函数 $F(x)$($F'(x)=f(x)$),即可由牛顿-莱布尼茨(Newton-Leibniz)公式

$$\int_a^b f(x)\mathrm{d}x = F(b) - F(a)$$

求得定积分

$$I(f) = \int_a^b f(x)\mathrm{d}x$$

但是,当被积函数 $f(x)$ 未知或其原函数 $F(x)$ 过于复杂时,可以使用机械求积法。这种方法的特点是,直接通过一些离散结点上的函数值 $f(x_i)$ 的线性组合来计算定积分的近似值。这种方法将定积分计算归结为函数值计算,避开了寻找原函数的麻烦,也为编程序求解积分近似值提供了可行性。

5.1.1 数值求积基本思想

计算定积分时,被积函数 $f(x)$ 的表现形式多种多样,原函数 $F(x)$ 也五花八门,往往需要甚至不得不利用某种数值计算方法来求解定积分的近似值。

1. 难解问题

实际的待解问题中,有如下 3 种常见的难解问题。

(1) 被积函数 $f(x)$ 是用函数表或图形给出的,没有解析表达式,因而不能使用牛顿-莱布尼茨公式求解。

(2) $f(x)$ 的原函数 $F(x)$ 不能用初等函数的有限形式表示,如

$$\int_0^1 \frac{\sin x}{x} \mathrm{d}x, \quad \int_0^1 \mathrm{e}^{-x^2} \mathrm{d}x$$

等,因而无法套用牛顿-莱布尼茨公式求解。

(3) 虽然原函数能用初等函数表示,但其表达式非常复杂。例如,

$$f(x) = x^2 \sqrt{2x^2 + 3}$$

积分后的原函数为

$$F(x) = \frac{1}{4} x^2 \sqrt{2x^2+3} + \frac{3}{16} x \sqrt{2x^2+3} - \frac{9}{16\sqrt{2}} \ln(\sqrt{2}\,x + x^2 \sqrt{2x^2+3})$$

计算定积分的值非常困难,因而不便使用牛顿-莱布尼茨公式求解。

2. 定积分的几何意义

依据积分第一中值定理,如果 $f(x)$ 在 $[a,b]$ 上连续,则至少存在一点 $\xi \in [a,b]$,使得

$$\int_a^b f(x)\mathrm{d}x = f(\xi)(b-a)$$

其几何意义如图 5-1 所示。

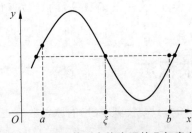

图 5-1 积分第一中值定理的几何意义

上面的 $f(x)$ 是一个非负函数,$y = f(x)$ 在 $[a,b]$ 上的曲边梯形面积等于以 $f(\xi)$ 为高、$[a,b]$ 为底的矩形的面积。而 $\frac{1}{b-a}\int_a^b f(x)\mathrm{d}x$ 可理解为 $f(x)$ 在区间 $[a,b]$ 上所有函数值的平均值。这是广义的有限个数的算术平均数。可见,找到一种 $f(\xi)$ 的近似手段即可估计函数积分的结果。

注:$f(\xi)$ 为 $f(x)$ 在区间 $[a,b]$ 上的平均高度,只要找到一种求解 $f(\xi)$ 的算法,就获得了一种数值求积方法了。

3. 机械求积

如果用 $f(x)$ 积分区域两端点函数值的算数平均数近似 $f(\xi)$

$$f(\xi) \approx \frac{f(a) + f(b)}{2}$$

则积分结果近似为

$$\int_a^b f(x)\mathrm{d}x \approx (b-a) \frac{f(b) + f(a)}{2}$$

这就是梯形公式。如果用区间中点的函数值近似 $f(\xi)$

$$f(\xi) \approx f\left(\frac{a+b}{2}\right)$$

则积分结果近似为

$$\int_a^b f(x)\mathrm{d}x \approx (b-a)f\left(\frac{a+b}{2}\right)$$

这就是中矩形公式。梯形公式和中矩形公式的区别如图 5-2 所示。

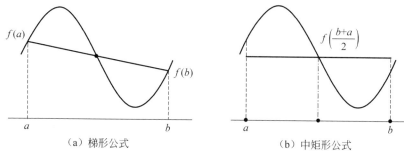

(a) 梯形公式　　　　　　　　　(b) 中矩形公式

图 5-2　梯形公式与中矩形公式的区别

更复杂一点,可同时使用区间两端点、中点的函数值作为平均高度 $f(\xi)$ 的近似值

$$f(\xi) \approx \frac{1}{6}f(a) + \frac{4}{6}f\left(\frac{a+b}{2}\right) + \frac{1}{6}f(b)$$

则积分结果近似为

$$\int_a^b f(x)\mathrm{d}x \approx \frac{b-a}{6}\left[f(a) + 4f\left(\frac{a+b}{2}\right) + f(b)\right]$$

这就是辛普森公式。

更一般地,在区间 $[a,b]$ 上适当选取 $n+1$ 个结点 $(x_i, f(x_i))$,$i = 0, 1, 2, \cdots, n$,加权平均得到 $f(\xi)$ 的估计值,即可构造出求积公式

$$\int_a^b f(x)\mathrm{d}x \approx \sum_{i=0}^n A_i f(x_i)$$

其中,x_i 为求积结点;A_i 为求积系数。由于 A_i 的值仅与结点 x_i 的选取有关,而不依赖于被积函数 $f(x)$,因此求积公式具有通用性。

例 5-1　设积分区间 $[a,b]$ 为 $[0,2]$,取 $f(x) = 1$、x、x^2、x^3、e^x,分别用梯形、中矩形与辛普森公式求解定积分。

解:计算定积分的梯形、中矩形与辛普森公式分别为

$$\int_0^2 f(x)\mathrm{d}x \approx f(0) + f(2)$$

$$\int_0^2 f(x)\mathrm{d}x \approx 2f(1)$$

$$\int_0^2 f(x)\mathrm{d}x \approx \frac{1}{3}\left[f(0) + 4f(1) + f(2)\right]$$

代入不同的被积函数,求得定积分的近似值如表 5-1 所示。

表 5-1　定积分求值结果

$f(x)$	1	x	x^2	x^3	e^x
精确值	2	2	2.67	4	6.389
梯形公式求值	2	2	4	8	8.389
中距形公式求值	2	2	2	2	5.436
辛普森公式求值	2	2	2.67	4	6.421

可以看出,当 $f(x)=x^2$、x^3、e^x 时,辛普森公式比梯形公式与中矩形公式更精确。

5.1.2　代数精度

为了保证计算精度,自然希望求积公式对于"尽可能多"的函数都是准确的,可以通过代数精度来评判求积公式。

1. 代数精度的概念

如果某个求积公式对于次数不大于 m 的多项式均能准确成立,但用于 $m+1$ 次多项式却不一定准确,则称该求积公式具有 m 次代数精度。

由于次数不大于 m 的多项式可以表示为

$$f(x)=a_0+a_1x+a_2x^2+\cdots+a_mx^m$$

故当验证求积公式的代数精度时,只需验证该求积公式对

$$f(x)=1,x,x^2,\cdots,x^m,x^{m+1}$$

是否成立即可。

例 5-2　验证梯形求积公式的代数精度。

解：梯形求积公式

$$\int_a^b f(x)\mathrm{d}x \approx \frac{b-a}{2}[f(a)+f(b)]$$

(1) 当 $f(x)=1$ 时

$$\int_a^b 1\mathrm{d}x=b-a,\qquad \frac{b-a}{2}[1+1]=b-a$$

因为左式=右式,所以公式准确成立。

(2) 当 $f(x)=x$ 时

$$\int_a^b x\,\mathrm{d}x=\frac{1}{2}(b^2-a^2)$$

$$\frac{b-a}{2}(a+b)=\frac{1}{2}(b^2-a^2)$$

因为左式=右式,所以公式准确成立。

(3) 当 $f(x)=x^2$ 时

$$\int_a^b x^2\mathrm{d}x=\frac{1}{3}(b^3-a^3)$$

$$\frac{b-a}{2}(a^2-b^2)=\frac{1}{2}(a^2+b^2)(a+b)$$

因为左式≠右式,所以公式不成立。

综上所述,梯形求积公式具有一次代数精度。

可以验证,中矩形公式具有一次代数精度,辛普森公式具有三次代数精度。一般地,机械求积公式

$$\int_a^b f(x)\mathrm{d}x \approx \sum_{k=0}^n A_k f(x_k)$$

中包含 $2n+2$ 个参数 x_k、A_k, $k=0,1,2,\cdots,n$。适当选择这些参数,可使求积公式具有不同的代数精度。

2. 求积系数 A_i

一般地,要使求积公式具有 m 次代数精度,只要令其对于 $f(x)=1,x,x^2,\cdots,x^m$ 均能准确成立,也就是说,对给定 $n+1$ 个互异结点 $x_i(i=0,1,2,\cdots,n)$,相应的求积系数 A_i 满足条件

$$\begin{cases} A_0 + A_1 + \cdots + A_n = b-a \\ A_0 x_0 + A_1 x_1 + \cdots + A_n x_n = \dfrac{b^2-a^2}{2} \\ \qquad\qquad \vdots \\ A_0 x_0^m + A_1 x_1^m + \cdots + A_n x_n^m = \dfrac{b^{m+1}-a^{m+1}}{m+1} \end{cases}$$

如果事先选定结点 x_k,取 $m=n$,则有

$$\begin{cases} A_0 + A_1 + \cdots + A_n = b-a \\ A_0 x_0 + A_1 x_1 + \cdots + A_n x_n = \dfrac{b^2-a^2}{2} \\ \qquad\qquad \vdots \\ A_0 x_0^n + A_1 x_1^n + \cdots + A_n x_n^n = \dfrac{b^{n+1}-a^{n+1}}{n+1} \end{cases}$$

这是关于 A_k 的线性方程组,其系数行列式为范德蒙德行列式。当 $x_i(i=0,1,2,\cdots,n)$ 互异时,其值非零。可通过克拉默法则唯一求得 $A_i(i=0,1,2,\cdots,n)$,进而构造出数值求积公式。但是,这种方法的计算量非常大,如果采用插值多项式来构造数值求积公式,则会减少计算量。

例 5-3　确定求积系数,使得

$$\int_{-1}^1 f(x)\mathrm{d}x \approx A f(-1) + B f(0) + C f(1)$$

具有最高的代数精度。

解:分别取 $f(x)=1,x,x^2,x^3$,则有方程组

$$\begin{cases} A + B + C = 2 \\ -A + C = 0 \\ A + C = \dfrac{2}{3} \end{cases}$$

解之,并构造求积公式为

$$\int_{-1}^1 f(x)\mathrm{d}x \approx \frac{1}{3} f(-1) + \frac{4}{3} f(0) + \frac{1}{3} f(1)$$

该公式对于 $f(x)=1,x,x^2$ 都准确成立,对于 $f(x)=x^4$ 就不准确了,故具有三次代数精度。

5.1.3 插值型求积公式

由于区间 $[a,b]$ 上的函数 $f(x)$ 可以用该区间上 $n+1$ 个点 $(x_i,f(x_i))$,$i=0,1,2,\cdots,n$ 的 n 次插值多项式 $P_n(x)$ 来近似替代,故 $f(x)$ 在区间 $[a,b]$ 上的积分就可以用该区间上的插值多项式 $P_n(x)$ 来近似替代。

1. 构造求积公式

给定 $f(x)$ 的一组互异结点 $x_i(i=0,1,2,\cdots,n)$,相应的函数值分别为 $f(x_i)$,$i=0,1,2,\cdots,n$,则可构造拉格朗日插值多项式

$$L_n(x)=\sum_{i=0}^n l_i(x)f(x_i)=\sum_{i=0}^n\left(\prod_{\substack{j=0\\j\neq i}}^n\frac{x-x_j}{x_i-x_j}\right)f(x_i)$$

由于代数插值多项式 $L_n(x)$ 的原函数容易求出,因此可取

$$\int_a^b f(x)\mathrm{d}x\approx\int_a^b L_n(x)\mathrm{d}x=\int_a^b\sum_{i=0}^n l_i(x)f(x_i)\mathrm{d}x=\sum_{i=0}^n\left(\int_a^b\sum_{i=0}^n l_i(x)\mathrm{d}x\right)f(x_i)$$

故有插值型求积公式

$$\int_a^b f(x)\mathrm{d}x\approx\sum_{i=0}^n A_i f(x_i)$$

该式中

$$A_i=\int_a^b l_i(x)\mathrm{d}x=\int_a^b\prod_{\substack{j=0\\j\neq i}}^n\frac{x-x_j}{x_i-x_j}\mathrm{d}x$$

2. 求积公式的代数精度

插值型求积公式的余项为

$$R[f]=\int_a^b\frac{f^{n+1}(\xi)}{(n+1)!}\prod_{j=0}^n(x-x_j)\mathrm{d}x$$

当被积函数 $f(x)$ 取次数不超过 n 次的多项式时

因为 $f^{n+1}(x)=0$　　所以余项 $R[f]=0$

这说明插值型求积公式对一切次数不超过 n 次的多项式都精确成立。可见,含有 $n+1$ 个互异结点 $x_i(i=0,1,2,\cdots,n)$ 的插值型求积公式至少具有 n 次代数精度。

反之,如果插值型求积公式至少具有 n 次代数精度,则它对于 n 次插值基函数 $l_i(x)$,$i=0,1,2,\cdots,n$ 也是准确成立的,即

$$\int_a^b l_i(x)\mathrm{d}x=\sum_{j=0}^n A_j l_i(x_j)\mathrm{d}x=A_i$$

可见,至少具有 n 次代数精度的求积公式必为插值型的。

综上所述,数值型求积公式为插值型求积公式的充分必要条件是,该公式至少具有 n 次代数精度。

例 5-4 已知 3 个求积结点的函数值分别为 $x_0=\frac{1}{4}$、$x_1=\frac{1}{2}$、$x_2=\frac{3}{4}$,据此构造区间 $[0,1]$ 内的插值型求积公式;分析其代数精度,并用于计算 $\int_0^1 x^3\mathrm{d}x$。

解：(1) 求得过 3 个已知点的拉格朗日插值多项式

$$p_2(x) = \frac{(x-x_1)(x-x_2)}{(x_0-x_1)(x_0-x_2)}f(x_0) +$$
$$\frac{(x-x_0)(x-x_2)}{(x_1-x_0)(x_1-x_2)}f(x_1) +$$
$$\frac{(x-x_0)(x-x_1)}{(x_2-x_0)(x_2-x_1)}f(x_2)$$

故有求积公式

$$\int_0^1 f(x)\mathrm{d}x \approx \int_0^1 p_2(x)\mathrm{d}x = A_0 f(x_0) + A_1 f(x_1) + A_2 f(x_2)$$

该式中

$$A_0 = \int_0^1 \frac{(x-x_1)(x-x_2)}{(x_0-x_1)(x_0-x_2)}\mathrm{d}x = \int_0^1 \frac{(x-1/2)(x-3/4)}{(1/4-1/2)(1/4-3/4)}\mathrm{d}x = \frac{2}{3}$$

$$A_1 = \int_0^1 \frac{(x-x_0)(x-x_2)}{(x_1-x_0)(x_1-x_2)}\mathrm{d}x = \int_0^1 \frac{(x-1/4)(x-3/4)}{(1/2-1/4)(1/2-3/4)}\mathrm{d}x = \frac{1}{3}$$

$$A_2 = \int_0^1 \frac{(x-x_0)(x-x_1)}{(x_2-x_0)(x_2-x_1)}\mathrm{d}x = \int_0^1 \frac{(x-1/4)(x-1/2)}{(3/4-1/4)(3/4-1/2)}\mathrm{d}x = \frac{2}{3}$$

求得插值型求积公式为

$$\int_0^1 f(x)\mathrm{d}x \approx \frac{2}{3}f\left(\frac{1}{4}\right) + \frac{1}{3}f\left(\frac{1}{2}\right) + \frac{2}{3}f\left(\frac{3}{4}\right)$$

(2) 由于这个积分公式是求解二次插值函数积分的结果，故至少具有二次代数精度。代入 $f(x)=x^3$、$f(x)=x^4$。

$$\text{因为} \int_0^1 x^3 \mathrm{d}x = \frac{1}{4} = \frac{2}{3}f\left(\frac{1}{4}\right)^3 + \frac{1}{3}f\left(\frac{1}{2}\right)^3 + \frac{2}{3}f\left(\frac{3}{4}\right)^3$$

$$\text{又因为} \int_0^1 x^4 \mathrm{d}x = \frac{1}{5} \neq \frac{2}{3}f\left(\frac{1}{4}\right)^4 + \frac{1}{3}f\left(\frac{1}{2}\right)^4 + \frac{2}{3}f\left(\frac{3}{4}\right)^4$$

所以该求积公式具有三次代数精度。

(3) $\int_0^1 x^3 \mathrm{d}x \approx \frac{2}{3}f\left(\frac{1}{4}\right)^3 + \frac{1}{3}f\left(\frac{1}{2}\right)^3 + \frac{2}{3}f\left(\frac{3}{4}\right)^3 = \frac{1}{4}$

因为求积公式具有三次代数精度。

所以 $\frac{1}{4}$ 实际上是 $\int_0^1 x^3 \mathrm{d}x$ 的精确值。

5.2　牛顿-科茨求积法

如果将积分区间 $[a,b]$ 划分为 n 等份，记步长 $h=\dfrac{b-a}{n}$，选取等距结点 $x_i=a+ih(i=0,1,2,\cdots,n)$，则当对应函数值 $f(x_i)$ 已知时，以这些等距结点所导出的插值型求积公式

$$I(f) = \int_a^b f(x)\mathrm{d}x \approx (b-a)\sum_{i=0}^n C_i^{(n)} f(x_i)$$

称为 n 阶牛顿-科茨(Newton-Cotes)求积公式。其中，$C_i^{(n)}$ 称为科茨系数。

5.2.1 科茨系数及求积公式

与插值型求积公式比较,可知

$$C_i^{(n)} = \frac{1}{(b-a)} A_i = \frac{1}{(b-a)} \int_a^b \prod_{\substack{j=0 \\ j \neq i}}^n \frac{x-x_j}{x_i-x_j} dx$$

为简化计算,做变换 $x_i = a + th$,则有

$$dx = h\,dt, \quad x - x_j = (t-j)h, \quad x_i - x_j = (i-j)h$$

从而有

$$
\begin{aligned}
C_i^{(n)} &= \frac{1}{b-a} \int_a^b \frac{(x-x_0)(x-x_1)\cdots(x-x_{i-1})(x-x_{i+1})\cdots(x-x_n)}{(x_i-x_0)(x_i-x_1)\cdots(x_i-x_{i-1})(x_i-x_{i+1})\cdots(x_i-x_n)} dx \\
&= \frac{h}{b-a} \int_0^n \frac{t(t-1)\cdots(t-i+1)(t-i-1)\cdots(t-n)h^n}{i(i-1)\cdots 2 \times 1 \times (-1) \times (-2)\cdots(-(n-i))h^n} dt \\
&= \frac{(-1)^{n-i}}{n\, i!\,(n-i)!} \int_0^n t(t-1)\cdots(t-i+1)(t-i-1)\cdots(t-n) dt
\end{aligned}
$$

即科茨系数

$$C_i^{(n)} = \frac{(-1)^{n-i}}{n\, i!\,(n-i)!} \int_0^n \prod_{\substack{j=0 \\ j \neq i}}^n (t-j)\, dt$$

可以看出,科茨系数只依赖于被积区间 $[a,b]$ 的等分数 n,与积分区间 $[a,b]$ 及被积函数 $f(x)$ 都无关。只要给出等分数 n,就能求得 $C_i^{(n)}$,从而写出相应的牛顿-科茨求积公式。

表 5-2 列出了科茨系数表起始部分 n 从 1 到 7 的科茨系数。可以看出,科茨系数对 i 具有对称性,即 $C_i^{(n)} = C_{n-i}^{(n)}$;并且其代数和为 1,即 $\sum_{i=0}^n C_i^{(n)} = 1$。

表 5-2 $n = 1 \sim 7$ 的科茨系数

n							
1	$\frac{1}{2}$	$\frac{1}{2}$					
2	$\frac{1}{6}$	$\frac{2}{3}$	$\frac{1}{6}$				
3	$\frac{1}{8}$	$\frac{3}{8}$	$\frac{3}{8}$	$\frac{1}{8}$			
4	$\frac{7}{90}$	$\frac{16}{45}$	$\frac{2}{15}$	$\frac{16}{45}$	$\frac{7}{90}$		
5	$\frac{19}{288}$	$\frac{25}{96}$	$\frac{25}{144}$	$\frac{25}{144}$	$\frac{25}{96}$	$\frac{19}{288}$	
6	$\frac{41}{840}$	$\frac{9}{35}$	$\frac{9}{280}$	$\frac{34}{105}$	$\frac{9}{280}$	$\frac{9}{35}$	$\frac{41}{840}$
7	$\frac{751}{17\,280}$	$\frac{3577}{17\,280}$	$\frac{1323}{17\,280}$	$\frac{2989}{17\,280}$	$\frac{2989}{17\,280}$	$\frac{1323}{17\,280}$	$\frac{3577}{17\,280}$	$\frac{751}{17\,280}$

当 $n=8$ 时,科茨系数会出现负数,对应求积公式的稳定性得不到保证。而且,对于高次插值多项式来说,收敛性一般不成立。故实际计算中一般不会使用高阶牛顿-科茨求积公式,实用的仅仅是 n 不大于 4 的低阶公式。

当 $n=1$ 时, $C_0^{(1)} = C_1^{(0)} = \dfrac{1}{2}$, 牛顿-科茨求积公式为

$$\int_a^b f(x)\mathrm{d}x \approx (b-a)\left[\frac{1}{2}f(a) + \frac{1}{2}f(b)\right] = \frac{b-a}{2}\left[f(a) + f(b)\right]$$

这就是梯形求积公式。

当 $n=2$ 时, $C_0^{(2)} = C_2^{(2)} = \dfrac{1}{6}$, $C_1^{(2)} = \dfrac{4}{6}$, 牛顿-科茨求积公式为

$$\int_a^b f(x)\mathrm{d}x \approx (b-a)\left[\frac{1}{6}f(a) + \frac{4}{6}f\left(\frac{a+b}{2}\right) + \frac{1}{6}f(b)\right]$$

$$= \frac{b-a}{6}\left[f(a) + 4f\left(\frac{a+b}{2}\right) + f(b)\right]$$

这就是辛普森求积公式。

当 $n=4$ 时,

$$C_0^{(4)} = C_4^{(4)} = \frac{7}{90}, \quad C_1^{(4)} = C_3^{(4)} = \frac{16}{45}, \quad C_2^{(4)} = \frac{2}{15}$$

牛顿-科茨求积公式为

$$\int_a^b f(x)\mathrm{d}x \approx \frac{b-a}{90}\left[7f(x_0) + 32f(x_1) + 12f(x_2) + 32f(x_3) + 7f(x_4)\right]$$

这个公式称为科茨求积公式。该式中 $x_i = a + ih\,(i=0,1,2,3,4)$, $h = \dfrac{b-a}{4}$。这是在等距结点条件下的插值型求积公式,至少具有 n 次代数精度;当 n 为偶数时,则可以达到 $n+1$ 次代数精度。

5.2.2　低阶求积公式的误差估计

牛顿-科茨求积公式的余项就是插值型求积公式的余项

$$R[f] = \int_a^b \frac{f^{n+1}(\xi)}{(n+1)!} \prod_{j=0}^n (x - x_j)\mathrm{d}x$$

当 $n=1$ 时,有

$$R_1[f] = I[f] - T_1 = \frac{1}{2}\int_a^b f^n(\xi)(x-a)(x-b)\mathrm{d}x$$

由于 $(x-a)(x-b) \leqslant 0$,在 $[a,b]$ 上不变号,故依积分加权平均值定理,存在 $\eta \in (a,b)$,使

$$R_1[f] = \frac{f''(\eta)}{2}\int_a^b (x-a)(x-b)\mathrm{d}x = -\frac{(b-a)^3}{12}f''(\eta), \quad \eta \in (a,b)$$

这就是梯形求积公式的截断误差。

当 $n=2$ 时,有

$$R_2[f] = \int_a^b \frac{f'''(\xi)}{3!}(x-a)\left(x - \frac{a+b}{2}\right)(x-b)\mathrm{d}x$$

由于 $(x-a)\left(x - \dfrac{a+b}{2}\right)(x-b)$ 在 $[a,b]$ 上不保号,即符号可正可负,无法直接应用积分加权平均值定理。但因辛普森求积公式具有三次代数精度,对于满足插值条件

$$\begin{cases} H(a) = f(a), \quad H(b) = f(b) \\ H(c) = f(c), \quad H'(c) = f'(c) \end{cases}, c = \frac{a+b}{2}$$

的三次插值多项式 $H(x)$ 能准确成立,故有

$$\int_a^b H(x)\mathrm{d}x = \frac{b-a}{6}\big[H(a)+4H(c)+H(b)\big]$$

由插值条件式可知,这个积分值实际上等于辛普森求积公式求得的积分值,从而有

$$R_2[f] = I[f] - S_1 = \int_a^b [f(x)-H(x)]\mathrm{d}x$$

通过埃尔米特插值的余项公式,求得

$$R_2[f] = \int_a^b \frac{f^4(\xi)}{4}(x-a)(x-c)^2(x-b)\mathrm{d}x$$

由于 $(x-a)(x-c)^2(x-b)$ 在 $[a,b]$ 上保号(非正),故依积分中值定理得

$$R_2[f] = \frac{f^{(4)}(\eta)}{4!}\int_a^b (x-a)(x-c)^2(x-b)\mathrm{d}x$$

$$= -\frac{(b-a)}{180}\left(\frac{b-a}{2}\right)^4 f^{(4)}(\eta), \quad \eta \in (a,b)$$

这就是辛普森求积公式的截断误差。

类似地,可以求出科茨求积公式的截断误差为

$$R_4[f] = I[f] - C_1 = \frac{2(b-a)}{945}\left(\frac{b-a}{4}\right)^6 f^{(6)}(\eta), \quad \eta \in (a,b)$$

例 5-5 如果 $f''(x) \geqslant 0$,证明用梯形求积公式求解定积分

$$I = \int_a^b f(x)\mathrm{d}x$$

得到的值大于准确值,并说明其几何意义。

证明:由梯形公式余项

$$R[f] = -\frac{(b-a)^3}{12}f''(\eta), \quad \eta \in (a,b)$$

可知,如果 $f(x) > 0$,则 $R[f] < 0$,于是

$$I = \int_a^b f(x)\mathrm{d}x = T + R[f] < T$$

也就是说,由梯形公式计算得到的积分值大于准确值。其几何意义为 $f''(x) > 0$,因而 $f(x)$ 为下凸函数,梯形面积大于曲边梯形面积。证毕。

例 5-6 分别用梯形求积公式、辛普森求积公式与牛顿-科茨求积公式求解定积分

$$I = \int_{0.5}^1 \sqrt{x}\,\mathrm{d}x$$

的近似值,并与准确值比较。

解:(1)用梯形公式计算

$$\int_{0.5}^1 \sqrt{x}\,\mathrm{d}x \approx \frac{1-0.5}{6}[f(0.5)+f(1)] = 0.25 \times [0.707\,11 + 1] \approx 0.426\,776\,7$$

(2)用辛普森公式计算

$$\int_{0.5}^1 \sqrt{x}\,\mathrm{d}x \approx \frac{1-0.5}{6}\left[\sqrt{0.5} + 4 \times \sqrt{\frac{0.5+1}{2}} + \sqrt{1}\right] = 0.430\,934\,03$$

（3）用牛顿-科茨公式计算

$$\int_{0.5}^{1} \sqrt{x}\, \mathrm{d}x$$

$$\approx \frac{1-0.5}{90} \times \left[7 \times \sqrt{0.5} + 32 \times \sqrt{0.625} + 12 \times \sqrt{0.75} + 32 \times \sqrt{0.875} + 7 \times \sqrt{1}\right]$$

$$= \frac{1}{180} \times \left[4.949\,75 + 25.298\,22 + 10.392\,23 + 29.933\,26 + 7\right] = 0.430\,96$$

（4）积分的准确值为

$$\int_{0.5}^{1} \sqrt{x}\, \mathrm{d}x = \frac{2}{3} x^{\frac{3}{2}} \Big|_{0.5}^{1} = 0.430\,964\,41$$

可以看出，3 种求积公式的精度在逐个提高。

5.3　复化求积法

由梯形、辛普森与牛顿-科茨求积公式的截断误差可知，随着求积结点数的增多，对应公式的精度也会提高。但因为 $n \geqslant 8$ 时会出现负值科茨系数，可能导致舍入误差增大且往往难以估计，故不宜再增加结点数（提高阶）来提高精度。

实际应用中，常将积分区间分成若干子区间，在每个子区间上采用低阶求积公式，再累加所有子区间上的计算结果，得到整个区间上的求积公式，这就是复化求积公式的基本思想。常用的复化求积公式有复化梯形公式和复化辛普森公式。

1. 复化梯形公式

将积分区间 $[a,b]$ 等分为 n 个子区间 $[x_k, x_{k+1}]$，其中

$$x_k = a + kh, \quad \left(h = \frac{b-a}{n}, k = 0,1,2,\cdots,n-1\right)$$

并于每个子区间上应用梯形求积公式，则有

$$I = \int_a^b f(x)\, \mathrm{d}x = \sum_{k=0}^{n-1} \int_{x_k}^{x_{k+1}} f(x)\, \mathrm{d}x$$

$$= \sum_{k=0}^{n-1} \frac{h}{2} \left[f(x_k) + f(x_{k+1})\right] + R_n(f)$$

记复化梯形求积公式

$$T_n = \frac{h}{2} \sum_{k=0}^{n-1} \left[f(x_k) + f(x_{k+1})\right] = \frac{h}{2} \left[f(a) + 2\sum_{k=1}^{n-1} f(x_k) + f(b)\right]$$

其余项为

$$R_n(f) = I - T_n = \sum_{k=0}^{n-1} \left[-\frac{h^3}{12} f''(\eta_k)\right], \quad \eta_k \in (x_k, x_{k+1})$$

$$= -\frac{b-a}{12} h^2 f''(\eta), \quad \eta \in (a,b)$$

2. 复化辛普森公式

将 $[x_k, x_{k+1}]$ 的中点为 $x_{k+\frac{1}{2}}$，于每个子区间上应用梯形求积公式，则有其中

$$x_k = a + kh, \quad \left(h = \frac{b-a}{n}, \quad k = 0,1,2,\cdots,n-1\right)$$

并于每个子区间上应用辛普森求积公式,则有

$$I = \int_a^b f(x)\mathrm{d}x = \sum_{k=0}^{n-1} \int_{x_k}^{x_{k+1}} f(x)\mathrm{d}x$$

$$= \sum_{k=0}^{n-1} \frac{h}{6} \left[f(x_k) + 4f(x_{k+\frac{1}{2}}) + f(x_{k+1}) \right] + R_n(f)$$

记复化辛普森求积公式

$$S_n = \frac{h}{6} \sum_{k=0}^{n-1} \left[f(x_k) + 4f(x_{k+\frac{1}{2}}) + f(x_{k+1}) \right]$$

$$= \frac{h}{6} \left[f(a) + 4\sum_{k=0}^{n-1} f(x_{k+\frac{1}{2}}) + 2\sum_{k=1}^{n-1} f(x_k) + f(b) \right]$$

其余项为

$$R_n(f) = I - S_n = \frac{h}{180} \left(\frac{h}{2}\right)^4 \sum_{k=0}^{n-1} f^{(4)}(\eta_k), \quad \eta_k \in (x_k, x_{k+1})$$

$$= -\frac{b-a}{180} \left(\frac{h}{2}\right)^4 f^{(4)}(\eta), \quad \eta \in (a,b)$$

例 5-7　分别用 $n=8$ 的复化梯形求积公式与复化辛普森求积公式求解定积分

$$I = \int_0^1 \frac{\sin x}{x}\mathrm{d}x$$

解：(1) $n=8$ 时,$h=\frac{1}{8}$,已知结点

$$x_0 = 0, \quad x_1 = \frac{1}{8}, \quad x_2 = \frac{1}{4}, \quad x_3 = \frac{3}{8}, \quad x_4 = \frac{1}{2},$$

$$x_5 = \frac{5}{8}, \quad x_6 = \frac{3}{4}, \quad x_7 = \frac{7}{8}, \quad x_8 = 1$$

其中,$x_0 = a = 0$,$x_8 = b$,$f(0) = \lim_{x \to 0} \frac{\sin x}{x} = 1$。

(2) 用梯形公式计算

$$T_n = \frac{h}{2}\left[f(a) + f(b) + 2\sum_{k=1}^{n-1} f(x_k) \right] \overset{n=8}{=\!=\!=} \frac{1}{16}\left[f(a) + f(b) \right] + \frac{1}{8}\sum_{k=1}^{7} f(x_k)$$

$$= \frac{1}{16}\left[f(0) + f(1) \right] + \frac{1}{8}\left[f\left(\frac{1}{8}\right) + f\left(\frac{1}{4}\right) + f\left(\frac{3}{8}\right) + f\left(\frac{1}{2}\right) + f\left(\frac{5}{8}\right) + f\left(\frac{3}{4}\right) + f\left(\frac{7}{8}\right) \right]$$

$$\approx 0.945\,690\,863\,582\,701\,3$$

附　Python 源代码。

```
#复化梯形公式求解定积分
from math import sin
x=1/8
T=1/16 * (1+sin(1)/1)
while(x<1):
    f=sin(x)/x
    T=T+1/8 * f
```

```
    x=x+1/8
print(T)
```

（3）用辛普森公式计算

$$S_4 = \frac{h}{6}\Big[f(a) + 4\sum_{k=0}^{n-1} f(x_{k+\frac{1}{2}}) + 2\sum_{k=1}^{n-1} f(x_k) + f(b)\Big]$$

$$\xrightarrow{n=8} \frac{1}{24}[f(0) + f(1)] +$$

$$\frac{1}{12}\Big[f\Big(\frac{1}{4}\Big) + f\Big(\frac{1}{2}\Big) + f\Big(\frac{3}{4}\Big)\Big] +$$

$$\frac{1}{6}\Big[f\Big(\frac{1}{8}\Big) + f\Big(\frac{3}{8}\Big) + f\Big(\frac{5}{8}\Big) + f\Big(\frac{7}{8}\Big)\Big]$$

$$\approx 0.946\ 083\ 310\ 888\ 471\ 9$$

附：Python 源代码。

```
#复化辛普森公式求解定积分
from math import sin
T=1/24 * (1+sin(1)/1)
x=1/4
while(x<=3/4):
    f=sin(x)/x
    T=T+1/12 * f
    x=x+1/4
x=1/8
while(x<=7/8):
    f=sin(x)/x
    T=T+1/6 * f
    x=x+1/4
print(T)
```

（4）分析：本例中，分别使用复化梯形法与辛普森法求得 9 个点上的函数值，计算量相当，但精度却有很大差别。同积分的准确值 $I = 0.946\ 083\ 1$ 比较，复化梯形法仅有两位有效数字，而复化辛普森法有 6 位有效数字。

例 5-8 用复化梯形求积公式求解定积分

$$I = \int_0^{\pi/2} \sin x \, \mathrm{d}x$$

要求误差不超过 $\frac{1}{2} \times 10^{-3}$，那么区间 $\Big[0, \frac{\pi}{2}\Big]$ 应该分为多少等份？如果改用辛普森公式，其截断误差为多少？

解： $f''(x) = -\sin x, f^{(4)}(x) = \sin x, b - a = \frac{\pi}{2}$，复化梯形公式要求

$$R_n(f) = \Big| -\frac{b-a}{12} h^2 f''(\eta) \Big| \leqslant \frac{1}{12} \times \frac{\pi}{2} \times \Big(\frac{\pi}{2n}\Big)^2$$

$$\leqslant \frac{1}{2} \times 10^{-3}, \quad \eta \in \Big(0, \frac{\pi}{2}\Big)$$

求得

$$n^2 \geqslant \frac{\pi^3}{48} \times 10^{-3}, 25.416 \leqslant n < 26$$

故当区间 $\left[0, \dfrac{\pi}{2}\right]$ 分为 26 等份时,截断误差不超过 $\dfrac{1}{2} \times 10^{-3}$。

如果改用辛普森公式,则其截断误差为

$$R_s(f) = \left| -\frac{b-a}{180}\left(\frac{h}{2}\right)^4 f^{(4)}(\eta) \right| \leqslant \frac{\pi}{180 \times 2} \times \left(\frac{\pi}{2n}\right)^4$$

$$\leqslant 0.726\ 630\ 3 \times 10^{-9}$$

5.4　龙贝格求积法

复化求积法有利于提高计算精度,但需要预估步长。步长过大难以保证精度;过小又会加大计算量及累积误差。故当实际计算时,往往采用逐次变步长(逐次二等分每个子区间)求积法,对每一次求得的近似值都评估其精度并按实际需求改变下一次的步长,直到求得满足精度要求的近似积分值为止。

采用变步长求积法,不但可以在计算过程中调整步长,使得计算结果逐步逼近精确值,而且每一步都能估计出截断误差,并将这个误差加到求积结果上,得到更好的积分近似值(修正值),从而加快近似值序列收敛于精确值的速度,这就是龙贝格(Romberg)求积方法的基本思想。

5.4.1　变步长求积法

使用复化求积公式时,往往难以事先给出合适的步长

$$h = \frac{b-a}{n}$$

可以采用动态求解法。将积分区间 $[a,b]$ 分为两个子区间,使用复化求积公式计算;再将两个子区间各分为两个更小的子区间,使用复化求积公式计算;这样逐次递推,直到

$$|I_{2n}(f) - I_n(f)| < \varepsilon$$

即步长对分前后的两次积分值之差的绝对值小于允许的精度为止,并取 $I_{2n}(f)$ 作为所求定积分的近似值。

按照这种思路构拟的复化梯形公式的递推公式如下。

(1) 将积分区间 $[a,b]$ 分为 N 等份,$h = \dfrac{b-a}{N}$,梯形公式求解:

$$T_N = \frac{h}{2}\left[f(a) + 2\sum_{k=1}^{N-1} f(x_k) + f(b) \right]$$

(2) 再将积分区间 $[a,b]$ 分为 $2N$ 等份,即步长减半,$h_1 = \dfrac{h}{2}$,复化梯形公式求解:

$$T_{2n} = \frac{h_1}{2}\left[f(a) + 2\sum_{k=1}^{N-1} f(x_k) + 2\sum_{k=0}^{N-1} f(x_{k+\frac{1}{2}}) + f(b) \right]$$

$$= \frac{1}{2}T_n + \frac{h}{2}\sum_{k=0}^{N-1} f(x_{k+\frac{1}{2}})$$

其中

$$f(x_{k+\frac{1}{2}}) = f\left(x_k + \frac{h}{2}\right)$$

（3）递推终止条件：

由复化梯形公式的余项知

$$I - T_N = -\frac{b-a}{12}\left(\frac{b-a}{N}\right)^2 f''(\eta_1)$$

$$I - T_{2N} = -\frac{b-a}{12}\left(\frac{b-a}{2N}\right)^2 f''(\eta_2)$$

当 $f''(x)$ 变化不大时

$$\frac{I - T_N}{I - T_{2N}} \approx 4$$

由此求得

$$I \approx T_{2N} + \frac{1}{4-1}(T_{2N} - T_N)$$

故有误差控制条件

$$\left|\frac{1}{4-1}(T_{2N} - T_N)\right| < \varepsilon$$

也就是说，仅当满足这个条件时，递推求解过程终止；否则，继续二等分每个子区间，并使用复化梯形公式求解定积分的近似值。

可以看出，将步长由 $2h$ 缩小为 h 时，T_{2N} 等于 T_N 的一半再加上新增结点的函数值乘以当前步长 h。这样，逐次二等分并使用复化求积公式计算，形成一个序列 $T_N, T_{2N}, \cdots$，该序列收敛于定积分真值 I。当满足误差控制条件时，取当前 T_{2N} 为 I 的近似值。

例 5-9 用变步长复化梯形求积公式求解定积分

$$I = \int_0^1 \frac{\sin x}{x} \mathrm{d}x$$

要求误差不超过 0.5×10^{-6}。

解：（1）先对整个区间 $[0,1]$ 使用梯形求积公式：

这里，$f(x) = \frac{\sin x}{x}$，$f(0) = 1$，$f(1) = 0.841\,070\,9$

$$T_1 = \frac{1-0}{2}[f(0) + f(1)] = 0.920\,735\,45$$

（2）再将整个区间 $[0,1]$ 二等分，使用梯形求积的递推公式：

由于 $f\left(\frac{1}{2}\right) = 0.958\,851\,0$，故有

$$T_2 = \frac{1}{2}T_1 + \frac{1}{2}f\left(\frac{1}{2}\right) = 0.939\,793\,3$$

（3）进一步二等分每个子区间，使用梯形求积的递推公式：

由于 $f\left(\dfrac{1}{4}\right)=0.989\ 615\ 8$，$f\left(\dfrac{3}{4}\right)=0.908\ 851\ 6$，故有

$$T_4=\frac{1}{2}T_2+\frac{1}{4}\left[f\left(\frac{1}{4}\right)+f\left(\frac{3}{4}\right)\right]=0.944\ 513\ 47$$

（4）进一步二等分每个子区间，应用复化梯形求积公式：

$$T_8=\frac{1}{2}T_4+\frac{1}{8}\left[f\left(\frac{1}{8}\right)+f\left(\frac{3}{8}\right)+f\left(\frac{5}{8}\right)+f\left(\frac{7}{8}\right)\right]=0.945\ 690\ 9$$

……

这样继续二等分，将会越来越接近精确值，计算结果如表 5-3 所示。

表 5-3　步长逐次二等分的复化梯形公式计算结果

k	0	1	2	3	4	5
T_N	0.920 735 5	0.939 793 3	0.944 513 5	0.945 690 9	0.945 985 0	0.946 958 6
k	6	7	8	9	10	11
T_N	0.946 076 9	0.946 081 5	0.946 082 7	0.946 083 0	0.946 083 0	0.946 083 1

可以看出，二等分 8 次与二等分 7 次的差

$$\left|\frac{1}{3}\left(T_{2^8}-T_{2^7}\right)\right|=0.000\ 000\ 4<0.5\times 10^{-6}$$

可以作为满足精度要求的解。

本例中，定积分的精确值为 0.946 083 1，使用变步长复合梯形公式，步长逐次折半 11 次，即将 [0,1] 区间 2048 等分之后，才会得到这个结果。这说明，收敛速度非常缓慢。

5.4.2　求积公式的松弛法加速

使用变步长求积公式时，可以根据精度要求，在计算过程中调整步长，使得计算结果逐步逼近精确值，但其近似值序列收敛于积分精确值的速度往往太慢。可以通过松弛技术，适当缩减本次与上次计算结果的差值，提升收敛速度。

1. 加速求积的松弛法

实际计算中，往往可以获得目标值 F^* 的两个相伴随的近似值 F_1 与 F_2，如何加工成更高精度的结果呢？一种简便而有效的方法是，取两者的某种加权平均值作为改进值，即令

$$\hat{F}=(1-\omega)F_0+\omega F_1=F_0+\omega(F_1-F_0)$$

并适当选取权系数 ω 来调整校正量 $\omega(F_1-F_0)$，从而将近似值 F_0 加工成更高精度的计算结果 $\hat{F}$。这种基于校正量的调整与松动方法，称为松弛法，其中权系数 ω 称为松弛因子。改善精度的关键在于松弛因子 ω 的选取，这往往是比较困难的。

如果所提供的一对近似值 F_0 与 F_1 有优劣之分，假定 F_1 为优而 F_0 为劣，则可采用

$$\hat{F}=(1+\omega)F_1-\omega F_0$$

作为松弛公式，即在松弛过程中张扬 F_1 的优势而抑制 F_0 的劣势，这种方法称为超松弛法。

2. 梯形求积公式的松弛法加速

复化梯形法求解简单，但精度低，收敛速度慢，能否设法加工其值而提高精度呢？

考虑积分区间 $[a,b]$ 二分前后的梯形值

$$T_1 = \frac{b-a}{2}[f(a)+f(b)]$$

$$T_2 = \frac{b-a}{4}\lfloor f(a)+f(c)+f(b)\rfloor, \quad c = \frac{a+b}{2}$$

两者都只有一阶精度,对其施行松弛法加速,令

$$S_1 = (1+\omega)T_2 - \omega T_1 = T_2 + \omega(T_2 - T_1)$$

可以看出,无论因子 ω 是多少,这个松弛公式都具有 1 阶精度。由于结点 $c = \frac{a+b}{2}$ 是二等分点,故当该式为辛普森公式,即二等分的牛顿-科茨公式时,才会具有二阶精度。于是,问题转化为:设法找到合适的松弛因子 ω,使得二分前后的两个梯形值 T_1、T_2 按该式松弛生成辛普森值 S_1。比较辛普森公式

$$S_1 = \frac{b-a}{6}[f(a)+4f(c)+f(b)]$$

与松弛公式两端 $f(a)$、$f(c)$、$f(b)$ 的系数,求得 $\omega = \frac{1}{3}$,故有

$$S_1 = \frac{4}{3}T_2 - \frac{1}{3}T_1$$

其复化形式为

$$S_n = \frac{4}{4-1}T_{2n} - \frac{1}{4-1}T_n \tag{5-1}$$

也就是说,将复化梯形公式在二等分前、后的两个积分值 T_n 与 T_{2n} 线性组合在一起,求得的结果实质上是 S_n,即复化辛普森公式的积分值,从而提高了计算精度。

3. 辛普森求积的松弛法加速

为了进一步加工辛普森积分值,将积分区间 $[a,b]$ 进行四等份,分点为

$$x_i = a + i\frac{b-a}{4}, \quad i = 0,1,2,3,4$$

则二分前后的辛普森值为

$$S_1 = \frac{b-a}{6}[f(x_0)+4f(x_2)+f(x_4)]$$

$$S_2 = \frac{b-a}{12}[f(x_0)+4f(x_1)+2f(x_2)+4f(x_3)+f(x_4)]$$

都具有三阶精度。适当选取因子 ω,可将松弛值

$$C_1 = (1+\omega)S_2 - \omega S_1$$

提高到四阶精度。由于这里的结点是四等份点,故所设计的求积公式应为科茨公式

$$C_1 = \frac{b-a}{90}[7f(x_0)+32f(x_1)+12f(x_2)+32f(x_3)+7f(x_4)]$$

比较两式两端 $f(x_i)$, $i=0,1,2,3,4$ 的系数,求得 $\omega = \frac{1}{15}$。故有

$$C_1 = \frac{16}{15}S_2 - \frac{1}{15}S_1$$

其复化形式为

$$C_n = \frac{4^2}{4^2-1}S_{2n} - \frac{1}{4^2-1}S_n \qquad (5\text{-}2)$$

也就是说,将复化辛普森公式在四等分前、后的两个积分值 S_n 与 S_{2n} 线性组合在一起,求得的结果实质上是 C_n,即复化科茨公式的积分值,进一步提高了计算精度。

5.4.3 龙贝格求积公式

龙贝格算法就是一种逐次分半加速算法。它依据梯形公式、辛普森公式与科茨公式之间的关系构造而成,可以在区间逐次分半过程中,对梯形公式的近似值进行加权平均,获得精确程度较高的积分近似值。

1. 科茨求积的松弛法加速

在松弛法加速梯形求积公式,再加速辛普森求积公式之后,按照同样的方法,继续加速科茨求积公式。将积分区间 $[a,b]$ 进行八等份,分点为

$$x_i = a + i\frac{b-a}{8}, \quad i = 0, 1, \cdots, 8$$

则二分前后的科茨值为

$$C_1 = \frac{b-a}{90}\left[7f(x_0) + 32f(x_2) + 12f(x_4) + 32f(x_6) + 7f(x_8)\right]$$

$$C_2 = \frac{b-a}{180}\left[7f(x_0) + 32f(x_1) + 12f(x_2) + 32f(x_3) + 12f(x_4) + \right.$$
$$\left. 32f(x_5) + 12f(x_6) + 32f(x_7) + 7f(x_8)\right]$$

这时松弛公式为

$$R_1 = (1+\omega)C_2 - \omega C_1$$

至少具有五阶精度。为了选取合适的松弛值 ω,将这个求积公式提高到六阶精度,令其对于 $f(x) = x^6$ 准确成立,求得 $\omega = \frac{1}{63}$。这样设计而成的求积公式为

$$R_1 = \frac{64}{63}C_2 - \frac{1}{63}C_1$$

可以验证该公式具有七阶精度。其复化形式为

$$R_n = \frac{4^3}{4^3-1}C_{2n} - \frac{1}{4^3-1}C_n \qquad (5\text{-}3)$$

2. 龙贝格算法与龙贝格公式

按照上述思路,还可以构造出新的求积公式,公式右端有两个系数 $\frac{4^m}{4^m-1}$ 与 $\frac{1}{4^m-1}$。当 $m \geqslant 4$ 时,第一个系数接近于1,第二个系数的绝对值很小,接近于0。可知,这样组合而成的新公式与前一个公式的计算结果差别不大,但却增加了计算量。因此,实际计算时,往往只算到该式为止,称为龙贝格公式。

一般地,将变步长梯形公式的近似值利用3个加速公式

$$S_n = \frac{4}{3}T_{2n} - \frac{1}{3}T_n, \quad C_n = \frac{16}{15}S_{2n} - \frac{1}{15}S_n, \quad R_n = \frac{64}{63}C_{2n} - \frac{1}{63}C_n$$

加工成具有更高代数精度的积分近似值的方法称为龙贝格算法。特别地,第三个公式称为龙贝格求积公式。

实际上,当计算 R_1 时,要先计算 C_2、S_4、T_8,即将 $[a,b]$ 区间 8 等分,计算 9 个结点的函数值。但从公式的推导过程可知,R_1 的误差阶为 $O(h^7)$,具有 7 次代数精度,因此,已不属于插值型求积公式,从而超出了牛顿-科茨求积公式的范畴。

这种通过线性组合来提高误差阶的方法称为外推法。简而言之,外推法是利用若干近似值推算出更精确近似值的方法。当然,真正的外推法不仅要增加线性组合的项来提高精度,还要通过对修正值的多次反复"再修正"来实现。

3. 龙贝格求积方法

龙贝格算法求解定积分的步骤如下。

S1　初值化:先用梯形公式计算积分近似值:

$$T_1 = \frac{b-a}{2}\big[f(a) + f(b)\big]$$

S2　按变步长梯形公式计算定积分近似值:

$$h = \frac{b-a}{2^i}, \qquad\qquad i = 0,1,2$$

$$T_{2n} = \frac{1}{2}T_n + \frac{h}{2}\sum_{i=0}^{n-1} f\left(x_{i+\frac{1}{2}}\right), \quad n = 2^i$$

S3　按加速公式求解定积分:

　　梯形加速求积公式 $S_n = T_{2n} + (T_{2n} - T_n)/3$;

　　辛普森加速求积公式 $C_n = S_{2n} + (S_{2n} - S_n)/15$;

　　科茨加速求积公式 $R_n = C_{2n} + (C_{2n} - C_n)/63$。

S4　判断:$|R_{2n} - R_n| \geqslant \varepsilon$? 是则步长折半,并转向 S2。

S5　取 R_{2n} 为积分近似值。

S6　算法结束。

龙贝格算法的计算过程如图 5-3 所示。

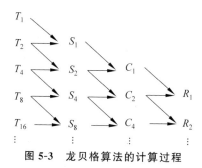

图 5-3　龙贝格算法的计算过程

例 5-10　用龙贝格求积公式求解定积分

$$I = \int_0^{1.5} \frac{1}{x+1}\mathrm{d}x$$

要求精确到小数点后 7 位。

解: $f(x) = \dfrac{1}{x+1}$,积分区间 $[0, 1.5]$,依据龙贝格求积法

$$T_1 = \frac{1.5}{2}\big[f(0) + f(1.5)\big] = 1.05$$

$$T_2 = \frac{1}{2}\big[T_1 + 1.5f(0.75)\big] \approx 0.953\ 571\ 429$$

$$S_1 = \frac{4}{3}T_2 - \frac{1}{3}T_1 \approx 0.921\ 428\ 571$$

$$T_4 = \frac{1}{2}\big\{T_2 + 0.75\big[f(0.75) + f(1.125)\big]\big\} \approx 0.925\ 983\ 575$$

$$S_2 = \frac{4}{3}T_4 - \frac{1}{3}T_2 \approx 0.916\ 787\ 624$$

$$C_1 = \frac{16}{15}S_2 - \frac{1}{15}S_1 \approx 0.916\ 478\ 228$$

逐次计算的结果如表 5-4 所示。精确值为 0.9162907318741550651835272721176801。

表 5-4　龙贝格求积法的逐次计算结果

k	T_{2^k}	S_{2^k}	C_{2^k}	R_{2^k}
0	1.05			
1	0.953 571 429	0.921 428 571		
2	0.925 983 575	0.916 787 624	0.916 478 228	
3	0.918 741 799	0.916 327 874	0.916 297 224	0.916 294 351
4	0.916 905 342	0.916 293 190	0.916 290 077	0.916 290 776

附　龙贝格求积函数的 Python 源代码。

```
#龙贝格求积函数——龙贝格公式求解定积分
from math import fabs
def Romberg(a,b,f,eps):
    '''梯形公式逐次二分计算定积分近似值
    a、b、f: 下限、上限、被积函数
    eps: 代数精度
    '''
    n,h,m=1,b-a,0                          #等分数、步长,迭代次数
    T1=(b-a)/2 * (f(a)+f(b))               #梯形公式求值
    print("初始值 T1=%19.17f\t"%T1)
    while True:
        m+=1                               #迭代次数加 1
        temp=0;
        for k in range(n):
            x=a+k * h+h/2
            temp+=f(x)
```

```
            T2=(T1+temp*h)/2                #变步长梯形公式求值
            print("T2_%d=%17.16f"%(m,T2))
            if fabs(T2-T1)<eps:
                return T2
            S2=T2+(T2-T1)/3.0                #梯形加速公式求值
            print("\tS2_%d=%19.17f"%(m,S2))
            if n==1:
                T1,S1=T2,S2
                h/=2; n*=2
                continue
            C2=S2+(S2-S1)/15                 #辛普森加速公式求值
            print("\t\tC2_%d=%19.17f"%(m-1,C2))
            if n==2:
                C1,T1,S1=C2,T2,S2
                h/=2; n*=2
                continue
            R2=C2+(C2-C1)/63                 #科茨加速公式求值
            print("\t\t\tR2_%d=%19.17f"%(m-2,R2))
            if n==4:
                R1,C1,T1,S1=R2,C2,T2,S2
                h/=2; n*=2
                continue
            if fabs(R2-R1)<eps:
                return R2                     #取 R_2n 为积分近似值
            R1,C1,T1,S1=R2,C2,T2,S2
            h/=2; n*=2
if __name__=="__main__":
    #定义被积函数、代数精度,代入龙贝格求积函数计算定积分
    def integrand(x):
        return 1/(1+x)
    epsilon=1.0E-10
    print("积分值 I=%19.17f"%Romberg(0,1.5,integrand,epsilon))
```

程序的运行结果如下：

```
初始值 T1=1.04999999999999982
T2_1=0.9535714285714285
        S2_1=0.92142857142857137
T2_2=0.9259835752482810
        S2_2=0.91678762414056514
                C2_1=0.91647822765469811
T2_3=0.9187417990957140
        S2_3=0.91632787371152491
                C2_2=0.91629722368292221
                        R2_1=0.91629435060400510
T2_4=0.9169053416571724
        S2_4=0.91629318917765856
                C2_3=0.91629087687540078
```

```
                        R2_2=0.91629077613242427
    T2_5=0.9164445013065657
            S2_5=0.91629088785636348
                    C2_4=0.91629073443494380
                            R2_3=0.91629073217398416
    T2_6=0.9163291815730492
            S2_6=0.91629074166187707
                    C2_5=0.91629073191557797
                            R2_4=0.91629073187558807
    T2_7=0.9163003447581373
            S2_7=0.91629073248649995
                    C2_6=0.91629073187480814
                            R2_5=0.91629073187416099
积分值 I=0.91629073187416099
```

5.5 高斯求积法

构造牛顿-科茨求积公式时，为了简化计算，限定插值公式中的结点为等分的结点，并用于确定求积系数，这种方法虽然简便，但限制了求积公式的精度。由前面的讲解可知，过 $n+1$ 个结点的插值型求积公式至少具有 n 次代数精度，那么，是否存在具有最高代数精度的求积公式呢？如果有，最高代数精度又是多少呢？

实际上，只要适当地选取求积结点，就可以构造出具有最高代数精度的插值型求积公式——高斯(Gauss)求积公式。

5.5.1 高斯点与高斯公式

例 5-11 适当选取结点，使得插值型求积公式

$$\int_{-1}^{1} f(x)\mathrm{d}x \approx A_0 f(x_0) + A_1 f(x_1)$$

具有三次代数精度。

解：构造这个两点公式时，如果限定求积结点 $x_0=-1$、$x_1=1$，则求得的插值型求积公式为

$$\int_{-1}^{1} f(x)\mathrm{d}x \approx f(-1) + f(1)$$

其代数精度仅为 1。

如果对公式中的系数 A_0、A_1 与结点 x_0、x_1 都不加限制，则可适当选取这些系数与结点，使得构造出来的公式的代数精度 $m>1$。事实上，只要 A_0、A_1 与 x_0、x_1 满足方程组

$$\begin{cases} A_0 + A_1 = 2 \\ A_0 x_0 + A_1 x_1 = 0 \\ A_0 x_0^2 + A_1 x_1^2 = \dfrac{2}{3} \\ A_0 x_0^3 + A_1 x_1^3 = 0 \end{cases}$$

则该求积公式对函数 $f(x)=1$、x、x^2、x^3 都准确成立。

求解方程组,得

$$A_0 = A_1 = 1, \quad x_0 = -\frac{\sqrt{3}}{3}, \quad x_1 = \frac{\sqrt{3}}{3}$$

故有公式

$$\int_{-1}^{1} f(x)\mathrm{d}x \approx f\left(-\frac{\sqrt{3}}{3}\right) + f\left(\frac{\sqrt{3}}{3}\right)$$

可以验证,该公式是具有三次代数精度的插值型求积公式。也就是说,只要适当选择两个求积结点,就可以构造出具有三次(最高)代数精度的插值型求积公式。

1. 高斯点、高斯系数与高斯公式

如果一组结点 $x_k \in [a,b], k=0,1,2,\cdots,n$ 可使插值型求积公式

$$\int_a^b f(x)\mathrm{d}x \approx \sum_{k=0}^n A_k f(x_k)$$

具有 $2n+1$ 次代数精度,则这样的结点称为高斯点,公式中的 A_k 称为高斯系数,该公式称为高斯求积公式。

可以证明,$n+1$ 个结点的高斯求积公式具有最高不超过 $2n+1$ 次的代数精度,这就是具有最高代数精度的插值型求积公式。也就是说,只要适当地选取 $2n+2$ 个待定参数 x_k 与 $A_k(k=0,1,2,\cdots,n)$,就可以得到具有最高代数精度的高斯求积公式。

2. 构造高斯公式的待定系数法

像构造两点高斯求积公式一样,对于插值型求积公式,分别取 $f(x)=1,x,\cdots,x^{2n+1}$,用待定系数法确定参数 x_k 与 $A_k(k=0,1,2,\cdots,n)$,从而构造 $n+1$ 个结点的高斯求积公式:

$$\begin{cases} A_0 + A_1 + \cdots + A_n = b - a \\ A_0 x_0 + A_1 x_1 + \cdots + A_n x_n = \dfrac{b^2 - a^2}{2} \\ \qquad\qquad \vdots \\ A_0 x_0^n + A_1 x_1^n + \cdots + A_n x_n^n = \dfrac{b^{n+1} - a^{n+1}}{n+1} \end{cases}$$

这时候,需要求解一个包含 $2n+2$ 个未知数的非线性方程组,计算工作量是相当大的。

3. 确定高斯点及高斯公式的简单方法

对于插值型求积公式

$$\int_a^b f(x)\mathrm{d}x \approx \sum_{k=0}^n A_k f(x_k)$$

其结点 $x_k(k=0,1,2,\cdots,n)$ 为高斯点的充分必要条件,是以这些点为零点的多项式

$$\omega(x) = (x-x_0)(x-x_1)\cdots(x-x_n)$$

对任意次数不超过 n 的多项式 $P(x)$ 均正交,即

$$\int_a^b P(x)\omega(x)\mathrm{d}x = 0$$

可知,如果能找到满足该公式的 $n+1$ 次多项式 $\omega(x)$,则求积公式的高斯点就确定了,进一步,相应的高斯公式也就确定了。较为简单的方法如下。

(1) 先通过区间 $[a,b]$ 上的 $n+1$ 次正交多项式确定高斯点 $x_k \in [a,b], k=0,1,2,\cdots,n$。

(2) 再通过高斯点确定求积系数 $A_k(k=0,1,2,\cdots,n)$。

为简单起见，作变换

$$x = \frac{b-a}{2}t + \frac{b-a}{2}$$

将求积区间 $[a,b]$ 转换成 $[-1,1]$ 的形式，这时

$$\int_a^b f(x)\mathrm{d}x = \int_a^b f\left(\frac{b-a}{2}t + \frac{a+b}{2}\right)\mathrm{d}\left(\frac{b-a}{2}t + \frac{a+b}{2}\right)$$

$$= \frac{b-a}{2}\int_{-1}^1 f\left(\frac{b-a}{2}t + \frac{a+b}{2}\right)\mathrm{d}t$$

5.5.2　高斯-勒让德公式

如果高斯点为勒让德多项式的零点，则得到的高斯公式称为高斯-勒让德求积公式。

一个仅以区间 $[-1,1]$ 上的高斯点 $x_k(k=0,1,2,\cdots,n)$ 为零点的 $n+1$ 次多项式称为勒让德多项式。如果 $x_k(k=0,1,2,\cdots,n)$ 为高斯点，则以这些点为根的多项式 $\omega(x)$ 就是最高次幂系数为 1 的勒让德多项式，即 $\omega(x)=L_{n+1}(x)$。其中，

$$\begin{cases} L_0(x)=1 \\ L_1(x)=x \\ \vdots \\ L_{n+1}(x)=\dfrac{2n+1}{n+1}xL_n(x) - \dfrac{n}{n+1}L_{n-1}(x), n=1,2,\cdots \end{cases}$$

(1) 如果取 $L_1(x)=x$ 的零点 $x_0=0$ 为结点来构造求积公式

$$\int_{-1}^1 f(x)\mathrm{d}x \approx A_0 f(0)$$

令其对 $f(x)=1$ 准确成立，则有 $A_0=2$，求得一点高斯-勒让德求积公式

$$\int_{-1}^1 f(x)\mathrm{d}x \approx 2f(0)$$

(2) 如果取 $L_2(x)=\dfrac{3x^2-1}{2}$ 的零点 $x_0=\dfrac{1}{\sqrt{3}}$，$x_1=-\dfrac{1}{\sqrt{3}}$ 为结点来构造求积公式

$$\int_{-1}^1 f(x)\mathrm{d}x \approx A_0 f\left(-\frac{1}{\sqrt{3}}\right) + A_1 f\left(\frac{1}{\sqrt{3}}\right)$$

令其对 $f(x)=1$ 或 $f(x)=x$ 准确成立，则有

$$\begin{cases} A_0 + A_1 = 2 \\ A_0\left(-\dfrac{1}{\sqrt{3}}\right) + A_1\dfrac{1}{\sqrt{3}} = 0 \end{cases}$$

解之，得 $A_0=1$，$A_1=1$，故有两点高斯-勒让德求积公式

$$\int_{-1}^1 f(x)\mathrm{d}x \approx f\left(-\frac{\sqrt{3}}{3}\right) + f\left(\frac{\sqrt{3}}{3}\right)$$

(3) 同理，求得三点高斯-勒让德求积公式

$$\int_{-1}^1 f(x)\mathrm{d}x \approx \frac{5}{9}f\left(-\frac{\sqrt{15}}{5}\right) + \frac{8}{9}f(0) + \frac{5}{9}f\left(\frac{\sqrt{15}}{5}\right)$$

为便于应用,制成如表 5-5 所示的结点与系数表,查表即可写出高斯-勒让德求积公式。

表 5-5　高斯-勒让德多项式的结点与系数

n	结点 x_i	系数 A_i
0	0.000 000 0	2.000 000 0
1	±0.577 350 3	1.000 000 0
2	±0.774 596 7	0.555 555 6
	0.000 000 0	0.888 888 9
3	±0.861 136 3	0.347 854 8
	±0.339 981 0	0.652 145 2

例 5-12　用三点高斯-勒让德求积公式计算 $\int_{-1}^{1} \sqrt{2.5 + x}\, \mathrm{d}x$ 的近似值。

解:查表 5-5,得到三点高斯-勒让德求积公式

$$\int_{-1}^{1} f(x)\mathrm{d}x \approx 0.555\,555\,6 f(-0.774\,596\,7) + 0.888\,888\,9 f(0) + 0.555\,555\,6 f(0.774\,596\,7)$$

故有

$$\int_{-1}^{1} \sqrt{1.5 + x}\, \mathrm{d}x$$

$$\approx 0.555\,555\,6\sqrt{1.5 - 0.774\,596\,7} + 0.888\,888\,9\sqrt{1.5 + 0} + 0.555\,555\,6\sqrt{1.5 + 0.774\,596\,7}$$
$$\approx 2.3997$$

高斯求积公式是高精度求积公式,其求积系数 $A_k > 0 (k = 0,1,2,\cdots,n)$,求积公式是数值稳定的。但有明显的缺点,即当 n 改变时,系数与结点几乎都在改变,给应用带来不便;且其余项涉及高阶导数,用于控制精度较为困难,故当实际计算中,较多采用复合求积法。例如,先将积分区间 $[a,b]$ 分成 m 个等长的子区间 $[x_{k-1}, x_k]$,然后在每个子区间上使用同一低阶(如两点、三点……)高斯型求积公式计算积分的近似值,再相加得到积分 $\int_a^b f(x)\mathrm{d}x$ 的近似值。

5.6　数值微分法

求函数 $f(x)$ 的导数时,往往会因导函数 $f'(x)$ 远比 $f(x)$ 复杂而难以求解,或者因为 $f(x)$ 是由表格给出的而无法求解。这时候,就需要寻求数值计算方法,依据函数在若干离散点处的函数值来推算该函数在某点的导数或者高阶导数的近似值,这就是数值微分。

数值微分的常见方法是用差商代替微商,或者用一个能够近似代替该函数的相对简单的可微函数(多项式、样条函数等)的相应导数作为所求导数的近似值。

5.6.1　差商型求导公式

已知函数 $f(x)$ 在离散点处的值 $f(x_i), i = 1,2,\cdots,n$,如何求导数 $f'(x_i)$ 呢?
根据定义,导数

$$f'(x_i) = \lim_{h \to 0} \frac{f(x_i + h) - f(x_i)}{h}$$

即 $f'(x_i)$ 为差商 $\dfrac{f(x_i + h) - f(x_i)}{h}$ 当 $h \to 0$ 时的极限。故当 h 充分小时，可以用差商来逼近导数。

1. 用差商替代导数

很自然地，$f(x)$ 在 a 点的导数可以用差商来近似替代

$$f'(a) \approx \frac{f(a + h) - f(a)}{h}$$

同样地，可以用向后差商近似替代导数

$$f'(a) \approx \frac{f(a) - f(a - h)}{h}$$

还可用中心差商近似替代导数，得到中心差商公式

$$f'(a) \approx \frac{f(a + h) - f(a - h)}{2h} \triangleq G(h)$$

2. 中心差商的意义及中点公式的误差

中心差商是向前差商与向后差商的算术平均值，其几何意义如图 5-4 所示。

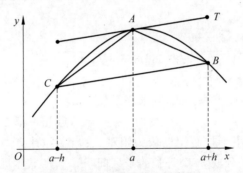

图 5-4 中点方法的几何意义

3 种导数的近似值分别表示弦线 AB、AC 与 BC 的斜率，将这三条通过 A 点的弦的斜率与切线 AT 的斜率比较，可知弦 BC 的斜率更接近于切线 AT 的斜率 $f'(a)$。这 3 种方法的截断误差分别为 $O(h)$、$O(h)$、$O(h)$ 与 $O(h^2)$，故从精度上看，用中心差商近似代替导数值更好。将

$$G(h) = \frac{f(a + h) - f(a - h)}{2h}$$

称为求 $f'(a)$ 的中点方法。

通过中点公式计算导数 $f'(x)$ 时，先要选取合适的步长，从而需要进行误差分析。分别将 $f(a \pm h)$ 在 $x = a$ 处泰勒展开，得

$$f(a \pm h) = f(a) \pm h f'(a) + \frac{h^2}{2!} f''(a) \pm \frac{h^3}{3!} f'''(a) + \frac{h^4}{4!} f^{(4)}(a) \pm \frac{h^5}{5!} f^{(5)}(a) + \cdots$$

故有

$$G(h) = \frac{f(a + h) - f(a - h)}{2h}$$

$$= f'(a) + \frac{h^2}{3!}f'''(a) + \frac{h^4}{5!}f^{(5)}(a) + \cdots$$

$$= f'(a) + O(h^2)$$

可见,从截断误差角度看,步长 h 越小,计算结果越精确;但就舍入误差而言,当步长 h 很小时,$f(x_0+h)$ 与 $f(x_0-h)$ 十分接近,直接相减会造成有效数字的较大损失,步长又不能太小。那么,如何选择最佳步长,使得截断误差与传入误差之和最小呢?

3. 变步长方法及其误差估计

实际计算时,可以采用变步长方法,如二分步长及误差的事后估计法来自动选择步长。

记步长为 h 时计算一次差商为 $D(h)$,则

$$f'(a) - D(h) \approx O(h^2)$$

再记步长为 $\frac{h}{2}$ 时计算一次差商为 $D\left(\frac{h}{2}\right)$,则

$$f'(a) - D\left(\frac{h}{2}\right) \approx O\left(\left(\frac{h}{2}\right)^2\right) = O\left(\frac{h^2}{4}\right)$$

求得

$$\frac{f'(a) - D\left(\frac{h}{2}\right)}{f'(a) - D(h)} \approx \frac{1}{4}$$

$$f'(a) - D\left(\frac{h}{2}\right) \approx \frac{D\left(\frac{h}{2}\right) - D(h)}{3}$$

故有事后估计式

$$\left| D\left(\frac{h}{2}\right) - D(h) \right| < \varepsilon$$

即当二分步长前后两次求得的导数近似值之差的绝对值小于预先指定的精度时,计算终止。

例 5-13 用变步长中点法求 $f(x) = e^x$ 在 $x=1$ 处的导数值。假定初始步长为 $h=0.8$,要求 $\varepsilon = 0.5 \times 10^{-4}$。

解:已知 $f(x) = e^x$,求得 $f'(x) = e^x$,$f'(1) = e$,代入中点公式,求得

$$f'(a) \approx G(h) = \frac{1}{2h}[f(a+h) - f(a-h)]$$

故有

$$f'(1) = e \approx \frac{1}{2h}(e^{1+h} - e^{1-h})$$

不断二分步长 h,逐个求得 $f(x)$ 在 $x=1$ 处的导数的近似值,如表 5-6 所示。

表 5-6 $f'(x)$ 的近似值及其误差

H	$G(h)$	$\lvert G(0.5h) - G(h) \rvert$
0.8	3.0176529414079853	0.22630148334027878
0.4	2.7913514580677066	0.05491147245750838
0.2	2.736439985610198	0.013625421662780468

H	$G(h)$	$\lvert G(0.5h)-G(h)\rvert$
0.1	2.7228145639474177	0.0033999764742387306
0.05	2.719414587473179	0.00084959580829665771
0.025	2.7185649916648824	0.00021237406353513677
0.0125	2.7183526176013473	5.30919603747293e−05
0.00625	2.7182995256409725	1.3272892900317856e−05

可以看出,从 $h=0.8$ 起,七次二分 h 之后,求得满足要求的导数近似值,最后两个近似值的误差小于 $\varepsilon=0.5\times10^{-4}$。

5.6.2 中点方法的加速

为了提高中点方法收敛于导数的速度,可以利用松弛法来加速中心差商公式。这需要分析误差的性态。

中点方法的余项展开式形如

$$G(h)=f'(a)+\alpha_1 h^2+\alpha_2 h^4+\alpha_3 h^6+\cdots$$

该式中,系数 $\alpha_1,\alpha_2,\cdots$ 均与步长 h 无关。如果步长减半,则有

$$G\left(\frac{h}{2}\right)=f'(a)+\frac{\hat{\alpha}_1}{4}h^2+\hat{\alpha}_2 h^4+\hat{\alpha}_3 h^6+\cdots$$

这里的 $\hat{\alpha}_k$ 与随后将会用到的 $\hat{\beta}_k$、$\hat{\gamma}_k$ 都是与步长 h 无关的系数。

如果将这两个式子加权平均,推导出

$$G_1(h)=\frac{4}{3}G\left(\frac{h}{2}\right)-\frac{1}{3}G(h) \tag{5-4}$$

则可消去余项展开式中误差的主要部分 h^2 项,求得

$$G_1(h)=f'(a)+\beta_1 h^4+\beta_2 h^6+\cdots$$

如果再次加权平均,推导出

$$G_2(h)=\frac{16}{15}G_1\left(\frac{h}{2}\right)-\frac{1}{15}G_1(h) \tag{5-5}$$

则又可消去余项展开式中的 h^4 项,求得

$$G_2(h)=f'(a)+\gamma_1 h^6+\cdots$$

重复这种推导过程,还可以求得下一个加速公式

$$G_3(h)=\frac{64}{63}G_2\left(\frac{h}{2}\right)-\frac{1}{63}G_2(h) \tag{5-6}$$

从而消去余项展开式中的 h^6 项。

这种加速过程还可以继续进行,但从余项展开式中消去的只能是对精度的影响越来越小的更高次项,故其加速效果将会越来越不明显。

如果将中点方法的加速公式(5-4)~式(5-6)与梯形求积法的加速公式(5-1)~式(5-3)相比较,则可看到,两者的松弛因子是完全相同的。

例 5-14　用加速公式求 $f(x)=\mathrm{e}^x$ 在 $x=1$ 处的导数值。假定步长从 $h=0.8$ 开始计算。

解：计算结果如表 5-7 所示。

表 5-7　松弛法加速求导的近似值序列

h	$G(h)$	$G_1(h)$	$G_2(h)$	$G_3(h)$
0.8	3.0176529414079853	2.715917630287614	2.7182840635357004	2.7181713762381725
0.4	2.7913514580677066	2.718136161457695	2.718281863077744	
0.2	2.736439985610198	2.718272756726491		
0.1	2.7228145639474177			

可以看出,松弛法加速的效果是十分显著的。

附　松弛法加速求导的 Python 程序。

```python
from math import exp
def G(h):
    return (exp(1+h)-exp(1-h))/2/h
def G1(h):
    return 4/3 * G(h/2)-1/3 * G(h)
def G2(h):
    return 16/15 * G1(h/2)-1/15 * G1(h)
def G3(h):
    return 64/63 * G1(h/2)-1/63 * G1(h)
if __name__=='__main__':
    h=0.8; print(G(h),'\t',G1(h),'\t',G2(h),'\t',G3(h))
    h=h/2; print(G(h),'\t',G1(h),'\t',G2(h))
    h=h/2; print(G(h),'\t',G1(h))
    h=h/2; print(G(h))
```

5.6.3　插值型求导公式

设已知函数 $f(x)$ 在结点 $x_k(k=0,1,2,\cdots,n)$ 的函数值,利用已有数据构造 n 次插值多项式 $p_n(x)$,并取 $p'_n(x)$ 的值作为 $f'(x)$ 的近似值,这样建立的数值计算公式

$$f'(x) \approx p'_n(x)$$

称为插值型求导公式。

值得注意的是,即使 $f(x)$ 与 $p_n(x)$ 相关不多,导数近似值 $p'_n(x)$ 与导数值 $f'(x)$ 仍有可能在某些点上相差较大,因而使用求导公式时,不能忽视误差的分析。

1. 求导公式的余项

拉格朗日插值余项为

$$f(x)-L_n(x)=\frac{f^{(n+1)}(\xi(x))}{(n+1)!}\omega_{n+1}(x)$$

该式中

$$\omega_{n+1}(x) = (x-x_0)(x-x_1)\cdots(x-x_n) = \prod_{j=0}^{n}(x-x_j)$$

两边求导数,得求导公式的余项为

$$f'(x) - L'_n(x) = \frac{\mathrm{d}}{\mathrm{d}x}\left[\frac{f^{(n+1)}(\xi(x))}{(n+1)!}\omega_{n+1}(x)\right]$$

$$= \frac{f^{(n+1)}(\xi(x))}{(n+1)!}\omega'_{n+1}(x) + \frac{1}{(n+1)!}\frac{\mathrm{d}f^{(n+1)}(\xi)}{\mathrm{d}x}\omega_{n+1}(x)$$

在这个余项公式中,ξ 是 x 的未知函数,两者之间的联系无从得知,因此第二项

$$\frac{1}{(n+1)!}\frac{\mathrm{d}f^{(n+1)}(\xi)}{\mathrm{d}x}\omega_{n+1}(x)$$

无法求解。也就是说,对于随意给出的点 $x_i(i=0,1,2,\cdots,n)$,误差 $f'(x) - p'_n(x)$ 是无法预估的。但是,如果只是计算某个结点 x_i 上的导数值,则该式第二项会因 $\omega_{n+1}(x_k)=0$ 而等于 0,这时的余项公式简化为

$$f'(x_i) - L'_n(x_i) = \frac{f^{(n+1)}(\xi(x))}{(n+1)!}\omega'_{n+1}(x)\bigg|_{x=x_i}, \quad i=0,1,2,\cdots,n$$

2. 两点公式

当 $n=1$ 时,给定两点 x_0、x_1 及其函数值 $y_0=f(x_0)$、$y_1=f(x_1)$,步长为 $h=x_1-x_0$,由于

$$L'_1(x) = \left[\frac{x-x_1}{x_0-x_1}f(x_0) + \frac{x-x_0}{x_1-x_0}f(x_1)\right]' = \frac{f(x_1)-f(x_0)}{x_1-x_0}$$

于是

$$\begin{cases} f'(x_0) \approx L'_1(x_0) = \dfrac{y_1-y_0}{x_1-x_0} \\[3mm] f'(x_1) \approx L'_1(x_1) = \dfrac{y_1-y_0}{x_1-x_0} \end{cases}$$

这称为两点公式。

由求导的余项公式,有

$$R'_1(x_0) = \frac{f^{(n+1)}(\xi(x))}{(n+1)!}\omega'_{n+1}(x)\bigg|_{\substack{x=x_0 \\ n=1}}$$

$$= \frac{f''(\xi_i)}{2!}[(x-x_0)(x-x_1)]'\big|_{x=x_0} = \frac{f''(\xi_i)}{2!}(x-x_1+x-x_0)\big|_{x=x_0}$$

$$= -\frac{h}{2}f''(\xi_i)$$

$$R'_1(x_1) = \frac{f^{(n+1)}(\xi(x))}{(n+1)!}\omega'_{n+1}(x)\bigg|_{\substack{x=x_1 \\ n=1}}$$

$$= \frac{f''(\xi_2)}{2!}[(x-x_0)(x-x_1)]'\big|_{x=x_1} = \frac{f''(\xi_2)}{2!}(x-x_1+x-x_0)\big|_{x=x_1}$$

$$= -\frac{h}{2}f''(\xi_i)$$

这里的 $(\xi_1,\xi_2)\in(x_0,x_1)$。

3. 三点公式

当 $n=2$ 时,给定三点 x_0、x_1、x_2 及其函数值 $y_0=f(x_0)$、$y_1=f(x_1)$、$y_2=f(x_2)$,步长

为 $h = x_{i+1} - x_i (i = 0, 1, 2)$。由于

$$L_2'(x) = \left[\frac{(x-x_1)(x-x_2)}{(x_0-x_1)(x_0-x_2)} y_0 + \frac{(x-x_0)(x-x_2)}{(x_1-x_0)(x_1-x_2)} y_1 + \frac{(x-x_0)(x-x_1)}{(x_2-x_0)(x_2-x_1)} y_2 \right]'$$

$$= \frac{(x-x_1)(x-x_2)}{(x_0-x_1)(x_0-x_2)} y_0 + \frac{(x-x_0)(x-x_2)}{(x_1-x_0)(x_1-x_2)} y_1 + \frac{(x-x_0)(x-x_1)}{(x_2-x_0)(x_2-x_1)} y_2$$

于是

$$\begin{cases} f'(x_0) \approx L_2'(x_0) = \dfrac{-3y_0 + 4y_1 - y_2}{2h} \\[2mm] f'(x_1) \approx L_2'(x_1) = \dfrac{y_2 - y_0}{2h} = \dfrac{y_2 - y_0}{x_2 - x_0} \\[2mm] f'(x_2) \approx L_2'(x_2) = \dfrac{y_0 - 4y_1 + 3y_2}{2h} \end{cases}$$

这称为三点公式,其中第二个又称为中点公式。

进一步,由

$$L_2''(x) = \frac{y_2 - 2y_1 + y_0}{h^2}, \quad i = 0, 1, 2$$

可得公式

$$f''(x_i) = \frac{y_2 - 2y_1 + y_0}{h^2}, \quad i = 0, 1, 2$$

为估计二阶数值求导公式的误差,假设 $f(x)$ 四阶连续可微,且 $x_1 < \xi_1 < x_2, x_0 < \xi_2 < x_1$。则有

$$y_2 = f(x_1 + h) = f(x_1) + h f'(x_1) + \frac{h^2}{2} f''(x_1) + \frac{h^3}{3!} f'''(x_1) + \frac{h^4}{4!} f^{(4)}(\xi_1)$$

$$y_0 = f(x_1 - h) = f(x_1) - h f'(x_1) + \frac{h^2}{2} f''(x_1) - \frac{h^3}{3!} f'''(x_1) + \frac{h^4}{4!} f^{(4)}(\xi_2)$$

两式相加,得

$$y_2 + y_0 = 2y_1 + h^2 f''(x_1) + \frac{h^4}{4!} \left[f^{(4)}(\xi_1) + f^{(4)}(\xi_2) \right]$$

$$= 2y_1 + h^2 f''(x_1) + \frac{h^4}{12} f^{(4)}(\xi), \quad x_0 < \xi < x_2$$

从而求得误差估计式

$$f''(x_1) - \frac{y_2 - 2y_1 + y_0}{h^2} = -\frac{h^2}{12} f^{(4)}(\xi)$$

例 5-15　已知结点及其函数值序列如表 5-8 所示,求 $f'(2.5)$、$f'(2.60)$、$f'(2.70)$ 的近似值。

表 5-8　已知结点及其函数值序列

x	2.5	2.55	2.6	2.65	2.7
y	1.581 14	1.596 87	1.612 45	1.627 88	1.643 17

解:步长 $h = 0.05$,代入三点公式,有

$$f'(2.5) = \frac{1}{2 \times 0.05}(-3 \times 1.581\,14 + 4 \times 1.596\,87 - 1.612\,45)$$

$$= 0.031\,609\,999\,999\,999\,694$$

$$f'(2.6) = \frac{-1.596\,87 - 1.627\,88}{2 \times 0.05} = 0.310\,099\,999\,999\,999\,54$$

$$f'(2.7) = \frac{1}{2 \times 0.05}(1.612\,45 - 4 \times 1.627\,88 + 3 \times 1.643\,17)$$

$$= 0.030\,440\,000\,000\,000\,467$$

习 题 5

1. 判定求积公式

$$\int_0^1 f(x)\mathrm{d}x \approx \frac{3}{4}f\left(\frac{1}{3}\right) + \frac{1}{3}f(1)$$

的代数精度。

2. 设插值求积公式

$$\int_a^b f(x)\mathrm{d}x \approx \sum_{i=0}^2 \lambda_0 f(x_0)$$

具有一次代数精度,确定 x_0 与 λ_0。

3. 确定求积公式

$$\int_0^1 f(x)\mathrm{d}x \approx A_0 f\left(\frac{1}{4}\right) + A_1 f\left(\frac{1}{2}\right) + A_2 f\left(\frac{3}{4}\right)$$

中的待定参数,使其代数精度尽可能地高,并指出其代数精度是多少?

4. 用辛普森求积公式计算

$$S = \int_1^2 (x^2 - x)\mathrm{d}x$$

的近似值。

5. 分别用梯形求积公式与辛普森求积公式计算定积分 $\int_1^2 \mathrm{e}^{\frac{1}{x}}\mathrm{d}x$ 的近似值。

6. 分别用复化梯形求积公式与复化辛普森求积公式计算定积分,并比较结果。

(1) $\int_0^1 \frac{x}{4+x^2}\mathrm{d}x$, $n = 8$;

(2) $\int_1^9 \sqrt{x}\,\mathrm{d}x$, $n = 4$。

7. 将区间 $[1,2]$ 进行 10 等份,用复化辛普森求积公式计算定积分 $\int_1^2 \mathrm{e}^{\frac{1}{x}}\mathrm{d}x$ 的近似值,并估计其截断误差。

8. 确定 x_1、x_2、A_1、A_2,使公式

$$\int_0^1 f(x)\mathrm{d}x \approx A_1 f(x_1) + A_2 f(x_2)$$

为高斯求积公式。

9. 分别用变步长梯形求积法与龙贝格求积法计算定积分

乘风破浪　水木书荟

May all your wishes come true

水木书荟

扬帆起航

如果知识是通向未来的大门，
我们愿意为你打造一把打开这扇门的钥匙！

https://www.shuimushuhui.com/

图书详情 | 配套资源 | 课程视频 | 会议资讯 | 图书出版

清华大学出版社
TSINGHUA UNIVERSITY PRESS

May all your wishes
come true

$$I = \int_0^1 \frac{2}{\sqrt{\pi}} e^{-x^2} \, dx$$

精度要求为 $\varepsilon = 10^{-6}$。

10. 函数 $y = e^x$ 的结点及其函数值序列如表 5-9 所示，用三点数值求导公式计算各结点处的导数值。

表 5-9　$y = e^x$ 的结点及其函数值序列

x	2.5	2.6	2.7	2.8	2.9
y	12.1825	13.4637	14.8797	16.446	18.1741

提示：$f'(x_0) \approx \dfrac{1}{2h} [-3f(x_0) + 4f(x_1) - f(x_2)]$;

$f'(x_4) \approx \dfrac{1}{2h} [f(x_2) - 4f(x_3) + 3f(x_4)]$;

$f'(x_i) \approx \dfrac{1}{2h} [f(x_{i-1}) + f(x_{i+1})] \quad (i = 1, 2, 3)$。

第 **6** 章

CHAPTER

函 数 逼 近

为了计算和分析,往往需要从一组测量数据中寻找变量之间的函数关系,或者使用简单且易于计算的函数去近似复杂函数,这就是函数逼近。

如果只知道函数在部分结点上的数据集 $(x_i, y_i)(i = 0, 1, 2, \cdots, n)$,而且这些数值带有一定的误差,则需要在函数类 Φ 中寻找一个函数 $p(x)$,使其在某种度量下是这些数据的最佳逼近,这就是曲线拟合,也称为数据拟合,可看作离散情况下的函数逼近。

对于一个给定的复杂函数 $f(x)$,在某个表达式较简单的函数类 Φ 中寻找一个函数 $p(x)$,使其在某种度量下距离 $f(x)$ 最近,这就是最佳逼近。

- 函数 $f(x)$ 可能较为复杂,但一般在区间 $[a,b]$ 上是连续的,即 $f(x) \in C[a,b]$。
- 函数类 Φ 通常由简单函数构成,如多项式、分段多项式、有理函数、三角函数等。
- 在不同的度量下,$f(x)$ 的最佳逼近可能不一样。

6.1 函数逼近的概念

如果已知函数 $f(x)$ 的 n 个样本点 $(x_0, y_0), (x_1, y_1), \cdots, (x_n, y_n)$,如何选择一个更低维度(次数)的函数,尽可能地靠近这些点呢?

如果采用插值法,则插值函数将会穿过所有样本点,但因为函数次数不能太高(6 次以下)而不便考虑太多点,采用分段插值、埃尔米特插值、样条插值等改进的插值法,又会大大增加计算量。

如果不要求穿过所有样本点,而是依据原函数来构造一个简单函数逼近于原函数,使得定义域上误差最大的样本点的误差仍然满足要求,则求得的逼近函数的次数远低于样本点个数。常用的函数逼近方法有最佳一致逼近、最佳平方逼近;适用于离散数据的最小二乘法可看作离散状态的最佳平方逼近。

6.1.1 *函数逼近问题*

在科研与工程实践中,经常遇到如下两类问题。

一是在许多函数尤其是复杂函数的理论研究上,其分析(如微积分)性质的研究难度较大。例如,函数 $f(x)=\mathrm{e}^{-x^2}$ 的表达式看起来并不复杂,但当作为定积分 $\int_0^\infty \mathrm{e}^{-x^2}$ 的被积函数时,因原函数不能用初等函数表示而无法套用牛顿-莱布尼茨公式(Newton-Leibniz formula)计算。又如,函数 $f(x)=(1+x)\sin x \cdot \mathrm{e}^{-x^2}$ 不仅表达式复杂,用于微分和积分运算时难度更大。如何求解这些问题呢?

二是在实际问题中,往往得到的只是函数在若干离散点的信息,需要对函数进行精确的估计,对问题的发展进行有效的预测。表 6-1 所示为美国人口从 1940 年到 1990 年,每间隔十年的观测数据。

表 6-1　美国人口观测数据

年份	1940	1950	1960	1970	1980	1990
人口/万	13 216.5	15 132.6	17 932.3	22 330.2	22 654.2	24 963.3

如何通过这样的离散数据去建立人口随时间变化的函数,进一步推测在 1915 年、1930 年、2010 年等年份美国人口的数量呢?

解决上述两类问题的途径是通过简单函数来代替复杂的未知函数。插值、泰勒展开都是这样的方法。

例 6-1　求 $f(x)=\sqrt{x}$,$x\in[0,1]$ 上的一次逼近直线 $p_1(x)=a_0+a_1x$。

解: 可以用插值法或泰勒展开求解。

(1) 选择区间左右两个端点进行线性插值:已知 $x_0=0$、$y_0=0$、$x_1=1$、$y_1=1$,求得插值直线

$$p_1(x)=\frac{x-x_1}{x_0-x_1}y_0+\frac{x-x_0}{x_1-x_0}y_1=\frac{x-1}{0-1}\times 0+\frac{x-0}{1-0}\times 1=x$$

(2) 在区间中点 $x=\dfrac{1}{2}$ 处泰勒展开:已知 $x_0=\dfrac{1}{2}$,$f(x_0)=\sqrt{\dfrac{1}{2}}=\dfrac{\sqrt{2}}{2}$,$f'(x_0)=\dfrac{1}{2\sqrt{x}}$ $=\dfrac{\sqrt{2}}{2}$,求得泰勒多项式

$$q_1(x)=f(x_0)+(x-x_0)\frac{f'(x_0)}{1!}$$

$$=\frac{\sqrt{2}}{2}+\left(x-\frac{1}{2}\right)\frac{\sqrt{2}}{2}=\frac{\sqrt{2}}{2}\left(x+\frac{1}{2}\right)$$

函数曲线及其线性插值线、泰勒展开线如图 6-1 所示。

从图 6-1 中可以看出这两种方法的局限性。

- 线性插值(下方直线)法仅当函数性质较好时逼近效果才会好。
- 泰勒展开(上方直线)法仅在 x_0 附近才会有比较好的分析性质。

由本例可知,所谓代替实际上就是用简单函数来逼近原有函数,多项式函数就是在特定条件下具有较好性质的简单函数。

6.1.2　函数逼近的一般方法

函数逼近的基本问题是,从指定函数类中求一个函数,使其在某种意义上最接近于某个

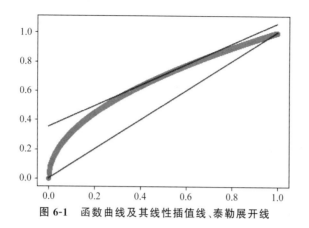

图 6-1 函数曲线及其线性插值线、泰勒展开线

给定的函数。也就是说，对于某个连续函数 $f(x) \in C[a, b]$，求 $p_n(x)$，使误差 $f(x) - p_n(x)$ 在某种度量意义上最小。如果逼近所依据的准则，即函数空间的度量准则不同，则所得到的逼近函数也不同。

1. 最佳一致逼近（无穷范数）

对 $f(x) \in C[a, b]$，求 $p_n^*(x) \in H_n$（不超过 n 次的多项式集合），使

$$\| f(x) - p_n^*(x) \|_\infty = \min_{p_n(x) \in H_n} \| f(x) - p_n(x) \|_\infty$$

即使得 $p_n^*(x)$ 与 $f(x)$ 之间的偏差是所有 n 次多项式里达到最小偏差的多项式。其中距离度量用的是无穷范数。定义

$$\| f(x) - p_n(x) \|_\infty = \max_{a < x < b} | f(x) - p_n(x) |$$

即 $f(x)$ 与 $p_n(x)$ 的偏差，是 $f(x)$ 与 $p_n(x)$ 在所研究的 $[a, b]$ 区间上最大的偏差。

2. 最佳平方逼近（二范数）

对 $f(x) \in C[a, b]$，求 $p_n^*(x) \in H_n$，使

$$\| f(x) - p_n^*(x) \|_2 = \min_{p_n(x) \in H_n} \| f(x) - p_n(x) \|_2$$

也就是说，$p_n^*(x)$ 是所有 n 次多项式中，可在二范数度量下，使得 $f(x)$ 与 $p_n(x)$ 的偏差达到最小的多项式。其中，二范数的度量准则（均方误差）是

$$\| f(x) - p_n(x) \|_2 = \sqrt{\int_a^b \rho(x)(f(x) - p_n(x))^2 \mathrm{d}x}$$

即 $f(x)$ 减去 $p_n(x)$ 的二范数就等于权函数 $\rho(x)$ 乘以 $f(x)$ 减去 $p_n(x)$ 的平方，在 $[a, b]$ 区间上积分再开平方。这里的权函数 $\rho(x)$ 在后面解释。

例 6-2 求 $f(x) = \sqrt{x}$，$x \in [0, 1]$ 上的一次逼近直线 $p_1(x) = a_0 + a_1 x$。

解：如果采用最佳一致逼近，则得

$$p_1(x) = x + \frac{1}{8}$$

如果采用最佳平方逼近，则得

$$q_1(x) = \frac{4}{5} x + \frac{4}{15}$$

函数曲线及其最佳一致逼近线、最佳平方逼近线如图 6-2 所示。

直观地看，基于最佳一致逼近准则的直线（上方的直线）就是二维平面上所有直线中与

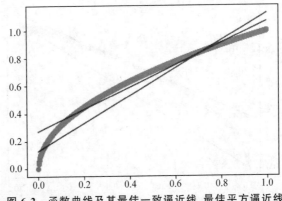

图 6-2 函数曲线及其最佳一致逼近线、最佳平方逼近线

$\sqrt{x}$ 偏差最大的点的偏差最小的直线,这就是最佳一致逼近的准则;基于最佳平方逼近准则的直线(下方的直线)就是二维平面上所有直线当中与 $\sqrt{x}$ 之间的偏差,在所研究的区间 $[a,b]$ 上面积最小的直线。

可见,对同一个被逼近函数,在不同度量空间下的逼近函数是不相同的。自此,用简单函数即多项式函数去逼近复杂函数的方法已经找到了。

3. 离散数据的最小二乘逼近

如果待解问题提供的是离散数据,则将最佳平方逼近离散化即可得到第三种逼近准则:离散数据的最小二乘逼近,也称为离散情形的最佳平方逼近。

假定待解问题提供了若干离散时刻的实验数据,如表 6-2 所示。

表 6-2 待解问题的实验数据

x	x_1	x_2	$\cdots$	x_n
$y=f(x)$	y_1	y_2	$\cdots$	y_n

求 $p_n^*(x) \in H_n$,使得 $f(x)$ 与 $p_n^*(x)$ 在离散状态的二范数最小:

$$\| f(x) - p_n^*(x) \|_2^2 = \min_{p_n(x) \in H_n} \| f(x) - p_n(x) \|_2^2$$

作为离散状态的二范数,其定义为权函数 $\rho(x_i)$ 乘以 $f(x_i)$ 与 $p_n(x_i)$ 之差的平方和的最小值

$$\sum_{i=1}^{\infty} \rho(x_i)(f(x_i) - p_n^*(x_i))^2 = \min_{p_n(x) \in H_n} \sum_{i=1}^{\infty} \rho(x_i)(f(x_i) - p_n(x_i))^2$$

其中,权函数 $\rho(x_i)$ 通常为 1。

这里的 $p_n^*(x_i)$ 是在若干离散点处偏差的平方和最小的曲线,称为实验数据的最小二乘逼近函数或最小二乘拟合多项式。

实际上,最小二乘逼近与最佳平方逼近实际上是等价的,只不过一种是离散形式,另一种是连续形式。

6.2 正交多项式

线性代数里的正交是一种内积空间中的二元关系。当内积空间中两个向量的内积为 0 时,这两个向量就是**正交**的;对于函数,类似于乘法的概念是积分。当两个函数相乘后积分

为 0 时,这两个函数就是**正交**的;所有函数构成函数空间,取一些基本的、正交的函数,即可定义某些有用的组合规则。

正交多项式是由多项式构成的正交函数系的通称。勒让德多项式是一种比较简单的正交多项式,它与切比雪夫多项式、雅可比多项式、拉盖尔多项式、埃尔米特多项式等,常用于微分方程、函数逼近等研究数值计算。

6.2.1　正交与正交函数系

正交可理解为垂直这一概念的推广,仅在一个确定的内积空间中才有意义。如果能够定义向量间的夹角,则正交可以直观地理解为垂直;如果一个线段与另一个线段正交,则它们相互的投影为 0,这个线段上的变化就不会影响另一个线段了。可见,正交指的就是相互独立、不可替代,组合起来就可以实现其他功能。

注:可以类比,如果想推一辆失去动力的汽车前行,但却从顶部往下使劲,使劲的方向与期望的汽车运动方向垂直。这时,无论劲大劲小,汽车都不会前移。

线性代数里的所有向量构成一个空间。从浩如烟海的向量中挑选一些相互独立的基本向量,再定义一套组合规则,就可以用于表示各种各样的其他向量了;同样的道理,所有函数构成函数空间。取一些基本的、正交的函数,再定义组合规则,就可以用于表示其他函数了,这就是正交函数系的概念。因此,需要研究的问题如下。

- 哪些函数是基本函数?
- 如何认定这些函数相互独立?
- 有哪些有用的组合规则?

1. 权函数

设 $[a,b]$ 为有限区间或无限区间,$\rho(x)$ 为定义在 $[a,b]$ 上的非负函数,积分

$$\int_a^b x^k \rho(x)\mathrm{d}x$$

对 $k=0,1,2,\cdots$ 都存在,对非负的 $f(x)\in C[a,b]$,如果

$$\int_a^b x^k \rho(x)\mathrm{d}x = 0$$

则 $f(x)\equiv 0$,称 $\rho(x)$ 为 $[a,b]$ 上的权函数。

x 处的权函数 $\rho(x)$ 的值刻画的是点 x 在 $[a,b]$ 上具有的重要性。常见权函数有

- $\rho(x)=1, x\in[a,b]$;
- $\rho(x)=\dfrac{1}{\sqrt{1-x^2}}, x\in[-1,1]$;
- $\rho(x)=\mathrm{e}^{-x}, x\in[0,+\infty)$;
- $\rho(x)=\mathrm{e}^{-x^2}, x\in(-\infty,+\infty)$。

2. 内积与内积空间

设 $f(x)$、$g(x)\in C[a,b]$,$\rho(x)$ 为 $[a,b]$ 上的权函数,定义

$$(f,g)=\int_a^b \rho(x)f(x)g(x)\mathrm{d}x$$

为函数 $f(x)$ 与 $g(x)$ 的内积。

注:$f(x)$ 与 $g(x)$ 的内积是实空间中向量 $\boldsymbol{x}=(x_1,x_2,\cdots,x_n)^\mathrm{T}$ 与向量 $\boldsymbol{y}=(y_1,y_2,\cdots,$

$y_n)^{\mathrm{T}}$ 的数量积 $(x,y)=\sum\limits_{i-1}^{n}x_iy_i$ 定义的推广。

定义了内积的线性空间称为内积空间。连续函数空间 $C[a,b]$（表示区间 $[a,b]$ 上连续函数的全体）定义了内积 (f,g) 后就是一个内积空间。可以验证,内积满足以下基本法则。

(1) 对称性: $(f,g)=(g,f)$。

(2) 线性性: $(c_1f+c_2g,h)=c_1(f,h)+c_2(g,h)$, c_1,c_2 是常数。

(3) 非负性: $(f,f)\geqslant0$, 当且仅当 $f\equiv0$ 时, $(f,f)=0$。

3. 正交与正交函数系

设 $f(x)$、$g(x)\in C[a,b]$, $\rho(x)$ 为 $[a,b]$ 上的权函数,定义

$$(f,g)=\int_a^b\rho(x)f(x)g(x)\mathrm{d}x=0$$

则称 $f(x)$ 与 $g(x)$ 在 $[a,b]$ 上带权 $\rho(x)$ 正交。

设函数系 $\{\varphi_0(x),\varphi_1(x),\cdots,\varphi_n(x),\cdots\}$, 每个 $\varphi_i(x)$ 是 $[a,b]$ 上的连续函数。如果满足条件

$$(\varphi_i,\varphi_j)=\int_a^b\rho(x)\varphi_i(x)\varphi_j(x)\mathrm{d}x=\begin{cases}0, & i\neq j \\ A_j>0, & i=j\end{cases}, \quad i,j=0,1,2,\cdots$$

则称函数系 $\{\varphi_k(x)\}$ 是 $[a,b]$ 上带权 $\rho(x)$ 的正交函数系。

例 6-3 三角函数系 $1,\sin x,\cos x,\sin 2x,\cos 2x\cdots$ 在 $[0,2\pi]$ 上是正交函数系(权 $\rho(x)\equiv1$)。

证明: 三角函数系中任意两个不同函数的乘积在区间 $[0,2\pi]$ 上的积分都等于零,而其中每个函数自乘的积分都不等于零。实际上 $(1,1)=\int_0^{2\pi}\mathrm{d}x=2\pi$, 而

$$(\sin nx,\sin mx)=\int_0^{2\pi}\sin nx\sin mx\,\mathrm{d}x=\begin{cases}\pi, & m=n \\ 0, & m\neq n\end{cases}, \quad m,n=1,2,\cdots$$

$$(\cos nx,\cos mx)=\int_0^{2\pi}\cos nx\cos mx\,\mathrm{d}x=\begin{cases}\pi, & m=n \\ 0, & m\neq n\end{cases}, \quad m,n=1,2,\cdots$$

$$(\cos nx,\sin mx)=\int_0^{2\pi}\cos nx\sin mx\,\mathrm{d}x=0, \quad m,n=1,2,\cdots$$

也就是说,这个函数系中任意两个函数在区间 $[0,2\pi]$ 上都是正交的,因而构成一个正交函数系。

6.2.2　常用正交多项式

设 $\varphi_n(x)$ 为 n 次多项式,首项系数 $a_n\neq0$, $\rho(x)$ 是权函数。如果多项式序列 $\{\varphi_n(x)\}_0^\infty$ 满足

$$(\varphi_i,\varphi_j)=\int_a^b\rho(x)\varphi_i(x)\varphi_j(x)\mathrm{d}x=\begin{cases}0, & i\neq j \\ A_j\neq0, & i=j\end{cases}, \quad i,j=0,1,2,\cdots$$

则称多项式序列 $\{\varphi_n(x)\}$ 为 $[a,b]$ 上带权 $\rho(x)$ 的 n 次正交多项式系。

1. 离散结点上的正交多项式系

设 $p_n(x)$ 为 n 次多项式,首项系数 $a_n\neq0$, $\rho(x)$ 是权函数。如果多项式序列 $\{p_n(x)\}_0^\infty$ 满足

$$(p_k,p_j)=\sum_{i=0}^{m}\omega_i p_k(x) p_j(x)=\begin{cases}0, & k\neq j\\ A_j\neq 0, & k=j\end{cases}\quad(k,j=0,1,2,\cdots)$$

则称多项式序列 $\{p_n(x)\}_0^{\infty}$ 为在给定点集 $\{x_i\}(i=0,1,2,\cdots,m)$ 上带权 $\{\omega_i\}(i=0,1,2,\cdots,m)$ 的 n 次正交多项式系。

可以证明,最高次项系数为 1(首 1)的正交多项式系 $\{p_k(x)\}$ 有递推公式:

$$\begin{cases}p_0(x)=1\\ p_1(x)=(x-\alpha_0)p_0(x)=x-\alpha_0\\ p_{k+1}(x)=(x-\alpha_k)p_k(x)-\beta_{k-1}p_{k-1}(x)\end{cases}$$

其中:

$$\begin{cases}\alpha_k=\dfrac{(xp_k,p_k)}{(p_k,p_k)}, & k=0,1,2,\cdots,n-1\\ \beta_{k-1}=\dfrac{(p_k,p_k)}{(p_{k-1},p_{k-1})}, & k=1,2,\cdots,n\end{cases}$$

2. 勒让德多项式

勒让德多项式是区间 $[-1,1]$ 上权函数 $\rho(x)=1$ 的正交多项式

$$P_0(x)=1;\quad P_n(x)=\frac{1}{2^n n!}\frac{\mathrm{d}^n}{\mathrm{d}x^n}\{(x^n-1)^n\},\quad n=1,2,\cdots$$

$P_n(x)$ 的首项 x^n 的系数为 $\dfrac{(2n)!}{2^n(n!)^2}$,记

$$\widetilde{p}_0(x)=1;\quad \widetilde{P}_n(x)=\frac{n!}{(2n)!}\frac{\mathrm{d}^n}{\mathrm{d}x^n}\{(x^n-1)^n\},\quad n=1,2,\cdots$$

则 $\widetilde{P}_n(x)$ 为首项 x^n 系数 1 的勒让德多项式。

勒让德多项式有许多重要性质,特别是以下 3 条。

(1) 正交性:

$$(P_n,P_m)=\int_{-1}^{1}P_n(x)P_m(x)\mathrm{d}x=\begin{cases}0, & m\neq n\\ \dfrac{2}{2n+1}, & m=n\end{cases},\quad m,n=1,2,\cdots$$

(2) 递推公式:

$$(n+1)P_{n+1}(x)=(2n+1)xP_n(x)-nP_{n-1}(x),\quad n=1,2,\cdots$$

其中,$P_0(x)=1,P_1(x)=x$。

(3) 奇偶性:

$$P_n(-x)=(-1)^n P_n(x),\quad n=1,2,\cdots$$

3. 切比雪夫多项式

切比雪夫多项式是在区间 $[-1,1]$ 上权函数 $\rho(x)=\dfrac{1}{\sqrt{1-x^2}}$ 的正交多项式

$$T_n(x)=\cos(n\arccos x),\quad n=0,1,2,\cdots$$

如令 $x=\cos\theta$,则

$$T_n(x)=\cos(n\theta),\quad \theta\in[0,\pi]$$

这是 $T_n(x)$ 的参数表示。可以利用三角公式将 $\cos n\theta$ 展开成 $\cos\theta$ 的一个 n 次多项式,故

切比雪夫多项式 $T_n(x)$ 为 x 的 n 次多项式,其主要性质如下。

(1) 正交性:

$$(T_n, T_m) = \int_{-1}^{1} \frac{T_n(x) T_m(x)}{\sqrt{1-x^2}} dx = \begin{cases} 0, & m \neq n \\ \dfrac{\pi}{2}, & m = n \neq 0 \\ \pi, & m = n = 0 \end{cases}$$

(2) 递推公式:

$$T_{n+1}(x) = 2x T_n(x) - T_{n-1}(x), \quad n = 0, 1, 2, \cdots$$

其中,$T_0(x) = 1, T_1(x) = x$。

(3) 奇偶性:

$$T_n(-x) = (-1)^n T_n(x), \quad n = 1, 2, \cdots$$

(4) 在 $(-1, 1)$ 内的 n 个零点为

$$x_k = \cos \frac{2k-1}{2n} \pi, \quad k = 1, 2, \cdots, n$$

在 $[-1, 1]$ 上有 $n+1$ 个极值点

$$y_k = \cos \frac{k}{n} \pi, \quad k = 0, 1, 2, \cdots, n$$

(5) $T_n(x)$ 的最高次幂 x^n 的系数为 $2^{n+1}, n \geqslant 1$。

4. 拉盖尔多项式

拉盖尔(Laguerre)多项式是区间 $[0, \infty)$ 上权函数为 $\rho(x) = e^{-x}$ 的正交多项式

$$L_n(x) = e^x \frac{d^n}{dx^n} (x^n e^{-x}), \quad n = 0, 1, 2, \cdots$$

其递推公式为

$$L_{n+1}(x) = (1 + 2n - x) L_n(x) - n^2 L_{n-1}(x), \quad n = 1, 2, \cdots$$

其中,$L_0(x) = 1, L_1(x) = 1 - x$。正交性为

$$(L_n, L_m) = \int_0^\infty L_n(x) L_m(x) e^{-x} dx = \begin{cases} 0, & m \neq n \\ (n!)^2, & m = n \end{cases}$$

5. 埃尔米特多项式

埃尔米特多项式是区间 $(-\infty, +\infty)$ 上权函数为 $\rho(x) = e^{-x^2}$ 的正交多项式

$$H_n(x) = (-1)^n e^{x^2} \frac{d^n}{dx^n} e^{-x^2}, \quad n = 0, 1, 2, \cdots$$

其递推公式为

$$H_{n+1}(x) = 2x H_n(x) - 2n H_{n-1}(x), \quad n = 1, 2, \cdots$$

其中,$H_0(x) = 1, H_1(x) = 2x$。正交性为

$$(H_n, H_m) = \int_{-\infty}^\infty H_n(x) H_m(x) e^{-x^2} dx = \begin{cases} 0, & m \neq n \\ 2^n n! \sqrt{\pi}, & m = n \end{cases}$$

6.3 最小二乘曲线拟合

曲线拟合就是寻找一条曲线,使得数据点都位于其上方或下方不远处。这样的曲线既能反映数据的总体分布,又不会出现较大的局部波动,从而反映出被逼近函数的特征。

最小二乘法(最小平方法)通过最小化误差的平方和寻找数据的最佳函数匹配。可用于求得未知数据,并使这些数据与实际数据之间误差的平方和最小。最小二乘法可用于曲线拟合或求解其他优化问题。

6.3.1　直线拟合

例 6-4　实验数据如表 6-3 所示,求 y 与 x 的关系。

表 6-3　例 6-3 的实验数据

x_i	19.1	25.0	30.1	36.0	40.0	45.1	50.0
y_i	76.30	77.80	79.25	80.80	82.35	83.90	85.10

解:先判断实验数据分布的大致形状,如果近似于一条直线,则可拟定直线方程的形式;然后确定方程中各项的系数,最终得到 y 与 x 的关系(直线方程)。

1. 问题分析

将这些数据在坐标轴上标注出来,如图 6-3 所示。

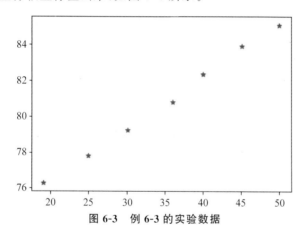

图 6-3　例 6-3 的实验数据

可以看出,测得的数据接近一条直线,故可设想其函数关系为

$$y = f(x) = a_0 + a_1 x \tag{6-1}$$

其中,a_0、a_1 为待定常数。由于 y 未必为 x 的严格线性函数,测量数据又有误差,故无论 a_0、a_1 为何值,将 7 个 x 值代入后,要使求得的 y_i 值恰好都等于实测值 x_i,显然是不大可能的。实际上,只要所选取的 a_0、a_1 之值使得所有残差(计算值与实测值之差)绝对值之和

$$Q_1 = \sum_{i=1}^{7} | y_i - (a_0 + a_1 x_i) |$$

最小,或者所有残差的平方和

$$Q_2 = \sum_{i=1}^{7} [y_i - (a_0 + a_1 x_i)]^2$$

最小即可。因为使 Q_1 最小的 a_0、a_1 之值不易求得,故通常要求 Q 取最小值。这时得到的表达式(6-1)称为测量数据的最小二乘拟合一次式,或最小平方逼近,或 y、x 之间的经验公式。

注：也可以用总误差的平均值最小，即 $Q_2 = \dfrac{1}{7}\sum\limits_{i=1}^{7}[y_i - (a_0 + a_1 x_i)]^2$。

2. 直线拟合公式

可以看出，Q_2 是参数 a_0 与 a_1 的二元函数。因此，求解例 6-3 之类问题可以归结为：确定近似函数

$$p(x) = a_0 + a_1 x$$

中的 a_0 与 a_1 的值，使得二元函数

$$Q(a_0, a_1) = \sum_{i=1}^{N}[y_i - (a_0 + a_1 x_i)]^2, \quad i = 1, 2, \cdots, N$$

的值最小。

基于微积分学知识，这类问题的求解可进一步归结为求二元函数 $Q(a, b)$ 的极值，即 a_0 与 a_1 应该满足条件

$$\frac{\partial Q}{\partial a_0} = 0, \quad \frac{\partial Q}{\partial a_1} = 0$$

求偏导数

$$\frac{\partial Q}{\partial a_0} = \sum_{i=1}^{N} 2[y_i - (a_0 + a_1 x_i)] \times (-1) = 0$$

$$\frac{\partial Q}{\partial a_1} = \sum_{i=1}^{N} 2[y_i - (a_0 + a_1 x_i)] \times (-x_i) = 0$$

求得方程组

$$\begin{cases} a_0 N + a_1 \sum\limits_{i=1}^{N} x_i = \sum\limits_{i=1}^{N} y_i \\ a_0 \sum\limits_{i=1}^{N} x_i + a_1 \sum\limits_{i=1}^{N} x_i^2 = \sum\limits_{i=1}^{N} x_i y_i \end{cases}$$

这就是 $p(x)$ 的系数 a_0、a_1 应该满足的方程组，称为正规方程组、正则方程组或法方程组。

3. 问题求解

求解例 6-3 的方法为，依据给定的数据表构造最小二乘拟合多项式

$$p(x) = a_0 + a_1 x$$

求得

$$\sum_{i=0}^{7} x_i^0 = 7, \quad \sum_{i=0}^{7} x_i^1 = 245.3, \quad \sum_{i=0}^{7} x_i^2 = 9325.83,$$

$$\sum_{i=1}^{7} y_i = 566.5, \quad \sum_{i=1}^{7} x_i y_i = 20\,029.445$$

故正规方程组为

$$\begin{cases} 7a_0 + 245.3 a_1 = 566.5 \\ 245.3 a_0 + 9325.83 a_1 = 20\,029.445 \end{cases}$$

解之，得到 $a_0 = 70.572, a_1 = 0.291$，故所求 y、x 的关系为

$$y \approx p(x) = 70.572 + 0.291x$$

如图 6-4 所示。可以看出，虽然拟合而成的直线并未穿过所有样本点，甚至各点都有些许误

差,但误差最大的点的误差也是可以接受的。

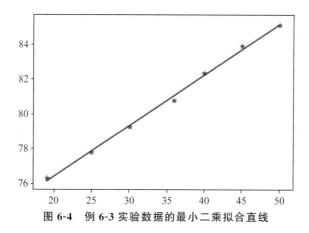

图 6-4 例 6-3 实验数据的最小二乘拟合直线

这个数据的最小二乘拟合多项式 $p(x)$ 可以近似替代 $f(x)$,用于计算函数值

$$y_i = f(x_i) \approx p(x_i) = 70.572 + 0.291x_i, \quad i = 0, 1, 2, \cdots, n$$

零点值、导数值、积分值等。$p(x)$ 的值称为函数 $f(x)$ 的修匀值、光滑值或平滑值。例如,
例 6-3 中前三点的修匀值为 76.13、77.85、79.33。

附 直线拟合的 Python 程序。

```
#拟合直线 y=a1 * x+a0
import matplotlib.pyplot as plt
import numpy as np
def leastSquares(x,y,n):
    #计算直线的斜率 a1、截距 a0
    xSum=x2Sum=0
    ySum=xySum=0
    for i in range(0,n,1):
        xSum+=x[i]
        ySum+=y[i]
        x2Sum+=x[i] * * 2
        xySum+=x[i] * y[i]
    a1=((n * xySum)-(xSum * ySum))/((n * x2Sum)-(xSum * xSum))
    a0=((x2Sum * ySum)-(xSum * xySum))/((n * x2Sum)-(xSum * xSum))
    return a1,a0;
if _ _name_ _=="_ _main_ _":
    #实验数据
    x=[19.1,25.0,30.1,36.0,40.0,45.1,50.0]
    y=[76.30,77.80,79.25,80.80,82.35,83.90,85.10]
    #调用拟合函数,计算直线的斜率、截距
    result=np.zeros(len(x),dtype=np.double)
    k,b=leastSquares(x,y,len(x))
    print('y =',b,'+',k,'x')
    #显示实验数据点及拟合而成的直线
    plt.scatter(x=x,y=y,color="blue")
    for i in range(len(x)):
        result[i]=k * x[i]+b
```

```
plt.plot(x,result,color="red")
plt.show()
```

程序运行后,显示的直线方程为

```
y =70.57227769382555 +0.29145558965846513 x
```

6.3.2 多项式拟合

有时候,待解问题提供的数据点的分布形态与直线相去甚远,不适合用直线拟合,可以考虑用多项式拟合。

1. 问题分析

对于待解问题提供的一组数据

$$(x_i, y_i), \quad i=1,2,\cdots,N$$

适当选取系数 $a_0, a_1, \cdots, a_m (m < N)$,构造 m 次多项式

$$y = \sum_{j=0}^{m} a_j x^j$$

使得所有残差(计算值与实际值之差)的平方和

$$Q = \sum_{i=1}^{N} \left(y_i - \sum_{j=0}^{m} a_j x_i^j \right)^2$$

最小。这就是利用最小二乘法求解拟合多项式曲线的问题。

2. 正规方程组

这里的 Q 可以看作关于未知参数 $a_j(j=0,1,2,\cdots,m)$ 的 $m+1$ 元函数,故将拟合多项式的构造问题归结为求多元函数的极值问题,即 $a_j(j=0,1,2,\cdots,m)$ 应该满足

$$\frac{\partial Q}{\partial a_j} = 0, \quad j=0,1,2,\cdots,m$$

故可得

$$\sum_{i=0}^{N} \left(y_i - \sum_{j=0}^{m} a_j x_i^j \right) x_i^k = 0, \quad k=0,1,2,\cdots,m$$

即方程组

$$\begin{cases} a_0 N + a_1 \sum_{i=1}^{N} x_i + \cdots + a_m \sum_{i=1}^{N} x_i^m = \sum_{i=1}^{N} y_i \\ a_0 \sum_{i=1}^{N} x_i + a_1 \sum_{i=1}^{N} x_i^2 + \cdots + a_m \sum_{i=1}^{N} x_i^{m+1} = \sum_{i=1}^{N} x_i y_i \\ \vdots \\ a_0 \sum_{i=1}^{N} x_i^m + a_1 \sum_{i=1}^{N} x_i^{m+1} + \cdots + a_m \sum_{i=1}^{N} x_i^{2m} = \sum_{i=1}^{N} x_i^m y_i \end{cases}$$

这是关于 $a_0, a_1, a_2, \cdots, a_m$ 的线性方程组。如果记

- $x, x^2, \cdots, x^m$ 分别为 $\varphi_0(x), \varphi_1(x), \cdots, \varphi_m(x)$。

- $(\varphi_i, \varphi_j) = \sum\limits_{l=1}^{N} \varphi_i(x_l)\varphi_j(x_l)$。

- $(f, \varphi_i) = \sum\limits_{l=1}^{N} y_l \varphi_i(x_l)$。

则该式可以表示为

$$\sum_{j=1}^{m} (\varphi_j, \varphi_k)a_j = (f, \varphi_k), \quad k = 0, 1, 2, \cdots, m$$

该式称为正规方程组。

可以证明,这个正规方程组的解存在且为唯一解,其解就是 $Q(a_0, a_1, \cdots, a_m)$ 的极值(最小值)点。

例 6-5　实验数据如表 6-4 所示,利用最小二乘法求拟合多项式。

表 6-4　例 6-5 的实验数据

x_i	0	0.25	0.50	0.75	1.00
y_i	1.000	1.2840	1.6487	2.1170	2.7183

解：将这些数据在坐标轴上标注出来,可以看出其分布大致为抛物线形态,故用二次多项式进行数据拟合。假定所求拟合多项式为

$$\varphi(x) = a_0 + a_1 x + a_2 x^2$$

则有正规方程组

$$\begin{cases} 5a_0 + 2.5a_1 + 1.875a_2 = 8.7680 \\ 2.5a_0 + 1.875a_1 + 1.5625a_2 = 5.4514 \\ 1.875a_0 + 1.5625a_1 + 1.2828a_2 = 4.4015 \end{cases}$$

解之,得拟合多项式系数

$$a_0 = 1.0052, \quad a_1 = 0.8641, \quad a_2 = 0.8437$$

故所求二次拟合多项式为

$$\varphi(x) = 1.0052 + 0.8641x + 0.8437x^2$$

本例中的实验数据点及拟合多项式曲线如图 6-5 所示。

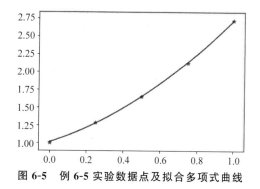

图 6-5　例 6-5 实验数据点及拟合多项式曲线

附　实现多项式拟合的 Python 程序。

```
#拟合多项式 y=a2 * x^2+b * x+c
import matplotlib.pyplot as plt
import numpy as np
def leastSquares(x,y,n):
    #计算二次项的系数 a2、a1、a0
    xSum=x2Sum=x3Sum=x4Sum=0
    ySum=xySum=x2ySum=0
    D=0
    if n==0:
        return false
    else:
        for i in range(n):
            xSum+=x[i]
            ySum+=y[i]
            x2Sum+=x[i] * * 2
            xySum+=x[i] * y[i]
            x3Sum+=pow(x[i],3)
            x2ySum+=pow(x[i],2) * y[i]
            x4Sum+=pow(x[i],4)
        D=x2Sum * x2Sum * x2Sum+xSum * xSum * x4Sum+n * x3Sum * x3Sum \
            -n * x2Sum * x4Sum-2 * xSum * x2Sum * x3Sum;
        a2=(ySum * (x2Sum * x2Sum-xSum * x3Sum)+xySum * (n * x3Sum-xSum * x2Sum) \
            +x2ySum * (xSum * xSum-n * x2Sum))/D;
        a1=(ySum * (xSum * x4Sum-x2Sum * x3Sum)+xySum * (x2Sum * x2Sum-n * x4Sum) \
            +x2ySum * (n * x3Sum-xSum * x2Sum))/D;
        a0=(ySum * (x3Sum * x3Sum-x2Sum * x4Sum)+xySum * (xSum * x4Sum-x2Sum * x3Sum) \
            +x2ySum * (x2Sum * x2Sum-xSum * x3Sum))/D;
        return a2,a1,a0
if __name__=="__main__":
    #实验数据
    x=[0,0.25,0.50,0.75,1.0]
    y=[1.0,1.2840,1.6487,2.1170,2.7183]
    #调用拟合函数,计算并输出拟合而成的多项式
    a,b,c=leastSquares(x,y,len(x))                    #y =a * x^2 +b * x +c
    print("y=%9.7fx^2+%9.7fx+%9.7f"%(a,b,c))
    #显示实验数据点及拟合而成的多项式
    result=np.zeros((len(x)),dtype=np.double)         #结果记录
    for i in range(0, len(x), 1):
        result[i]=(a * (x[i] * * 2)) + (b * x[i]) +c
    plt.scatter(x, y, s=20, alpha=1,color="blue",marker="o",)
    plt.plot(x, result,color="red")
    plt.show()
```

程序运行后,显示的多项式如下:

```
y=0.8436571x^2+0.8641829x+1.0051371
```

6.3.3　正交多项式拟合

用最小二乘法得到的法方程组的系数矩阵往往是"病态"的,求解困难,因此,可以进行正交多项式曲线拟合。这种方法不需要求解法方程,而只需计算内积,可以避免出现病态方程组的麻烦,并且当逼近次数增加一次时,只需要在原有拟合多项式中增加一项即可,因而省去大量计算。

一般情况下,如果 n 次正交多项式系 $P_0(x),P_1(x),\cdots,P_n(x)$ 相关点集为 $\{x_i\}$ ($i=0$, $1,2,\cdots,m$),带权 $\{\omega_i\}$ ($i=0,1,2,\cdots,m$),则当用于拟合多项式的函数类 $\varnothing$ 时,由正交多项式的性质,法方程可以简化为

$$(p_k,p_k)\alpha_k=(f,p_k),\quad k=0,1,2,\cdots,n$$

解之,得

$$\alpha_k=\frac{(f,p_k)}{(p_k,p_k)},\quad k=0,1,2,\cdots,n$$

故 n 次拟合多项式为

$$p(x)=\sum_{k=0}^{n}a_k p_k(x)$$

例 6-6　已知函数表如表 6-5 所示。

表 6-5　例 6-6 待拟合函数表

x	-2	-1	0	1	2
y	0	1	2	1	0

权系数为 $\{1,1,1,1,1\}$,首项系数为 1。

解：采用的正交多项式为 $P_0(x)$、$P_1(x)$、$P_2(x)$,故待求二次拟合多项式为

$$p(x)=a_0 p_0(x)+a_1 p_1(x)+a_2 p_2(x)$$

分别记 -2、-1、0、1、2 点为 x_0、x_1、x_2、x_3、x_4,则在各离散结点 $\{x_i\}$ ($i=0,1,2,3,4$)上的内积为

$$(f,g)=\sum_{i=0}^{4}f(x_i)\cdot g(x_i)$$

故待求拟合多项式也可写成

$$p(x)=\frac{(y,p_0)}{(p_0,p_0)}p_0(x)+\frac{(y,p_1)}{(p_1,p_1)}p_1(x)+\frac{(y,p_2)}{(p_2,p_2)}p_2(x)$$

1. 求第一项(常数项)系数

取 $P_0(x)=1$,则 $P_0(x_i)=1$,$i=0,1,2,3,4$,故有

$$(p_0,p_0)=\sum_{i=0}^{4}p_0(x_i)\cdot p_0(x_i)=5$$

$$(y,p_0)=\sum_{i=0}^{4}y_i\cdot p_0(x_i)=4$$

$$a_0=\frac{(y,p_0)}{(p_0,p_0)}=\frac{4}{5}$$

2. 求第二项(一次项)系数

求得 $P_1(x) = (x - \alpha_0)P_0(x) = x$，因而 $\{P_1(x_i)\}_{i=0}^4 = \{-2, -1, 0, 1, 2\}$，故有

$$(p_1, p_1) = \sum_{i=0}^{4} p_1(x_i) \cdot p_1(x_i) = 10$$

$$(y, p_1) = \sum_{i=0}^{4} y_i \cdot p_0(x_i) = 0$$

$$a_1 = \frac{(y, p_1)}{(p_1, p_1)} = \frac{0}{10} = 0$$

3. 求第三项(二次项)系数

求得 $p_2(x) = (x - \alpha_1)p_1 - \beta_0 p_0 = x^2 - 2$，因而 $\{P_2(x_i)\}_{i=0}^4 = \{2, -1, -2, -1, 2\}$，故有

$$(p_2, p_2) = \sum_{i=0}^{4} p_2(x_i) \cdot p_2(x_i) = 14$$

$$(y, p_2) = \sum_{i=0}^{4} y_i \cdot p_2(x_i) = -6$$

$$a_2 = \frac{(y, p_2)}{(p_2, p_2)} = \frac{-6}{14}$$

4. 构造拟合多项式

$$p(x) = a_0 + a_1 x + a_2 x^2 = \frac{4}{5} \times 1 + \frac{0}{10} \times x + \frac{-6}{14} \times (x^2 - 2)$$

$$= \frac{58}{35} - \frac{7}{3} x^2$$

本例中已知数据点及拟合二次式曲线如图 6-6 所示。

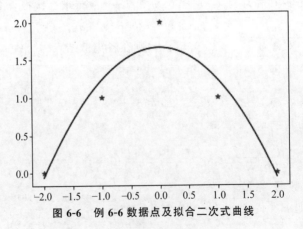

图 6-6   例 6-6 数据点及拟合二次式曲线

6.4   最佳一致逼近

最佳一致逼近用于衡量函数 $f(x)$ 与逼近多项式 $p_n(x)$ 接近程度的准则是 $f(x)$ 与 $p_n(x)$ 的距离，即定义无穷意义下的范数为 $f(x)$ 减去 $p_n(x)$ 的距离，并将其定义为所研究区间

$[a,b]$ 上的最大距离

$$\| f(x) - p_n(x) \|_\infty = \max_{a < x < b} | f(x) - p_n(x) |$$

可见,求最佳一致逼近多项式也就是求 $f(x) - p_n(x)$ 的最小零偏差问题,可以利用切比雪夫定理求解;切比雪夫多项式的零点 $T_n(x)$ 可用于构造具有一致逼近性质的插值多项式。

6.4.1　最佳一致逼近多项式

德国数学家魏尔斯特拉斯(Weierstrass)从理论上证明了存在多项式 $p_n(x)$,可以按任意的精度逼近闭区间上的连续函数。苏联数学家伯恩斯坦(Bernstein)也给出了构造性证明,从中可知,如果给定的逼近精度高,则找到的多项式次数就高。在实际计算中,一般关心的是两类问题。

（1）指定多项式为 n 次,求一个多项式 $p_n^*(x)$,使

$$\max_{a \leqslant x \leqslant b} | p_n^*(x) - f(x) |$$

最小,则该多项式即是最佳一致逼近多项式。

（2）指定逼近精度,求次数较低的逼近多项式。

1. 偏差点

记 P_n 为次数不超过 n 的多项式全体,设 $f(x) \in C[a,b]$,$p(x) \in P_n$,记

$$\| p - f \|_\infty = \max_{a \leqslant x \leqslant b} | p(x) - f(x) | = \mu$$

称为 $p(x)$ 与 $f(x)$ 的偏差。如果存在 $x_0 \in [a,b]$,使

$$| p(x_0) - f(x_0) | = \mu$$

则称 x_0 是 $p(x)$ 关于 $f(x)$ 的偏差点。如果 $p(x_0) - f(x_0) = \mu$,则称 x_0 为正偏差点;如果 $p(x_0) - f(x_0) = -\mu$,则称 x_0 为负偏差点。

在一个最佳逼近多项式中,同时存在正偏差点与负偏差点。例如,零次最佳一致逼近多项式 $p_0(x) = A$ 有一正一负两个偏差点,如图 6-7 所示。

实际上,仅当 $A = \dfrac{1}{2}(M + m)$ 时,逼近与被逼近函数之间的距离才是最小的,才算是最佳一致逼近多项式。

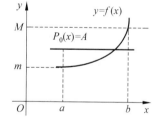

图 6-7　零次最佳一致逼近
多项式的偏差点

2. 切比雪夫定理

设 $f(x) \in C[a,b]$,如果存在 $p_n^*(x) \in P_n$,记

$$\| p_n^* - f \|_\infty = \min_{p \in P_n} | p - f |_\infty$$

则称 $p_n^*(x)$ 为 $f(x)$ 在 $[a,b]$ 上的最佳一致逼近多项式。可以证明,最佳一致逼近多项式存在且为唯一的。

切比雪夫定理给出了如下最佳逼近多项式的基本特性。

$p_n^*(x) \in P_n$ 为 $f(x) \in C[a,b]$ 的最佳逼近多项式的充分必要条件是:在 $[a,b]$ 上至少有 $n+2$ 个正负交替的偏差点,即至少有 $n+2$ 个点 $a \leqslant x_1 < x_2 < \cdots < x_{n+2} \leqslant b$,使得

$$p_n^*(x_k) - f(x_k) = (-1)^k \sigma \| f - p_n^* \|_\infty, \quad \sigma = \pm 1, k = 1, 2, \cdots, n+2$$

这些点 $\{x_k\}_1^{n+2}$ 称为切比雪夫交错点组。

注：由例 6-6 可知,当 $n=0$ 时有两个偏差点;$n=1$ 时有三个偏差点。偏差点都是正负交替的。

切比雪夫定理是求最佳逼近多项式的主要依据,但最佳逼近多项式的计算较为困难。

6.4.2 线性最佳一致逼近多项式

设 $f(x)$ 在 $[a,b]$ 上有二阶导数,且 $f''(x)$ 在 $[a,b]$ 上不变正负号,求 $f(x)$ 的线性最佳一致逼近多项式 $p_1(x)=a_0+a_1x$。

因为 $f(x)\in C[a,b]$ 且 $f''(x)$ 在 $[a,b]$ 上不变号。

所以由切比雪夫定理可知,存在点 $a\leqslant x_1<x_2<\cdots<x_{n+2}\leqslant b$,使得

$$p_1(x_k)-f(x_k)=(-1)^k\sigma\max_{a\leqslant x\leqslant b}\mid p_1(x)-f(x)\mid,\quad \sigma=\pm1,k=1,2,3$$

又因为 $f''(x)\neq0$。

所以 $f''(x)$ 在 $[a,b]$ 上单调,$f'(x)-p_1'(x)=f'(x)-a_1=0$ 在 $[a,b]$ 上只有一个根 x_2。

所以 $p_1(x)$ 对 $f(x)$ 的另两个偏差点只能在 $[a,b]$ 的端点,即 $x_1=a,x_2=b$。

所以 $p_1(a)-f(a)=-[p_1(x_2)-f(x_2)]=p_1(b)-f(b)$ 或者

$$a_0+a_1a-f(a)=a_0+a_1b-f(b)$$
$$a_0+a_1a-f(a)=-[a_0+a_1x_2-f(x_2)]$$

解之,得

$$a_1=\frac{f(b)-f(a)}{b-a}$$

$$a_0=\frac{f(a)+f(x_2)}{2}-a_1\frac{a+x_2}{2}$$

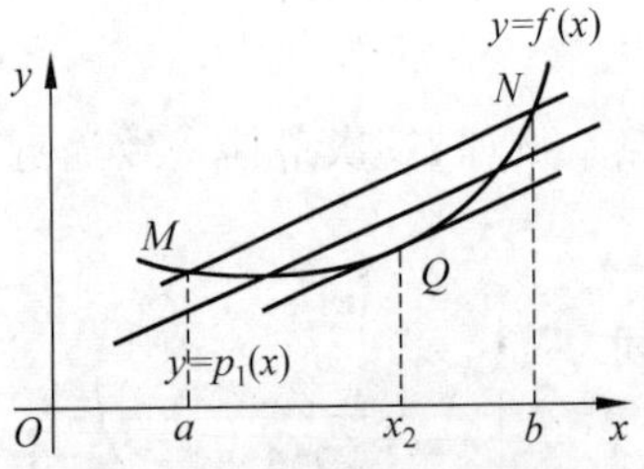

图 6-8 一次最佳一致逼近
多项式的几何意义

其中,x_2 由 $f'(x_2)=a_1$ 求得。

至此,求得 $f(x)$ 在 $[a,b]$ 上的最佳一致逼近多项式 $p_1(x)=a_0+a_1x$。其几何意义如图 6-8 所示。可以看出,一次最佳一致逼近多项式 $p_1(x)=a_0+a_1x$ 有 3 个偏差点,而且是正负交替的。

例 6-7 求 $f(x)=\sqrt{1+x^2}$ 在 $[0,1]$ 上的最佳一致逼近多项式 $p_1(x)=a_0+a_1x$。

解:已知 $a=0$、$b=1$,求得区间两端点函数值

$$f(0)=\sqrt{1+x^2}\Big|_{x=0}=1$$

$$f(1)=\sqrt{1+x^2}\Big|_{x=1}=\sqrt{2}$$

$$a_1=\frac{f(1)-f(0)}{1-0}=\sqrt{2}-1\approx0.414$$

为求 x_2,先求 $f'(x_2)$:

$$f'(x_2)=f'(x)\Big|_{x=x_2}=\frac{x}{\sqrt{1+x^2}}\Bigg|_{x=x_2}=\frac{x_2}{\sqrt{1+x_2^2}}=a_1=\sqrt{2}-1$$

求得

$$\frac{x_2^2}{1+x_2^2}=(\sqrt{2}-1)^2,\quad x_2=\sqrt{\frac{\sqrt{2}-1}{2}}=0.4551$$

于是

$$a_0 = \frac{f(0)+f(x_2)}{2} - a_1 \times \frac{0+x_2}{2}$$

$$= \frac{1+\sqrt{1+0.4551^2}}{2} - 0.414 \times \frac{0+0.4551}{2} \approx 0.955$$

故得 $f(x)$ 的最佳一致逼近多项式

$$p_1(x) = 0.955 + 0.414x$$

函数 $f(x)=\sqrt{1+x^2}$ 与最佳一致逼近多项式 $p_1(x)$ 的误差限:

$$\mu = \max_{0 \leqslant x \leqslant 1} |(0.955+0.414x) - \sqrt{1+x^2}| \leqslant 0.045$$

函数 $f(x)$ 与最佳一致逼近直线 $p_1(x)$ 如图 6-9 所示。

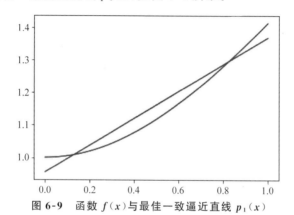

图 6-9　函数 $f(x)$ 与最佳一致逼近直线 $p_1(x)$

$$a_0 = \frac{f(a)-f(x_2)}{2} - a_1 \frac{a+x_2}{2} \frac{f(b)-f(a)}{b-a}$$

对于函数 $f(x) \in C[a,b]$,如果存在 $p_n(x) \in H_n$,使得对于任意的 $q_n(x) \in H_n$,有

$$\max_{a \leqslant x \leqslant b} |f(x)-p_n(x)| \leqslant \max_{a \leqslant x \leqslant b} |f(x)-q_n(x)|$$

则称 $p_n(x)$ 为 $f(x)$ 的最佳一致逼近多项式。也就是说,最佳一致逼近多项式是所有多项式中与函数值误差的最大值最小的多项式。

6.4.3　切比雪夫展开与近似最佳逼近

求连续函数的最佳一致逼近多项式比较困难,实际计算中,往往利用切比雪夫多项式的性质,求得近似最佳逼近多项式。

由切比雪夫多项式 $T_n(x)$ 的性质(5):"$T_n(x)$ 的最高次幂 x^n 的系数为 2^{n+1},$n \geqslant 1$",可知

$$\widetilde{T}_n(x) = \frac{1}{2^{n-1}} T_n(x)$$

是最高项系数为 1 的 n 次多项式。

1. 最小零偏差多项式

在所有最高项系数为 1 的 n 次多项式中,$\widetilde{T}_n(x)$ 在区间 $[-1,1]$ 上与零的偏差最小。

证明: 因为

$$\widetilde{T}_n(x)=\frac{1}{2^{n-1}}T_n(x)=x^n-p^*_{n-1}(x)$$

当 $x_k=\cos\dfrac{k}{n}\pi(k=0,1,2,\cdots,n)$ 时，有

$$\widetilde{T}_n(x_k)=\frac{1}{2^{n-1}}\cos(n\arccos x_k)=\frac{1}{2^{n-1}}\cos k\pi,\quad k=0,1,2,\cdots,n$$

可知 $p^*_{n-1}(x)$ 与 $f(x)=x^n$ 有 $n+1$ 个正负交替的偏差点。根据切比雪夫定理，$p^*_{n-1}(x)\in P_{n-1}$ 是 $f(x)=x^n$ 的最佳逼近多项式，即

$$\max_{-1\leqslant x\leqslant 1}|\widetilde{T}_n(x)|=\max_{p_{n-1}(x)\in P_{n-1}}\|x^n-P_{n-1}(x)\|_\infty$$

所以 $\widetilde{T}_n(x)$ 是 $[-1,1]$ 上与零偏差最小的多项式。

这个定理给出了切比雪夫多项式的一个非常重要的性质：以 $\widetilde{T}_n(x)$ 为余项的误差在整个区间 $[-1,1]$ 上的分布是均匀的。这一性质常用于求函数的近似最佳逼近多项式。

例 6-8　求 $f(x)$ 在 P_3 中的最佳一致逼近多项式：

(1) $f(x)=x^4,x\in[-1,1]$。

(2) $f(x)=x^4,x\in[0,2]$。

解：设 x^4 的三次最佳一致逼近多项式为 $p^*_3(x)$，因而 $x^4-p^*_3(x)$ 是 $[-1,1]$ 上距离零点最近的首项系数为 1 的四次多项式，故有

$$x^4-p^*_3(x)=\widetilde{T}_4(x)=\frac{1}{8}[8x^4-8x^2+1]=x^4-x^2+\frac{1}{8}$$

(1) $f(x)=x^4,x\in[-1,1]$ 的三次最佳一致逼近多项式为

$$p^*_3(x)=x^4-\left[x^4-x^2+\frac{1}{8}\right]=x^2-\frac{1}{8}$$

(2) 令 $x=t+1(-1\leqslant t\leqslant 1)$，则 $f(x)=(t+1)^4\stackrel{\text{def}}{=}g(t)$。

由 $g(t)=t^4+4t^3+6t^2+4t+1$ 在 $[-1,1]$ 上的三次最佳一致逼近多项式

$$p^*_3(t)=g(t)-\widetilde{T}_4(t)=g(t)-\frac{1}{8}\left[8t^4-8t^2+\frac{1}{8}\right]=4t^4+7t^2+4t+\frac{7}{8}$$

可知 $f(x)=x^4,x\in[0,2]$ 的三次最佳一致逼近多项式

$$p^*_3(x-1)=4(x-1)^3+7(x-1)^2+4(x-1)+\frac{7}{8}=4x^3-5x^2+2x-\frac{1}{8}$$

2. 区间 $[-1,1]$ 上的近似最佳一致逼近多项式

根据切比雪夫定理，实际上只要误差 $f(x)-p_{n-1}(x)=aT_n(x)$，那么 $p^*_{n-1}(x)\in P_n$ 就是区间 $[-1,1]$ 上多项式 $f(x)$ 的最佳一致逼近多项式，故有 $n+1$ 个正负交替的偏差点。更一般地，如果在 $[-1,1]$ 上 $f(x)-p_n(x)\approx aT_{n+1}(x)$，则 $p_n(x)\in P_n$ 可作为 $f(x)$ 在 P_n 中的近似最佳一致逼近多项式。

例如，设 $f(x)\in C[a,b]$ 的拉格朗日插值多项式为 $L_n(x)$，其余项可表示为

$$R_n(x)=f(x)-L_n(x)\approx a_{n+1}\omega_{n+1}(x)$$

如果取 $\omega_{n+1}(x)=(x-x_0)(x-x_1)\cdots(x-x_n)=\widetilde{T}_{n+1}(x)$，这时插值结点为 $\widetilde{T}_{n+1}(x)$ 的 $n+1$ 个零点

$$x_n = \cos\frac{(2k+1)\pi}{2(n+1)}, \quad k = 0,1,2,\cdots,n$$

这样构造的插值多项式 $L_n(x)$ 也可作为近似的最佳一致逼近多项式。

3. 切比雪夫展开式前 $n+1$ 项逼近 $f(x)$

更实用的方法是将 $f(x) \in C[a,b]$ 直接按 $\{T_k(x)\}_0^\infty$ 展开并用其前 $n+1$ 项部分和逼近 $f(x)$,因为 $\{T_k(x)\}_0^\infty$ 是区间 $[-1,1]$ 上带权 $\rho(x) = (1-x^2)^{-1/2}$ 正交的多项式,构造 n 次多项式 $c_n^*(x)$,其表达式为

$$c_n^*(x) = \frac{a_0^*}{2} + \sum_{k=1}^n a_k^* T_k(x)$$

其中

$$a_k^* = \frac{2}{\pi} \int_{-1}^1 \frac{f(x)T_k(x)}{\sqrt{1-x^2}}\mathrm{d}x, \quad k = 0,1,2,\cdots,n$$

可以证明,当 $f(x) \in C[a,b]$ 时,

$$\lim_{n\to\infty} \| f(x) - c_n^*(x) \|_\infty = 0$$

因此可得

$$f(x) - c_n^*(x) \approx a_{k+1}^* T_{k+1}(x)$$

也就是说,以 $c_n^*(x)$ 逼近 $f(x)$ 的误差近似于 $a_{k+1}^* T_{k+1}(x)$,是均匀分布的,所以,$c_n^*(x)$ 是 $f(x)$ 在 $[-1,1]$ 上的近似最佳一致逼近多项式。

例 6-9 用切比雪夫多项式展开构造 $f(x) = \mathrm{e}^x, x \in C[-1,1]$ 的近似最佳一致逼近多项式。

按切比雪夫多项式 $\{T_k(x)\}_0^\infty$ 展开

$$a_k^* = \frac{2}{\pi} \int_{-1}^1 \frac{\mathrm{e}^x T_1(x)}{\sqrt{1-x^2}}\mathrm{d}x = \frac{2}{\pi} \int_{-1}^1 \mathrm{e}^{\cos\theta} \cos j\theta \,\mathrm{d}\theta$$

可以通过数值积分求得表 6-6 所示数值。

表 6-6 切比雪夫展开多项式系数

k	0	1	2	3	4	5
a_k^*	2.532 131 76	1.130 318 21	0.271 495 34	0.044 336 85	0.005 474 24	0.000 542 93

可以看出,a_4^*、a_5^* 已经很小了,故只需考虑使用三次切比雪夫多项式。

$$
\begin{aligned}
c_3^*(t) &= \frac{a_0^*}{2} + a_1^* T_1(x) + a_2^* T_2(x) + a_3^* T_3(x) \\
&= 1.266\,066 + 1.130\,318 T_1(x) + 0.271\,495 T_2(x) + 0.044\,336\,9 T_3(x) \\
&= 0.994\,571 + 0.997\,308x + 0.542\,991x^2 + 0.177\,347x^3
\end{aligned}
$$

计算 $c_n^*(x)$ 与 $f(x)$ 的误差

$$\max_{-1\leqslant x\leqslant 1} | \mathrm{e}^x - c_n^*(x) | = | \mathrm{e}^x - c_n^*(x) |_{x=1} \approx | 2.718\,282 - 2.712\,217 | = 0.006\,065$$

如果使用泰勒展开,取其展开式前 4 项,则有

$$P_4(x) = 1 + x + \frac{1}{2}x^2 + \frac{1}{6}x^3$$

计算 $P_4(x)$与 $f(x)$的误差

$$\max_{-1\leqslant x\leqslant 1} |\mathrm{e}^x - P_4(x)| = |\mathrm{e}^x - P_4(x)|_{x=1} \approx |2.718\,282 - 2.712\,217| = 0.051\,533$$

可见,切比雪夫多项式展开来逼近函数要好得多。

6.5 最佳平方逼近

设 $f(x)\in C[a,b]$,如果存在 $s^*(x)\in \Phi$,使

$$\int_a^b \rho(x)\,[f(x)-s^*(x)]^2\mathrm{d}x = \min_{s(x)\in\Phi}\int_a^b \rho(x)\,[f(x)-s(x)]^2\mathrm{d}x$$

则称 $s^*(x)$是 $f(x)$在集合 Φ 中的最佳平方逼近函数。

如果 $\Phi=P_n=\mathrm{span}\{1,x,\cdots,x^n\}$,则满足上述定义的 $s^*(x)$是 $f(x)$的 n 次最佳平方逼近多项式。可以证明:

$f(x)\in C[a,b]$在 Φ 中存在唯一的最佳平方逼近函数 $s^*(x)$。

1. 构造函数 $s^*(x)$

利用已知条件,借助多元函数求极值,可以构造出唯一的函数 $s^*(x)$。

由定义知,求 $s^*(x)\in\Phi$ 等价于求多元函数 $I(a_0,a_1,\cdots,a_n)$的极小值。其中

$$I(a_0,a_1,\cdots,a_n)=\int_a^b \rho(x)\left(\sum_{j=0}^n a_j\varphi_j(x)-f(x)\right)^2\mathrm{d}x$$

是关于 $a_0,a_1,\cdots,a_n$ 的二次函数。由多元函数取极值的必要条件,得

$$\frac{\partial I}{\partial a_k}=2\int_a^b \rho(x)\left(\sum_{j=0}^n a_j\varphi_j(x)-f(x)\right)\varphi_k(x)\mathrm{d}x,\quad k=0,1,2,\cdots,n$$

故有

$$\sum_{j=0}^n(\varphi_j,\varphi_k)a_j=(f,\varphi_k),\quad k=0,1,2,\cdots,n$$

这是关于 $a_0,a_1,\cdots,a_n$ 的线性方程组,称为法方程。

因为 $\varphi_0,\varphi_1,\cdots,\varphi_n$ 线性无关,法方程组的系数矩阵 $\boldsymbol{G}_n$ 非奇异,故此方程组有唯一解

$$a_k=a_k^*,\quad k=0,1,2,\cdots,n$$

故有

$$s^*(x)=a_0^*\varphi_0(x)+a_1^*\varphi_1(x)+\cdots+a_n^*\varphi_n(x)$$

这就是 Φ 中唯一的最佳平方逼近函数。

2. 最佳平方逼近函数 $p_n^*(x)$

作为特例,取 $\varphi_n(x)=x^k,k=0,1,2,\cdots,n,f(x)\in C[0,1],\rho(x)=1$,在

$$\Phi=P_n=\mathrm{span}\{1,x,x^2,\cdots,x^n\}$$

上的最佳平方逼近多项式为

$$p_n^*(x)=a_0^*+a_1^*x+a_2^*x^2+\cdots+a_n^*x^n$$

由于

$$(\varphi_j,\varphi_k)=\int_0^1 x^{j+k}\mathrm{d}x=\frac{1}{j+k+1},\quad j,k=0,1,2,\cdots,n$$

$$(f,\varphi_k)=\int_0^1 f(x)x^k\mathrm{d}x=\mathrm{d}k,\quad k=0,1,2,\cdots,n$$

相应的法方程的系数矩阵 $\boldsymbol{G}_n$ 记为 $G_{n+1}=G(1,x,x^2,\cdots,x^n)$，即

$$\boldsymbol{H}_{n+1}=\begin{pmatrix} 1 & \dfrac{1}{2} & \cdots & \dfrac{1}{n+1} \\ \dfrac{1}{2} & \dfrac{1}{3} & \cdots & \dfrac{1}{n+2} \\ \vdots & \vdots & \ddots & \vdots \\ \dfrac{1}{n+1} & \dfrac{1}{n+2} & \cdots & \dfrac{1}{2n+1} \end{pmatrix} \equiv (h_{ij})(n+1)(n+1)$$

其中，$h_{ij}=\dfrac{1}{i+j-1}$，$\boldsymbol{H}_{n+1}$ 称为希尔伯特(Hilbert)矩阵。

记 $\boldsymbol{a}=(a_0,a_1,\cdots,a_n)^{\mathrm{T}}$，$\boldsymbol{d}=(d_0,d_1,\cdots,d_n)^{\mathrm{T}}$，则法方程为

$$H_{n+1}\boldsymbol{a}=\boldsymbol{d}$$

其解为 $a_k=a_k^*$，$k=0,1,2,\cdots,n$，这就得到了最佳平方逼近多项式 $p_n^*(x)$。

例 6-10 用勒让德展开求 $f(x)=\sqrt{1+x^2}$，$x\in C[0,1]$ 求一次最佳平方逼近多项式

$$p_1^*(x)=a_0^*+a_1^*x$$

解：求得

$$d_0=\int_0^1\sqrt{1+x^2}\,\mathrm{d}x=\frac{1}{2}\ln(1+\sqrt{2})+\frac{\sqrt{2}}{2}\approx 1.147$$

$$d_1=\int_0^1\sqrt{1+x^2}\,x\,\mathrm{d}x=\frac{2\sqrt{2}-1}{3}\approx 0.609$$

因而法方程为

$$\begin{bmatrix} 1 & \dfrac{1}{2} \\ \dfrac{1}{2} & \dfrac{1}{3} \end{bmatrix}\begin{bmatrix} a_0 \\ a_1 \end{bmatrix}=\begin{bmatrix} 1.147 \\ 0.609 \end{bmatrix}$$

求得解为 $a_0^*=0.934$，$a_1^*=0.426$，故得一次最佳平方逼近多项式为

$$p_1^*(x)=0.934+0.426x$$

因为 $\boldsymbol{H}_{n+1}$ 是病态矩阵，在 $n\geq 3$ 时直接解法方程的误差很大，故当 $\varphi_k(x)=x^k$，$k=0,1,2,\cdots,n$，解法方程方法只适合 $n\leq 2$ 时的情形。当 $n\geq 3$ 时，可用正交多项式作 Φ 的基的方法求解最佳平方逼近多项式。

3. 正交多项式平方逼近

设 $f(x)\in C[a,b]$，$\Phi=\mathrm{span}(\varphi_0,\varphi_1,\cdots,\varphi_n)$，如果 $\varphi_0(x),\varphi_1(x),\cdots,\varphi_n(x)$ 为正交函数系，则当 $i\neq j$ 时，$(\varphi_i,\varphi_j)=0$ 且 $(\varphi_j,\varphi_j)>0$，故法方程的系数矩阵为非奇异三角阵。法方程的解为

$$a_k^*=\frac{(f,\varphi_k)}{(\varphi_k,\varphi_k)},\quad k=0,1,2,\cdots,n$$

因而 $f(x)$ 在 Φ 中的最佳平方逼近函数为

$$s^*(x)=\sum_{k=0}^n\frac{(f,\varphi_k)}{(\varphi_k,\varphi_k)}\varphi_k(x)$$

该式称为 $f(x)$ 的广义傅里叶(Fourier)展开,而相应的系数 a_k^* 称为广义傅里叶系数。

特殊地,设 $[a,b]=[-1,1]$,$\rho=1$,这时的正交多项式为勒让德多项式。取

$$\Phi=\mathrm{span}(P_0(x),P_1(x),\cdots,P_n(x))$$

则由广义傅里叶展开式,可得 $f(x)$ 的最佳平方逼近多项式为

$$s_n^*=\sum_{k=0}^n a_k^* P_k(x)$$

其中

$$a_k^*=\frac{(f,P_k)}{(P_k,P_k)}=\frac{k+1}{2}\int_{-1}^1 f(x)P_k(x)\mathrm{d}x$$

这里求得的最佳平方逼近多项式 $s_n^*(x)$ 与直接由 $\{1,x,\cdots,x^n\}$ 为基求得的 $p_n^*(x)$ 是一致的,但这里不必求解病态法方程。

例 6-11 用勒让德正交多项式求 $f(x)=\mathrm{e}^x$,$x\in[-1,1]$ 的最佳平方逼近多项式(取 $n=1,3$)。

解:为了求解最佳平方逼近多项式,先计算

$$(f,P_0)=\int_{-1}^1 \mathrm{e}^x\mathrm{d}x=\mathrm{e}-\frac{1}{\mathrm{e}}\approx 2.3504$$

$$(f,P_1)=\int_{-1}^1 x\mathrm{e}^x\mathrm{d}x=2\mathrm{e}^{-1}\approx 0.753\,58$$

$$(f,P_2)=\int_{-1}^1 \left(\frac{3}{2}x^2-\frac{1}{2}\right)\mathrm{e}^x\mathrm{d}x=\mathrm{e}-7\mathrm{e}^{-1}\approx 0.1431$$

$$(f,P_3)=\int_{-1}^1 \left(\frac{5}{2}x^3-\frac{3}{2}x\right)\mathrm{e}^x\mathrm{d}x=37\mathrm{e}^{-1}-5\mathrm{e}\approx 0.020\,13$$

再计算各次项系数

$$a_0^*=1.1752,\quad a_1^*=1.1036,\quad a_2^*=0.3578,\quad a_3^*=0.070\,46$$

求得最佳平方逼近多项式

$$s_1^*=1.1752+1.1036x$$

$$s_3^*=0.9963+0.9979x+0.5367x^2+0.1761x^3$$

如果所给区间并非 $[-1,1]$,而是一般的有限区间 $[a,b]$,则可通过变量替换

$$x=\frac{a+b}{2}+\frac{b-a}{2}t$$

将其转化为区间 $[-1,1]$ 上的情况来计算。

习 题 6

1. 勒让德多项式是_____区间上权函数为_____的正交多项式;切比雪夫多项式是_____区间上权函数为_____的正交多项式。

2. n 次第一类切比雪夫多项式在区间 $[-1,1]$ 上有_____个零点;_____个极值点。

3. 给定数据表如表 6-7 所示。

表 6-7　习题 6 第 3 题数据表

x_i	0.1	0.2	0.3	0.4	0.5	0.6	0.7	0.8	0.9
y_i	5.1234	5.3057	5.5687	5.9378	6.4370	7.0978	7.9493	9.0253	10.3627

求最小二乘拟合二次多项式。

4. 用最小二乘法构造一个形如 $y=a+bx^2$ 的经验公式,拟合如表 6-8 所示数据,并计算其均方误差。

表 6-8　习题 6 第 4 题数据表

x_i	19	25	31	38	44
y_i	19.0	32.3	49.0	73.3	97.8

5. 用如表 6-9 所示数据构造一次多项式 $y=ax+b$。

表 6-9　习题 6 第 5 题数据表

x_i	-2	-1	0	1	2
y_i	0	0.2	0.5	0.8	1

6. 证明:如果用最小二乘法使一条直线拟合数据表 (x_i,y_i),那么这条直线必然通过点 (x^*,y^*),其中 x^* 为 x_i 的平均值,y^* 为 y_i 的平均值。

7. 求函数 $y=\sqrt{x}$ 在区间 $\left[\dfrac{1}{4},1\right]$ 上的最小二乘一次式。

8. 证明:如果用最小二乘法使一条直线拟合数据表 (x_i,y_i),那么这条直线必然通过点 (x^*,y^*),其中 x^* 为 x_i 的平均值,y^* 为 y_i 的平均值。

9. 求下列函数在区间 $[-1,1]$ 上的线性最佳一致逼近多项式。

(1) $f(x)=x^2+3x-5$;

(2) $f(x)=\mathrm{e}^x$。

10. 求函数 $f(x)=\sqrt{x}$ 在区间 $\left[0,\dfrac{1}{4}\right]$ 上的最佳一致逼近一次式。

11. 求函数 $f(x)=\ln x$ 在区间 $[1,2]$ 上的近似最佳一致逼近二次式。

12. 求函数 $f(x)=\sqrt{1+x}$ 在区间 $[0,1]$ 上的最佳平方逼近一次式。

第7章 矩阵特征值计算

CHAPTER

振动问题、稳定性问题和许多工程实际问题的求解,最终归结为求某些矩阵的特征值与特征向量的问题。求矩阵特征值通常有两类方法,一类是先求出矩阵的特征多项式,再求特征多项式的根,即得矩阵的特征值。由于高次多项式求根问题有特殊的困难,而且重根的计算精度较低,因此用特征多项式求特征值的方法,从数值计算的角度来看,不是很好的方法。另一类是迭代法,它不通过特征多项式,而是将特征值和特征向量作为一个无限序列的极限来求得,舍入误差对这类方法的影响较小,但是工作量较大。

根据具体问题的需要,有时只需计算一个绝对值最大的特征值,有时则要计算绝对值最小的特征值,或计算几个绝对值较大的特征值,或全部特征值。本章介绍乘幂法、反幂法、雅可比算法及 QR 方法求矩阵 A 的特征值与相应的特征向量。

7.1 矩阵的特征值与特征向量

首先回顾在"线性代数"课程中学习过的矩阵的特征值与特征向量的相关概念与重要结论。

7.1.1 特征值与特征向量的概念

设 A 是一个实数构成的 n 阶矩阵,λ 是一个数。如果存在一个不包含零的 n 维列向量 $\boldsymbol{\alpha}$,使得

$$\boldsymbol{A\alpha} = \lambda\boldsymbol{\alpha}$$

成立,则称 λ 是 A 的一个**特征值**,$\boldsymbol{\alpha}$ 是 A 的属于特征值 λ 的**特征向量**。

例如,对于矩阵 $\boldsymbol{A} = \begin{pmatrix} 1 & -2 & 2 \\ -2 & -2 & 4 \\ 2 & 4 & -2 \end{pmatrix}$ 与向量 $\boldsymbol{\alpha} = \begin{pmatrix} 2 \\ 0 \\ 1 \end{pmatrix}$,因为

$$\boldsymbol{A\alpha} = \begin{pmatrix} 1 & -2 & 2 \\ -2 & -2 & 4 \\ 2 & 4 & -2 \end{pmatrix} \begin{pmatrix} 2 \\ 0 \\ 1 \end{pmatrix} = \begin{pmatrix} 1\times2+(-2)\times0+2\times1 \\ -2\times2+(-2)\times0+4\times1 \\ 2\times2+4\times0+(-2)\times1 \end{pmatrix} = \begin{pmatrix} 4 \\ 0 \\ 2 \end{pmatrix} = 2\begin{pmatrix} 2 \\ 0 \\ 1 \end{pmatrix} = 2\boldsymbol{\alpha}$$

可见,$\lambda=2$ 是 $\boldsymbol{A}$ 的一个特征值,$\boldsymbol{\alpha}=(2,0,1)^{\mathrm{T}}$ 是 $\boldsymbol{A}$ 的属于特征值 $\lambda=2$ 的特征向量。

1. 方阵的特征方程与特征多项式

设 $\boldsymbol{\alpha}=\begin{pmatrix}b_1\\b_2\\\vdots\\b_n\end{pmatrix},b_i\neq 0,i=1,2,\cdots,n$ 是矩阵 $\boldsymbol{A}=\begin{pmatrix}a_{11}&a_{12}&\cdots&a_{1n}\\a_{21}&a_{22}&\cdots&a_{2n}\\\vdots&\vdots&\ddots&\vdots\\a_{n1}&a_{n2}&\cdots&a_{nn}\end{pmatrix}$ 的属于特征值 λ_0 的

特征向量,那么 $\boldsymbol{A}\boldsymbol{\alpha}=\lambda_0\boldsymbol{\alpha}$ 成立。即有

$$\begin{pmatrix}a_{11}&a_{12}&\cdots&a_{1n}\\a_{21}&a_{22}&\cdots&a_{2n}\\\vdots&\vdots&\ddots&\vdots\\a_{n1}&a_{n2}&\cdots&a_{nn}\end{pmatrix}\begin{pmatrix}b_1\\b_2\\\vdots\\b_n\end{pmatrix}=\lambda_0\begin{pmatrix}b_1\\b_2\\\vdots\\b_n\end{pmatrix}$$

整理可得

$$\begin{cases}(a_{11}-\lambda_0)b_1+a_{12}b_2+\cdots+a_{1n}b_n=0\\a_{21}b_1+(a_{22}-\lambda_0)b_2+\cdots+a_{2n}b_n=0\\\qquad\vdots\\a_{n1}b_1+a_{n2}b_2+\cdots+(a_{nn}-\lambda_0)b_n=0\end{cases}$$

可见,$\boldsymbol{\alpha}$ 是齐次线性方程组 $(\boldsymbol{A}-\lambda_0\boldsymbol{E})x=0$ 的一个非零解,即

$$\begin{cases}(a_{11}-\lambda_0)x_1+a_{12}x_2+\cdots+a_{1n}x_n=0\\a_{21}x_1+(a_{22}-\lambda_0)x_2+\cdots+a_{2n}x_n=0\\\qquad\vdots\\a_{n1}x_1+a_{n2}x_2+\cdots+(a_{nn}-\lambda_0)x_n=0\end{cases}$$

的一个非零解。

从而,该齐次线性方程组的系数行列式等于零,即

$$|\boldsymbol{A}-\lambda_0\boldsymbol{E}|=0$$

由此可见,方程 $|\boldsymbol{A}-\lambda\boldsymbol{E}|=0$ 的解(也称根)是 n 阶方阵 $\boldsymbol{A}$ 的特征值,故称 $|\boldsymbol{A}-\lambda\boldsymbol{E}|=0$ 为 $\boldsymbol{A}$ 的**特征方程**,称 $|\boldsymbol{A}-\lambda\boldsymbol{E}|$ 为 $\boldsymbol{A}$ 的**特征多项式**。n 阶方阵 $\boldsymbol{A}$ 的属于特征值 λ 的特征向量 $\boldsymbol{\alpha}$ 是相应的齐次线性方程组 $(\boldsymbol{A}-\lambda\boldsymbol{E})x=0$ 的非零解。

2. 求解方阵特征值与特征向量的方法

通过方阵 $\boldsymbol{A}$ 的特征方程求解其特征值与特征向量的一般方法如下。

(1) 计算方阵 $\boldsymbol{A}$ 的特征方程 $|\boldsymbol{A}-\lambda\boldsymbol{E}|=0$ 在实数域上的全部解,即得 $\boldsymbol{A}$ 的全部特征值。

(2) 对于每个特征值 λ_0,求出相应的齐次线性方程组 $(\boldsymbol{A}-\lambda_0\boldsymbol{E})x=0$ 的非零解,即得属于 λ_0 的特征向量。

例 7-1 设 $\boldsymbol{A}=\begin{pmatrix}0&1&1\\1&0&1\\1&1&0\end{pmatrix}$,求矩阵 $\boldsymbol{A}$ 的特征值与特征向量。

解:矩阵 $\boldsymbol{A}$ 的特征多项式为

$$|\boldsymbol{A}-\lambda\boldsymbol{E}|=\begin{vmatrix}-\lambda&1&1\\1&-\lambda&1\\1&1&-\lambda\end{vmatrix}\xlongequal[r_3+r_1]{r_2+r_1}(2-\lambda)\begin{vmatrix}1&1&1\\1&-\lambda&1\\1&1&-\lambda\end{vmatrix}$$

$$\xrightarrow[\underline{\quad\quad}]{\substack{r_2-r_1\\ r_3-r_1}}(2-\lambda)\begin{vmatrix}1 & 1 & 1\\ 0 & -1-\lambda & 0\\ 0 & 0 & -1-\lambda\end{vmatrix}=(2-\lambda)(1+\lambda)^2$$

特征方程 $|A-\lambda E|=0$ 的解为 $2,-1$(二重),所以 A 的全部特征值为 $\lambda_1=2,\lambda_2=\lambda_3=-1$。

取 $\lambda_1=2$,解齐次线性方程组 $(A-2E)x=0$,即

$$\begin{cases}-2x_1+x_2+x_3=0\\ x_1-2x_2+x_3=0\\ x_1+x_2-2x_3=0\end{cases}$$

因为

$$\begin{pmatrix}-2 & 1 & 1\\ 1 & -2 & 1\\ 1 & 1 & -2\end{pmatrix}\xrightarrow{r}\begin{pmatrix}1 & 0 & -1\\ 0 & 1 & -1\\ 0 & 0 & 0\end{pmatrix}$$

秩 $R(A-2E)=2$,得基础解系

$$\boldsymbol{\alpha}_1=\begin{pmatrix}1\\ 1\\ 1\end{pmatrix}$$

故属于 $\lambda_1=2$ 的全部特征向量为 $\boldsymbol{\alpha}=k_1\boldsymbol{\alpha}_1$,其中 k_1 为任意非零的常数。

取 $\lambda_2=\lambda_3=-1$,解齐次线性方程组 $(A+E)x=0$,即

$$\begin{cases}x_1+x_2+x_3=0\\ x_1+x_2+x_3=0\\ x_1+x_2+x_3=0\end{cases}$$

因为

$$\begin{pmatrix}1 & 1 & 1\\ 1 & 1 & 1\\ 1 & 1 & 1\end{pmatrix}\xrightarrow{r}\begin{pmatrix}1 & 1 & 1\\ 0 & 0 & 0\\ 0 & 0 & 0\end{pmatrix}$$

秩 $R(A+E)=1$,得基础解系

$$\boldsymbol{\alpha}_2=\begin{pmatrix}-1\\ 1\\ 0\end{pmatrix},\quad \boldsymbol{\alpha}_3=\begin{pmatrix}-1\\ 0\\ 1\end{pmatrix}$$

故属于 $\lambda_2=\lambda_3=-1$ 的全部特征向量为 $\boldsymbol{\alpha}=k_2\boldsymbol{\alpha}_2+k_3\boldsymbol{\alpha}_3$,其中 k_2、k_3 为任意不全为零的常数。

例 7-2　设 $A=\begin{pmatrix}2 & -1 & 1\\ 0 & 1 & 1\\ -1 & 1 & 1\end{pmatrix}$,求矩阵 A 的特征值与特征向量。

解：矩阵 A 的特征多项式为

$$|A-\lambda E|=\begin{vmatrix}2-\lambda & -1 & 1\\ 0 & 1-\lambda & 1\\ -1 & 1 & 1-\lambda\end{vmatrix}\xrightarrow{r_1+(2-\lambda)r_3}\begin{vmatrix}0 & 1-\lambda & \lambda^2-3\lambda+3\\ 0 & 1-\lambda & 1\\ -1 & 1 & 1-\lambda\end{vmatrix}$$

$$= -(1-\lambda)\begin{vmatrix} 1 & \lambda^2 - 3\lambda + 3 \\ 1 & 1 \end{vmatrix} = -(\lambda-2)(\lambda-1)^2$$

特征方程 $|A-\lambda E|=0$ 的解为 $2,1$(二重),所以 A 的全部特征值为 $\lambda_1=2,\lambda_2=\lambda_3=1$。

取 $\lambda_1=2$,解齐次线性方程组 $(A-2E)x=0$,即

$$\begin{cases} -x_2+x_3=0 \\ -x_2+x_3=0 \\ -x_1+x_2-x_3=0 \end{cases}$$

因为

$$\begin{pmatrix} 0 & -1 & 1 \\ 0 & -1 & 1 \\ -1 & 1 & -1 \end{pmatrix} \xrightarrow{r} \begin{pmatrix} 1 & 0 & 0 \\ 0 & 1 & -1 \\ 0 & 0 & 0 \end{pmatrix}$$

秩 $R(A-2E)=2$,得基础解系

$$\alpha_1 = \begin{pmatrix} 0 \\ 1 \\ 1 \end{pmatrix}$$

故属于 $\lambda_1=2$ 的全部特征向量为 $\alpha=k_1\alpha_1$,其中 k_1 为任意非零的常数。

取 $\lambda_2=\lambda_3=1$,解齐次线性方程组 $(A-E)x=0$,即

$$\begin{cases} x_1-x_2+x_3=0 \\ x_3=0 \\ -x_1+x_2=0 \end{cases}$$

因为

$$\begin{pmatrix} 1 & -1 & 1 \\ 0 & 0 & 1 \\ -1 & 1 & 0 \end{pmatrix} \xrightarrow{r} \begin{pmatrix} 1 & -1 & 0 \\ 0 & 0 & 1 \\ 0 & 0 & 0 \end{pmatrix}$$

秩 $R(A-E)=2$,得基础解系

$$\alpha_2 = \begin{pmatrix} 1 \\ 1 \\ 0 \end{pmatrix}$$

故属于 $\lambda_2=\lambda_3=-1$ 的全部特征向量为 $\alpha=k_2\alpha_2$,其中 k_2 为任意非零的常数。

7.1.2 特征值与特征向量的相关结论

下面列出在"线性代数"课程中学到的方阵的特征值与特征向量的一些重要结论。

(1) 若 α_1 与 α_2 都是矩阵 A 的特征值 λ 的特征向量,则 α_1 与 α_2 的非零的线性组合 $k_1\alpha_1+k_2\alpha_1$(k_1、k_2 为不同时为零的实数)仍是特征值 λ 的特征向量。

(2) 属于不同特征值的特征向量是线性无关的,并且当 λ 是矩阵 A 的 k 重特征值时,属于 λ 的线性无关的特征向量的个数不超过 λ 的重数 k。

(3) 设矩阵 $A=(a_{ij})_{n\times n}$ 的特征值为 $\lambda_1,\lambda_2,\cdots,\lambda_n$,则 ① $\sum_{i=1}^{n}\lambda_i=\sum_{i=1}^{n}a_{ii}$(称为 A 的迹);

② $\prod\limits_{i=1}^{n}\lambda_i=|\boldsymbol{A}|$。

(4) 方阵 $\boldsymbol{A}$ 与 $\boldsymbol{A}^{\mathrm{T}}$ 具有相同的特征多项式,从而有相同的特征值,但是它们的特征向量可能不相同。

(5) 方阵 $\boldsymbol{A}$ 可逆的充要条件为 $\boldsymbol{A}$ 的所有特征值不为零。

(6) 若方阵 $\boldsymbol{A}$ 可逆则 $\boldsymbol{A}^{-1}$ 的特征值为 $\dfrac{1}{\lambda_1},\dfrac{1}{\lambda_2},\cdots,\dfrac{1}{\lambda_n}$。

(7) 若方阵 $\boldsymbol{A}$ 可逆则其伴随矩阵 $\boldsymbol{A}^*$ 的特征值为 $\dfrac{|A|}{\lambda_1},\dfrac{|A|}{\lambda_2},\cdots,\dfrac{|A|}{\lambda_n}$。

(8) 若 λ 是方阵 $\boldsymbol{A}$ 的特征值,则对于任何正整数 k,λ^k 是 $\boldsymbol{A}^k$ 的特征值。

(9) 若 λ 是方阵 $\boldsymbol{A}$ 的特征值,则 $\varphi(\lambda)$ 是 $\varphi(\boldsymbol{A})$ 的特征值,其中 $\varphi(\lambda)=a_0+a_1\lambda+a_2\lambda^2\cdots+a_n\lambda^n$ 是 λ 的多项式,$\varphi(\boldsymbol{A})=a_0\boldsymbol{E}+a_1\boldsymbol{A}+a_2\boldsymbol{A}^2+\cdots+a_n\boldsymbol{A}^n$ 是 $\boldsymbol{A}$ 的多项式。

(10) 若 λ 是方阵 $\boldsymbol{A}$ 的特征值,当 $\boldsymbol{A}$ 可逆时,$\varphi(\lambda^{-1})=a_0+a_1\lambda^{-1}+a_2\lambda^{-2}+\cdots+a_n\lambda^{-n}$ 是 $\varphi(\boldsymbol{A}^{-1})=a_0\boldsymbol{E}+a_1\boldsymbol{A}^{-1}+a_2\boldsymbol{A}^{-2}+\cdots+a_n\boldsymbol{A}^{-n}$ 的特征值。

7.2　乘幂法和反幂法

有些实际问题往往不需要求出所有的特征值,只需要绝对值最大的特征值或绝对值最小的特征值。乘幂法是计算一个矩阵的绝对值最大的特征值及其特征向量的迭代法,反幂法是计算矩阵的绝对值最小的特征值及其特征向量的迭代法。

7.2.1　乘幂法

乘幂法的优点是算法简单,容易利用计算机编程实现,缺点是收敛速度较慢,其有效性依赖于矩阵特征值的分布情况。

1. 乘幂法的基本思想

若要求一个 n 阶矩阵 $\boldsymbol{A}$ 的特征值和特征向量,先任取一个初始向量 $\boldsymbol{X}^{(0)}$,构造如下序列:

$$\boldsymbol{X}^{(0)},\boldsymbol{X}^{(1)}=\boldsymbol{A}\boldsymbol{X}^{(0)},\boldsymbol{X}^{(2)}=\boldsymbol{A}\boldsymbol{X}^{(1)},\cdots,\boldsymbol{X}^{(k)}=\boldsymbol{A}\boldsymbol{X}^{(k-1)},\cdots \qquad (7\text{-}1)$$

当 k 增大时,序列的收敛情况与绝对值较大的特征值有密切关系,分析这个序列的极限,即可求出绝对值最大的特征值和相应的特征向量。

2. 乘幂法的具体过程

假定矩阵 $\boldsymbol{A}$ 的特征向量系是完全的。$\boldsymbol{A}$ 的 n 个特征值按绝对值的大小排列如下:

$$|\lambda_1|\geqslant|\lambda_2|\geqslant\cdots\geqslant|\lambda_n|$$

其相应的特征向量为

$$\boldsymbol{\alpha}_1,\boldsymbol{\alpha}_2,\cdots,\boldsymbol{\alpha}_n$$

它们是 n 维特征向量空间的一组基。

初始向量 $\boldsymbol{X}^{(0)}$ 可以表示为

$$\boldsymbol{X}^{(0)}=a_1\boldsymbol{\alpha}_1+a_2\boldsymbol{\alpha}_2+\cdots+a_n\boldsymbol{\alpha}_n$$

其中,$a_1,a_2,\cdots,a_n$ 是不全为零的实数。

因此,构造的向量序列有

$$\boldsymbol{X}^{(k)} = A\boldsymbol{X}^{(k-1)} = A^2\boldsymbol{X}^{(k-2)} = \cdots = A^{k-1}\boldsymbol{X}^{(1)} = A^k\boldsymbol{X}^{(0)}, \quad k = 1,2,\cdots$$

进一步,由 λ_i 为 A 的特征值则 λ_i^k 为 A^k 的特征值,可得

$$\begin{aligned}
\boldsymbol{X}^{(k)} &= A^k\boldsymbol{X}^{(0)} \\
&= A^k(a_1\boldsymbol{\alpha}_1 + a_2\boldsymbol{\alpha}_2 + \cdots + a_n\boldsymbol{\alpha}_n) \\
&= a_1 A^k\boldsymbol{\alpha}_1 + a_2 A^k\boldsymbol{\alpha}_2 + \cdots + a_n A^k\boldsymbol{\alpha}_n \\
&= a_1\lambda_1^k\boldsymbol{\alpha}_1 + a_2\lambda_2^k\boldsymbol{\alpha}_2 + \cdots + a_n\lambda_n^k\boldsymbol{\alpha}_n \\
&= \lambda_1^k\left(a_1\boldsymbol{\alpha}_1 + a_2\frac{\lambda_2^k}{\lambda_1^k}\boldsymbol{\alpha}_2 + \cdots + a_n\frac{\lambda_n^k}{\lambda_1^k}\boldsymbol{\alpha}_n\right)
\end{aligned}$$

下面分两种情形分别讨论。

(1) λ_1 是单实根。

① 若 $a_1 \neq 0$,因为 $\left|\dfrac{\lambda_i}{\lambda_1}\right| < 1 (i = 2,3,\cdots,n)$,可得

$$\lim_{k \to \infty} \frac{\boldsymbol{X}^{(k)}}{\lambda_1^k} = a_1\boldsymbol{\alpha}_1$$

故当 k 充分大时,有

$$\boldsymbol{X}^{(k)} = \lambda_1^k(a_1\boldsymbol{\alpha}_1 + \boldsymbol{\varepsilon}_k)$$

其中,$\boldsymbol{\varepsilon}_k$ 为一个可以忽略的无穷小量。向量序列按方向收敛于 $\boldsymbol{\alpha}_1$(λ_1 的特征向量),收敛速度取决于 $\left|\dfrac{\lambda_2}{\lambda_1}\right|$,这个比值称为**收敛率**。

进一步,记 $\boldsymbol{X}_i^{(k)}$ 为向量 $\boldsymbol{X}^{(k)}$ 的第 i 个分量,则 $\boldsymbol{X}^{(k+1)}$ 与 $\boldsymbol{X}^{(k)}$ 对应的分量比为

$$\frac{\boldsymbol{X}_i^{(k+1)}}{\boldsymbol{X}_i^{(k)}} = \lambda_1 \frac{\left(a_1\boldsymbol{\alpha}_1 + \left(\frac{\lambda_2}{\lambda_1}\right)^{k+1}a_2\boldsymbol{\alpha}_2 + \cdots + \left(\frac{\lambda_n}{\lambda_1}\right)^{k+1}a_n\boldsymbol{\alpha}_n\right)_i}{\left(a_1\boldsymbol{\alpha}_1 + \left(\frac{\lambda_2}{\lambda_1}\right)^{k}a_2\boldsymbol{\alpha}_2 + \cdots + \left(\frac{\lambda_n}{\lambda_1}\right)^{k}a_n\boldsymbol{\alpha}_n\right)_i}$$

故有

$$\lim_{k \to \infty} \frac{\boldsymbol{X}_i^{(k+1)}}{\boldsymbol{X}_i^{(k)}} = \lambda_1$$

从而,当 k 充分大时,有

$$\lambda_1 \approx \frac{\boldsymbol{X}_i^{(k+1)}}{\boldsymbol{X}_i^{(k)}}, \quad i = 1,2,\cdots n$$

可见,由向量序列分量比的极限可求得绝对值最大的特征值,它的收敛率仍是 $\left|\dfrac{\lambda_2}{\lambda_1}\right|$,比值越小,收敛越快。当比值接近于 1 时,收敛很慢。

② 若 $a_1 = 0$,由于计算过程的舍入误差,必将引入在 $\boldsymbol{\alpha}_1$ 方向上的微小分量,这一分量随着迭代过程的进展而逐渐成为主导,其收敛情况最终将与 $a_1 \neq 0$ 时的情形相同。

上述过程有一个严重的缺陷,当 $|\lambda_1| > 1$ 或 $|\lambda_1| < 1$ 时,向量序列 $\boldsymbol{X}^{(k)}$ 中,不为零的分量将会随着 k 的增大而无限增大或随着 k 的增大而趋于零,用计算机计算就会出现"上溢"或"下溢"。为了避免此种情况发生,在实际计算时,每步迭代都要进行规范化,即用 $\boldsymbol{X}^{(k)}$ 的绝对值最大的分量 $\max\limits_{1 \leqslant i \leqslant n}|\boldsymbol{X}_i^{(k)}|$ 遍除 $\boldsymbol{X}^{(k)}$ 的每一个分量,从而得到规范化的向量,此向量的各分

量都在$[-1,1]$中。

于是得到如下方法,称为**乘幂法**。

给出任意一个初始向量$\boldsymbol{X}^{(0)}$,反复计算

$$\begin{cases} \boldsymbol{Y}^{(k)} = \boldsymbol{A}\boldsymbol{X}^{(k-1)} \\ \boldsymbol{m}^{(k)} = \max_{1 \leqslant i \leqslant n} \boldsymbol{Y}_i^{(k)}, \quad k = 1, 2, \cdots \\ \boldsymbol{X}^{(k)} = \boldsymbol{Y}^{(k)} / \boldsymbol{m}^{(k)} \end{cases} \tag{7-2}$$

按照该算法将有

$$\lim_{k \to \infty} \boldsymbol{X}^{(k)} = \frac{\boldsymbol{\alpha}_1}{\max(\boldsymbol{\alpha}_1)}, \quad \max(\boldsymbol{\alpha}_1) \text{ 为 } \boldsymbol{\alpha}_1 \text{ 的最大分量}$$

$$\lim_{k \to \infty} \boldsymbol{m}^{(k)} = \lambda_1$$

从而,当k充分大时

$$\begin{cases} \boldsymbol{X}^{(k)} \approx \boldsymbol{\alpha}_1 \\ \max_{1 \leqslant i \leqslant n} |\boldsymbol{X}_i^{(k)}| \approx |\lambda_1| \end{cases} \tag{7-3}$$

例 7-3　用乘幂法求矩阵$\boldsymbol{A} = \begin{pmatrix} 4 & 2 & 2 \\ 2 & 5 & 1 \\ 2 & 1 & 6 \end{pmatrix}$的绝对值最大的特征值与相应的特征向量,满足$|\boldsymbol{m}^{(k)} - \boldsymbol{m}^{(k-1)}| < 10^{-5}$即可。

解：选取初始向量$\boldsymbol{X}^{(0)} = (1,1,1)^{\mathrm{T}}$,根据式(7-2)和式(7-3),计算结果列表如下。

k	$Y^{(k)}$			$X^{(k+1)}$		
0	1	1	1	8	8	9
1	0.888 888 889	0.888 888 889	1	7.333 333 33	7.222 222 22	8.666 666 67
2	0.846 153 846	0.833 333 333	1	7.051 282 05	6.858 974 36	8.525 641 03
3	0.827 067 669	0.804 511 278	1	6.917 293 23	6.676 691 73	8.458 646 62
4	0.817 777 778	0.789 333 333	1	6.849 777 78	6.582 222 22	8.424 888 89
5	0.813 040 726	0.781 282 971	1	6.814 728 85	6.532 496 31	8.407 364 42
6	0.810 566 606	0.776 996 925	1	6.796 260 27	6.506 117 84	8.398 130 14
7	0.809 258 747	0.774 710 291	1	6.786 455 57	6.492 068 95	8.392 277 9
8	0.808 563 254	0.773 488 95	1	6.781 230 92	6.484 571 26	8.390 615 46
9	0.808 192 313	0.772 836 187	1	6.778 441 63	6.480 565 56	8.389 220 81
10	0.807 994 184	0.772 487 184	1	6.776 951 1	6.478 424 29	8.388 475 55
11	0.807 888 282	0.772 300 551	1	6.776 154 23	6.477 279 32	8.388 077 12
12	0.807 831 656	0.772 200 736	1	6.775 728 1	6.476 666 99	8.387 864 05
13	0.807 801 373	0.772 147 349	1	6.775 500 19	6.476 339 49	8.387 750 1
14	0.807 785 176	0.772 118 795	1	6.775 378 29	6.476 164 33	8.387 689 15

k	$Y^{(k)}$			$X^{(k+1)}$		
15	0.807 776 513	0.772 103 521	1	6.775 313 1	6.476 070 63	8.387 656 55
16	0.807 771 88	0.772 095 352	1	6.775 278 22	6.476 020 52	8.387 639 11
17	0.807 769 401	0.772 090 982	1	6.775 259 57	6.475 993 71	8.387 629 78
18	0.807 768 075	0.772 088 645	1			

可以看出

$$\boldsymbol{\alpha}_1 \approx (0.807\ 768\ 075, 0.772\ 088\ 064\ 5, 1)^{\mathrm{T}}$$

$$\lambda_1 \approx 8.3876$$

(2) λ_1 为重根,不妨设为 r 重实数根。

此时,$\lambda_1 = \lambda_2 = \cdots = \lambda_r$ 且 $|\lambda_1| > |\lambda_{r+1}| \geqslant \cdots \geqslant |\lambda_n|$,则

$$\boldsymbol{X}^{(k)} = \lambda_1^k \left(\sum_{i=1}^{r} a_i \boldsymbol{\alpha}_i + a_{r+1} \frac{\lambda_{r+1}^k}{\lambda_1^k} \boldsymbol{\alpha}_{r+1} + \cdots + a_n \frac{\lambda_n^k}{\lambda_1^k} \boldsymbol{\alpha}_n \right)$$

故当 k 充分大时,有

$$\boldsymbol{X}^{(k)} = \lambda_1^k \left(\sum_{i=1}^{r} a_i \boldsymbol{\alpha}_i + \varepsilon_k \right)$$

其中,ε_k 为一个可以忽略的无穷小量。这时向量序列的收敛率为 $\left| \dfrac{\lambda_{r+1}}{\lambda_1} \right|$。

可见,$\boldsymbol{X}^{(k)}$ 收敛于前 r 个特征向量的线性组合,它自然是 λ_1 对应的一个特征向量。同时,$\max\limits_{1 \leqslant i \leqslant n} \boldsymbol{X}_i^{(k)}$ 依然收敛于 λ_1。故

$$\boldsymbol{X}^{(k)} \approx \lambda_1^k \sum_{i=1}^{r} a_i \boldsymbol{\alpha}_i$$

$$\max_{1 \leqslant i \leqslant n} \boldsymbol{X}_i^{(k)} \approx \lambda_1$$

例 7-4 用乘幂法求矩阵 $\boldsymbol{A} = \begin{pmatrix} 0 & 5 & 0 & 0 & 0 & 0 \\ 1 & 0 & 4 & 0 & 0 & 0 \\ 0 & 1 & 0 & 3 & 0 & 0 \\ 0 & 0 & 1 & 0 & 2 & 0 \\ 0 & 0 & 0 & 1 & 0 & 1 \\ 0 & 0 & 0 & 0 & 1 & 0 \end{pmatrix}$ 的绝对值最大的特征值与相应的特

征向量。

解:选取初始向量 $\boldsymbol{X}^{(0)} = (1, 1, 1, 1, 1, 1)^{\mathrm{T}}$,进行两次迭代即可。

k	$Y^{(k)}$						$X^{(k+1)}$					
0	1	1	1	1	1	1	5	5	4	3	1	1
1	1	1	0.8	0.6	0.4	0.2	5	4.2	2.8	1.6	0.8	0.4
2	1	0.84	0.56	0.32	0.16	0.08						

可知该矩阵绝对值最大的特征值为 5,相应的特征向量为 $(1,0.84,0.56,0.32,0.16,0.08)^T$。

值得注意的是,初始向量的选取对迭代次数有影响。若选取 $X^{(0)}$ 而有 $a_1=0$ 或 a_1 接近于 0,虽然由于舍入误差的存在,$X^{(k)}$ 的第一项随着 k 的增大也会逐步取得优势,但迭代次数就要大大增加了。遇到这种情况,需更换初始向量。

7.2.2　加速技术

由前面的讨论可知,乘幂法的收敛速度依赖于次大特征值和最大特征值之比,当比值很小时,只需进行很少几次迭代就可以求出最大特征值的一个很好的近似值。若比值接近于 1 时,收敛速度变得很慢,此方法失去实用价值。为了有效地使用乘幂法,必须配合运用加速技术。

1. 原点移位法

用 $A-\lambda_0 E$ 代替 A 进行迭代,这里 λ_0 是一个常数,它的选取要求仍有

$$|\lambda_1-\lambda_0|>|\lambda_2-\lambda_0|\geqslant|\lambda_i-\lambda_0|, \quad i=3,4,\cdots,n \text{ 且 } \left|\frac{\lambda_2-\lambda_0}{\lambda_1-\lambda_0}\right|<\left|\frac{\lambda_2}{\lambda_1}\right|$$

因为 A 的特征值 λ_i 与 $A-\lambda_0 E$ 的特征值 μ_i 满足 $\mu_i=\lambda_i-\lambda_0$,并且相应的特征向量 $\boldsymbol{\alpha}_i$ 不变,故

$$X^{(k)}=(A-\lambda_0 E)^k X^{(0)}$$

$$=(\lambda_1-\lambda_0)^k\left(a_1\boldsymbol{\alpha}_1+\left(\frac{\lambda_2-\lambda_0}{\lambda_1-\lambda_0}\right)^k a_2\boldsymbol{\alpha}_2+\cdots+\left(\frac{\lambda_n-\lambda_0}{\lambda_1-\lambda_0}\right)^k a_n\boldsymbol{\alpha}_n\right)$$

按照乘幂法求得 $A-\lambda_0 E$ 的按模最大的特征值 μ_1 后,A 的按模最大的特征值为 $\lambda_1=\mu_1+\lambda_0$,同时 $A-\lambda_0 E$ 的对应于 μ_1 的特征向量就是 A 的对应于 λ_1 的特征向量。

用 $A-\lambda_0 E$ 代替 A 的乘幂法也称为**原点移位法**。

给出任意一个初始向量 $X^{(0)}$ 及 λ_0,反复计算

$$\begin{cases} \boldsymbol{m}^{(k)}=\max\limits_{1\leqslant i\leqslant n} X_i^{(k)} \\ Y^{(k)}=X^{(k)}/\boldsymbol{m}^{(k)} \quad, \quad k=0,1,2,\cdots \\ X^{(k+1)}=(A-\lambda_0 E)Y^{(k)} \end{cases} \tag{7-4}$$

按照该算法将有

$$\lim_{k\to\infty} X^{(k)}=\frac{\boldsymbol{\alpha}_1}{\max(\boldsymbol{\alpha}_1)},\max(\boldsymbol{\alpha}_1) \text{ 为 } \boldsymbol{\alpha}_1 \text{ 的最大分量}$$

$$\lim_{k\to\infty} \boldsymbol{m}^{(k)}=\mu_1$$

从而,当 k 充分大时

$$\begin{cases} X^{(k)}\approx\boldsymbol{\alpha}_1 \\ \max\limits_{1\leqslant i\leqslant n}|X_i^{(k)}|+|\lambda_0|\approx|\lambda_1| \end{cases} \tag{7-5}$$

例 7-5　设 $A=\begin{pmatrix} 4 & 2 & 2 \\ 2 & 5 & 1 \\ 2 & 1 & 6 \end{pmatrix}$,取 $\lambda_0=3$,$X^{(0)}=(1,1,1)^T$,试用原点移位法求其绝对值最大的特征值与相应的特征向量,满足 $|\boldsymbol{m}^{(k)}-\boldsymbol{m}^{(k-1)}|<10^{-5}$ 即可。

解：根据式(7-4)反复进行迭代,计算结果列表如下。

k	$Y^{(k)}$			$X^{(k+1)}$		
0	1	1	1	5	5	6
1	0.833 333 333	0.833 333 333	1	4.5	4.333 333 33	5.5
2	0.818 181 818	0.787 878 788	1	4.393 939 39	4.212 121 21	5.424 242 42
3	0.810 055 866	0.776 536 313	1	4.363 128 49	4.173 184 36	5.396 648 04
4	0.808 488 613	0.773 291 925	1	4.355 072 46	4.163 561 08	5.390 269 15
5	0.807 950 835	0.772 421 74	1	4.352 794 32	4.160 745 15	5.388 323 41
6	0.807 819 795	0.772 178 066	1	4.352 175 93	4.159 995 72	5.387 817 66
7	0.807 780 85	0.772 111 454	1	4.352 003 76	4.159 784 61	5.387 673 15
8	0.807 770 559	0.772 092 978	1	4.351 956 51	4.159 727 07	5.387 634 1
9	0.807 767 647	0.772 087 896	1	4.351 943 44	4.159 711 09	5.387 623 19
10	0.807 766 855	0.772 086 491	1	4.351 939 84	4.159 706 69	5.387 620 2
11	0.807 766 634	0.772 086 104	1			

由此得出

$$\boldsymbol{\alpha}_1 \approx (0.807\ 766\ 634, 0.772\ 086\ 104, 1)^{\mathrm{T}}$$
$$\mu_1 \approx 5.3876$$
$$\lambda_1 = \mu_1 + \lambda_0 \approx 8.3876$$

一般来说,要达到加速的目的,λ_0 的选取依赖于对 $\boldsymbol{A}$ 的特征值分布情况的大体了解。例如,对实特征值

$$\lambda_1 > \lambda_2 \geqslant \lambda_3 \geqslant \cdots \geqslant \lambda_n$$

若要求 λ_1,可取 $\lambda_0 = \dfrac{\lambda_2 + \lambda_n}{2}$,此时有

$$|\lambda_1 - \lambda_0| > |\lambda_2 - \lambda_0| \geqslant |\lambda_i - \lambda_0|, \quad i = 3, 4, \cdots, n$$

并且 $\left|\dfrac{\lambda_2 - \lambda_0}{\lambda_1 - \lambda_0}\right|$ 相对于其他 λ_0 最小;若要求 λ_n,可取 $\lambda_0 = \dfrac{\lambda_1 + \lambda_{n-1}}{2}$,此时有

$$|\lambda_n - \lambda_0| > |\lambda_{n-1} - \lambda_0| \geqslant |\lambda_i - \lambda_0|, \quad i = 1, 2, \cdots, n-2$$

并且 $\left|\dfrac{\lambda_{n-1} - \lambda_0}{\lambda_n - \lambda_0}\right|$ 相对于其他 λ_0 最小。

2. 埃特金加速法

(1) 埃特金加速法原理。

设向量序列 $\{\boldsymbol{\alpha}_k\}$ 以线性收敛速度收敛于 $\boldsymbol{\alpha}$,记 $\varepsilon_k = \boldsymbol{\alpha}_k - \boldsymbol{\alpha}$,则 $\dfrac{|\varepsilon_{k+1}|}{|\varepsilon_k|} \to c\,(k \to \infty), 0 < c < 1$。于是,当 k 充分大及 ε_{k+1} 和 ε_k 同号时,有

$$\frac{\varepsilon_{k+2}}{\varepsilon_{k+1}} \approx \frac{\varepsilon_{k+1}}{\varepsilon_k}$$

即

$$\frac{\boldsymbol{\alpha}_{k+2} - \boldsymbol{\alpha}}{\boldsymbol{\alpha}_{k+1} - \boldsymbol{\alpha}} \approx \frac{\boldsymbol{\alpha}_{k+1} - \boldsymbol{\alpha}}{\boldsymbol{\alpha}_k - \boldsymbol{\alpha}}$$

整理可得

$$\boldsymbol{\alpha} \approx \frac{\boldsymbol{\alpha}_k \boldsymbol{\alpha}_{k+2} - \boldsymbol{\alpha}_{k+1}^2}{\boldsymbol{\alpha}_k - 2\boldsymbol{\alpha}_{k+1} + \boldsymbol{\alpha}_{k+2}} \tag{7-6}$$

记

$$\boldsymbol{\beta}_k = \frac{\boldsymbol{\alpha}_k \boldsymbol{\alpha}_{k+2} - \boldsymbol{\alpha}_{k+1}^2}{\boldsymbol{\alpha}_k - 2\boldsymbol{\alpha}_{k+1} + \boldsymbol{\alpha}_{k+2}}$$

称向量序列$\{\boldsymbol{\beta}_k\}$为$\{\boldsymbol{\alpha}_k\}$的**埃特金序列**。

定义一个算子δ为

$$\delta(\boldsymbol{\alpha}_k) = \frac{\boldsymbol{\alpha}_k \boldsymbol{\alpha}_{k+2} - \boldsymbol{\alpha}_{k+1}^2}{\boldsymbol{\alpha}_k - 2\boldsymbol{\alpha}_{k+1} + \boldsymbol{\alpha}_{k+2}}$$

由$\boldsymbol{\alpha}_k = \boldsymbol{\alpha} + \varepsilon_k$,有

$$\begin{aligned}
\delta(\boldsymbol{\alpha}_k) &= \delta(\boldsymbol{\alpha} + \varepsilon_k) \\
&= \frac{(\boldsymbol{\alpha} + \varepsilon_k)(\boldsymbol{\alpha} + \varepsilon_{k+2}) - (\boldsymbol{\alpha} + \varepsilon_{k+1})^2}{(\boldsymbol{\alpha} + \varepsilon_k) - 2(\boldsymbol{\alpha} + \varepsilon_{k+1}) + (\boldsymbol{\alpha} + \varepsilon_{k+2})} \\
&= \boldsymbol{\alpha} + \frac{\varepsilon_k \varepsilon_{k+2} - \varepsilon_{k+1}^2}{\varepsilon_k - 2\varepsilon_{k+1} + \varepsilon_{k+2}} \\
&= \boldsymbol{\alpha} + \delta(\varepsilon_k)
\end{aligned}$$

即

$$\boldsymbol{\beta}_k - \boldsymbol{\alpha} = \delta(\boldsymbol{\alpha}_k) - \boldsymbol{\alpha} = \delta(\varepsilon_k)$$

从而

$$\frac{\boldsymbol{\beta}_k - \boldsymbol{\alpha}}{\boldsymbol{\alpha}_k - \boldsymbol{\alpha}} = \frac{\delta(\varepsilon_k)}{\varepsilon_k} \to 0, \quad \varepsilon_k \to 0$$

可见埃特金序列$\{\boldsymbol{\beta}_k\}$收敛于$\boldsymbol{\alpha}$的速度比序列$\{\boldsymbol{\alpha}_k\}$收敛于$\boldsymbol{\alpha}$的速度快。从而凡是线性收敛序列皆可用构造埃特金序列的方法来加速收敛。

(2) 按照式(7-6)构造的向量序列$\{\boldsymbol{Y}^{(k)}\}$依线性速度收敛于$\boldsymbol{\alpha}_1$。

对于充分大的k,有

$$\boldsymbol{Y}^{(k)} = \frac{\boldsymbol{\alpha}_1 + \varepsilon \boldsymbol{\alpha}_2}{\max(\boldsymbol{\alpha}_1 + \varepsilon \boldsymbol{\alpha}_2)}, \quad \varepsilon = \frac{\boldsymbol{\alpha}_2}{\boldsymbol{\alpha}_1}\left(\frac{\lambda_2}{\lambda_1}\right)^k = o\left(\left|\frac{\lambda_2}{\lambda_1}\right|^k\right)$$

为表述方便,不妨设$\boldsymbol{\alpha}_1, \boldsymbol{\alpha}_2$已规范化且$\max(\boldsymbol{\alpha}_1) = 1$在$\boldsymbol{\alpha}_1$的第$i_0$个分量上取得。

因为ε很小,所以$\max(\boldsymbol{\alpha}_1 + \varepsilon \boldsymbol{\alpha}_2)$也必然在第$i_0$个分量上取得。从而

$$\max(\boldsymbol{\alpha}_1 + \varepsilon \boldsymbol{\alpha}_2) = (\boldsymbol{\alpha}_1 + \varepsilon \boldsymbol{\alpha}_2)_{i_0} = 1 + \varepsilon d, \quad |d| \leqslant 1$$

进一步

$$\boldsymbol{Y}^{(k)} = \frac{\boldsymbol{\alpha}_1 + \varepsilon \boldsymbol{\alpha}_2}{1 + \varepsilon d} = \boldsymbol{\alpha}_1 + \varepsilon \frac{\boldsymbol{\alpha}_2 - d\boldsymbol{\alpha}_1}{1 + \varepsilon d}$$

同理

$$\boldsymbol{Y}^{(k+1)} = \boldsymbol{\alpha}_1 + \varepsilon r \frac{\boldsymbol{\alpha}_2 - d\boldsymbol{\alpha}_1}{1 + \varepsilon rd}$$

$$Y^{(k+2)} = \boldsymbol{\alpha}_1 + \varepsilon r^2 \frac{\boldsymbol{\alpha}_2 - d\boldsymbol{\alpha}_1}{1 + \varepsilon r^2 d}, \quad r = \frac{\lambda_2}{\lambda_1}$$

从而

$$\left| \frac{(Y^{k+1} - \boldsymbol{\alpha}_1)_i}{(Y^k - \boldsymbol{\alpha}_1)_i} \right| = \left| r \frac{1 + \varepsilon d}{1 + \varepsilon r d} \right| \to |r|, \quad k \to \infty$$

因此向量序列 $\{Y^{(k)}\}$ 依线性速度收敛于 $\boldsymbol{\alpha}_1$。

（3）埃特金加速法的具体步骤。

对于数列 $\{m^{(k)}\}$，$m^{(k)} = \max\limits_{1 \leqslant i \leqslant n} \{X_i^{(k)}\}$，按照 $\lambda_1 \approx \dfrac{m_k m_{k+2} - m_{k+1}^2}{m_k - 2m_{k+1} + m_{k+2}}$ 计算得 λ_1，作序列

$$Z_i = \frac{Y_i^{(k)} Y_i^{(k+2)} - (Y_i^{(k+1)})^2}{Y_i^{(k)} - 2Y_i^{(k+1)} + Y_i^{(k+2)}}, \quad i \neq i_0$$

$$Z_i = 1, \quad i = i_0$$

例 7-6 对例 7-3 的向量序列 $\{Y^{(k)}\}$ 及数列 $\{m^{(k)}\}$，$m^{(k)} = \max\limits_{1 \leqslant i \leqslant 3} \{X_i^{(k)}\}$ 做埃特金加速。

解：这里取例 7-3 表中 $k = 9, 10, 11$ 对应的 $X^{(k)}$ 及 $m^{(k)}$，可得

$$\lambda_1 \approx \frac{8.389\,220\,81 \times 8.388\,077\,12 - 8.388\,475\,55^2}{8.389\,220\,81 - 2 \times 8.388\,475\,55 + 8.388\,077\,12} \approx 8.3876$$

$$Z_1 \approx \frac{0.808\,192\,313 \times 0.807\,888\,282 - 0.807\,994\,184^2}{0.808\,192\,313 - 2 \times 0.807\,994\,184 + 0.807\,888\,282} \approx 0.807\,766\,677$$

$$Z_2 \approx \frac{0.772\,836\,187 \times 0.772\,300\,551 - 0.772\,487\,184^2}{0.772\,836\,187 - 2 \times 0.772\,487\,184 + 0.772\,300\,551} \approx 0.772\,086\,029$$

$$Z_3 = 1$$

与例 7-3 的结果比较，可见埃特金序列加速效果是很显著的。

7.2.3 反幂法

反幂法是用来求矩阵 A 的按模最小的特征值和特征向量的。

1. 反幂法的基本思想

设 n 阶矩阵 A 没有零特征值，则 A^{-1} 存在，若 A 的特征值为 $\lambda_i (i = 1, 2, \cdots, n)$，$\boldsymbol{\alpha}_i$ 是相应于 λ_i 的特征向量，可得 $A^{-1} \boldsymbol{\alpha}_i = \dfrac{1}{\lambda_i} \boldsymbol{\alpha}_i$，即 $\dfrac{1}{\lambda_i} (i = 1, 2, \cdots, n)$ 是 A^{-1} 的特征值，$\boldsymbol{\alpha}_i$ 仍是 A^{-1} 的相应于 $\dfrac{1}{\lambda_i}$ 的特征向量。

由此可知，若 A 的特征值满足 $|\lambda_1| \geqslant |\lambda_2| \geqslant \cdots \geqslant |\lambda_n|$ 时，A^{-1} 的特征值满足 $\dfrac{1}{|\lambda_1|} \leqslant \dfrac{1}{|\lambda_2|}$ $\leqslant \cdots \leqslant \dfrac{1}{|\lambda_n|}$，即 λ_n 是 A 的按模最小的特征值，则 $\dfrac{1}{\lambda_n}$ 就是 A^{-1} 的按模最大的特征值。于是，求 A 的按模最小的特征值问题就转化为求 A^{-1} 的按模最大的特征值问题。

因此，对 A^{-1} 用乘幂法求得按模最大的特征值是 $\dfrac{1}{\lambda_n}$，特征向量是 $\boldsymbol{\alpha}_n$，即 A 的按模最小的特征值与对应的特征向量，这就是反幂法的基本思想。

2. 反幂法的具体过程

任取一个初始向量 $X^{(0)}$，反复计算

$$\begin{cases} \boldsymbol{m}^{(k)} = \max_{1 \leqslant i \leqslant n} \boldsymbol{X}_i^{(k)} \\ \boldsymbol{Y}^{(k)} = \boldsymbol{X}^{(k)} / \boldsymbol{m}^{(k)}, \quad k = 0,1,2,\cdots \\ \boldsymbol{X}^{(k+1)} = \boldsymbol{A}^{-1} \boldsymbol{Y}^{(k)} \end{cases} \tag{7-7}$$

按式(7-7)作迭代需要先求出 $\boldsymbol{A}^{-1}$,故可改为下式:

$$\begin{cases} \boldsymbol{m}^{(k)} = \max_{1 \leqslant i \leqslant n} \boldsymbol{X}_i^{(k)} \\ \boldsymbol{Y}^{(k)} = \boldsymbol{X}^{(k)} / \boldsymbol{m}^{(k)}, \quad k = 0,1,2,\cdots \\ \boldsymbol{A} \boldsymbol{X}^{(k+1)} = \boldsymbol{Y}^{(k)} \end{cases} \tag{7-8}$$

每迭代一次要解一个线性方程组 $\boldsymbol{A}\boldsymbol{X}^{(k+1)} = \boldsymbol{Y}^{(k)}$。若事先把 $\boldsymbol{A}$ 作 LR 分解,则每次迭代只需要解两个三角形方程组即可。

当 $|\lambda_1| \geqslant |\lambda_2| \geqslant \cdots \geqslant |\lambda_n|$ 时,

$$\lim_{k \to \infty} \boldsymbol{m}^{(k)} = \frac{1}{\lambda_n}$$

$$\lim_{k \to \infty} \boldsymbol{Y}^{(k)} = \frac{\boldsymbol{X}^{(n)}}{\boldsymbol{m}^{(n)}}$$

收敛率为 $\left| \dfrac{\lambda_n}{\lambda_{n-1}} \right|$。

例 7-7　对 $\boldsymbol{A} = \begin{pmatrix} 4 & 2 & 2 \\ 2 & 5 & 1 \\ 2 & 1 & 6 \end{pmatrix}$ 求其绝对值最小的特征值与相应的特征向量,满足 $|\boldsymbol{m}^{(k)} - \boldsymbol{m}^{(k-1)}| < 10^{-5}$ 即可。

解:根据式(7-8)反复进行迭代,计算结果列表如下。

k	$\boldsymbol{Y}^{(k)}$			$\boldsymbol{X}^{(k+1)}$		
0	1	1	1	0.1375	0.125	0.1
1	1	0.909 090 91	0.727 272 73	0.176 136 36	0.102 272 73	0.045 454 545
2	1	0.580 645 16	0.258 064 52	0.264 112 9	0.020 161 29	−0.048 387 097
3	1	0.076 335 878	−0.183 206 11	0.371 278 63	−0.105 916 03	−0.136 641 22
4	1	−0.285 273 71	−0.368 028 78	0.434 962 09	−0.196 318 43	−0.173 605 76
5	1	−0.451 346 06	−0.399 128 48	0.458 831 11	−0.237 836 52	−0.179 825 7
6	1	−0.518 353 08	−0.391 921 33	0.466 486 27	−0.254 588 27	−0.178 384 27
7	1	−0.545 757 26	−0.382 399 82	0.468 958 64	−0.261 439 32	−0.176 479 96
8	1	−0.557 487 88	−0.376 322 29	0.469 818 21	−0.264 371 97	−0.175 264 46
9	1	−0.562 711 2	−0.373 047 39	0.470 143 64	−0.265 677 8	−0.174 609 48
10	1	−0.565 099 21	−0.371 396 02	0.470 277	−0.266 274 8	−0.174 279 2
11	1	−0.566 208 43	−0.370 588 4	0.470 334 89	−0.266 552 11	−0.174 117 68
12	1	−0.566 728 33	−0.370 199 37	0.470 360 98	−0.266 682 08	−0.174 039 87

k		$Y^{(k)}$		$X^{(k+1)}$		
13	1	−0.566 973 23	−0.370 013 42	0.470 373	−0.266 743 31	−0.174 002 68
14	1	−0.567 088 9	−0.369 924 9	0.470 378 6	−0.266 772 23	−0.173 984 98
15	1	−0.567 143 63	−0.369 882 85			

由此得出

$$\boldsymbol{\alpha} \approx (1, -0.567\ 143\ 63, -0.369\ 882\ 85)^{\mathrm{T}}$$

$$\lambda \approx \frac{1}{0.4704} \approx 2.125\ 85$$

7.3 对称矩阵的雅可比算法

雅可比(Jacobi)算法是一种用平面旋转矩阵所构成的正交相似变换将对称矩阵化为对角矩阵的方法,也称为**旋转法**。它适用于求解实对称矩阵的全部特征值和特征向量。

在介绍雅可比算法之前,需要先熟悉以下结论。

(1) 矩阵 $\boldsymbol{A}$ 与相似矩阵 $\boldsymbol{P}^{-1}\boldsymbol{AP}$ 有相同的特征值。

(2) 若矩阵 $\boldsymbol{Q}$ 满足 $\boldsymbol{Q}^{\mathrm{T}}\boldsymbol{Q}=\boldsymbol{E}$,则称 $\boldsymbol{Q}$ 为正交矩阵。可知,$\boldsymbol{Q}^{-1}=\boldsymbol{Q}^{\mathrm{T}}$ 及正交矩阵 $Q_1, Q_2, \cdots,$ Q_n 的乘积 $Q_1 Q_2 \cdots Q_n$ 仍为正交矩阵。

(3) 若 $\boldsymbol{A}$ 为实对称矩阵,则存在正交矩阵 $\boldsymbol{Q}$,使得

$$\boldsymbol{Q}^{\mathrm{T}}\boldsymbol{AQ} = \boldsymbol{\Lambda}$$

其中,$\boldsymbol{\Lambda}$ 为对角矩阵。$\boldsymbol{\Lambda}$ 的对角元即 $\boldsymbol{A}$ 的特征值,$\boldsymbol{Q}$ 的列 $q_i (i=1,2,\cdots,n)$ 即 $\boldsymbol{A}$ 的对应于 λ_i 的特征向量。

(4) 在正交相似变换下,矩阵元素的平方和不变。

7.3.1 雅可比算法

下面说明雅可比算法的基本思想。

1. 雅可比算法的基本思想

(1) 考查二阶实对称矩阵的情形。

设 $\boldsymbol{A} = \begin{pmatrix} a_{11} & a_{12} \\ a_{21} & a_{22} \end{pmatrix}$, 其中 $a_{12}=a_{21}$

因实对称矩阵与二次型是一一对应的,可记 $\boldsymbol{A}$ 对应的二次型为

$$f(x_1, x_2) = a_{11}x_1^2 + 2a_{12}x_1 x_2 + a_{22}x_2^2$$

在几何上,方程 $f(x_1, x_2)=c (c$ 为常数)表示在 x_1、x_2 平面上的一条二次曲线。如果将坐标轴 ox_1、ox_2 旋转一个角度 θ,使得旋转后的坐标轴 $o'x_1$、$o'x_2$ 与该二次曲线的主轴重合,那么在新的坐标系中,二次曲线的方程就化成"标准型":

$$b_{11}x_1'^2 + b_{22}x_2'^2 = c$$

即

$$\begin{pmatrix} x_1 \\ x_2 \end{pmatrix} = \begin{pmatrix} \cos\theta & -\sin\theta \\ \sin\theta & \cos\theta \end{pmatrix} \begin{pmatrix} x'_1 \\ x'_2 \end{pmatrix} \tag{7-9}$$

其中，$\theta = \dfrac{1}{2}\arctan\dfrac{2a_{12}}{a_{11}-a_{22}}$。

令

$$Q = \begin{pmatrix} \cos\theta & -\sin\theta \\ \sin\theta & \cos\theta \end{pmatrix}$$

可知 Q 为正交矩阵，变换式(7-9)是把坐标轴进行旋转，称为旋转变换。旋转变换不改变向量的长度，是正交变换。

将上述过程用矩阵形式表示为

$$(x'_1 \quad x'_2)\begin{pmatrix} \cos\theta & \sin\theta \\ -\sin\theta & \cos\theta \end{pmatrix}\begin{pmatrix} a_{11} & a_{12} \\ a_{21} & a_{22} \end{pmatrix}\begin{pmatrix} \cos\theta & -\sin\theta \\ \sin\theta & \cos\theta \end{pmatrix}\begin{pmatrix} x'_1 \\ x'_2 \end{pmatrix} = c$$

从而

$$Q^{\mathrm{T}}AQ = \begin{pmatrix} \cos\theta & \sin\theta \\ -\sin\theta & \cos\theta \end{pmatrix}\begin{pmatrix} a_{11} & a_{12} \\ a_{21} & a_{22} \end{pmatrix}\begin{pmatrix} \cos\theta & -\sin\theta \\ \sin\theta & \cos\theta \end{pmatrix} = \begin{pmatrix} b_{11} & \\ & b_{22} \end{pmatrix} = \Lambda$$

可见，A 经过正交变换后化为对角矩阵 Λ，而 Λ 的对角元素就是 A 的特征值。

由于采用了旋转变换，所以雅可比算法也称为平面旋转法。

（2）讨论 n 阶实对称矩阵的情形。

记

$$R(p,q,\theta) = \begin{pmatrix} 1 & & & & & & & & \\ & \ddots & & & & & & & \\ & & \cos\theta & & & & -\sin\theta & & \\ & & & \ddots & & & & & \\ & & & & 1 & & & & \\ & & & & & \ddots & & & \\ & & \sin\theta & & & & \cos\theta & & \\ & & & & & & & \ddots & \\ & & & & & & & & 1 \end{pmatrix} \begin{matrix} \\ \\ p\ 行 \\ \\ \\ \\ q\ 行 \\ \\ \end{matrix}$$

是在 n 阶单位矩阵 E 的 p 行 q 列、q 行 p 列的交叉位置上置入 $r_{pp}=\cos\theta$，$r_{pq}=-\sin\theta$，$r_{qp}=\sin\theta$，$r_{qq}=\cos\theta$ 得到的。称 $R(p,q,\theta)$ 为旋转矩阵，其几何意义为：在 n 维空间中，在 p、q 轴形成的平面上把 p，q 轴旋转一个角度 θ。可知 $R(p,q,\theta)$ 是一个正交矩阵，即 $R(p,q,\theta)$ 满足

$$R^{\mathrm{T}}R = E, \quad R^{-1} = R^{\mathrm{T}}$$

雅可比算法的思想就是通过对 A 施行一系列旋转变换，最终将 A 化为对角矩阵。对角矩阵的对角元素即为 A 的特征值，一系列旋转矩阵的乘积矩阵的列向量即为 A 的特征向量。

2. 雅可比算法的具体过程

将 n 阶实对称矩阵 $\boldsymbol{A}$ 记作 $\boldsymbol{A}_0$，对 $\boldsymbol{A}$ 作一系列旋转相似变换

$$\boldsymbol{A}_1 = \boldsymbol{R}_1^{\mathrm{T}} \boldsymbol{A}_0 \boldsymbol{R}_1, \boldsymbol{A}_2 = \boldsymbol{R}_2^{\mathrm{T}} \boldsymbol{A}_1 \boldsymbol{R}_2, \cdots, \boldsymbol{A}_k = \boldsymbol{R}_k^{\mathrm{T}} \boldsymbol{A}_{k-1} \boldsymbol{R}_k, \cdots$$

旋转矩阵 $\boldsymbol{R}_k(k=1,2,\cdots)$ 的选取原则是：选取 p,q，使得 $|a_{pq}^{(k-1)}| = \max\limits_{\substack{1 \leqslant i,j \leqslant n \\ i \neq j}} |a_{ij}^{(k-1)}|$；选取 θ，使得 $a_{pq}^{(k)} = 0$。

通过直接计算知

$$\begin{cases} a_{pp}^{(k)} = a_{pp}^{(k-1)} \cos^2 \theta + 2a_{pq}^{(k-1)} \sin \theta \cos \theta + a_{qq}^{(k-1)} \sin^2 \theta \\ a_{qq}^{(k)} = a_{pp}^{(k-1)} \sin^2 \theta - 2a_{pq}^{(k-1)} \sin \theta \cos \theta + a_{qq}^{(k-1)} \cos^2 \theta \\ a_{pj}^{(k)} = a_{pj}^{(k-1)} \cos \theta + a_{qj}^{(k-1)} \sin \theta = a_{jp}^{(k)} \\ a_{qj}^{(k)} = -a_{pj}^{(k-1)} \sin \theta + a_{qj}^{(k-1)} \cos \theta = a_{jq}^{(k)} \quad j \neq p,q \\ a_{pq}^{(k)} = (a_{qq}^{(k-1)} - a_{pp}^{(k-1)}) \sin \theta \cos \theta + a_{pq}^{(k-1)} (\cos^2 \theta - \sin^2 \theta) = a_{qp}^{(k)} \\ a_{ij}^{(k)} = a_{ij}^{(k-1)} \quad i,j \neq p,q \end{cases} \tag{7-10}$$

按照 $\boldsymbol{R}_k$ 的选取要求 $a_{pq}^{(k)} = 0$ 可知，θ 应满足

$$\tan 2\theta = \frac{2a_{pq}^{(k-1)}}{a_{pp}^{(k-1)} - a_{qq}^{(k-1)}} \tag{7-11}$$

这里可以限制 $|\theta| \leqslant \dfrac{\pi}{4}$。若 $a_{pp}^{(k-1)} = a_{qq}^{(k-1)}$，则 $a_{pq}^{(k-1)} > 0$ 时，取 $\theta = \dfrac{\pi}{4}$；$a_{pq}^{(k-1)} < 0$ 时，取 $\theta = -\dfrac{\pi}{4}$。

从式(7-10)可见，实际计算的关键是算出 $\sin \theta$、$\cos \theta$。由三角函数关系

$$\cos 2\theta = \frac{1}{\sqrt{1 + \tan^2 2\theta}}, \quad \sin 2\theta = \tan 2\theta \cos 2\theta \tag{7-12}$$

可得

$$\cos \theta = \sqrt{\frac{1 + \cos 2\theta}{2}}, \quad \sin \theta = \frac{\sin 2\theta}{2\cos \theta} \tag{7-13}$$

可以求证的是雅可比算法是收敛的，因为每次变换，总是使得对角线元素的平方和增大，而非对角线元素的平方和减少。

例 7-8 用雅可比算法求矩阵

$$\boldsymbol{A} = \begin{pmatrix} -1 & 0 & 2 \\ 0 & -1 & 0 \\ 2 & 0 & 2 \end{pmatrix}$$

的特征值和特征向量。

解：选取 $p=1,q=3$，根据式(7-7)计算得

$$\tan 2\theta = \frac{2a_{13}}{a_{11} - a_{33}} = \frac{2 \times 2}{-1 - 2} = -\frac{4}{3}$$

由式(7-12)求得

$$\cos 2\theta = \frac{1}{\sqrt{1 + \tan^2 2\theta}} = \frac{3}{5}, \quad \sin 2\theta = \tan 2\theta \cos 2\theta = -\frac{4}{5}$$

由式(7-13)求得

$$\cos\theta = \sqrt{\frac{1+\cos 2\theta}{2}} = \frac{2}{\sqrt{5}}, \quad \sin\theta = \frac{\sin 2\theta}{2\cos\theta} = -\frac{1}{\sqrt{5}}$$

从而

$$\boldsymbol{R}(1,3,\theta) = \begin{pmatrix} \cos\theta & 0 & -\sin\theta \\ 0 & -1 & 0 \\ \sin\theta & 0 & \cos\theta \end{pmatrix} = \begin{pmatrix} \dfrac{2}{\sqrt{5}} & 0 & \dfrac{1}{\sqrt{5}} \\ 0 & 1 & 0 \\ -\dfrac{1}{\sqrt{5}} & 0 & \dfrac{2}{\sqrt{5}} \end{pmatrix}$$

$$\boldsymbol{R}^{\mathrm{T}}\boldsymbol{A}\boldsymbol{R} = \begin{pmatrix} \dfrac{2}{\sqrt{5}} & 0 & -\dfrac{1}{\sqrt{5}} \\ 0 & 1 & 0 \\ \dfrac{1}{\sqrt{5}} & 0 & \dfrac{2}{\sqrt{5}} \end{pmatrix} \begin{pmatrix} -1 & 0 & 2 \\ 0 & -1 & 0 \\ 2 & 0 & 2 \end{pmatrix} \begin{pmatrix} \dfrac{2}{\sqrt{5}} & 0 & \dfrac{1}{\sqrt{5}} \\ 0 & 1 & 0 \\ -\dfrac{1}{\sqrt{5}} & 0 & \dfrac{2}{\sqrt{5}} \end{pmatrix} = \begin{pmatrix} -2 & & \\ & -1 & \\ & & 3 \end{pmatrix}$$

可得 $\boldsymbol{A}$ 的特征值分别为 $-2,-1,3$；$\boldsymbol{R}(1,3,\theta)$ 的第一列 $\left(\dfrac{2}{\sqrt{5}},0,-\dfrac{1}{\sqrt{5}}\right)$ 为 $\boldsymbol{A}$ 的特征值 -2 的特征向量；$\boldsymbol{R}(1,3,\theta)$ 的第二列 $(0,1,0)$ 为 $\boldsymbol{A}$ 的特征值 -1 的特征向量；$\boldsymbol{R}(1,3,\theta)$ 的第三列 $\left(\dfrac{1}{\sqrt{5}},0,\dfrac{2}{\sqrt{5}}\right)$ 为 $\boldsymbol{A}$ 的特征值 3 的特征向量。

通常,将 $\boldsymbol{A}$ 化为对角矩阵无法在有限步完成,只能通过迭代步骤求近似值。实际计算时,当 k 充分大,就可取

$$a_{ii}^{(k)} \approx \lambda_i, \quad i = 1,2,\cdots,n$$

这里的 λ_i 并不表示特征值的大小顺序。对于给定的正数 ε,由条件

$$\sum_{i,j=1}^{n} |a_{ij}^{(k)}| < \varepsilon \tag{7-14}$$

控制迭代的次数。

例 7-9　用雅可比算法求矩阵

$$\boldsymbol{A} = \begin{pmatrix} 2 & -1 & 0 \\ -1 & 2 & -1 \\ 0 & -1 & 2 \end{pmatrix}$$

的特征值和特征向量。

解：第一次迭代,取 $p=1,q=2$,得 $2\theta = \dfrac{\pi}{2}$,故 $\cos\theta = \sin\theta = \dfrac{\sqrt{2}}{2} \approx 0.7071$,从而

$$\boldsymbol{R}_1 = \begin{pmatrix} 0.7071 & -0.7071 & 0 \\ 0.7071 & 0.7071 & 0 \\ 0 & 0 & 1 \end{pmatrix}$$

$$\boldsymbol{A}_1 = \boldsymbol{R}_1^{\mathrm{T}}\boldsymbol{A}\boldsymbol{R}_1 = \begin{pmatrix} 1.0000 & 0 & -0.7071 \\ 0 & 3.0000 & -0.7071 \\ -0.7071 & -0.7071 & 2.0000 \end{pmatrix}$$

第二次迭代，取 $p=1,q=3$，由式(7-11)～式(7-13)计算得

$$\boldsymbol{R}_2=\begin{pmatrix}0.8881 & 0 & -0.4597\\ 0 & 1.0000 & 0\\ 0.4597 & 0 & 0.8881\end{pmatrix}$$

$$\boldsymbol{A}_2=\boldsymbol{R}_2^{\mathrm{T}}\boldsymbol{AR}_2=\begin{pmatrix}0.6340 & -0.3251 & -0.0000\\ -0.3251 & 3.0000 & -0.6280\\ -0.0000 & -0.6280 & 2.3660\end{pmatrix}$$

第三次迭代，取 $p=2,q=3$，由式(7-11)～式(7-13)计算得

$$\boldsymbol{R}_3=\begin{pmatrix}1 & 0 & 0\\ 0 & 0.8517 & 0.5241\\ 0 & -0.5241 & 0.8517\end{pmatrix}$$

$$\boldsymbol{A}_3=\boldsymbol{R}_3^{\mathrm{T}}\boldsymbol{AR}_3=\begin{pmatrix}0.6340 & -0.2768 & -0.1704\\ -0.2768 & 3.3864 & 0\\ -0.1704 & -0.0000 & 1.9796\end{pmatrix}$$

第四次迭代，取 $p=1,q=2$，由式(7-11)～式(7-13)计算得

$$\boldsymbol{R}_4=\begin{pmatrix}0.9951 & -0.0991 & 0\\ 0.0991 & 0.9951 & 0\\ 0 & 0 & 1\end{pmatrix}$$

$$\boldsymbol{A}_4=\boldsymbol{R}_4^{\mathrm{T}}\boldsymbol{AR}_4=\begin{pmatrix}0.6064 & 0.0000 & -0.1695\\ 0 & 3.4140 & 0.0169\\ -0.1695 & 0.0169 & 1.9796\end{pmatrix}$$

第五次迭代，取 $p=1,q=3$，由式(7-11)～式(7-13)计算得

$$\boldsymbol{R}_5=\begin{pmatrix}0.9927 & 0 & -0.1207\\ 0 & 1.0000 & 0\\ 0.1207 & 0 & 0.9927\end{pmatrix}$$

$$\boldsymbol{A}_5=\boldsymbol{R}_5^{\mathrm{T}}\boldsymbol{AR}_5=\begin{pmatrix}0.5858 & 0.0020 & 0.0000\\ 0.0020 & 3.4140 & 0.0168\\ -0.0000 & 0.0168 & 2.0002\end{pmatrix}$$

第六次迭代，取 $p=2,q=3$，由式(7-11)～式(7-13)计算得

$$\boldsymbol{R}_6=\begin{pmatrix}1.0000 & 0 & 0\\ 0 & 0.9999 & -0.0119\\ 0 & 0.0119 & 0.9999\end{pmatrix}$$

$$\boldsymbol{A}_6=\boldsymbol{R}_6^{\mathrm{T}}\boldsymbol{AR}_6=\begin{pmatrix}0.5858 & 0.0020 & -0.0000\\ 0.0020 & 3.4142 & 0\\ -0.0000 & -0.0000 & 2.0000\end{pmatrix}$$

第七次迭代，取 $p=1,q=2$，由式(7-11)～式(7-13)计算得

$$\boldsymbol{R}_7=\begin{pmatrix}1.0000 & 0.0007 & 0\\ -0.0007 & 1.0000 & 0\\ 0 & 0 & 1.0000\end{pmatrix}$$

$$A_7 = R_7^{\mathsf{T}} A R_7 = \begin{pmatrix} 0.5858 & -0.0000 & -0.0000 \\ 0.0000 & 3.4142 & -0.0000 \\ -0.0000 & -0.0000 & 2.0000 \end{pmatrix}$$

记 $R = R_1 R_2 R_3 R_4 R_5 R_6$，计算得

$$R = \begin{pmatrix} 0.5000 & -0.5000 & -0.7071 \\ 0.7071 & 0.7071 & 0.0000 \\ 0.5000 & -0.5000 & 0.7071 \end{pmatrix}$$

从而 A_7 的对角元素为 A 的特征值，R 的列向量为相应的特征向量。

7.3.2　实用雅可比算法

7.3.1 节的雅可比算法每次旋转变换都是为了把非对角元绝对值最大的元素化为零。由于寻找这个绝对值最大的非对角元很费时间，从而作如下改进。

第一种办法是不选绝对值最大的非对角元，而把非对角元按照行的次序 $a_{12}, a_{13}, \cdots,$ $a_{1n}, a_{23}, a_{24}, \cdots, a_{2n}, \cdots, a_{n-1,n}$ 依次化为零。做完一遍称为一次扫描。一次扫描后，前面已化零的元可能成为非零元，需要再次扫描。这一方法称为**循环雅可比法**。其缺点是对一些已经足够小的元素也要作化零处理，这完全没有必要。

第二种办法是先确定一个阈值 $\alpha_1 > 0$，然后按次序 $a_{12}, a_{13}, \cdots, a_{1n}, a_{23}, a_{24}, \cdots, a_{2n}, \cdots,$ $a_{n-1,n}$ 依次用 α_1 与 $|a_{ij}|$ 比较，若 $|a_{ij}| < \alpha_1$，则不做运算；若 $|a_{ij}| \geqslant \alpha_1$，就做一次旋转变换，将 a_{ij} 化零。这样循环多次，当所有非对角元绝对值皆小于 α_1 后，再选一个阈值 $\alpha_2 > 0$ 重复上述过程。依次取 $\alpha_1 > \alpha_2 > \cdots > \alpha_r > 0$，直至达到所需的精度为止。这一方法称为**限值雅可比法**。

更有效的算法是把限值雅可比法与循环雅可比法结合起来，先在前几次循环中使用限值雅可比法，经过几个循环后，在矩阵非对角元绝对值的大小已相差不大的情况下，再使用几次循环雅可比法。

雅可比法适用于求低阶对称矩阵特征值与特征向量的方法，具有收敛快、算法稳定的优点，并且求得的特征向量有很好的正交性。

7.4　QR 方法

QR 方法是目前求任意非奇异实矩阵的全部特征值的最有效的方法之一，它是幂法的推广和变形，与雅可比算法一样，也属于变换法。QR 方法是基于对任何非奇异实矩阵都可以分解为正交矩阵 Q 和上三角矩阵 R 的乘积，而且当 R 的对角元符号取定时，分解是唯一的。

7.4.1　QR 分解

1. 豪斯霍尔德变换

QR 分解常用著名的**豪斯霍尔德（Householder）变换**实现。

设 $u \in \mathbf{R}^n$ 为单位列向量，即 $|u| = u^{\mathsf{T}} u = 1$。矩阵

$$H = E - 2uu^{\mathsf{T}}$$

称为**豪斯霍尔德矩阵**。

因为

$$H^{\mathrm{T}} = (E - 2uu^{\mathrm{T}})^{\mathrm{T}} = E^{\mathrm{T}} - 2(u^{\mathrm{T}})^{\mathrm{T}}u^{\mathrm{T}} = E - 2uu^{\mathrm{T}} = H$$

$$H^{\mathrm{T}}H = (E - 2uu^{\mathrm{T}})^{\mathrm{T}}(E - 2uu^{\mathrm{T}})$$
$$= (E - 2uu^{\mathrm{T}})(E - 2uu^{\mathrm{T}})$$
$$= E - 2uu^{\mathrm{T}} - 2uu^{\mathrm{T}} + 4u(u^{\mathrm{T}}u)u^{\mathrm{T}}$$
$$= E$$

可见,豪斯霍尔德矩阵 H 具有对称性和正交性。

对于任给的非零列向量 $\boldsymbol{\alpha} \in \boldsymbol{R}^n$ 及单位列向量 $g \in \boldsymbol{R}^n$,取

$$u = \frac{\boldsymbol{\alpha} - |\boldsymbol{\alpha}|\, g}{|\boldsymbol{\alpha} - |\boldsymbol{\alpha}|\, g|}$$

可得

$$\begin{aligned}
H\boldsymbol{\alpha} &= (E - 2uu^{\mathrm{T}})\boldsymbol{\alpha}\\
&= \left(E - 2\, \frac{\boldsymbol{\alpha} - |\boldsymbol{\alpha}|\, g}{|\boldsymbol{\alpha} - |\boldsymbol{\alpha}|\, g|}\, \frac{(\boldsymbol{\alpha} - |\boldsymbol{\alpha}|\, g)^{\mathrm{T}}}{|\boldsymbol{\alpha} - |\boldsymbol{\alpha}|\, g|}\right)\boldsymbol{\alpha}\\
&= \boldsymbol{\alpha} - \frac{2(\boldsymbol{\alpha} - |\boldsymbol{\alpha}|\, g)(\boldsymbol{\alpha}^{\mathrm{T}} - |\boldsymbol{\alpha}|\, g^{\mathrm{T}})\boldsymbol{\alpha}}{|\boldsymbol{\alpha} - |\boldsymbol{\alpha}|\, g|^2}\\
&= \boldsymbol{\alpha} - \frac{2(\boldsymbol{\alpha} - |\boldsymbol{\alpha}|\, g)(\boldsymbol{\alpha}^{\mathrm{T}}\boldsymbol{\alpha} - |\boldsymbol{\alpha}|\, g^{\mathrm{T}}\boldsymbol{\alpha})}{(\boldsymbol{\alpha} - |\boldsymbol{\alpha}|\, g)^{\mathrm{T}}(\boldsymbol{\alpha} - |\boldsymbol{\alpha}|\, g)}\\
&= \boldsymbol{\alpha} - \frac{2(\boldsymbol{\alpha} - |\boldsymbol{\alpha}|\, g)(\boldsymbol{\alpha}^{\mathrm{T}}\boldsymbol{\alpha} - |\boldsymbol{\alpha}|\, g^{\mathrm{T}}\boldsymbol{\alpha})}{(\boldsymbol{\alpha}^{\mathrm{T}} - |\boldsymbol{\alpha}|\, g^{\mathrm{T}})(\boldsymbol{\alpha} - |\boldsymbol{\alpha}|\, g)}\\
&= \boldsymbol{\alpha} - \frac{2(\boldsymbol{\alpha} - |\boldsymbol{\alpha}|\, g)(\boldsymbol{\alpha}^{\mathrm{T}}\boldsymbol{\alpha} - |\boldsymbol{\alpha}|\, g^{\mathrm{T}}\boldsymbol{\alpha})}{2(\boldsymbol{\alpha}^{\mathrm{T}}\boldsymbol{\alpha} - |\boldsymbol{\alpha}|\, g^{\mathrm{T}}\boldsymbol{\alpha})}\\
&= \boldsymbol{\alpha} - (\boldsymbol{\alpha} - |\boldsymbol{\alpha}|\, g)\\
&= |\boldsymbol{\alpha}|\, g
\end{aligned}$$

即得

$$H\boldsymbol{\alpha} = |\boldsymbol{\alpha}|\, g \tag{7-15}$$

这表明豪斯霍尔德矩阵可以把任意非零列向量 $\boldsymbol{\alpha}$ 变到 g 的方向,同时 $\boldsymbol{\alpha}$ 的长度保持不变。

特别地,取 $g = e_1 = (1, 0, \cdots, 0)^{\mathrm{T}} \in \boldsymbol{R}^n$,可得

$$H\boldsymbol{\alpha} = |\boldsymbol{\alpha}|\, e_1 = \left(\sqrt{\sum_{i=1}^{n} \boldsymbol{\alpha}_i^2}, 0, \cdots, 0\right)^{\mathrm{T}}$$

此时,$\boldsymbol{\alpha}$ 除第一个分量外,其余分量全部化为零。

由此,利用一系列豪斯霍尔德矩阵,可将非奇异实矩阵 A 分解成正交阵 Q 和上三角矩阵 R 的乘积。

2. 施密特正交化过程

在"线性代数"课程中介绍过施密特(Schmidt)正交化方法。对于 n 阶方阵 A,记 A 的第 i 个列向量为 $\boldsymbol{\alpha}_i$,即

$$\boldsymbol{\alpha}_i = (a_{1i}, a_{2i}, \cdots, a_{ni})^{\mathrm{T}}$$

则

$$A = (\alpha_1, \alpha_1, \cdots, \alpha_n)$$

令

$$\boldsymbol{\beta}_1' = \boldsymbol{\alpha}_1, \quad \boldsymbol{\beta}_1 = \frac{\boldsymbol{\beta}_1'}{\boldsymbol{\beta}_1'^{\mathrm{T}}\boldsymbol{\beta}_1'}$$

$$\boldsymbol{\beta}_2' = \boldsymbol{\alpha}_2 - (\boldsymbol{\beta}_1^{\mathrm{T}}\boldsymbol{\alpha}_2)\boldsymbol{\beta}_1, \boldsymbol{\beta}_2 = \frac{\boldsymbol{\beta}_2'}{\boldsymbol{\beta}_2'^{\mathrm{T}}\boldsymbol{\beta}_2'}$$

$$\boldsymbol{\beta}_3' = \boldsymbol{\alpha}_3 - (\boldsymbol{\beta}_1^{\mathrm{T}}\boldsymbol{\alpha}_3)\boldsymbol{\beta}_1 - (\boldsymbol{\beta}_2^{\mathrm{T}}\boldsymbol{\alpha}_3)\boldsymbol{\beta}_2, \boldsymbol{\beta}_3 = \frac{\boldsymbol{\beta}_3'}{\boldsymbol{\beta}_3'^{\mathrm{T}}\boldsymbol{\beta}_3'}$$

$$\vdots$$

$$\boldsymbol{\beta}_n' = \boldsymbol{\alpha}_n - (\boldsymbol{\beta}_1^{\mathrm{T}}\boldsymbol{\alpha}_n)\boldsymbol{\beta}_1 - (\boldsymbol{\beta}_2^{\mathrm{T}}\boldsymbol{\alpha}_n)\boldsymbol{\beta}_2 - \cdots - (\boldsymbol{\beta}_{n-1}^{\mathrm{T}}\boldsymbol{\alpha}_n)\boldsymbol{\beta}_{n-1}, \boldsymbol{\beta}_n = \frac{\boldsymbol{\beta}_n'}{\boldsymbol{\beta}_n'^{\mathrm{T}}\boldsymbol{\beta}_n'}$$

从而

$$(\boldsymbol{\alpha}_1, \boldsymbol{\alpha}_2, \cdots, \boldsymbol{\alpha}_n) = (\boldsymbol{\beta}_1, \boldsymbol{\beta}_2, \cdots, \boldsymbol{\beta}_n) \begin{pmatrix} \sqrt{\boldsymbol{\beta}_1'^{\mathrm{T}}\boldsymbol{\beta}_1'} & \boldsymbol{\beta}_1^{\mathrm{T}}\boldsymbol{\alpha}_2 & \boldsymbol{\beta}_1^{\mathrm{T}}\boldsymbol{\alpha}_3 & \cdots & \boldsymbol{\beta}_1^{\mathrm{T}}\boldsymbol{\alpha}_n \\ & \sqrt{\boldsymbol{\beta}_2'^{\mathrm{T}}\boldsymbol{\beta}_2'} & \boldsymbol{\beta}_2^{\mathrm{T}}\boldsymbol{\alpha}_3 & \cdots & \boldsymbol{\beta}_2^{\mathrm{T}}\boldsymbol{\alpha}_n \\ & & \sqrt{\boldsymbol{\beta}_3'^{\mathrm{T}}\boldsymbol{\beta}_3'} & \cdots & \boldsymbol{\beta}_3^{\mathrm{T}}\boldsymbol{\alpha}_n \\ & & & \ddots & \vdots \\ & & & & \sqrt{\boldsymbol{\beta}_n'^{\mathrm{T}}\boldsymbol{\beta}_n'} \end{pmatrix} = \boldsymbol{QR}$$

施密特正交化过程就是将矩阵 $\boldsymbol{A}$ 分解为正交矩阵与上三角矩阵的乘积

$$\boldsymbol{A} = \boldsymbol{QR}$$

即 $\boldsymbol{A}$ 的 $\boldsymbol{QR}$ 分解。

7.4.2　基本 QR 方法

利用矩阵 $\boldsymbol{A}$ 的 QR 分解,立即可得 $\boldsymbol{A}$ 的一系列相似矩阵。设

$$\boldsymbol{A} = \boldsymbol{A}_1 = \boldsymbol{Q}_1 \boldsymbol{R}_1$$

令

$$\boldsymbol{A}_2 = \boldsymbol{R}_1 \boldsymbol{Q}_1 = \boldsymbol{Q}_2 \boldsymbol{R}_2$$

$$\boldsymbol{A}_3 = \boldsymbol{R}_2 \boldsymbol{Q}_2 = \boldsymbol{Q}_3 \boldsymbol{R}_3$$

$$\vdots$$

$$\boldsymbol{A}_k = \boldsymbol{R}_{k-1} \boldsymbol{Q}_{k-1} = \boldsymbol{Q}_k \boldsymbol{R}_k$$

其中,$\boldsymbol{Q}_k$ 为正交矩阵,$\boldsymbol{R}_k$ 为上三角矩阵,对角元取正。序列$\{\boldsymbol{A}_k\}$称为 QR 序列。

由于

$$\boldsymbol{A}_{k-1} = \boldsymbol{Q}_{k-1} \boldsymbol{R}_{k-1}, \quad \boldsymbol{A}_k = \boldsymbol{R}_{k-1} \boldsymbol{Q}_{k-1}$$

从而必有

$$\boldsymbol{A}_k = \boldsymbol{Q}_{k-1}^{\mathrm{T}} \boldsymbol{A}_{k-1} \boldsymbol{Q}_{k-1}$$

即 $\boldsymbol{A}_k$ 相似于 $\boldsymbol{A}_{k-1}$。

可见$\{\boldsymbol{A}_k\}$相似于 $\boldsymbol{A} = \boldsymbol{A}_1$。还可证明当 $k \to \infty$ 时,$\boldsymbol{A}_k$ 的对角元将收敛于 $\boldsymbol{A}$ 的特征值。收敛性的证明这里从略。

基本 QR 方法给出了求矩阵 $\boldsymbol{A}$ 全部特征值的方法,不过对一般矩阵施行 QR 分解再置换,计算量很大,影响了实用价值。

7.4.3　带原点位移的 QR 方法

为了加速 QR 方法的收敛,类似于乘幂法,可采用带有原点移位的 QR 方法:

$$\begin{cases} \boldsymbol{A}_k - p_k \boldsymbol{E} = \boldsymbol{Q}_k \boldsymbol{R}_k \\ \boldsymbol{A}_{k+1} = \boldsymbol{R}_k \boldsymbol{Q}_k + p_k \boldsymbol{E} \end{cases}, \quad k = 1, 2, \cdots$$

其中,p_k 为选取的位移量。

带原点位移的 QR 序列 $\{\boldsymbol{A}_k\}$ 具有如下性质。

(1) $\boldsymbol{A}_{k+1}$ 相似于 $\boldsymbol{A}_k$。

(2) $\boldsymbol{A}_k$ 为拟上三角矩阵时,$\boldsymbol{A}_{k+1}$ 也是拟上三角矩阵。

(3) 当位移量 p_k 选为 λ_n 的近似值时,可以证明 $\boldsymbol{A}_k$ 最后一行的非对角元 $a_{n,n-1}^{(k)}$ 以二阶速度收敛于零,而其余行的次对角元以较慢的速度收敛于零。一旦 $|a_{n,n-1}^{(k)}|$ 为充分小,可将它置为零,这时可取 $\lambda_n \approx a_{nn}^{(k)}$ 为 $\boldsymbol{A}$ 的近似特征值。求得 λ_n 后,就可以删去 $\boldsymbol{A}_k$ 的第 n 行与第 n 列元素,收缩矩阵 $\boldsymbol{A}_k$ 为一个 $n-1$ 阶主子阵,对此降阶矩阵继续使用原点移位的 QR 方法,至多经过 $n-1$ 步收缩就可得到 $\boldsymbol{A}$ 的全部近似特征值。

例 7-10 用 QR 方法求矩阵

$$\boldsymbol{A} = \begin{pmatrix} 5 & -2 & -5 & -1 \\ 1 & 0 & -3 & 2 \\ 0 & 2 & 2 & -3 \\ 0 & 0 & 1 & -2 \end{pmatrix}$$

的特征值。

解:反复利用豪斯霍尔德变换将 $\boldsymbol{A}$ 分解为

$$\boldsymbol{A} = \boldsymbol{A}_1$$

$$= \begin{pmatrix} 0.9806 & -0.0377 & 0.1766 & 0.0765 \\ 0.1961 & 0.1887 & -0.8830 & -0.3824 \\ -0.0000 & 0.9813 & 0.1766 & 0.0765 \\ -0.0000 & -0.0000 & 0.3974 & -0.9177 \end{pmatrix} \begin{pmatrix} 5.0990 & -1.9612 & -5.4913 & -0.5883 \\ 0.0000 & 2.0381 & 1.5852 & -2.5288 \\ -0.0000 & -0.0000 & 2.5166 & -3.2672 \\ -0.0000 & -0.0000 & -0.0000 & 0.7647 \end{pmatrix}$$

$$= \boldsymbol{Q}_1 \boldsymbol{R}_1$$

然后将求得的 $\boldsymbol{Q}_1$ 和 $\boldsymbol{R}_1$ 逆序相乘,得到

$$\boldsymbol{A}_2 = \begin{pmatrix} 4.6154 & -5.9511 & 1.4287 & 1.2598 \\ 0.3997 & 1.9402 & -2.5246 & 1.6625 \\ -0.0000 & 2.4696 & -0.8538 & 3.1906 \\ -0.0000 & -0.0000 & 0.3039 & -0.7018 \end{pmatrix}$$

将 $\boldsymbol{A}_2$ 重复上述过程可得

$$\boldsymbol{A}_2 =$$

$$= \begin{pmatrix} 0.9963 & -0.0607 & 0.0596 & 0.0142 \\ 0.0863 & 0.7011 & -0.6885 & -0.1643 \\ -0.0000 & 0.7104 & 0.6845 & 0.1633 \\ -0.0000 & -0.0000 & 0.2321 & -0.9727 \end{pmatrix} \begin{pmatrix} 4.6327 & -5.7616 & 1.2055 & 1.3985 \\ -0.0000 & 3.4762 & -2.4634 & 3.3559 \\ 0.0000 & 0.0000 & 1.3093 & 0.9518 \\ 0.0000 & 0.0000 & -0.0000 & 0.9486 \end{pmatrix}$$

$$= \boldsymbol{Q}_2 \boldsymbol{R}_2$$

再次将求得的 $\boldsymbol{Q}_2$ 和 $\boldsymbol{R}_2$ 逆序相乘,得到

$$\boldsymbol{A}_3 = \begin{pmatrix} 4.1183 & -3.4645 & 5.3926 & -0.1511 \\ 0.2999 & 0.6872 & -3.3006 & -4.2376 \\ -0.0000 & 0.9302 & 1.1172 & -0.7120 \\ -0.0000 & -0.0000 & 0.2202 & -0.9227 \end{pmatrix}$$

重复上述过程,计算 8 次得到

$$A_8 = \begin{pmatrix} 4.0001 & -2.6237 & 5.6604 & -0.8363 \\ 0.0084 & 0.4946 & -3.7918 & -4.0307 \\ -0.0000 & 1.1159 & 1.5043 & -0.0288 \\ -0.0000 & -0.0000 & 0.0017 & -0.9990 \end{pmatrix}$$

计算 17 次得到

$$A_{17} = \begin{pmatrix} 4.0000 & 0.3740 & -6.2221 & 0.8453 \\ 0.0000 & -0.2812 & -3.1005 & -3.7581 \\ -0.0000 & 1.8195 & 2.2811 & 1.4493 \\ -0.0000 & -0.0000 & 0.0000 & -1.0000 \end{pmatrix}$$

由此得到 A 的一个特征值为 4,另一个特征值为 -1,其他两个特征值是方程

$$\begin{vmatrix} -0.2812-\lambda & -3.1005 \\ 1.8195 & 2.2811-\lambda \end{vmatrix} = 0$$

的根,解出为 $1\pm2i$。

附　可以利用 Python 中常用的 Sympy 库求解矩阵的特征值和特征向量。求解本例待解矩阵的特征值和特征向量的程序如下。

```
#求矩阵的特征值和特征向量
import sympy
from sympy import Matrix
#定义矩阵
A5=Matrix([[5,-2,-5,-1],[1,0,-3,2],[0,2,2,-3],[0,0,1,-2]])
#求矩阵的特征值
B51=A5.eigenvals()
print(B51)
#求矩阵的特征向量
B52=A5.eigenvects()
print(B52)
```

程序的运行结果如下:

```
{4: 1, -1: 1, 1 -2 * I: 1, 1 +2 * I: 1}
[(-1, 1, [Matrix([
[1],
[0],
[1],
[1]])]), (4, 1, [Matrix([
[ 46],
[15/2],
[ 6],
[ 1]])]), (1 -2 * I, 1, [Matrix([
[- (-8 - (-8 +4 * I) * (-3 +2 * I)) * (8 -4 * I)/80],
[        3/2 +(-3 +2 * I) * (1 +2 * I)/2],
[                3 -2 * I],
[                1]])]), (1 +2 * I, 1, [Matrix([
```

```
[-(-8-(-8-4*I)*(-3-2*I))*(8+4*I)/80],
[        3/2+(-3-2*I)*(1-2*I)/2],
[                    3+2*I],
[                      1]])])]
```

习 题 7

1. 用乘幂法计算下列矩阵的按模最大特征值与相应的特征向量。

(1) $\begin{pmatrix} 4 & 2 & 2 \\ 2 & 5 & 1 \\ 2 & 1 & 6 \end{pmatrix}$;

(2) $\begin{pmatrix} 3 & -4 & 3 \\ -4 & 6 & 3 \\ 3 & 3 & 1 \end{pmatrix}$;

(3) $\begin{pmatrix} 4 & 1 & -1 & 0 \\ 1 & 3 & -1 & 0 \\ -1 & -1 & 5 & 2 \\ 0 & 0 & 2 & 4 \end{pmatrix}$;

(4) $\begin{pmatrix} 2 & -1 & & \\ -1 & 2 & -1 & \\ & -1 & 2 & -1 \\ & & -1 & 2 \end{pmatrix}$。

2. 用反幂法求下列矩阵的按模最小特征值。

(1) $\begin{pmatrix} 2 & 0 & 0 \\ 2 & 2 & 1 \\ 1 & 1 & 2 \end{pmatrix}$;

(2) $\begin{pmatrix} 4 & 1 & 0 \\ 1 & 2 & 1 \\ 0 & 1 & 1 \end{pmatrix}$。

3. 用雅可比方法求下列矩阵所有特征值。

(1) $\begin{pmatrix} 3.5 & -6 & 5 \\ -6 & 8.5 & -9 \\ 5 & -9 & 8.5 \end{pmatrix}$;

(2) $\begin{pmatrix} 4 & 2 & 1 \\ 2 & 4 & 2 \\ 1 & 2 & 4 \end{pmatrix}$。

4. 试对下列方阵进行 QR 分解。

(1) $\begin{pmatrix} 1 & 1 & 1 \\ 2 & -1 & -1 \\ 2 & -4 & 5 \end{pmatrix}$;

(2) $\begin{pmatrix} 1 & 1 & 1 \\ -3 & 2 & -1 \\ 4 & -4 & 2 \end{pmatrix}$。

5. 用 QR 方法求矩阵 A 的特征值与对应的特征向量。

$$A = \begin{pmatrix} 2 & -1 & & \\ -1 & 2 & -1 & \\ & -1 & 2 & -1 \\ & & -1 & 2 \end{pmatrix}$$

6. 用带原点移位的 QR 方法求矩阵 A 的全部特征值。

$$A = \begin{pmatrix} 3 & 1 & 0 \\ 1 & 2 & 1 \\ 0 & 1 & 1 \end{pmatrix}$$

第**8**章 CHAPTER

常微分方程数值解法

科学研究与工程技术中的许多问题往往归结为求解某个常微分方程的定解问题。但是,除去一些特殊类型之外,大多数常微分方程的定解(积分曲线)都很复杂、难于计算,甚至无法用初等函数表示出来。因此,需要使用数值求解方法。

常微分方程的数值解法是求取近似解的离散化方法,其基本特点是：先剖分求解区间,再将常微分方程离散成各个分点上的近似公式或方程,然后结合初值(或边值)条件求得近似解。这样求得的近似解是一个离散的函数表。

欧拉(Euler)法是求解一阶常微分方程初值问题的简单方法,它用一条过区间左端点且由各结点处近似值连接而成的折线来替代积分曲线,有显式和隐式之分;采用预报-校正公式的改进欧拉法可以提高计算精度;龙格-库塔(Runge-Kutta)法用多个分点处函数值的加权组合来近似计算区间上的平均值,可以求得精度更高的结果。

8.1 一阶常微分方程初值问题及其解

为了描述系统的动态演变,如物体运动、化学反应、物种增长及蜕变等,往往将其表示为以时间 t 为变量的常微分方程或方程组。例如,物体冷却过程的数学模型为

$$\frac{\mathrm{d}u}{\mathrm{d}t} = -k(u - u_0)$$

这是一个包含自变量 t、未知函数 u 及其一阶导数 $\dfrac{\mathrm{d}u}{\mathrm{d}t}$ 的常微分方程。

在微分方程中,只有一个自变量函数的称为常微分方程,有两个或两个以上自变量函数的称为偏微分方程。在 n 阶微分方程中,包含 n 个任意常数的解称为该方程的通解。确定通解中任意常数所需求的条件称为定解条件。如果定解条件描述函数在某个点(或初始点)处的状态,称为初值问题;如果定解条件描述的是函数在至少两点(或边界)处的状态,称为边值问题。

注：一阶常微分方程——只有一个未知变量;未知函数的导数为一阶;只

有一个未知函数。简而言之,方程中只有 x、y、y'。

1. 一阶常微分方程初值问题

一阶常微分方程初值问题定义为,求解

$$\begin{cases} \dfrac{\mathrm{d}y}{\mathrm{d}x}=f(x,y),x\in[a,b] \\ y(a)=y_0 \end{cases}$$

也就是说,如果已知一个点的坐标 (a,y_0) 以及该点的斜率值 $f(x,y)$,就可以求解这个微分方程。一阶常微分方程初值问题的解是通过点 (a,y_0) 的一条曲线,称为一阶常微分方程的积分曲线。积分曲线上每个点 (x,y) 的切线斜率 $y'(x)$ 等于函数 $f(x,y)$ 在该点的值。

例 8-1 说明方程

$$yy'-y^2+2x=0,\quad 0\leqslant x\leqslant 1$$

为一阶常微分方程初值问题。

解:将方程改写为

$$y'=y-\frac{2x}{y}$$

令右式

$$y-\frac{2x}{y}=f(x,y)$$

再给定初值

$$y(0)=1$$

就成为一阶常微分方程初值问题

$$\begin{cases} \dfrac{\mathrm{d}y}{\mathrm{d}x}=y-\dfrac{2x}{y},\quad x\in[0,1] \\ y(0)=1 \end{cases}$$

这个问题的解为函数

$$y(x)=\sqrt{1+2x}$$

2. 一阶常微分方程初值问题的解

只要函数 $f(x,y)$ 满足一定条件,待解的一阶常微分方程初值问题就有解 $y=y(x)$ 且为唯一解。判断的依据如下。

如果连续函数 $f(x,y)$ 对 y 满足利普希茨(Lipschitz)条件,即存在 $L>0$,使得

$$|f(x,y_1)-f(x,y_2)|\leqslant L(y_1-y_2)$$

成立,则

$$\begin{cases} y'=f(x,y) \\ y(x_0)=y_0 \end{cases}$$

存在唯一的连续可微解 $y=y(x)$。

例 8-2 一条曲线过点 $(1,2)$,且在该曲线上任一点 $M(x,y)$ 处的切线斜率为 $2x$,求该曲线的方程。

解:数学课程中讲解了许多求解不同类型(分离变量型、齐次型等)的常微分方程的解析方法,这里使用分离变量法求解。

设所求曲线为 $y=y(x)$，由已知条件得

$$\begin{cases} \dfrac{\mathrm{d}y}{\mathrm{d}x}=2x & (8\text{-}1) \\ y\big|_{x=1}=2 & (8\text{-}2) \end{cases}$$

这是一个一阶常微分方程。

由式(8-1)得

$$\mathrm{d}y=2x\,\mathrm{d}x$$

两边求积分

$$\int\mathrm{d}y=\int 2x\,\mathrm{d}x$$

解之，得

$$y=x^2+c$$

将式(8-2)代入，有

$$y\big|_{x=1}=(x^2+c)\big|_{x=1}=1^2+c=2$$

求得 $c=1$，故函数表达式为

$$y=x^2+1$$

附　可以在 Python 中引用 Sympy 库求得一阶常微分方程的通解，程序如下。

```
#待解常微分方程 y'(x)=2x
import sympy                      #引用 Sympy 符号计算库
from sympy import *               #引用 Sympy 库中所有功能
x=symbols("x")                    #设置自变量 x
y=Function('y')                   #设置因变量 y
z=y(x).diff(x)-2*x                #设置常微分方程
print("常微分方程 ",z)
eq=Eq(z,0)                        #将常微分方程 z 与 0 组成等式
print("常微分方程——等式 ",eq)
zDsolve=dsolve(z)                 #解常微分方程
print("常微分方程的通解 ",zDsolve)
```

3. 数值求解一阶常微分方程初值问题的一般方法

求解一阶常微分方程初值问题时，如果不便或不想寻求方程的通解或特解，就需要对连续的待解问题进行离散化处理，给出便于递推求解的公式，然后从已知的初值开始，逐步计算各个离散点处的解函数的近似值。

通常将区间 $[a,b]$ 按照给定的步长 h（相邻两结点间距离）划分，分点为 $x_0,x_1,x_2,\cdots,x_N$。其中，$x_n=x_0+nh(n=0,1,2,\cdots,N)$，可取 x_0 作为求解区间的左端点 a，x_N 作为右端点 b，函数的定义域为 $a=x_0\leqslant x\leqslant x_N=b$。

例 8-3　假定步长 $h=0.1$，递推公式为

$$y_{n+1}=y_n+hf(x_n,y_n),\quad n=0,1,2,\cdots$$

试用数值方法求解一阶常微分方程初值问题

$$\begin{cases} \dfrac{\mathrm{d}y}{\mathrm{d}x}=\dfrac{y-x}{y+x}, & 0\leqslant x\leqslant 0.6 \\ y(0)=1 \end{cases}$$

注：这个递推公式称为欧拉公式。用欧拉法求解常微分方程初值问题，是本章重点讲解的内容。

解：已知 $f(x,y)=\dfrac{y-x}{y+x}$，$x_0=0$，$y_0=1$，故递推公式的具体形式为

$$y_{n+1}=y_n+0.1*[(y_n-x_n)/(y_n+x_n)],\quad n=0,1,2,\cdots$$

据此求得

$$y_1=y_0+hf(x_0,y_0)=1+0.1\times[(1-0)/(1+0)]=1.1$$
$$y_2=y_1+hf(x_1,y_1)=1.1+0.1\times[(1.1-0.1)/(1.1+0.1)]=1.183\,333$$
$$y_3=y_2+hf(x_2,y_2)$$
$$=1.183\,333+0.1\times[(1.183\,333-0.2)/(1.183\,333+0.2)]=1.254\,417$$
$$\cdots\cdots$$

迭代求值的结果，形成了由几个离散点处近似解构成的函数表，如表 8-1 所示。

表 8-1 数值求解常微分方程初值问题的结果

序 号	0	1	2	3	4	5	6
x_n	0	0.1	0.2	0.3	0.4	0.5	0.6
y_n	1	1.1	1.183 333	1.254 418	1.315 818	1.369 193	1.415 694

附 例 8-3 数值求解 $y'=(y-x)/(y+x)$ 的代码。

```
x0,y0,h=0,1,0.1                        #赋初值
for i in range(1,7,1):
    x=x0+h                             #结点前移
    y=y0+h*((y0-x0)/(y0+x0))           #当前结点处近似值
    print("%.1f\t%f"%(x,y))            #输出求值结果
    x0,y0=x,y
```

8.2 欧 拉 法

常微分方程初值问题的数值解法具有"步进式"特点，即在求解过程中，按照已知或已求得的结点上的函数值计算当前结点的函数值，一步一步地向前推进。各种不同方法的核心都是构造由已知数值 $y_n,y_{n-1},y_{n-2},\cdots$ 计算 $y_{n+1}(n=0,1,2,\cdots,N)$ 的递推公式。

如果采用一阶向前差商、向后差商或中心差商近似替代一阶常微分方程中的导数，则可产生 3 种不同的递推公式，分别用于求解一阶常微分方程初值问题的欧拉法、隐式欧拉法与两步欧拉法。

8.2.1 求解一阶常微分方程初值问题的欧拉法

欧拉法是较早出现的数值求解方法，虽然精度不高，但某种程度上反映了数值方法的基本思想。可以采用一阶向前差商来代替导数，推导出欧拉法使用的欧拉公式，也可基于数值积分或者泰勒展开的方式推导出来。

欧拉法的几何意义在于，求解一阶常微分方程时，用一条与积分曲线（精确解）的初始点

重合的折线来近似替代积分曲线。

1. 欧拉公式

如果用点 x_n 处的一阶向前差商

$$\frac{y(x_{n+1})-y(x_n)}{x_{n+1}-x_n}=\frac{y(x_{n+1})-y(x_n)}{h},\quad n=0,1,2,\cdots$$

代替点 x_n 处的导数 $y'(x_n)$，代入一阶常微分方程 $y'=f(x,y)$，则有

$$\frac{y(x_{n+1})-y(x_n)}{h}\approx f(x_n,y(x_n)),\quad n=0,1,2,\cdots$$

化简得

$$y(x_{n+1})=y(x_n)+hf(x_n,y(x_n)),\quad n=0,1,2,\cdots$$

再将 $y(x_n)$ 替换为近似值 y_n，所得结果作为 $y(x_{n+1})$ 的近似值，记作 y_{n+1}，则有

$$y_{n+1}=y_n+hf(x_n,y_n),\quad n=0,1,2,\cdots$$

这就是欧拉公式。因其右式都是已知数，可以直接计算，故又称为显式欧拉公式。

这样，一阶常微分方程初值问题就转化成差分方程的初值问题：

$$\begin{cases}y_{n+1}=y_n+hf(x_n,y_n),\quad n=0,1,2,\cdots\\ y_0=y(x_0)\end{cases}$$

使用欧拉公式求解一阶常微分方程初值问题的一般方法是：代入已知的 $f(x,y)$ 函数及初值 y_0，求得 $y(x_1)$ 的近似值 y_1，再代入 $f(x,y)$ 及 y_1，求得 $y(x_2)$ 的近似值 y_2，……，如此循环，直到求得 $y(x_N)$ 的近似值 y_N 为止。这样，就从 y_0 开始，逐步推算出解函数 $y=y(x)$ 在区间各分点 $x_1,x_2,x_3,\cdots$ 处的近似值 $y_1,y_2,\cdots,y_N$。这就是求解一阶常微分方程的欧拉法。

2. 基于数值积分推导欧拉公式

可以基于多种方式（差商代替导数、数值积分、泰勒展开）给出欧拉公式。基于数值积分的推导过程如下。

（1）将一阶常微分方程两边在区间 $[x_n,x_{n+1}]$ 内积分：

$$\int_{x_n}^{x_{n+1}}y'(x)\mathrm{d}x=\int_{x_n}^{x_{n+1}}f(x,y)\mathrm{d}x$$

求解并整理，得

$$y(x_{n+1})-y(x_n)=\int_{x_n}^{x_{n+1}}f(x,y(x))\mathrm{d}x$$

（2）数值方法求解定积分：如果利用左矩形公式计算积分项，则有

$$\int_{x_n}^{x_{n+1}}f(x,y(x))\mathrm{d}x\approx hf(x_n,y(x_n))$$

给出递推公式

$$y(x_{n+1})\approx y(x_n)+hf(x_n,y(x_n))$$

（3）离散化：将 $y(x_n)$、$y(x_{n+1})$ 的近似值分别记为 y_n、y_{n+1}，则有

$$y_{n+1}=y_n+hf(x_n,y_n)$$

这就是求解一阶常微分方程初值问题的递推公式，称为欧拉公式。

3. 基于泰勒展开推导欧拉公式

在 x_n 处，$y(x_{n+1})$ 的二阶泰勒展开式为

$$y(x_{n+1}) = y(x_n + h) = y(x_n) + hy'(x_n) + \frac{h^2}{2!}y''(\xi_n)$$

当 h 充分小时,忽略高次项,得

$$\frac{h^2}{2!}y''(\xi_n) = O(h^2)$$

用 y_n、y_{n+1} 代替 $y(x_n)$、$y(x_{n+1})$,则有欧拉公式

$$y_{n+1} = y_n + hf(x_n, y_n)$$

例 8-4 设步长 $h=0.1$,用欧拉法求解

$$\begin{cases} y' = x + y \\ y(0) = 1 \end{cases}$$

解:已知 $f(x,y)=x+y, x_0=0, y_0=1, h=0.1$,故欧拉法递推公式为

$$y_{n+1} = y_n + 0.1*(x_n + y_n), \quad n=0,1,2,\cdots$$

据此求得

$$y_1 = y_0 + hf(x_0, y_0) = 1 + 0.1 \times (0+1) = 1.1$$
$$y_2 = y_1 + hf(x_1, y_1) = 1.1 + 0.1 \times (0.1+1.1) = 1.22$$
$$y_3 = y_2 + hf(x_2, y_2) = 1.22 + 0.1 \times (0.2+1.22) = 1.362$$
$$y_4 = y_3 + hf(x_3, y_3) = 1.362 + 0.1 \times (0.3+1.362) = 1.5282$$
$$y_5 = y_4 + hf(x_4, y_4) = 1.5282 + 0.1 \times (0.4+1.5282) = 1.721\,02$$
$$y_6 = y_5 + hf(x_5, y_5) = 1.721\,02 + 0.1 \times (0.5+1.721\,02) = 1.943\,122$$
$$y_7 = y_6 + hf(x_6, y_6) = 1.943\,122 + 0.1 \times (0.5+1.943\,122) = 2.197\,434\,2$$

······

4. 欧拉法的几何意义

一阶常微分方程 $y'=f(x,y)$ 的初值问题的解函数 $y=y(x)$ 是该方程过点 (x_0,y_0) 的解曲线。而欧拉法求解的结果则为一条近似取代解曲线的折线,如图 8-1 所示。

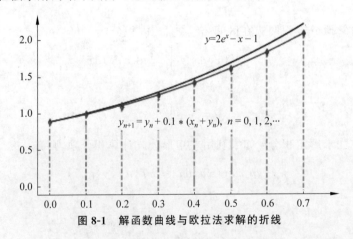

图 8-1 解函数曲线与欧拉法求解的折线

注:一阶常微分方程 $y'=f(x,y)$ 的解为 xoy 平面上的一组积分曲线。其中,通过点 (x_0,y_0) 的那条积分曲线为初值问题 $y(x_0)=y_0$ 的解。

在图 8-1 中,上面的曲线为例 8-3 求解的一阶常微分方程的解函数

$$y = 2e^x - x - 1$$

下面的折线为依据欧拉法递推公式:

$$y_{n+1} = y_n + 0.1 * (x_n + y_n), \quad n = 0, 1, 2, \cdots$$

逐步迭代求解而形成的直线段连接起来的结果。

使用欧拉公式计算数值解的几何意义为：先在初始点 $p_0(x_0, y_0)$ 处作积分曲线 $y = y(x)$ 的切线，切线的斜率为 $f(x_0, y_0)$，记它与直线 $x = x_1$ 的交点 p_1 处的纵坐标为 y_1，然后过点 $p_1(x_1, y_1)$ 以 $f(x_1, y_1)$ 为斜率作一条直线，记它与直线 $x = x_2$ 的交点 p_2 的纵坐标为 y_2，……，如此继续下去，可得一条折线 $p_0 p_1 p_2 \cdots p_n$。容易验证，这条折线各个顶点的纵坐标 $y_n (n = 1, 2, \cdots)$ 就是通过欧拉公式计算得到的近似解。因此，欧拉法又称为欧拉折线法。容易验证，使用欧拉折线法时，选取的步长 h 越小，迭代求得的 y_n 就越精确。

可以看出，在递推求解 y_{n+1} 的过程中，只有第一步用到的 y_n 即 y_0 为精确值(初值)，以后各步中的 y_n 都是欧拉公式求得的近似值，因此，误差会跟随递推过程的逐步深入而传播下去。而且，每一步都可能产生影响最终结果的舍入误差。

5. 欧拉法的算法实现

欧拉法不难用程序设计实现。设步长为 h、区间左端点为 a、右端点为 b、初值(左端点函数值)为 η，则其一般操作步骤(算法)如算法 8-1 所示。

算法 8-1

S1　输入：a, b, h, y0 ← 左端点、右端点、步长、初值

S2　初始化：x_{n-1} ← a, y_{n-1} ← y0

S3　计算：

　　　y_n ← y_{n-1} + hf(x_{n-1}, y_{n-1})

S4　自变量增值：x_n ← x_{n-1} + h

S5　输出 x_n、y_n

S6　判断：x_n ≤ b? 是则

　　　结点及其近似值前移：x_{n-1} ← x_n、y_{n-1} ← y_n

　　　转 S3

S7　算法结束

附　例 8-3 欧拉法求解 $y' = x + y$ 的主要代码。

```
#定义函数 f(x,y)
def f(x,y):
    return y-2 * x/y
#欧拉法求解
xi,yi,h=[0],[1],0.1
xi,yi=[0],[1]                          #赋初值：x(0)=0,y(0)=1
for i in range(1,9,1):                 #迭代求解：yn=yn+f(xn+yn)
    xi.append(xi[i-1]+h)               #自变量增值：xn=xn+0.1
    yi.append(yi[i-1]+h * f(xi[i-1],yi[i-1]))   #计算：yn=yn+f(xn+yn)
    print("%.1f\t%f"%(xi[i],yi[i]))    #输出求值结果
```

8.2.2　隐式欧拉法及两步欧拉法

在进行常微分方程初值问题离散化时，如果用一阶向后差商

$$\frac{y(x_{n+1}) - y(x_n)}{h}, \quad n = 0, 1, 2, \cdots$$

代替方程

$$y'(x_{n+1}) = f(x_{n+1}, y(x_{n+1})), \quad n = 0, 1, 2, \cdots$$

中的导数 $y'(x_{n+1})$，则可得到差分方程

$$y(x_{n+1}) \approx y(x_n) + hf(x_{n+1}, y(x_{n+1})), \quad n = 0, 1, 2, \cdots$$

用于第 n 步迭代时，右式的 $y(x_{n+1})$ 为待求未知量，$hf(x_{n+1}, y(x_{n+1}))$ 为 $y(x_{n+1})$ 的函数，也就是说，这个差分方程为关于 $y(x_{n+1})$ 的非线性方程。

再以近似值 y_{n+1} 表示 $y(x_{n+1})$，以近似值 y_n 表示 $y(x_n)$，则有

$$y_{n+1} = y_n + hf(x_{n+1}, y_{n+1})$$

该式称为隐式欧拉公式或后退的欧拉公式。

显式欧拉公式便于使用，隐式欧拉公式则因不能直接求得 $y_1, y_2, \cdots$ 而难于使用，但相对而言，后者稳定性较好。在实际计算时，常用两种方法改造成为可行的计算方法。

1. 将隐式递推转换为显式递推

使用隐式欧拉公式计算 y_{n+1} 时，如果右式的函数 $f(x, y)$ 是 y 的线性函数，则可设法将右式中的 y_{n+1} 移到左边，转换为显式公式。

例 8-5 将求解以下初值问题的隐式欧拉公式转换为显式欧拉公式：

(1) $\begin{cases} y' = x^3 - y + 4 \\ y(0) = 0 \end{cases}$

(2) $\begin{cases} y' = xy - 10 \\ \cdots \end{cases}$

解：(1) 隐式欧拉公式为

$$y_{n+1} = y_n + h(x_{n+1}^3 - y_{n+1} + 4)$$

整理，给出显式公式

$$y_{n+1} = \frac{y_n + h(x_{n+1}^3 + 4)}{1 + h}$$

取 $h = 0.1$、$y_0 = 0$，则可由这个显式递推公式依次求出 $y_1, y_2, \cdots$。

(2) 隐式欧拉公式

$$y_{n+1} = y_n + h(x_{n+1} \cdot y_{n+1} - 10)$$

将其转换为显式递推公式

$$y_{n+1} = \frac{y_n - 10h}{1 - hx_{n+1}}$$

2. 使用隐式欧拉公式的预报-校正法

一般来说，隐式公式的每一次递推计算都要求解一个非线性方程，虽然可用迭代法求解，但计算量比较大。可以采用预报-校正法简单化计算过程。

(1) 先用显式公式计算隐式公式

$$y_{n+1} = y_n + hf(x_{n+1}, y_{n+1})$$

右式的 y_{n+1}，得到一个预报值作为隐式公式的迭代初值，称为预报过程。

(2) 再用隐式公式迭代一次作为非线性方程的解，称为校正过程。

由此产生的递推公式为

$$\begin{cases} \bar{y}_{n+1} = y_n + hf(x_n, y_n), \quad n = 0, 1, 2, \cdots \\ y_{n+1} = y_n + hf(x_{n+1}, \bar{y}_{n+1}) \\ y_0 = y(x_0) \end{cases}$$

3. 中点(二步)欧拉法

离散化时,如果用区间 $[x_{n-1}, x_{n+1}]$ 的中心差商

$$\frac{y(x_{n+1}) - y(x_{n-1})}{2h}$$

替代方程 $y'(x_n) = f(x_n, y(x_n))$ 中的导数项,则可得到中点欧拉公式:

$$\begin{cases} y_{n+1} = y_{n-1} + 2hf(x_n, y_n), \quad n = 0, 1, 2, \cdots \\ y_0 = y(x_0) \end{cases}$$

利用中点欧拉法计算 y_{n+1} 时,不仅要调用前一步求得的 y_n,还要调用更前一步的 y_{n-1}。也就是说,需要调用前两步的信息,因此称为两步欧拉法。比较而言,无论显式欧拉法还是隐式欧拉法,计算 y_{n+1} 时都只需要调用前一步的 y_n,因此都是单步法。

实际使用两步欧拉法时,需要两个初值 y_0 和 y_1 才能启动递推过程。一般地,先用单步法由点 (x_0, y_0) 计算出 (x_1, y_1),再用中点欧拉法反复地递推求解。

例 8-6 给出初值问题

$$\begin{cases} y' = \dfrac{1}{1+x^2} - 2y^2, \quad 0 \leqslant x \leqslant 2 \\ y(0) = 0 \end{cases}$$

的欧拉公式和中点欧拉公式。

解:假定已对区间 $[0, 2]$ 做过等距部分,得到编号为 $n = 0, 1, 2, \cdots, N$ 的结点。已知

$$f(x, y) = \frac{1}{1+x^2} - 2y^2$$

故有欧拉公式

$$\begin{cases} y_{n+1} = y_n + h\left(\dfrac{1}{1+x_n^2} - 2y_n^2\right), \quad n = 0, 1, 2, \cdots, N-1 \\ y_0 = 0 \end{cases}$$

中点欧拉公式

$$\begin{cases} y_{n+1} = y_{n-1} + 2h\left(\dfrac{1}{1+x_n^2} - 2y_n^2\right), \quad n = 0, 1, 2, \cdots, N-1 \\ y_0 = 0 \end{cases}$$

8.2.3 欧拉法的局部截断误差及精度

通过欧拉法、隐式欧拉法或两步欧拉法求解一阶常微分方程时,每一步递推计算都有可能产生误差。假定本步计算的是 x_{n+1},则其误差为

$$\varepsilon_{n+1} = y(x_{n+1}) - y_{n+1}$$

称为该方法在 x_{n+1} 点的整体截断误差。由于之前每一步产生的误差都会影响 ε_{n+1},因而这个整体截断误差往往是很难分析和确定的。为方便分析,只考虑从 x_n 到 x_{n+1} 的局部误差,

并假定 x_n 及之前的计算都没有误差,由此引入局部截断误差的概念。

对于求解一阶常微分方程初值问题的某个计算方法,如果用于求解 y_{n+1} 的递推公式右式中的所有量都是精确的,则称 $y(x_{n+1})-y_{n+1}$ 为该方法的局部截断误差。也就是说,将方程的精确解 $y(x_n)$ 代入数值求解公式两端,则左右两端之差

$$T = y(x_{n+1}) - y_{n+1}$$

即该方法的局部截断误差。

如果局部截断误差为 $O(h^{p+1})$,则称该方法的精度为 p 阶。

注:如果初始误差 $\varepsilon_0 = 0$,则整体截断误差的阶取决于局部截断误差的阶。事实上,如果局部截断误差阶为 $O(h^{p+1})$,则整体截断误差阶为 $O(h^p)$。因此,为提高数值算法的精度,往往从提高局部截断误差的阶入手,这也是构造高精度差分方程数值方法的主要依据。

1. 欧拉法的精度

对于欧拉法的递推公式

$$y_{n+1} = y_n + hf(x_n, y_n)$$

在 $y_n = y(x_n)$ 的前提下,近似值

$$y_{n+1} = y(x_n) + hf[x_n, y(x_n)] = y(x_n) + hy'(x_n)$$

精确值 $y(x_{n+1})$ 的泰勒展开式

$$y(x_{n+1}) = y(x_n + h)$$

$$= y(x_n) + hy'(x_n) + \frac{h^2}{2!}y''(\xi_n), \xi_n \in (x_n, x_{n+1})$$

于是,精确值与近似值之差

$$T = y(x_{n+1}) - y_{n+1} = \frac{h^2}{2!}y''(\xi_n) \approx \frac{h^2}{2}y''(x_n) = O(h^2)$$

由局部截断误差的定义可知,欧拉法具有"一阶"精度。

2. 隐式欧拉法的精度

对于隐式欧拉法的递推公式

$$y_{n+1} = y_n + hf(x_{n+1}, y_{n+1})$$

假定 $y_n = y(x_n), y_{n+1} = y(x_{n+1})$,则有

$$y_{n+1} = y(x_n) + hy'(x_{n+1})$$

精确值 $y(x_{n+1})$ 的泰勒公式展开式为

$$y(x_{n+1}) = y(x_n) + hy'(x_n) + \frac{h^2}{2!}y''(x_n) + \cdots$$

导数 $y'(x_{n+1})$ 的泰勒展开式为

$$y'(x_{n+1}) = y'(x_n) + hy''(x_n) + \frac{h^2}{2!}y'''(x_n) + \cdots$$

精确值与近似值之差

$$T = y(x_{n+1}) - y_{n+1} = -\frac{h^2}{2!}y''(x_n) + \cdots = O(h^2)$$

由局部截断误差的定义可知,隐式欧拉法为一阶精度。

3. 两步欧拉法的精度

对于两步欧拉法的递推公式

$$y_{n+1} = y_{n-1} + 2hf(x_n, y_n)$$

假定 $y_{n-1} = y(x_{n-1}), y_n = y(x_n)$，则有

$$y_{n+1} = y(x_{n-1}) + 2hy'(x_n)$$

按泰勒公式展开 $y(x_{n-1})$，得

$$y_{n+1} = y(x_n) + hy'(x_n) + \frac{h^2}{2!}y''(x_n) + O(h^3) + 2hy'(x_n)$$

$$= y(x_n) + hy'(x_n) + \frac{h^2}{2!}y''(x_n) + O(h^3)$$

再按泰勒公式展开 $y(x_{n+1})$，得

$$y(x_{n+1}) = y(x_n) + hy'(x_n) + \frac{h^2}{2!}y''(x_n) + O(h^3)$$

所以

$$y(x_{n+1}) - y_{n+1} = O(h^3)$$

由局部截断误差的定义可知，两步欧拉法为二阶精度。

例 8-7　求解初值问题

$$\begin{cases} y' = -2y - 4x, & x = 0, 0.1, 0.2, \cdots, 0.5 \\ y(0) = 2 \end{cases}$$

分别用欧拉法、隐式欧拉法和两步欧拉法计算 $x = 0.1, 0.2, \cdots, 0.5$ 各点的函数近似值，并与精确解 $y(x) = e^{-2x} - 2x + 1$ 比较。

解：已知区间为 $[0, 0.5]$，步长为 $h = 0.1$，初值为 $y(x_0) = 2$。

（1）欧拉法求解：递推公式

$$y_{n+1} = y_n + h(-2y_n - 4x_n)$$

整理，得

$$y_{n+1} = (1 - 2h)y_n - 4hx_n$$

（2）隐式欧拉法求解：递推公式

$$y_{n+1} = y_n + h(-2y_{n+1} - 4x_{n+1})$$

整理，得

$$y_{n+1} = \frac{1}{1+2h}(y_n - 4hx_{n+1})$$

（3）两步欧拉法求解：递推公式

$$y_{n+1} = y_{n-1} - 4h(y_n + 2x_n)$$

取 $h = 0.1$，先用欧拉法求得 y_1，再用该公式求出其他各点的函数近似值。

计算结果如表 8-2 所示。

表 8-2　三种欧拉法求得的解函数近似值

x_n	欧 拉 法	隐式欧拉法	两步欧拉法	精 确 值
0	2	2	2	2
0.1	1.600 000	1.633 333	1.600 000	1.618 731

续表

x_n	欧　拉　法	隐式欧拉法	两步欧拉法	精　确　值
0.2	1.240 000	1.294 444	1.280 000	1.270 320
0.3	0.912 000	0.978 704	0.928 000	0.948 812
0.4	0.609 600	0.682 253	0.668 800	0.649 329
0.5	0.327 680	0.401 878	0.340 480	0.367 879

附　例 8-7 欧拉法、隐式欧拉法和两步欧拉法求解的代码。

```
import numpy as np
import matplotlib.pyplot as plt
#精确解
xx,yy=[],[]
x=0
while x<=0.5:
    xx.append(x)
    yy.append(np.exp(-2*x)-2*x+1)
    x=x+0.0001
plt.plot(xx,yy,'b-')                                    #画积分曲线
#欧拉法求解
x1,y1=[0],[2]
for i in range(1,6,1):
    x1.append(x1[i-1]+0.1)
    y1.append((1-2*0.1)*y1[i-1]-4*0.1*x1[i-1])
    print("%.1f\t%f"%(x1[i],y1[i]))
plt.plot(x1,y1,marker='d',markersize=4)                 #画欧拉法折线
#隐式欧拉法求解
x2,y2=[0],[2]
for i in range(1,6,1):
    x2.append(x1[i-1]+0.1)
    y2.append(1/(1+2*0.1)*(y2[i-1]-4*0.1*x2[i]))
    print("%.1f\t%f"%(x2[i],y2[i]))
plt.plot(x2,y2,marker='d',markersize=4)                 #画隐式欧拉法折线
#两步欧拉法求解
x3,y3=[0,0.1],[2]
y3.append((1-2*0.1)*y1[0]-4*0.1*x1[0])
print("%.1f\t%f"%(x3[1],y3[1]))
for i in range(2,6,1):
    x3.append(x3[i-1]+0.1)
    y3.append(y3[i-2]-4*0.1*(y3[i-1]+2*x3[i-1]))
    print("%.1f\t%f"%(x3[i],y3[i]))
plt.plot(x3,y3,marker='d',markersize=4)                 #画两步欧拉法折线
plt.legend()
plt.show()
```

观察表 8-1 所示数据,可能会产生一个疑问:尽管两步欧拉法的精度高于欧拉法及隐式欧拉法,但却看不出来,甚至有些点上的误差还大一些。可以从以下两方面解释这一

现象。

（1）根据局部截断误差的定义，计算局部截断误差时，递推公式右式中所有量都是精确的，这个条件在实际计算时往往是不能保证的。

（2）根据精度的定义，只有当步长 h 足够小时，才能保证精度较高的递推公式的计算结果的局部截断误差也较小。

8.3　改进欧拉法

如果使用数值积分中的梯形公式，则可推导出精度较高的梯形递推公式，用于梯形法求解一阶常微分方程。但这种隐式方法的计算量大，故可构造预报-校正系统，先用欧拉法求得正在计算的 y_{n+1} 的初步近似值 $\overline{y}_{n+1}$，再用梯形法求得更好的 y_{n+1} 的近似值。这种方法称为改进欧拉法。

8.3.1　梯形法

将一阶常微分方程 $y' = f(x, y)$ 的两端从 x_n 到 x_{n+1} 积分，求得

$$y(x_{n+1}) = y(x_n) + \int_{x_n}^{x_{n+1}} f(x, y(x)) \mathrm{d}x$$

为了求得右式中积分项的近似值，可以使用数值积分中代数精度较高的梯形公式

$$\int_{x_n}^{x_{n+1}} f(x, y(x)) \mathrm{d}x \approx \frac{h}{2}[f(x_n, y(x_n)) + f(x_{n+1}, y(x_{n+1}))]$$

求解积分值，并以 y_n 取代 $y(x_n)$、y_{n+1} 取代 $y(x_{n+1})$，从而导出递推公式

$$y_{n+1} = y_n + \frac{h}{2}[f(x_n, y_n) + f(x_{n+1}, y_{n+1})]$$

称该公式为梯形公式。

1. 梯形法的性质

改写梯形公式为

$$y_{n+1} = \frac{[y_n + f(x_n, y_n)] + [y_n + f(x_{n+1}, y_{n+1})]}{2}$$

可以看出，这实际上是欧拉公式与隐式欧拉公式的算术平均。

梯形公式的局部截断误差

$$T = y(x_{n+1}) - y_{n+1}$$

$$= y(x_{n+1}) - \left\{ y(x_n) + \frac{h}{2}[f(x_n, y(x_n)) + f(x_{n+1}, y(x_{n+1}))] \right\}$$

$$= y(x_{n+1}) - \left\{ y(x_n) + \frac{h}{2}[y'(x_n) + y'(x_{n+1})] \right\}$$

$$= \left[y(x_n) + hy'(x_n) + \frac{h^2}{2!}y''(x_n) + \frac{h^3}{3!}y'''(x_n) + \cdots \right] -$$

$$\left\{ y(x_n) + \frac{h}{2} \left[y'(x_n) + \left[y'(x_n) + hy''(x_n) + \frac{h^2}{2!}y'''(x_n) + \cdots \right] \right] \right\}$$

$$= \frac{h^3}{12}y'''(x_n) + \cdots = O(h^3)$$

由局部截断误差的定义可知,梯形法具有二阶精度。

2. 梯形法的使用

梯形公式是隐式公式,实际使用时,可以设法将其转换为显式公式;如果不能转换,则可用迭代法求解,这时候,递推公式为

$$y_{n+1}^0 = y_n + hf(x_n, y_n), \quad n = 0, 1, 2, \cdots$$

$$y_{n+1}^{(k+1)} = y_n + \frac{h}{2}[f(x_n, y_n) + f(x_{n+1}, y_{n+1}^{(k)})], \quad k = 0, 1, 2, \cdots$$

也就是说,分为两步计算近似值 y_{n+1}:先用显式公式由 (x_n, y_n) 求得 $y(x_{n+1})$ 的初始近似值 y_{n+1}^0,再进行迭代,反复改进这个近似值,直到

$$\lfloor y_{n+1}^{(k+1)} - y_{n+1}^{(k)} \rfloor < \varepsilon$$

即误差小于允许的值时为止,并取 $y_{n+1}^{(k+1)}$ 作为 $y(x_{n+1})$ 的近似值。

例 8-8 设 $h = 0.01$,用梯形公式求解初值问题

$$\begin{cases} \dfrac{\mathrm{d}y}{\mathrm{d}x} = y, & x = 0, 0.01, \cdots \\ y(0) = 1 \end{cases}$$

在 $x = 0.01$ 处的值 $y(0.01)$,并与解析解 $y = e^x$ 比较。

解:已知 $h = 0.01$、$x_0 = 0$、初值 $y_0 = y(0) = 1$。

令 $y(0.01) = y_1$、$f(x, y) = y$,由梯形公式。

$$y_{n+1} = y_n + \frac{h}{2}[f(x_n, y_n) + f(x_{n+1}, \bar{y}_{n+1})]$$

$$= y_n + \frac{h}{2}(y_n + y_{n+1})$$

于是

$$y_1 = y_0 + \frac{h}{2}(y_0 + y_1)$$

转换为显式公式

$$y_1 = \frac{1 + h/2}{1 - h/2}y_0 = \frac{1 + 0.01/2}{1 - 0.01/2} \times 1 \approx 1.010\,05$$

比较解析解

$$y(0.01) = e^x \Big|_{x = 0.01} = 1 + 0.01 + \frac{0.01^2}{2!} + \frac{0.01^3}{3!} + \cdots$$

$$\approx 1 + 0.01 + \frac{0.01^2}{2!} \approx 1.010\,05$$

8.3.2 预报-校正公式及改进欧拉法

欧拉法采用显式公式,计算量小但精度低;梯形法提高了精度,采用的却是隐式公式,往往需要迭代求解,计算量大且难以预估迭代次数。为了控制计算量,通常综合运用显式的欧拉公式与隐式的梯形公式,只迭代一次就转入下一点的计算。

(1) 先用显式的欧拉公式求得预报值,即一个 y_{n+1} 的初步近似值:

$$\bar{y}_{n+1} = y_n + hf(x_n, y_n), \quad n = 0, 1, 2, \cdots$$

（2）再用预报值 $\bar{y}_{n+1}$ 代替隐式的梯形公式右端的 y_{n+1}，求得校正值，即 y_{n+1} 的终值

$$y_{n+1}=y_n+\frac{h}{2}\big[f(x_n,y_n)+f(x_{n+1},\bar{y}_{n+1})\big],\quad n=0,1,2,\cdots$$

使用这种预报-校正公式的求解方法称为改进欧拉法。

1. 改进欧拉法的等价形式

（1）嵌套形式：将改进欧拉法中的预报值代入校正公式，得到

$$y_{n+1}=y_n+\frac{h}{2}\big[f(x_n,y_n)+f(x_{n+1},y_n+hf(x_n,y_n))\big],\quad n=0,1,2,\cdots$$

（2）平均化形式：为了避免函数值的重复计算，可将改进欧拉公式改写为

$$\begin{cases}y_p=y_0+hf(x_n,y_n)\\y_c=y_n+hf(x_{n+1},y_p)\\y_{n+1}=\dfrac{1}{2}(y_p+y_c),\quad n=0,1,2,\cdots\end{cases}$$

在这个改进欧拉法的平均化形式中，y_p 可看作欧拉公式，y_c 可看作隐式欧拉公式，因此，这是欧拉公式与隐式欧拉公式的算术平均。

2. 改进欧拉法的算法实现

通过改进欧拉法求解一阶常微分方程初值问题时，可选用 3 种等价形式中的任意一种。如果选用的是平均化形式，则其一般操作步骤如算法 8-2 所示。

算法 8-2

S1　输入：a,y0,h,N ← 左端点、初值、步长、迭代次数

S2　初始化：n←1、x_{n-1}←a、y_{n-1}←y0

S3　计算：

x_n ← x_{n-1}+h

y_p ← y_{n-1}+hf(x_{n-1},y_{n-1})

y_c ← y_{n-1}+hf(x_n,y_p)

y_n ← $\dfrac{1}{2}(y_p+y_c)$

S4　输出 x_n、y_n

S5　判断：n≤N? 是则

循环次数加 1：n←n+1

结点及其近似值前移：x_{n-1}←x_n，y_{n-1}←y_n

转 S3

S7　算法结束

例 8-9　取步长 $h=0.2$，用改进欧拉法求解初值问题

$$\begin{cases}y'+y+y^2\sin x=0,\quad 1\le x\le 2.6\\y(1)=1\end{cases}$$

解：已知 $f(x,y)=-y-y^2\sin x$、左端点 $x_0=1$、初值 $y_0=1$、$h=0.2$。预报-校正（改进欧拉法）公式为

$$\begin{cases}y_p=y_0+0.2\times(-y_n-y_n^2\sin x_n)\\y_c=y_n+0.2\times(-y_p-y_p^2\sin x_{n+1})\\y_{n+1}=(y_p+y_c)/2,\quad n=0,1,2,\cdots\end{cases}$$

当 $n=0$ 时，

$$\begin{cases} y_p = 1 + 0.2 \times (-1 - 1^2 \times \sin 1) \approx 0.631\ 706 \\ y_c = 1 + 0.2 \times (-0.631\ 706 - 0.631\ 706^2 \times \sin 1.2) \approx 0.799\ 272 \\ y_1 = (0.631\ 706 + 0.799\ 272)/2 \approx 0.715\ 489 \end{cases}$$

当 $n=1$ 时，

$$\begin{cases} y_p = 0.715\ 489 + 0.2 \times (-0.715\ 489 - 0.715\ 489^2 \times \sin 1.2) \approx 0.476\ 965 \\ y_c = 0.715\ 489 + 0.2 \times (-0.476\ 965 - 0.476\ 965^2 \times \sin 1.4) \approx 0.575\ 259 \\ y_2 = (0.476\ 965 + 0.575\ 259)/2 \approx 0.526\ 112 \end{cases}$$

......

附 例 8-9 改进欧拉法求解的代码。

```
import math
def f(x,y):
    return -y-y*y*math.sin(x)
xn,yn,h=[1],[1],0.2
print("xn\t yp\t\t yc\t\t yn")
for i in range(1,9,1):
    xn.append(xn[i-1]+h)
    yp=yn[i-1]+h*f(xn[i-1],yn[i-1])
    yc=yn[i-1]+h*f(xn[i],yp)
    yn.append((yp+yc)/2)
    print("%.1f\t%f\t%f\t%f"%(xn[i],yp,yc,yn[i]))
```

程序的运行结果如下：

```
xn      yp            yc            yn
1.2     0.631706      0.799272      0.715489
1.4     0.476965      0.575259      0.526112
1.6     0.366336      0.426016      0.396176
1.8     0.285563      0.323181      0.304372
2.0     0.225454      0.250037      0.237745
2.2     0.179917      0.196528      0.188222
2.4     0.144849      0.156418      0.150634
2.6     0.117442      0.125723      0.121583
```

8.3.3 改进欧拉法的局部截断误差及精度

改进欧拉法的代数精度为二阶。证明如下。

将改进欧拉法的平均化形式改写为

$$\begin{cases} y_{n+1} = y_n + \dfrac{1}{2}(k_1 + k_2), & n=0,1,2,\cdots \\ k_1 = hf(x_n, y_n) \\ k_2 = hf(x_{n+1}, y_n + hk_1) \end{cases}$$

令 $y_n = y(x_n)$，则有

$$k_1 = hf(x_n, y_n) = hf(x_n, y(x_n)) = hy'(x_n)$$

$$k_2 = hf(x_n + h, y_n + k_1) = hf[x_n + h, y(x_n) + k_1]$$

$$= h\left\{ f[x_n, y(x_n)] + h\frac{\partial}{\partial x}f[x_n, y(x_n)] + k_1\frac{\partial}{\partial y}f[x_n, y(x_n)] + \cdots \right\}$$

$$= hf[x_n, y(x_n)] + h^2\left\{ \frac{\partial}{\partial x}f[x_n, y(x_n)] + y'(x_n)\frac{\partial}{\partial y}f[x_n, y(x_n)] + \cdots \right\}$$

$$= hy'(x_n) + h^2 y''(x_n) + \cdots$$

代入,求得近似值

$$y_{n+1} = y_n + \frac{1}{2}(k_1 + k_2)$$

$$= y_n + \frac{1}{2}[hy'(x_n) + hy'(x_n) + h^2 y''(x_n) + \cdots]$$

$$= y_n + hy'(x_n) + \frac{h^2}{2}y''(x_n) + \cdots$$

精确值 $y(x_{n+1})$ 的二阶泰勒展开式为

$$y(x_{n+1}) = y_n + hy'(x_n) + \frac{h^2}{2}y''(x_n) + O(h^3)$$

因此,局部截断误差

$$T = y(x_{n+1}) - y_{n+1} = O(h^3)$$

由局部截断误差的定义可知,改进欧拉法为二阶精度。

例 8-10　用改进欧拉法求解初值问题

$$\begin{cases} \dfrac{\mathrm{d}y}{\mathrm{d}x} = y - \dfrac{2x}{y}, & 0 \leqslant x \leqslant 0.8 \\ y(0) = 1 \end{cases}$$

解：已知 $f(x,y) = y - \dfrac{2x}{y}$,左端点 $x_0 = 0$,初值 $y_0 = 1$、$h = 0.1$。

本例中,欧拉法公式为

$$y_{i+1} = y_i + h\left(y_i - \frac{2x_i}{y_i}\right), \quad i = 0, 0.1, \cdots, 0.8$$

改进欧拉法公式为

$$\begin{cases} y_p = y_n + h\left(y_n - \dfrac{2x_n}{y_n}\right) \\ y_c = y_n + h\left(y_p - \dfrac{2x_{n+1}}{y_p}\right) \\ y_{n+1} = y_n + \dfrac{1}{2}(y_p + y_c), \quad n = 0, 0.1, \cdots, 0.8 \end{cases}$$

从 $y_0 = 1$ 开始,依次求得 $y_0, y_1, \cdots, y_8$。计算结果如表 8-3 所示;解函数曲线及欧拉法折线、改进欧拉法折线如图 8-2 所示。

表 8-3　欧拉法、改进欧拉法近似值及精确值对照

x_n	$y(x_n)$	y_i	y_n	$\lvert y(x_n) - y_i \rvert$	$\lvert y(x_n) - y_n \rvert$
0.1	1.095 445	1.100 000	1.095 909	0.004 555	0.000 464
0.2	1.183 216	1.191 818	1.184 097	0.008 602	0.000 881

续表

x_n	$y(x_n)$	y_i	y_n	$\lvert y(x_n)-y_i\rvert$	$\lvert y(x_n)-y_n\rvert$
0.3	1.264 911	1.277 438	1.266 201	0.012 527	0.001 29
0.4	1.341 641	1.358 213	1.343 360	0.016 572	0.001 719
0.5	1.414 214	1.435 133	1.416 402	0.020 919	0.002 188
0.6	1.483 240	1.508 966	1.485 956	0.025 726	0.002 716
0.7	1.549 193	1.580 338	1.552 514	0.031 145	0.003 321
0.8	1.612 452	1.649 783	1.616 475	0.037 331	0.004 023

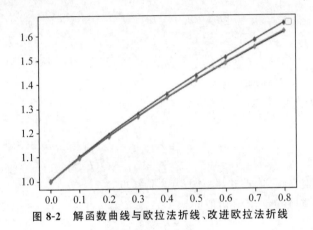

图 8-2　解函数曲线与欧拉法折线、改进欧拉法折线

从表 8-3 可以看出,改进欧拉法比欧拉法求得的结果精确得多;在图 8-2 中,改进欧拉法折线与解函数曲线(精确解)几乎重合在一起了。

附　例 8-10 欧拉法及改进欧拉法求解的主要代码。

```python
#定义函数 f(x,y)
def f(x,y):
    return y-2*x/y
#欧拉法求解
xi,yi,h=[0],[1],0.1
xi,yi=[0],[1]                          #赋初值: x(0)=0、y(0)=1
for i in range(1,9,1):                 #迭代求解: yn=yn+f(xn+yn)
    xi.append(xi[i-1]+h)               #自变量增值: xn=xn+0.1
    yi.append(yi[i-1]+h*f(xi[i-1],yi[i-1]))   #计算: yn=yn+f(xn+yn)
    print("%.1f\t%f"%(xi[i],yi[i]))    #输出求值结果
print()
#改进欧拉法求解
xn,yn,h=[0],[1],0.1
for i in range(1,9,1):
    xn.append(xn[i-1]+h)
    yp=yn[i-1]+h*f(xn[i-1],yn[i-1])
    yc=yn[i-1]+h*f(xn[i],yp)
    yn.append((yp+yc)/2)
    print("%.1f\t%f"%(xn[i],yn[i]))
```

8.4　龙格-库塔法

欧拉法有多种格式,各有不同的特点与适用范围,但计算的精度不超过二阶,往往难以满足实际需求。因此,有必要构建精度更高的数值计算方法。龙格-库塔法就是求解常微分方程的一种经典的高精度单步方法。

龙格-库塔法可看作欧拉法的改进,两者都使用过(x_n,y_n)点的直线来近似下一点 x_{n+1} 的函数值 y_{n+1},区别在于斜率的选择。欧拉法中,直接使用 x_n 点的斜率当作直线的斜率,但 $y(x)$ 往往并非直线,求解 $y(x_{n+1})$ 的精度自然不高;为了解决这个问题,龙格-库塔法使用 $y(x)$ 在 x_n 点附近多个点上函数值的线性组合作为平均斜率,增加了调用 $f(x,y)$ 的次数,从而提高了精度的阶数。换句话说,多预报$[x_n,x_{n+1}]$区间内几个点的斜率值,再将其加权平均作为平均斜率,即可构造出精度更高的求解 $y(x_{n+1})$ 的龙格-库塔公式。

8.4.1　龙格-库塔法设计思想

为了构拟求解一阶常微分方程

$$y'(x)=f(x,y)$$

的数值计算方法并使之具有较高的代数精度,需要分析不同格式的欧拉公式的特点,寻求提高精度的途径。

1. 平均斜率

根据拉格朗日中值定理,区间$[x_n,x_{n+1}]$内至少存在一点 ξ,使得

$$y(x_{n+1})-y(x_n)=(x_{n+1}-x_n)y'(\xi)=hy'(\xi),\quad x_n<\xi<x_{n+1}$$

代入待解方程 $y'(x)=f(x,y)$,得

$$y(x_{n+1})=y(x_n)+hf(\xi,y(\xi))=y(x_n)+hK^*$$

其中,$K^*=f(\xi,y(\xi))$ 称为区间$[x_n,x_{n+1}]$上的平均斜率。可见,只要设计一种面向平均斜率 K^* 的算法,即可推导出一种计算 $y(x_{n+1})$ 的递推公式。

2. 利用平均斜率改善精度

为了推导出精度较高的公式,观察欧拉公式

$$y_{n+1}=y_n+hf(x_n,y_n)$$

可以看出,其中只是简单地选取了点 x_n 的斜率值$K_1=f(x_n,y_n)$作为平均斜率K^*,精度自然低(一阶)。再观察改进的欧拉公式

$$\begin{cases}y_{n+1}=y_n+\dfrac{1}{2}(k_1+k_2),\quad n=0,1,2,\cdots\\ k_1=hf(x_n,y_n)\\ k_2=hf(x_{n+1},y_n+hk_1)\end{cases}$$

可以看出,公式中选取了 x_n、x_{n+1} 两点的斜率 k_1 和 k_2 的算术平均值作为平均斜率K^*,而 x_{n+1} 处斜率值 k_2 是由已知的 y_n 通过欧拉公式来预报的,精度提高了(二阶)。

这种处理方式表明,如果想办法多预报区间$[x_n,x_{n+1}]$内几个点的斜率值,再用这些点的加权平均值替换平均斜率K^*,就有可能构造出精度更高的计算公式,这就是龙格-库塔法的设计思想。

3. 中点公式及其精度

再观察欧拉两步式

$$\begin{cases} y_{n+1} = y_{n-1} + 2hy_n', & n = 0, 1, 2, \cdots \\ y_n' = f(x_n, y_n) \end{cases}$$

其中,采用区间 $[x_{n-1}, x_{n+1}]$ 的中点 x_n 的值替换该区间上的平均斜率,不难验证它具有二阶精度。可见,如果设法求得区间 $[x_n, x_{n+1}]$ 内中点 $x_{n+\frac{1}{2}}$ 处的斜率值 $y_{n+\frac{1}{2}}$,并用于替代该区间上的平均斜率,就可以推导出具有二阶精度的差分公式

$$y_{n+1} = y_{n-1} + hy_{n+\frac{1}{2}}', \quad n = 0, 1, 2, \cdots$$

假定 y_n 是已知的,即可利用欧拉公式来预报

$$y_{n+\frac{1}{2}} = y_n + \frac{h}{2}y_n', \quad n = 0, 1, 2, \cdots$$

于是,有

$$y_{n+\frac{1}{2}}' = f(x_{n+\frac{1}{2}}, y_{n+\frac{1}{2}}), \quad n = 0, 1, 2, \cdots$$

这样推导出的公式

$$\begin{cases} y_{n+1} = y_n + hk_2, & n = 0, 1, 2, \cdots \\ k_1 = f(x_n, y_n) \\ k_2 = hf\left(x_{n+\frac{1}{2}}, y_n + \frac{h}{2}k_1\right) \end{cases}$$

称为变形的欧拉公式或中点公式。

表面上看,公式 $y_{n+1} = y_n + hk_2$ 中只包含一个斜率值 k_2,但 k_2 是利用 k_1 计算得到的,因此,每一步迭代仍然需要两次计算函数 f 的值,计算量与改进欧拉公式差不多,其精度自然同为二阶。

8.4.2 二阶龙格-库塔法

为了推广改进的欧拉公式及中点公式,需要在区间 $[x_n, x_{n+1}]$ 内确定一点,利用左端点处斜率来预报该点的斜率,并将两个斜率按不同的权值相加作为平均斜率,从而构造精度更高的递推公式。

1. 二阶龙格-库塔公式

对于区间 $[x_n, x_{n+1}]$ 内任意给定的一点

$$x_{n+p} = x_n + ph, \quad 0 < p \leqslant 1$$

计算 x_{n+p} 点的斜率,与已知的 x_n 点斜率加权平均,并将其值作为平均斜率 k^*,即令

$$y_{n+1} = y_n + h[(1-\lambda)k_1 + \lambda k_2]$$

这里,λ 为待定系数。对比改进的欧拉公式,x_n 处斜率仍取 $k_1 = f(x_n, y_n)$。

如何利用 k_1 预报 x_{n+p} 处的斜率 k_2 呢?

仿照改进的欧拉公式,先用欧拉公式提供 $y(x_{n+p})$ 的预报值

$$y_{n+p} = y_n + phk_1$$

再用 y_{n+p} 通过计算 f 产生斜率值

$$k_2 = f(x_{n+p}, y_{n+p})$$

这样设计的公式形如

$$\begin{cases} y_{n+1} = y_n + h[(1-\lambda)k_1 + \lambda k_2], & n = 0,1,2,\cdots \\ k_1 = f(x_n, y_n) \\ k_2 = hf(x_{n+p}, y_n + phk_1) \end{cases}$$

2. 权值的分配

如何选取参数 λ 的值,使得递推公式具有较高的精度呢?

由于 k_1、k_2 分别为点 x_n 和 x_{n+p} 两点的斜率值,故有

$$y(x_{n+p}) \approx y(x_n) + h[(1-\lambda)y'(x_n) + \lambda y'(x_{n+p})]$$

可以看出,无论 λ 参数是多少,该式至少具有一阶精度;如果恰当地选取 λ,还可以具有二阶精度。为便于处理,仍令 $x_n = 0$、$h = 1$,则该式简化为

$$y(p) \approx y(0) + (1-\lambda)y'(0) + \lambda y'(p)$$

令该式对于 $y = x^2$ 准确成立,求得

$$\lambda \cdot p = \frac{1}{2}$$

满足这个条件的公式统称为二阶龙格-库塔公式。

实际上,改进欧拉公式及中点公式都是二阶龙格-库塔公式的特例。当 $p = 1$、$\lambda = 1/2$ 时,二阶龙格-库塔公式就是改进欧拉公式;当 $p = 1/2$、$\lambda = 1$ 时,就是中点公式。显然,还有多种其他可能的取值方法,龙格-库塔公式是一类公式,每确定一组特殊的系数,就得到一种特定的龙格-库塔公式。相应计算公式的局部截断误差都是 $O(h^3)$。

例 8-11 考察方程式

$$\begin{cases} y_{n+1} = y_n + h[\lambda k_1 + \mu k_2], & n = 0,1,2,\cdots \\ k_1 = f(x_n, y_n) \\ k_2 = f(x_n + ph, y_n + phk_1) \end{cases}$$

求证:如果公式的精度为二阶,则该公式必为二阶龙格-库塔公式。

证明:设该公式为二阶精度。令 $y_n = y(x_n)$,则有

$$\begin{aligned} k_1 &= f(x_n, y_n) = f(x_n, y(x_n)) = y'(x_n) \\ k_2 &= f(x_n + ph, y_n + phk_1) \\ &= f(x_n, y_n) + f'_x(x_n, y_n)ph + f'_y(x_n, y_n)phy'(x_n) + O(h^2) \\ &= y'(x_n) + ph[f'_x(x_n, y_n) + f'_y(x_n, y_n)y'(x_n)] + O(h^2) \\ &= y'(x_n) + phf'(x_n, y(x_n)) + O(h^2) \\ &= y'(x_n) + phy''(x_n) + O(h^2) \end{aligned}$$

于是,近似值

$$\begin{aligned} y_{n+1} &= y_n + h[\lambda k_1 + \mu k_2] \\ &= y(x_n) + h[\lambda y'(x_n) + \mu y'(x_n) + \mu phy''(x_n)] + O(h^3) \\ &= y(x_n) + h(\lambda + \mu)y'(x_n) + h^2\mu py''(x_n) + O(h^3) \end{aligned}$$

又因为,精确值

$$y(x_{n+1}) = y(x_n + h) = y(x_n) + hy'(x_n) + \frac{h^2}{2}y''(x_n) + O(h^3)$$

可见,只要满足条件

$$\begin{cases} \lambda + \mu = 1 \\ \mu p = \dfrac{1}{2} \end{cases}$$

公式的精度就是二阶。这时，$\lambda = 1 - \mu$、$\mu p = 1/2$。所给方程式就是二阶龙格-库塔公式。

8.4.3　高阶龙格–库塔法

高阶（三阶、四阶、……）龙格-库塔法通过增加 $[x_n, x_{n+1}]$ 区间内预报斜率值的点数来提高求值的精度，公式的推导方法与二阶龙格-库塔公式类似，只是随着阶数的增高，推导的工作量也随之加大。

注：二阶龙格-库塔法的局部截断误差可达 $O(h^3)$；三阶龙格-库塔法的局部截断误差可达 $O(h^4)$；四阶龙格-库塔法的局部截断误差可达 $O(h^5)$。

1. 三阶龙格-库塔法

三阶龙格-库塔法用区间 $[x_n, x_{n+1}]$ 内 3 个点 x_n、$x_{n+\frac{1}{2}}$、x_{n+1} 的斜率值加权平均生成平均斜率，构造三阶龙格-库塔公式。

考察差分公式

$$y_{n+1} = y_n + h[\lambda_0 y'_n + \lambda_1 y'_{n+\frac{1}{2}} + \lambda_2 y'_{n+1}]$$

相应的近似关系式为

$$y(0) \approx y(1) + \lambda_0 y'(0) + \lambda_1 y'\left(\frac{1}{2}\right) + \lambda_2 y'(1)$$

当 $y = 1$ 时，自然是准确的。令其对于 $y = x$、x^2、x^3 准确成立，则可列出方程

$$\begin{cases} \lambda_0 + \lambda_1 + \lambda_2 = 1 \\ \lambda_1 + 2\lambda_2 = 1 \\ \dfrac{3}{4}\lambda_1 + 3\lambda_2 = 1 \end{cases}$$

解之，得

$$\lambda_0 = \lambda_2 = \frac{1}{6}, \quad \lambda_1 = \frac{2}{3}$$

于是，有

$$y_{n+1} = y_n + \frac{h}{6}[y'_n + 4y'_{n+\frac{1}{2}} + y'_{n+1}]$$

为了使该式成为差分公式，需要考虑如何利用 y_n 和 y'_n 来预报 $y'_{n+\frac{1}{2}}$ 和 y'_{n+1}，如果仍然使用欧拉公式，则有

$$y_{n+\frac{1}{2}} = y_n + \frac{h}{2}y'_n$$

从而有

$$y'_{n+\frac{1}{2}} = f(x_{n+\frac{1}{2}}, y_{n+\frac{1}{2}})$$

再令

$$y'_{n+1} = (1 - \omega)y'_n + \omega y'_{n+\frac{1}{2}}$$

相应的近似关系式为

$$y'(1) \approx (1-\omega)y'(0) + \omega y'\left(\frac{1}{2}\right)$$

该式对于 $y=1$、$y=x$ 自然成立,令其对于 $y=x^2$ 成立,可确定 $\omega=2$,从而有

$$y'_{n+1} = -y'_n + 2y'_{n+\frac{1}{2}}$$

综上所述,推导出的差分公式为

$$\begin{cases} y_{n+1} = y_n + \dfrac{h}{6}[k_1 + 4k_2 + k_3], \quad n=0,1,2,\cdots \\[2mm] k_1 = f(x_n, y_n) \\[2mm] k_2 = f\left(x_{n+\frac{1}{2}}, \quad y_n + \dfrac{h}{2}k_1\right) \\[2mm] k_3 = f[x_{n+1}, \quad y_n + h(-k_1 + 2k_2)] \end{cases}$$

这个三阶公式称为库塔公式。

2. 四阶龙格-库塔法

继续这个推导过程,设法在区间 $[x_n, x_{n+1}]$ 内多预报几个点的斜率值,再将这些值加权平均作为平均斜率,即可以设计出更高精度的单步格式。这类格式统称为龙格-库塔公式。实际计算中常用的龙格-库塔公式是"四阶经典公式":

$$\begin{cases} y_{n+1} = y_n + \dfrac{h}{6}[k_1 + 2k_2 + 2k_3 + k_4], \quad n=0,1,2,\cdots \\[2mm] k_1 = f(x_n, y_n) \\[2mm] k_2 = f\left(x_{n+\frac{1}{2}}, y_n + \dfrac{h}{2}k_1\right) \\[2mm] k_3 = f\left[x_{n+\frac{1}{2}}, y_n + \dfrac{h}{2}k_2\right] \\[2mm] k_4 = f[x_{n+1}, y_n + hk_3] \end{cases}$$

该公式用 4 个点 x_n、$x_{n+\frac{1}{2}}$、$x_{n+\frac{1}{2}}$(复用)、x_{n+1} 的斜率值 k_1、k_2、k_3、k_4 加权平均生成平均斜率。先直接求得 k_1,再依次预报出 k_2、k_3、k_4。可见,使用这个公式时,每一步都需要 4 次计算函数值 $f(x)$。

3. 四阶经典龙格-库塔法的算法实现

四阶经典龙格-库塔法的一般操作步骤如下。

算法 8-3

S1　输入:a,y0,h,N←左端点、初值、步长、迭代次数

S2　初始化:n←0、x_n←a、y_n←y0

S3　计算:

$$k_1 \leftarrow f(x_n, y_n)$$

$$k_2 \leftarrow f\left(x_n + \frac{h}{2}, y_n + h\frac{k_1}{2}\right)$$

$$k_3 \leftarrow f\left(x_n + \frac{h}{2}, y_n + h\frac{k_2}{2}\right)$$

$$k_4 \leftarrow f(x_n + h, y_n + hk_3)$$

$$y_{n+1} \leftarrow y_n + \frac{h}{6}(k_1 + k_2 + k_3 + k_4)$$

S4　输出 x_n+h、y_{n+1}

S5　判断：$n \leqslant N-1$? 是则

　　　循环次数加 1：$n \leftarrow n+1$

　　　结点及其近似值前移：$x_n \leftarrow x_n+h$、$y_n \leftarrow y_{n+1}$

　　　转 S3

S7　算法结束

例 8-12　取步长 $h=0.2$,用四阶经典龙格-库塔法求解初值问题

$$\begin{cases} \dfrac{\mathrm{d}y}{\mathrm{d}x} = y - \dfrac{2x}{y}, & 0 \leqslant x \leqslant 1 \\ y(0)=1 \end{cases}$$

解：已知 $f(x,y)=y-\dfrac{2x}{y}$,左端点 $x_0=0$,初值 $y_0=1$、$h=0.1$。

本例中,四阶经典公式中 k_1、k_2、k_3、k_4 的具体形式为

$$k_1 = f(x_n,y_n) = y_n - \frac{2x_n}{y_n}$$

$$k_2 = f\left(x_{n+\frac{1}{2}}, y_n + \frac{h}{2}k_1\right) = \left(y_n + \frac{h}{2}k_1\right) - 2\frac{x_n + \frac{h}{2}}{y_n + \frac{h}{2}k_1}$$

$$k_3 = f\left[x_{n+\frac{1}{2}}, y_n + \frac{h}{2}k_2\right] = \left(y_n + \frac{h}{2}k_2\right) - 2\frac{x_n + \frac{h}{2}}{y_n + \frac{h}{2}k_2}$$

$$k_4 = f\left[x_{n+1}, y_n + hk_3\right] = (y_n + hk_3) - 2\frac{(x_n + h)}{y_n + hk_3}$$

四阶经典龙格-库塔公式为

$$\begin{cases} y_{n+1} = y_n + \dfrac{h}{6}[k_1 + 2k_2 + 2k_3 + k_4], & n=0,1,\cdots,10 \\ k_1 = y_n - \dfrac{2x_n}{y_n} \\ k_2 = y_n + \dfrac{h}{2}k_1 - \dfrac{2x_n+h}{y_n + \dfrac{h}{2}k_1} \\ k_3 = y_n + \dfrac{h}{2}k_2 - \dfrac{2x_n+h}{y_n + \dfrac{h}{2}k_2} \\ k_4 = y_n + hk_3 - \dfrac{2x_n+2h}{y_n + hk_3} \end{cases}$$

本例中,四阶经典龙格-库塔法的求值结果如下：

```
0.1   1.095446
0.2   1.183217
```

```
0.3      1.264912
0.4      1.341642
0.5      1.414216
0.6      1.483242
0.7      1.549196
0.8      1.612455
0.9      1.673325
1.0      1.732056
```

这与保留 5 位数时由解函数

$$y = \sqrt{2x+1}$$

求得的精确值完全相同。即使步长加大一倍即 $h=0.2$，求值结果也不会比欧拉法差。

　　附　例 8-12 四阶经典龙格-库塔法求解的代码。

```python
import numpy as np
def RK4(x0,y0,h,n,func):
    '''
    x0、y0:初始点 x 坐标、y 坐标(初值)
    h、n:步长、迭代次数
    func():事先定义好的导数 f(x,y)
    '''
    #初始化
    x=np.linspace(x0,x0+(n-1)*h,num=n)
    y=np.zeros_like(x)
    y[0]=y0
    for i in range(n-1):
        #四阶龙格-库塔公式求值
        k1=func(x[i],y[i])
        k2=func(x[i]+h/2,y[i]+h*k1/2)
        k3=func(x[i]+h/2,y[i]+h*k2/2)
        k4=func(x[i]+h,y[i]+h*k3)
        y[i+1]=y[i]+h*(k1+2*k2+2*k3+k4)/6
        #输出本次坐标(x_i+1,y_i+1)
        print("%.1f\t%f"%(x[i]+h,y[i+1]))
    return x,y
if __name__=="__main__":
    #y'=f(x,y)=y-2x/y
    #定义 f 函数(导数)
    f=lambda x,y:y-2*x/y
    #调用四阶龙格-库塔公式:迭代求解
    X,Y=RK4(0,1,h=0.1,n=11,func=f)
```

习　题　8

1.下列说法是否正确,为什么?

(1) 微分方程数值解是给出离散点处近似值的一张数值表。

(2) 欧拉法也称为欧拉折线法。

2. 取步长 $h=0.1$，用欧拉法求解

$$\begin{cases} y'=-y+x+1, & 0\leqslant x\leqslant 1 \\ y(0)=1 \end{cases}$$

3. 设函数 $y=f(x)$ 满足微分方程 $y'+y=0$，且已知 $f(0.1)=0.9048$，$f(0.4)=0.6703$，用欧拉公式计算 $y=f(0.3)$。

提示：根据所求点与已知点的距离确定采用显式欧拉公式还是隐式欧拉公式。

4. 取步长 $h=0.025$，分别用欧拉法、隐式欧拉法求解

$$\begin{cases} y'=-100y, & 0\leqslant x\leqslant 1 \\ y(0)=1 \end{cases}$$

并与解函数

$$y(x)=e^{-100x}$$

求得的精确值比较。

提示：向后欧拉法的递推公式为 $y=\dfrac{1}{3.5}y_n$。

5. 下列说法是否正确，为什么？

(1) 预报-校正法可以看作隐式方法的改进方法。

(2) 欧拉中点法是单步法。

(3) 龙格-库塔法的基本思想是用 $f(x,y(x))$ 在区间 $[x_n,x_{n+1}]$ 上若干点处函数值的线性组合来近似计算其在该区间上的平均值。

6. 取步长 $h=0.02$，分别用欧拉法、隐式欧拉法和中点法求解。

$$\begin{cases} y'=-\dfrac{0.9y}{1+2x}, & 0\leqslant x\leqslant 0.1 \\ y(0)=1 \end{cases}$$

7. 给定初值问题

$$\begin{cases} y'=-2y-4x, & 0\leqslant x\leqslant 0.5 \\ y(0)=2 \end{cases}$$

取步长 $h=0.1$，用梯形法求近似解。

8. 用改进欧拉法计算初值问题

$$\begin{cases} y'=\dfrac{1}{x}y-\dfrac{1}{x}y^2, & 1<x<5 \\ y(1)=0.5 \end{cases}$$

取步长 $h=0.1$，并与解函数

$$y(x)=\dfrac{x}{1-x}$$

求得的精确值比较。

9. 用四阶经典龙格-库塔法求解一阶微分方程初值问题

$$\begin{cases} y'=\dfrac{2}{3}xy^{-2}, & 0\leqslant x\leqslant 1 \\ y(0)=1 \end{cases}$$

取步长 $h=0.1$。

第 **9** 章

Python 程序设计

Python 是一种开放源代码的解释性高级语言,程序设计方式灵活多样,可以像 C++ 、Java 一样用于常规的程序设计,也可以像 ASP.NET、PHP 等用于网页设计。相对于其他常用高级语言(如 C++),Python 中的关键字、表达式及语句的一般形式更接近于人类社会的自然语言或数学语言,功能强且便于应用;同时,大量丰富多彩的第三方库进一步扩充了这种功能及其易用性,形成了近乎"无所不能"的生态环境,已成为人工智能、机器学习、大数据分析等领域内不可多得的有力工具。

9.1 Python 程序的编辑与运行

在 Windows 平台上,可以采用以下几种方式编写并运行 Python 程序。

(1)像早期的 C 语言那样,先使用文本编辑器编辑源程序文件,再调用语言处理程序(Python 解释器)来解释执行该程序。

注:Python 虽然是解释执行的高级语言,但其程序的实际执行过程借鉴了编译方式的某些做法,而且提供了真正的编译执行方式。

(2)在 Python 解释器环境中,通过命令行方式,逐个输入并执行 Python 语句,从而完成既定任务。

(3)在 Python 集成开发环境中,一次性地完成从编辑、保存到运行的一系列工作。本门课程主要使用如下两种 Python 集成开发环境。

Python IDLE:Python 自带的集成开发环境,提供基本的代码编辑、调试和运行功能。具有"轻量级"特点,如果程序中不使用第三方功能库(如数据可视化的 Matplotlib),就可以在这个环境中调试、编辑和运行了。

Spyder:是一种支持 Python 程序设计的编程环境,它将整个程序设计过程中涉及的各种必要的功能,如实现数据可视化的 Matplotlib 等,有机地结合在一起,构成一个图形化操作界面(类似于 MATLAB)。

9.1.1 用 IDLE 编写并运行程序

IDLE 是 Python 官方网站上发布的集成开发环境,能够编辑、调试和运行 Python 语言程序,可以在微软 Windows、X Windows(Linux、UNIX 类平台)与 Max OS X(苹果电脑的操作系统)等平台上运行。IDLE 是开放源代码的自由软件,不仅容易得到,而且建构 IDLE 的源程序代码也可以直接阅读或修改。

在 Windows 平台上安装了 Python IDLE 后,开始菜单便会出现如图 9-1 所示的菜单项。

图 9-1 开始菜单及 Python 选项

例 9-1 按商品的数量和单价计算应付货款金额。

可按以下步骤操作,完成从启动 IDLE、输入并编辑 Python 源程序文件,直到运行且输出运算结果的程序设计任务。

1. 启动 IDLE

打开"开始"菜单,选择 Python 3.8 菜单项下的 IDLE (Python 3.8 32-bit) 子菜单项,即可启动和运行 IDLE 环境了。

Python IDLE 的主窗口名为 Python 3.8.5 Shell,如图 9-2 所示。

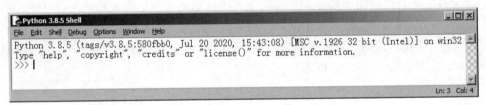

图 9-2 Python 3.8.5 Shell 窗口

2. 编辑源程序

(1)打开源程序编辑器窗口。选择菜单项:File→New Window,打开编辑窗口,刚打开时命名为 Untitled(未命名)。

(2)在编辑器窗口中输入具有以下功能的 Python 语句。

- 输入一个数字,赋值给表示商品数量的变量。语句中的 input()函数将键盘输入的数字当作字符串,要用 float()函数转换成浮点(带小数点)数才能赋值给数字型变量。
- 输入一个数字,赋值给表示商品单价的变量。同样地,语句中的 input()函数接受键盘输入的数字字符串,float()函数将其转换为浮点数赋值给数字型变量。
- 判断是否有折扣:当数量大于或等于 10 时,减价 10%,表示折扣的变量赋值为 0.1;否则不减价,折扣变量赋值为 0。
- 计算货款金额:数量×单价×折扣,赋值给表示应付货款的变量。
- 输出货款金额。

输入了相应 Python 源程序代码的编辑器窗口如图 9-3 所示。

(3)保存源程序。选择菜单项:File→Save,打开"另存为"对话框。在其中选择保存位置,输入文件名,如图 9-4 所示。然后单击"保存"按钮。

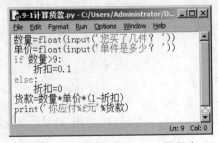

图 9-3 正在编辑的 Python 源程序

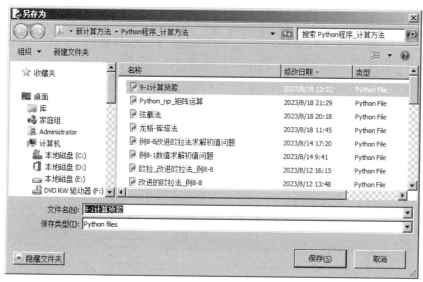

图 9-4 "另存为"对话框

3. 运行程序

（1）选择菜单项：Run→Run Module 或按 F5 键，运行该程序。

（2）按 Python 3.8.5 Shell 窗口的提示输入数据（数量、单价），按回车键后，即可看到程序运行的结果，如图 9-5 所示。

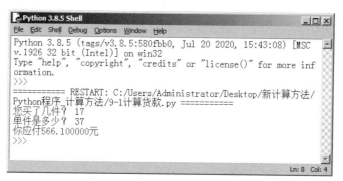

图 9-5 计算货款程序运行的结果

程序运行时，如果其中有语法上的错误，将会显示相应的提示信息。需要回到编辑器中，修改代码并重新保存，然后再次运行代码。

9.1.2 用 Spyder 编写并运行程序

Spyder 是一种支持 Python 程序设计的编程环境，它将整个程序设计过程中涉及的各种必要的功能（如多种第三方库）有机地结合起来，构成一个图形化操作界面，与其他 Python 开发环境相比，它的优点是模仿 MATLAB 的"工作空间"的功能，可以很方便地观察和修改数组的值。Spyder 的用户界面如图 9-6 所示。

Spyder 的界面由多个窗格构成。

（1）编辑器（Editor）：用于编写程序，可使用标签页的形式编辑多个程序文件。

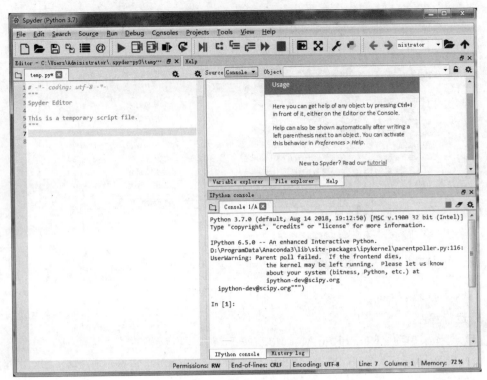

图 9-6 Spyder 的用户界面

（2）控制台（Console）：用于评估程序、显示程序或语句的运行结果。

（3）变量管理器（Variable explorer）：用于显示 Python 控制台中的变量列表。

（4）对象检查器（Object）：用于查看对象的说明文档和源程序。

（5）文件浏览器（File explorer）：用于打开程序文件或切换当前路径。

（6）帮助窗格（Help）：用于显示或查询帮助信息。

当多个窗格出现在一个区域时，使用标签页形式显示。用户可以根据自己的喜好调整窗格的位置和大小。在如图 9-7 所示的 View 菜单中可以设置是否显示这些窗格。当多个窗格出现在一个区域中时，将以标签页的形式显示。

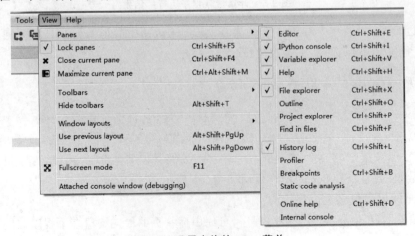

图 9-7 设置窗格的 View 菜单

例 9-2　在 100 个毕业生中,有 80 个签约(工作合同),签约后又考研(报考研究生)的概率为 30%,100 个考研的毕业生中只有 10 个是已签约的。如果一个毕业生已签约,那么他仍然考研的概率是多少?

1. 解题方法

设 $P(A)$ 表示一个毕业生考研的概率,$P(B)$ 表示一个毕业生签约的概率,则

$$P(B) = 0.8, \quad P(A) = 0.3$$

$P(B|A)$ 表示一个考研的毕业生签约的概率:

$$P(B \mid A) = 0.1$$

根据贝叶斯公式,一个毕业生签约后仍然考研的概率为

$$p(A \mid B) = \frac{P(B \mid A)P(A)}{P(B)} = \frac{0.1 \times 0.3}{0.8} = 0.0375$$

2. 编写 Python 程序

求解本题的 Python 程序如下。

```
#计算签约生考研的概率
pB, pA=0.8, 0.3
pBA=float(input("考研时已签约的概率?"))
pAB=(pBA * pA)/pB
print("已签约仍考研的概率: ", pAB)
```

注:Python 程序是区分大小写的,如 ab、Ab、aB、AB 是 4 个不同的名字。

本程序各行的功能依次如下。

(1) 注释行。以符号"#"开头。Python 程序执行时,自动忽略注释(符号"#"之后的内容)。也就是说,注释是为阅读程序给出的解释性文字,不影响程序的执行。

(2) 赋值语句。为自变量 pB 赋值为 0.8,为 pA 赋值为 0.3。Python 赋值语句允许分别将右式的几个值赋予左式的几个变量。

(3) 输入语句。输入自变量 pBA 的值。该语句右式有两个函数。input() 函数会暂停程序的执行,等待用户输入一个数字(当作一串字符);float() 函数将用户输入的数字串转换为浮点数,作为自变量 pBA 的值。

(4) 赋值语句。左式为变量,右式为表达式,表达式求值的结果赋于变量。

(5) 输出计算结果。print() 函数中的两个输出项,字符串与 pAB 变量的值输出在一行,凑成一句话。

在 Spyder 的 Editor 窗格中输入并编辑本程序,如图 9-8 所示。

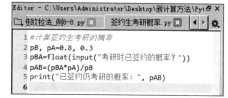

图 9-8　Editor 窗格中的 Python 程序

3. 运行 Python 程序

按以下步骤运行本程序。

(1) 在 Spyder 主窗口中,选择菜单项 Run,或单击工具栏上的 Run file(右三角)按钮,或者按键盘上的 F5 键,运行本程序。

如果程序中有错误,则 Console 窗格中显示相应的提示信息。此时,在 Editor 窗格中修改程序,修改完成后再单击 Run file 按钮运行程序。

　　如果程序正确无误,则 Python 将逐行读取 Editor 窗格中的程序,每行都从最左边的字符开始辨认并执行,自动忽略注释。本程序中,读取并执行第 3 行代码(赋值语句)时,将会暂停程序的执行,显示提示信息(input()函数中的字符串):

考研时已签约的概率?0.1

　　等待用户输入一个数字。
　　(2) 按程序提示,输入一个数字($PCB|A$ 的概率 0.1),并按回车键。程序继续运行,输出计算结果如下。

已签约仍考研的概率: 0.0375

Console 窗格中 Python 程序的运行结果如图 9-9 所示。

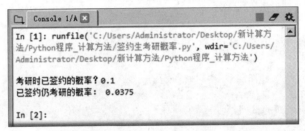

图 9-9　Console 窗格中 Python 程序的运行结果

9.2　数据及表达式

　　数据是程序中参与运算(计算或其他操作)的对象,大体上可分为常量和变量两大类,Python 中称其为对象。对象的类型有数字、字符、逻辑值、字符串、变量、列表、字典、元组、文件等。
　　常量是直接写出来的数字、字符或字符串等运算对象。变量是用符号表示的运算对象,程序执行时可按需要改变其值。Python 提供了多种不同形式的运算符(如四则运算符),以便用户构造相应的表达式来实现各种运算;还预定义了许多函数,以便用户实现现有运算符无法执行的多种多样的运算。

9.2.1　常量与变量

　　常量是具体的数据,在程序执行过程中值不会变。Python 中的常量主要是指字面量,即书写形式直接反映其值和意义的数据。例如,数字 2、1.823,字符串"How are you",都是按照固定不变的字面意义上的值来使用的常量。
　　一个变量就是一个参与运算的数据,由变量名标识出来,其值存入若干内存单元。每个变量在使用之前都必须赋值,变量赋值以后才会创建。每个变量都属于某种特定的数据类型。Python 中变量的数据类型就是赋予它的值的类型。
　　注:Python 中的变量不必像 C 语言那样预先声明。

1. 常量

常量是指一旦初始化，就不能修改的固定值。Python 中的主要常量介绍如下。

(1) 数字。有 3 种类型的数字：整数(int)、浮点数(float)、复数(complex)。举例如下。

- −1、0 和 29 都是整数，0xE8C6 是十六进制整数。
- 8.23 和 19.3E−4 都是浮点数(带小数点的实数)，其中字母 E 表示 10 的幂，19.3E−4 表示 19.3×10^{-4}。
- (−5+4j)和(2.3−4.6j)都是复数。

(2) 字符串。字符的序列，由英文的单引号、双引号或三引号定界。

- 单引号定界的字符串中，所有空白(空格、制表符)都按原样保留，如'Quote me on this' 就是一个字符串。
- 双引号定界的字符串与单引号的用法相同，如"What's your name?"也是字符串。
- 三引号('''或""")定界的字符串称为文档字符串，可以定义一个多行的字符串，便于在程序中书写大段的说明。

如果一个字符串中包含单引号或双引号，要用转义符"\"表示。例如，字符串'What\'s your name? '中第 2 个单引号'前面的"\"表示它就是单引号而不是字符串的标识符。

2. 标识符命名

标识符是用于标识某种运算对象的名字。例如，在赋值语句

```
yNumber=9.6
```

中，左式的变量名 yNumber 就是符合 Python 语法的标识符。标识符还可以标识函数名、类名等运算对象。在命名标识符时，要遵循以下规则。

- 第一个字符必须是字母表中的字母(大写或小写)或者下画线"_"。
- 其他部分可以由字母、下画线"_"或数字(0~9)组成。
- Python 标识符对大小写是敏感的，如 name 和 Name 是两个不同的标识符。

3. 变量

每个变量都有一个名字，不同的变量属于不同的数据类型，与 C 等传统高级语言不同的是，为一个 Python 变量赋值时，并不是将这个值存入变量所占用的内存单元，而是将这个值本身的地址赋予变量，使得变量"指向"其值。

例 9-3　变量与两个引用对象之间的关系。

执行语句

```
x=35.69
```

后，Python 创建一个值为 35.69 的浮点数对象，并分配给变量 x，使得 x 成为引用该浮点数的指示器，如图 9-10(a)所示。可以想象为，将 35.69 这个浮点数对象分配给变量 x，其实就是将浮点数 35.69 的首地址(假定为 1000)赋值给 x，如图 9-10(a)和图 9-10(c)所示。也就是说，变量里存放的是值对象所在的存储空间的地址。再执行语句

```
x=33
```

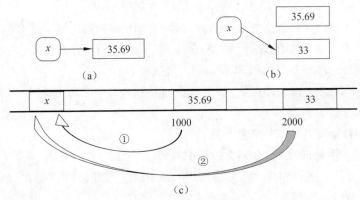

图 9-10　变量引用示意

后，Python 创建一个值为 33 的整数对象，并分配给变量 x。此后，可用 x 来引用这个整数对象。当 x 引用的对象从浮点数 35.69 变为整数 33 时，实际操作是，另外开辟一个存储空间，存入 33 这个整数，并将整数对象的首地址（假定为 2000）赋值给 x，如图 9-10(b)和图 9-10(c)所示。

值得注意的是，Python 程序中变量本身的数据类型不固定，称为动态语言，与之对应的是静态语言（如 C）。静态语言定义变量时必须指定其数据类型，而且只能将同类型的常量赋值给变量，如果赋值时类型不匹配，系统就会报错。

9.2.2　数据的输入输出

从键盘输入数据使用 input()函数，其一般形式为

```
<变量名>=input(<提示信息>)
```

其中，"变量名"为符合 Python 语法的标识符，"提示信息"为双引号、单引号括起来的字符串或由字符串运算符连接起来的字符串表达式。例如，语句

```
Math=int(input("数学成绩?"))
```

的功能为：显示字符串"数学成绩?"，收到输入的一个数字后，当作数码（数字 $0,1,\cdots,9$）组成的数字字符串，int()函数将数字串转换为整数，赋予 Math 变量。还可以用 float()函数或 complex()函数将输入的字符串转换为实数或复数。

Python 的输出使用 print 函数，其一般形式为

```
print(<表达式列表>)
```

其中，"表达式列表"是用逗号隔开的表达式。例如，语句

```
X=6
print("结果: ",3,X,3+X)
```

输出：3、6、9。

默认情况下,print 语句执行过后会自动换行,为使多个 print 语句的输出连续,可以在"表达式列表"中包含"end＝" ""表达式来实现。例如,语句

```
X=7
print(x,end="  ")
print(3+x,8 * x+11)
```

在一行中输出 3 个数:7、10、67。

例 9-4　变量的赋值、计算与输出。

与 C 等传统程序设计语言相比较,Python 程序的编写、执行都非常灵活。例如,在 Spyder 的 Control 窗格中输入两个语句:

```
x, y=float(input("x=? ")), 2 * x+1
print("x+y=", x+y)
```

然后按两次回车键后,也可以运行,如图 9-11 所示。

前一个语句将键盘输入的浮点数赋值给 x 变量,再用 x 计算 y 的值;后一个语句计算并输出 $x+y$ 的值。

```
In [7]:
In [7]: x, y=float(input("x=? ")), 2*x+1
   ...: print("x+y=", x+y)
   ...:
   ...:
x=? 9.7
x+y= 29.7
In [8]:
```

图 9-11　变量的赋值、计算与输出

9.2.3　常用函数

为了完成数据输入、计算及其他各种操作,常需要使用各种函数。Python 中预定义了许多函数,可以通过函数名及相应参数(自变量)来调用它们,从而实现必要的功能。例如,可以调用 input()函数实现键盘输入,可以调用 print()函数实现输出等。

1. 数字工厂函数

为实现某种特定的运算需要使用相应的运算对象,否则,将无法进行或得出错误的结果。例如,语句

```
x=input("请输入一个整数: ")
print(x+1)
```

在运行时发生了错误,显示如图 9-12 所示的信息。

```
In [1]: x=input("请输入一个整数: ")
   ...: print(x+1)
   ...:
请输入一个整数: 10
Traceback (most recent call last):
  File "<ipython-input-1-15d95a05ee58>", line 2, in <module>
    print(x+1)
TypeError: can only concatenate str (not "int") to str
In [2]:
```

图 9-12　程序运行时发生错误

错误信息为 int 对象和 str 对象混用。原因是 input 函数接收了键盘输入的数字并把它作为一个字符串赋予 x 变量,使得 print()函数中的表达式 $x+1$ 因为数据类型不匹配(试图将字符串与数字相加)而发生错误。

使用数据工厂函数可以解决这一类问题,下面是几个调用这类函数的例子。

```
type(<表达式>)          #获得表达式的数据类型
int('34')              #转换为整数
int('1101', 2)         #将二进制字符串转换为十进制整数
float('43.4')          #转换为浮点数
str(34)                #转换为字符串
bin(43)                #将十进制整数转换为二进制数
```

注：这类函数在 C 语言等大多数语言中称为数据类型转换函数，Python 中改用现名的原因是，函数执行的结果并未真正改变自变量的数据类型，只是在该对象的基础上返回一个新的对象。

2. 数学函数

为了进行求幂、三角函数等数学运算，需要调用 Python 标准库中的 math 模块。方法是，在使用数学函数之前，先在程序中包含语句行

```
import math
```

此后，便可使用该模块中提供的数学函数了。下面是几个调用数学函数的例子。

```
math.log10(10)         #以 10 为底的对数
math.sin(math.pi/2)    #正弦函数，单位为弧度
math.pi                #常数 pi,3.141592653589793
math.exp(8)            #e 的 8 次幂
math.pow(32,4)         #32 的 4 次幂
math.sqrt(2)           #2 开平方
math.cos(math.pi /3)   #余弦函数
math.fabs(-32.90)      #求绝对值
math.factorial(n)      #求 n 的阶乘
```

在 Spyder 的 Editor 窗格中输入"math."，光标在"."上稍等，即可打开 math 列表。

3. Python 标准库

Python 标准库是随 Python 附带安装的，包含大量常用模块。

- os 模块：提供了与操作系统相关的函数。
- glob 模块：提供了一个函数，用于从目录通配符搜索中生成文件列表。
- re 模块：为高级字符串处理提供了正则表达式工具。对于复杂的匹配和处理，正则表达式提供了简洁、优化的解决方案。
- math 模块：为浮点运算提供了访问底层 C 函数库的功能。
- random 模块：提供了生成随机数的工具。
- datetime 模块：提供了多种日期与时间处理方法，包括日期与时间算法、格式化输出、时区处理等。
- zlib、gzip、bz2、zipfile 及 tarfile 模块：支持数据打包、压缩。
- urllib2、smtplib 等模块：用于访问因特网及处理网络通信协议。

9.2.4 运算符与表达式

运算是对数据进行加工的过程，运算的不同种类用运算符来描述，参与运算的数据称为

操作数。表达式由运算符和操作数构成。最简单的表达式是单个的常量、变量和函数。复杂表达式是用运算符将简单表达式连结而成的表达式。

1. 运算符

表 9-1 列出了 Python 中的运算符。

表 9-1　Python 中的运算符

运算符	名　　称	说　　明	示　　例
+	加	两个对象相加	3+5 返回 8;'a' + 'b'返回'ab'
−	减	返回负数或一个数减去另一个数的值	−5.2 返回一个负数;50−24 返回 26
*	乘	返回两个数相乘的值或返回一个重复若干次的字符串	2 * 3 返回 6;'la' * 3 返回'lalala'
* *	幂	返回 x 的 y 次幂	3 * * 4 返回 81,即 3×3 ×3 ×3=81
/	除	返回 x 除以 y 的值	4/3 返回 1(整数除法得整数结果)。4.0/3 或 4/3.0 返回 1.3333333333333333
//	整除	返回商的整数部分	4//3.0 返回 1.0
%	取模	返回除法的余数	8%3 返回 2;−25.5%2.25 返回 1.5
<<	左移	返回一个二进制数左移几位(内存中的数都是由 0、1 构成的二进制数)	2<<2 返回 8,即二进制数 10 变为 1000
>>	右移	返回一个二进制数右移几位后的值	11>>1 返回 5,即二进制数 1011 变为 101
&	按位与	返回数按位与的结果	5&3 返回 1
|	按位或	返回数按位或的结果	5|3 返回 7
^	按位异或	返回数按位异或的结果	5^3 返回 6
~	按位翻转	x 按位翻转后的结果−(x+1)	~5 返回−6
<	小于	判定左式是否小于右式。返回 1 表示真,返回 0 表示假。分别与常量 True 和 False 等价	5<3 返回 0,即 False;3<5 返回 1,即 True;3<5<7 返回 True
>	大于	判定左式是否大于右式。返回 1 表示真,返回 0 表示假	5>3 返回 True。如果是两个数字,则先将其转换成同类型数据;否则,总得 False
<=	小于或等于	判定左式是否小于或等于右式	当 x=3,y=6 时,x<=y 返回 True
>=	大于或等于	判定左式是否大于或等于右式	当 x=4,y=3 时,x>=y 返回 True
==	等于	判定左式与右式是否相等	当 x=2,y=2 时,x==y 返回 True;当 x='str'、y='stR'时,x==y 返回 False
!=	不等于	判定左式与右式是否不等	当 x=2,y=3 时,x!=y 返回 True
not	逻辑非	若 x 为 True,则返回 False;若 x 为 False,则返回 True	当 x=True 时,not y 返回 False

运算符	名　称	说　明	示　例
and	逻辑与	若 x 为 False,则 x and y 返回 False;否则,返回 y 的计算值	当 x＝False,y＝True 时,x and y 返回 False。Python 不必计算 y,因为表达式肯定是 False 值,这就是短路计算
or	逻辑或	若 x 为 True,则返回 True;否则返回 y 的计算值	当 x＝True,y＝False 时,x or y 返回 True。这也是短路计算

2. 运算符的优先级

Python 中的运算符十分丰富。当一个表达式中出现多个运算符时,就要考虑运算顺序。表 9-2 列出了各种运算符的优先级。这意味着如果一个表达式中没有括号,Python 会先计算表 9-2 中后列出的运算符,然后计算表 9-2 先列出的运算符。可以用圆括号对运算符和操作数分组,明确指出运算的先后顺序。

表 9-2　运算符优先级表

运　算　符	描　述	运　算　符	描　述
Lambda	Lambda 表达式	＊,/,％	乘法,除法,取余
Or	布尔或	＋x,－x	正负号
And	布尔与	～x	按位翻转
not x	布尔非	＊＊	指数
in,not in	成员测试	x.attribute	属性参考(引用)
is,is not	同一性测试	x[index]	下标
＜,＜＝,＞,＞＝,!＝,＝＝	比较	x[index:index]	寻址段
|	按位或	f(arguments…)	函数调用
^	按位异或	(expression,…)	绑定或元组显示
&	按位与	[expression,…]	列表显示
＜＜,＞＞	移位	{key:datum,…}	字典显示
＋,－	加法与减法	'expression,…'	字符串转换

3. 运算顺序

在默认情况下,运算符优先级决定了哪个运算符在别的运算符之前计算。具有相同优先级的运算符按照从左向右的顺序计算。可以用圆括号改变运算顺序。

例 9-5　混合多种运算符的复杂表达式。

程序段:

```
X=6
C1='A'
C2='B'
L=False
```

```
Result=X+1>10 or C1+C2>'AA' and not L
print(Result)
```

的运行结果为 True,其中表达式

```
X+1>10 or C1+C2>'AA' and not L
```

的运算过程大致如下。

（1）X+1 得 7,C1+C2 得'AB'。

（2）X+1>10 得 False,C1+C2>'AA'得 True。

（3）not L 得 True,True and True 得 True,False or True 得 True。

9.3　序列和字典

在程序设计过程中,经常需要对成批互相关联的数据进行处理,这种情况下就需要使用序列或字典。一个序列中可以容纳有序排列且可以通过下标偏移量来访问的多个数据。序列的两个主要操作符是索引操作符和切片操作符。索引操作符用于从序列中抓取一个特定数据;切片操作符用于获取序列中一部分数据。

字符串、列表和元组都是序列。

9.3.1　字符串

字符串是程序中的常用元素。单个字符可以看作最简单的字符串,通过各种不同的字符串运算,可以实现字符串的连接、取子字符串(取出某个字符串中的一部分)、字符串中的字符的大小写转换、字符串与数值的转换等各种操作。

1. 字符串的连接

通过连字符"+"可以实现字符串的连接运算。例如,程序段

```
s0="Python"
s1='C++'
s2=s0+" "+s1
print(s2)
```

运行后输出字符串

```
Python C++
```

2. 取子字符串

取子字符串的一般形式为

```
<字符串名>[<起始>:<终止>:<步长>]
```

其功能为,取出从"起始"处开始,间隔为"步长",直到"终止"处前一个字符结束的字符串。其中,<起始>可以省略,表示起始位置为 0;<终止>可以省略,表示终止位置为末尾;

<步长>可以省略,表示步长为1。例如,语句

```
f='abcdefghijklmnopqrstuvwxyz'
```

定义了字符串变量 f,其值为 26 个小写字母构成的字符串。于是,f[5]取出'f';f[0:10:2]取出 'acegi';f[0:10]取出'abcdefghij';f[:10]取出'abcdefghij';f[10:]取出'klmnopqrstuvwxyz';len(f)的值为 26,len()为求字符串长度的函数。

3. 其他字符串处理函数

常用的字符串处理函数还有如下两种。

(1) ord('a'):返回字符的 ASCII 的十进制数。

(2) chr(97):返回整数对应的字符。

4. string 库中的字符串处理函数

上面的字符串处理函数可以直接使用,如果要进行字符串的大小写转换、查找等操作,需要引入 string 库,方法是在程序开头写 import string,然后在其后使用 string 库中的字符串处理函数。例如,程序段

```
import string
f='abcdefghijklmnopqrstuvwxyz'      #定义一个字符串
f.upper()                           #转换为大写,不改变 f
f.find('f')                         #返回 f 的索引值(在字符串中从 0 开始的序号)
f.replace('b', 'boy')               返回 b 被 boy 替换的字符串,不改变 f
```

string 库中的其他字符串处理函数如表 9-3 所示。

表 9-3   string 库中的其他字符串处理函数

S.capitalize()	S.lstrip([chars])
S.center(width [, fill])	S.maketrans(x[, y[, z]])
S.count(sub [, start [, end]])	S.partition(sep)
S.encode([encoding [,errors]])	S.replace(old, new [, count])
S.endswith(suffix [, start [, end]])	S.rfind(sub [,start [,end]])
S.expandtabs([tabsize])	S.rindex(sub [, start [, end]])
S.find(sub [, start [, end]])	S.rjust(width [, fill])
S.format(fmtstr, * args, * * kwargs)	S.isalnum()
S.index(sub [, start [, end]])	S.isalpha()
S.istitle()	S.isdecimal()
S.isupper()	S.isdigit()
S.join(iterable)	S.isidentifier()
S.ljust(width [, fill])	S.islower()
S.lower()	S.isnumeric()

续表

S.isprintable( )	S.startswith(prefix〔, start〔, end〕〕)
S.isspace( )	S.strip(〔chars〕)
S.rpartition(sep)	S.swapcase( )
S.rsplit(〔sep〔, maxsplit〕〕)	S.title( )
S.rstrip(〔chars〕)	S.translate(map)
S.split(〔sep〔,maxsplit〕〕)	S.upper( )
S.splitlines(〔keepends〕)	S.zfill(width)

9.3.2　列表

列表(list)是一批对象的有序集合,其中列表项的个数(列表长度)、每个列表项的内容及其数据类型都可以改变。列表定义的一般形式为

<列表名称>[<列表项>]

其中,列表项之间用逗号隔开,各项的数据类型可以不同。列表通过

<列表名>[索引号]

的形式来引用,索引号从 0 开始。例如,语句

Date=[2012, 8, 8, 9, 36]

定义了列表 Date。Date[0]的值是 2012,Date[2]的值是 8。列表可以整体引用,例如,

print(Date)

将按顺序输出 Date 列表中的所有元素。

列表的常见运算如表 9-4 所示。

表 9-4　列表的常见运算

运算格式/示例	说明/结果
L1=[]	空列表
L2=[2011，2，9，19，54]	5 项,整数列表,索引号为 0~4
L3 = ['sun',['mon','tue','wed']]	嵌套列表
L2[i],L3[i][j]	索引,L2[1]的值为 2,L3[1][1]的值为'tue'
L2[i:j]	分片,取 i 到 j−1 的项
Len(L2)	求列表的长度
L1+L2	合并列表

续表

运算格式/示例	说明/结果
L2 * 3	重复,L2 重复 3 次
for x in L2	循环,x 取 L2 中的每个成员执行循环体
19 in L2	判定 19 是否是 L2 的成员
L2.append(4)	增加 4 作为 L2 的成员,即在列表中追加一项
L2.sort()	排序,L2 结果变为[2, 9, 19, 54, 2011]
L2.index(9)	得到 9 在 L2 中的索引号,结果为 2
L2.reverse()	逆序,L2 的结果为[2011, 54, 19, 9, 2]
Del L2[k]	删除索引号为 k 的项
L2[i:j]=[]	删除 i 到 j−1 的项
L2[i]=1	修改索引号为 i 的项的值
L2[i:j]=[4,5,6]	修改 i 到 j−1 的项的值,当项数多于序号时,自动插入多余项
L4=range(5,20,3)	生成整数列表 L4,结果为[5,8,11,14,17]

例 9-6 列表的定义及操作。

程序段

```
Date=[2012,8,8,9,36]        #一批数字构成列表 Date
Day=['sun','mon','tue','wed','thi','fri','sat']     #一批字符串构成列表 Day
print(Date[0:3],end=",")  #从索引号为 0 的项开始,以 3 为步长输出列表 Date 中的元素
print(Day[3])             #输出列表 Day 中索引号为 3 的元素
Data=[Date,Day]           #两个列表构成二维列表 Data
print(Data[0][0:3],",",Data[1][3])
                          #输出第 0 维列表中的元素,输出第 1 维列表中索引号为 3 的元素
Today=[2012,8,8,'wed']    #数字、字符串构成列表 Today
print(Today)              #输出 Today 列表
```

中定义和引用了几个一维列表和一个二维列表,其中二维列表 Data 如图 9-13 所示。

图 9-13 程序中定义的二维列表 Data

程序的运行结果如下:

```
[2012,8,8],wed
[2012,8,8],wed
[2012,8,8,'wed']
```

9.3.3　元组

元组(tuple)与列表的定义和功能类似。元组通过圆括号中以逗号隔开的项来定义。但元组和字符串一样是不可变的,即定义后不能再修改。也就是说,元组与列表的不同之处在于:定义时使用一对圆括号,而且不能删除、添加或修改其中元素。例如,语句

```
garden=("rose","tulip", "lotus","olive", "Sunflower")
```

定义了元组 garden。两个函数:

```
print('Number of flowers in the garden is', len(garden))
print('flower',k,'is',garden[k-1])
```

引用了元组 garden。

元组的运算如表 9-5 所示。

表 9-5　元组的运算

运算格式/举例	说明/结果
T1()	空元组
T2=(2011)	有一项的元组
T3=(2011, 2, 9, 19, 54)	5 项,整数元组,索引号为 0~4
T4=('sun',('mon','tue','wed'))	嵌套的元组
T3[i],T4[i][j]	索引,T3[1]的值为 2,T4[1][1]的值为'tue'
T3[i:j]	分片,取 i 到 j−1 的项
len(T3)	求元组的长度
T3+T4	合并元组
T3 * 3	重复,T3 重复 3 次
for x in T3	循环,x 取 T3 中的每个成员执行循环体
19 in T3	判定 19 是否 T3 中的成员

例 9-7　元组的定义及操作。
程序段

```
Stu=('张军','王芳','李玲','赵珊','陈东','刘贤')
print("共有",len(Stu),"个学生。")
i=2
print("第",i,"个学生: ",Stu[i-1])
newStu=('张明','王琳','李玉')
print("新来的学生: ",newStu)
com21Stu=(Stu,newStu)
print("最后一个座位上的学生: ",com21Stu[1][2])
```

的运行结果为

```
共有 6 个学生。
第 2 个学生:王芳
新来的学生: ('张明','王琳','李玉')
最后一个座位上的学生:李玉
```

9.3.4　字典

字典是无序的对象集合,通过键进行操作,就像由一行一行的记录构成的通讯录一样,利用字典可以通过姓名来查找所需要的记录。这时,姓名就成为能够代表记录的键。当然,如果通讯录中有姓名相同的人,那么姓名就不能作为键了。

字典定义的一般形式为

```
<字典名>={键 1:值 1,键 2:值 2,键 3:值 3,…}
```

其中,项与项用逗号隔开,每个项有键和值两部分,键和值用冒号隔开。键 1、键 2、键 3 各不相同,值可以是任何类型的数据,可以是列表或元组。字典只可以使用简单的对象作为键,而且不能改变,但可以用不可变或可变的对象作为值。例如,语句

```
Addr={'张军': 'zhang001@188.com',
      '王芳': 'wang010@128.com',
      '李明': 'li022@236.com',
      '赵强': 'zhao333@hotmail.com'
      }
```

定义了字典 Addr。语句

```
print(Addr['张军'])
```

输出的是:zhang001@188.com。又如,语句

```
Addr2={'张军':['zhang001@188.com',82230909],
       '王芳':['wang010@128.com',83330908],
       '李明':['li022@236.com',82661100],
       '赵强':['zhao333@hotmail.com',83631208],
       }
```

定义了字典 Addr2。语句

```
print(Addr2['张军'],Addr2['王芳'])
```

输出的是

```
['zhang001@188.com', 82230909] ['wang010@128.com', 83330908]
```

字典的运算如表 9-6 所示。

表 9-6　字典的运算

运算格式/示例	说明/结果
d1＝{}	空字典
d2＝{'class':'jianhuan','year':'2011'}	有两项的字典
d3＝{'xjtu':{'class':'huagong','year':'2011'}}	字典的嵌套
d2['class']，d3['xjtu']['class']	按键使用字典
d2.keys()	获得键的列表
d2.values()	获得值的列表
len(d2)	求字典的长度
d2['year']＝2020	添加或改变字典的值
del d2['year']	删除键

9.4　程序的流程控制

　　程序中经常需要根据条件来确定某个语句是否执行或某些语句的执行顺序,这种任务可以使用分支语句(if 语句)来完成。程序中可能还需要反复执行某些语句,这种任务可以使用循环语句来完成。while 语句和 for 语句是常用的循环语句。

9.4.1　if 条件语句

　　分支语句以 if 开头,其中包含一个条件和两个分别称为 if 块和 else 块的语句组,if 语句的一般形式为

```
if <条件>:
     <if 块>
else:
     <else 块>
```

其中,条件不需要加括号(如 a＝＝b),但后面的冒号":"必不可少;else 后也有一个必不可少的冒号。if 块、else 块要以缩进格式书写。因为 Python 中缩进量相同的是同一块。

　　if 语句的功能是检验一个条件,若条件为真(条件表达式为逻辑真值),则执行称为 if 块的一组语句,否则执行称为 else 块的一组语句。else 部分可以省略。例如,语句

```
if x>=0:
     y=2*x+1
else:
     y=-x
```

的功能为,当变量 x 的值大于或等于 0 时,计算 $2x+1$ 并将其值赋予 y;否则计算 $-x$ 并将其值赋予 y。同样的功能也可以用语句

```
y=2 * x+1 if x>=0 else - x
```

实现,该语句右式是一个条件表达式。

if 语句中还可以包含多个条件,从而构成两个以上的多分支结构。其中,if <条件>之后的其他条件用 elif 引出。

例 9-8 程序中的多分支结构。

在购物时,应付的货款数常会根据所购数量享受相应的折扣,这可以通过多分支语句来实现。

```
n=float(input('请输入物品件数: '))
p=float(input('请输入物品单价: '))
if n<10:
    money=n * p              #10 件以下,原价
elif n<20:
    money=n * p * 0.9      #10~20 件,9 折
elif n<30:
    money=n * p * 0.85    #20~30 件,85 折
elif n<60:
    money=n * p * 0.8      #30~60 件,8 折
else:
    money=n * p * 0.75    #60 件以上,75 折
print('您应付',money,'元!')
```

该程序的一次运行结果如下:

```
请输入物品件数: 88
请输入物品单价: 99
您应付 6534.0 元!
```

9.4.2 while 循环语句

while 语句是一种常用的循环语句,其一般形式为

```
while <条件>:
    <循环体>
```

其中,条件后有一个冒号,循环体要使用缩进的格式。while 语句的功能为,当条件成立时,执行循环体,再检验条件,如果还成立,再次执行循环体,如此循环往复,直到条件不再成立时跳出该循环,转去执行后面的语句。例如,执行程序段

```
x=1
Sum=0
while x<=100:
    Sum=Sum+x
    x=x+1
print(Sum)
```

中的 while 语句时,如果条件 $x<=100$ 成立,则执行其后的两个语句;每循环一次 x 都会增值,一直执行到条件 $x<=100$ 不成立为止,循环结束,执行后面的语句,输出:5050。

例 9-9　求解

$$Sum = \frac{1}{1\times 2} - \frac{1}{2\times 3} + \frac{1}{3\times 4} - \frac{1}{4\times 5} + \cdots - \frac{1}{(k-1)\times k} + \frac{1}{k\times(k+1)} - \cdots$$

要求,当 $\dfrac{1}{n\times(n+1)}<0.0001$ 时终止。

在进行级数求和时,可以按照俗称"累加器"的算法来编写程序。这种程序的基本结构相同,个体差别主要在于循环结束的条件和当前项的计算方法。在书写条件时,应使条件尽量简短且易于理解。

```
n=1
Sum=0
flag=1
while n * (n+1)<=1000:        #当 1/(n * (n+1))>=0.0001 时,继续求累加和
    Sum=Sum+ flag * 1/n/(n+1)  #累加当前项
    n=n+1                      #项数加 1
    flag=-flag                 #改变符号,准备累加下一项
print("累加和: ",Sum)
print("项数: ",n)
```

本程序的运行结果如下:

```
累加和: 0.386782404416
项数: 32
```

9.4.3　for 循环语句

Python 的 for 语句也可以实现循环结构。for 语句可看作遍历型循环,即逐个引用指定序列中的每个元素,引用一个元素便执行一次循环体,遍历序列中的所有元素之后终止循环。for 语句的一般形式为

```
for <循环变量>in <序列>:
    <循环体>
```

例如,语句

```
for Char in 'shell':
    print(ord(Char),end=' ')
```

遍历字符串'shell'中所有字符,逐个输出:115 104 101 108 108。

在实际程序中,往往使用以下形式的 for 语句:

```
for <循环变量>in rang(N1, N2, N3) :
    <循环体>
```

其中,N1 为起始值,N2 为终止值,N3 为步长(默认为 1)。<循环变量>依次取从 N1 开始,间隔 N3,直到 N2−1 终止的数值,并执行<循环体>。例如,语句

```
for i in range(9,3,-1):
    print(i,end="  ")
```

输出了 9、8、7、6、5、4。这几个数构成 range 函数生成的序列,等价的语句是

```
for i in [9,8,7,6,5,4]
```

在循环体中,可以使用 break 来终止循环(跳出本循环,转去执行循环语句之后的其他语句);还可以使用 continue 来跳过当前循环体中的剩余语句,继续进行下一轮循环。

例 9-10　统计字符串中的小写字母个数。

本例给出的字符串包括大写字母、小写字母和数字。在统计小写字母个数的过程中,需要在遇到大写字母时跳过执行统计功能的语句,并在遇到数字时终止循环。

```
k=0
for Char in 'NewStaff98':
    if Char>='0' and Char<='9':
        break               #遇到数字时终止循环
    if Char>='A' and Char<='Z':
        continue            #遇到大写字母时终止本次循环
    k=k+1
print("小写字母个数: ",k)
```

程序的运行结果如下:

```
小写字母个数: 6
```

9.4.4　用户自定义函数

函数可简单地看作具有特定功能且可作为一个单位使用的一组语句。必要时,使用函数的名字及一批规定了个数、顺序和数据类型的数据来调用已有的函数可以实现相应的功能,从而避免重复编写这些语句的麻烦。并且,函数可以反复调用,每次调用时都可以提供不同的数据作为输入,实现基于不同数据的标准化处理。

程序中使用的函数大体上可分为两大类:一类是 Python 自带的函数,这类函数可以通过函数名及括号中的参数来直接调用,前面用过的 ord、print 等都是这种函数;另一类是用户自定义函数。

1. 函数的定义及调用

定义函数的一般形式为

```
def  <函数名>(<形参表>):
    <函数体>
```

Python 的函数定义由 def 关键字引出,后跟一个函数名和一对圆括号,以冒号结尾。

圆括号中可以包含一些用逗号隔开的变量名(称为形式参数,简称为形参)。接下来是一组称为函数体的语句。如果函数有返回值,那么直接使用

```
return <表达式>
```

将其值赋予函数名。

例 9-11　求两个数的最大值。

本例先定义一个求两数最大值的通用函数,然后多次调用该函数求两个指定常数、字符或变量的最大值。

```
#函数的定义
def Max(a,b):
    if a>=b:
        return a
    else:
        return b
#函数的调用
Value=Max(98,91)              #两个数字作为实参调用函数
print("较大的数: ",Value)
Value=Max('a','A')           #两个字母作为实参调用函数
print("ASCII 值较大的字符: ",Value)
x=86
y=90
print("较大的数: ",Max(x,y))    #两个变量作为实参调用函数
```

程序的运行结果如下:

```
较大的数: 98
ASCII 值较大的字符: a
较大的数: 90
```

2. 使用函数的优点

编程时之所以使用函数,主要是基于如下两方面考虑。

(1)降低编程难度。在求解一个较为复杂的问题时,可将其分解成一系列较简单的小问题,一些仍不便求解的小问题还可以划分为更小的问题。当所有问题都细化到足够简单时,就可以分别编写求解各小问题的函数;再通过调用若干函数及其他相应处理来解决较高层次的问题。

(2)代码重用。函数一经定义,便可以在一个程序中多次调用,也可以用于多个程序,还可以把函数放到一个模块中供其他用户使用,同时,其他用户编写的函数也可以为我所用,从而避免了重复劳动,提高了工作效率。

3. lambda 函数

Python 允许定义一种单行的小函数。定义这种函数的一般形式为

```
labmda <参数表>: 表达式
```

其中,参数用逗号隔开。lambda 函数默认返回表达式的值,也可以将其赋值给一个变量。lambda 函数可以接受任意多个参数,包括可选参数,但是表达式只有一个。例如,语句

```
g=lambda x,y: x**2-2*x*y+y**2
```

定义了函数 g(x,y),函数调用 g(3,4) 的结果为 1,函数调用 g(g(2,3),5) 的结果为 16。

9.4.5 模块

Python 中的模块是专门编辑并以"模块名.py"作为文件名保存起来的文件。Python 允许将函数、变量等的定义放入一个文件,然后在多个程序(或脚本)中将该文件作为一个模块导入。下面几种情况都适合于使用模块。

- 如果几个程序都要用到某个函数,那么可将函数的定义编辑存入一个文件,然后在每个程序中将该文件作为一个模块导入。
- 如果程序很大,可将其分割为多个互相关联的文件以便修改和维护。
- 如果编程过程中需要多次进入 Python 解释器,那么可以先打开一个文本编辑器来为解释器准备输入,再将程序文件作为输入来运行 Python 解释程序,即准备脚本。

模块中除了可以包含函数、变量的定义,还可以包含可执行语句。这些可执行语句用于初始化模块,只在模块第一次被导入时执行。一个模块中还可以导入其他模块。通常把所有导入语句放在模块(或脚本)的开始位置,当然,这不是必需的。

为了在其他程序中重用模块,它们的文件扩展名必须是 py。在使用模块中的函数时,必须在文件开始包含

```
import <模块名>
```

使用模块中的函数时,函数名前面为模块名再加一个点号".":

```
<模块名>.<函数名>(<参数表>)
```

注:模块名是不含扩展名的文件名,且该文件与当前文件位于同一个文件夹中。

例 9-12　输出 Fibonacci 数列 1、1、2、3、5、8……

本例先编写一个模块文件,内含求 Fibonacci 数列的函数;再编写一个调用模块文件中的函数的程序文件;最后运行程序。

1. 启动 Python 编程环境

打开 Python Shell 窗口。

依次选择 File→New Window 菜单项,打开文本(源程序)编辑窗口。

2. 编写模块文件

该模块文件的内容如下:

```
#输出小于 n 的 Fibonacci 数列
def outFib(n):
    a,b=0,1
    while b<n:
```

```
    print(b,end=' ')
    a,b=b,a+b
#返回小于 n 的 Fibonacci 数列
def retFib(n):
    result=[]
    a,b=0,1
    while b<n:
      result.append(b)
      a,b=b,a+b
    return result
```

将该模块文件命名为 fibo.py，先保存到 Python 系统的默认安装文件夹中，然后关闭文本编辑窗口。

3. 编写调用模块文件中函数的程序文件

再次打开文本编辑窗口，编写包含以下内容的程序文件：

```
import fibo                    #导入模块 fibo.py
n=int(input("n="))
print("小于",n,"的 Fibonacci 数列: ")
print(fibo.outFib(n))          #调用 fibo 模块中的 outFib()函数
print(fibo.retFib(n))          #调用 fibo 模块中的 retFib()函数
print(fibo.__name__)           #获取模块的名字
```

将该程序文件保存到 Python 系统的默认安装文件夹中。

4. 运行程序

依次选择 Run→Run Module 菜单项，运行程序，运行结果为

```
n=1000
小于 1000 的 Fibonacci 数列:
 1  1  2  3  5  8  13  21  34  55  89  144  233  377  610  987  None
[1, 1, 2, 3, 5, 8, 13, 21, 34, 55, 89, 144, 233, 377, 610, 987]
fibo
```

9.5　类及类的实例

类是用来定义对象(类的实例)的一种抽象数据类型。类将数据与操作数据的方法(函数)封装成一个整体，用于描述客观事物：事物的属性表示为类中的数据成员；事物的行为表示为类中的成员方法。这种机制不仅可以更好地模拟需要编程序处理的客观事物，同时也为继承性地创建新的类，以便实现代码重用提供了可能。

类的对象可以在使用之前创建，在使用之后撤销，从而使得对象成为有别于传统意义的变量的"动态"数据，有利于充分利用存储空间等计算机资源。

9.5.1　类的定义和使用

程序中的类可用于抽象地描述具有共同属性和行为的一类事物。例如，可定义名为

Student 的类来描述一个班级的学生,其中数据成员包括"学号""姓名""性别"和"出生年月"等,分别表示所有学生共有的一种属性,而成员方法"输入"和"查找"等,分别用于输入学生的信息,查找指定学号或姓名的学生的信息。

一个类所描述的事物中的个体(具体事物)称为类的实例或对象,它们都有各自的状态(属性值)和行为特征。例如,通信 56 班的学生杨益明可以创建成为学生类的一个对象,他的学号、姓名、出生年月等都可以通过调用学生类的成员函数输入而赋予相应的数据成员,从而成为一个完整的对象。同样地,可以逐个建立用于表现张亚奇、温丽等通信 86 班所有学生的对象。此后,如果需要查找某个学生,输入他的学号或其他属性并调用相应的成员函数查找即可;如果某个学生要转到其他班级,调用相应的成员函数删除,便可删除他的信息。

Python 中使用关键字 class 来声明类,可以提供一个基类(也称为父类),不指定基类时,默认 object 为基类。类体中定义的所有成分都是类的成员,主要成员有两种:数据成员(属性),用于描述对象的状态;方法(可理解为类中自定义的函数)成员,用于描述对象所能执行的操作。

定义类的一般形式为

```
class 类名(object):
    "类的说明文档"
    属性
    初始化方法__init__
    其他方法
```

其中,类的说明文档是一个字符串,可以通过"类名.__doc__"的形式访问。初始化方法(相当于 C++ 等语言中的构造函数)是一种特殊的方法,当创建该类的一个新实例(对象)时自动调用该方法。除此之外,还有一个"__del__"方法(相当于 C++ 等语言中的构造函数),可在释放对象时自动调用。

注:Python 中某些概念与其他面向对象语言有所区别:一是属性不分公有和私有;二是无构造函数,初始化方法仅当实例化时才执行;三是定义方法时必须带上 self 参数。

例 9-13 创建一个用户类,其中包括姓名和年龄属性、为年龄赋值的初始化方法、显示年龄的方法,以及显示类名的方法。

1. 类的定义

根据题目要求编写的 User 类的定义如下:

```
class User(object):
    "这是用户类。"
    name="某某某"
    age=0
    def __init__(self, age=30):
        self.age=age
    def showAge(self):
        print(self.age)
    def showClassName(self):
        print(self.__class__.__name__)
```

其中包括以下成分。

（1）字符串"这是用户类。"为 User 类的说明文档，可在类中以"self.__class__.__name__"的形式或在创建对象后以"对象名.__class__.__name__"的形式获取。

（2）name 和 age 是 User 类的两个属性。类实例化即创建了类的对象之后，便可以使用其属性，也可以直接通过类名访问其属性，但若直接使用类名修改了某个属性，则将影响已经实例化的对象。

可以用"__私有属性名"的形式（两个下画线开头）来定义类的私有属性，在类内部的方法中以"self.__私有属性名"的形式使用。这种属性不能在类的外部直接访问，一般是通过类中专门定义的方法来访问的。

（3）使用 def 关键字在类中定义方法，与一般函数定义不同的是，类方法必须包含参数 self 而且必须是第 1 个参数。

- 初始化方法 __init__(self，age＝23)将在创建对象时自动调用，其功能是给 age 属性赋值。其中第 2 个参数指定了一个默认值，实例化对象时可指定一个值替换该默认值。
- 方法 showAge(self)用于输出 age 的值。
- 方法 showClassName(self)用于显示所定义的类的名字，以"self.__class__.__name__"的形式获取类的名字。

也可用"__私有方法名"的形式（两个下画线开头）来定义类的私有方法，在类内部以"self.__私有方法名"的形式调用。这种方法不能在类的外部调用。

2. 对象的创建与使用

本例中，编写以下程序来创建和使用 User 类的两个对象 zhang 和 ma。

```
zhang=User()                    #创建 User 类对象 zhang
zhang.name="张易居"             #调用类的 name 属性
print(zhang.name)               #再次调用类的 name 属性
zhang.showAge()                 #调用类的 showAge()方法
ma=User(25)                     #创建 User 类对象 ma
print(ma.name)
ma.showAge()
zhang.showClassName()           #获取类的名称
print(zhang.__class__.__doc__)  #获取类的说明文档
zhang.VIP=True                  #为对象 zhang 添加自有属性——VIP
print(zhang.VIP)                #输出 zhang 的自有属性的值
print(ma.VIP)
```

上述程序包括以下 4 部分内容。

（1）前 4 个语句定义了 User 类的对象 zhang；直接为 name 属性赋值并输出其值；而且调用了 showAge()方法输出 age 属性的值。

（2）第 5～7 个语句定义了 User 类的另一个对象 ma，定义时指定 25 替换默认的 age 属性的值（在自动调用的初始化方法中更改）；直接输出 name 属性的值（因未显式赋值而用默认值"某某某"）；还调用了 showAge()方法输出 age 属性的值。

（3）第 8 个语句调用了 showClassName()方法输出类的名称；第 9 个语句直接以"zhang.__class__.__doc__"的形式获取并输出类的说明文档。

（4）后 3 个语句先为对象 zhang 添加了自有属性 VIP 并赋值为 True，然后直接输出该属性的值，最后还试图以同样的方式输出另一个对象 ma 的 VIP 属性的值，但这一句在执行时将会出错。

3. 程序的运行结果

上述程序的运行结果如下：

```
AttributeError: 'User' object has no attribute 'VIP'
```

从输出结果可以看出，执行最后一个语句时，因对象 ma 中不包含 VIP 属性，所以出错了。

9.5.2　类的继承性

面向对象程序设计通过类将数据及操纵数据的方法封装在一起，利用类的继承性，有效地解决了传统程序设计方法难以解决的代码重用问题。

利用类的继承性，可以在基类（已有类）的基础上定义派生类（新的类），派生类继承基类的全体成员（数据成员和成员方法），并按需求添加新的成员。这样，不仅提高了代码的重用性，而且使得程序具有较为直观的层次结构，从而易于扩充、维护和使用。

在 Python 程序中定义类时，用类名之后的一对圆括号来表示继承关系，括号中的类为基类。若基类中定义了初始化 __init__ 方法，则派生类必须显式地调用基类的 __init__ 方法。如果派生类需要扩展基类的行为，则可添加 __init__ 方法的参数。若派生类中定义了与基类中同名的方法，则派生类对象中实际调用的是自身的方法。

例 9-14　先定义基类 Person，其中包括人的姓名属性、年龄属性、初始化方法及输出属性值的方法。再分别定义两个派生类：表示老师的 Teacher 类和表示学生的 Student 类，在 Teacher 类中添加工资属性，在 Student 类中添加成绩属性，并在这两个类中重新编写输出属性的方法。

按题目要求编写的程序如下。

```python
class Person:                          #基类 Person
    def __init__(self,name,age):
        self.name=name
        self.age=age
        print('Person初始化: ', self.name)
    def show(self):
        print('姓名:%s; 年龄:%s' %(self.name, self.age))
class Teacher(Person):                 #基类 Person 的派生类 Teacher 类
    def __init__(self,name,age,salary):
        Person.__init__(self,name,age)
        self.salary=salary
        print('Teacher 初始化: ', self.name)
    def show(self):
        Person.show(self)
        print('工资: ', self.salary)
class Student(Person):                 #基类 Person 的派生类 Student 类
    def __init__(self,name,age,marks):
        Person.__init__(self,name,age)
```

```
        self.marks=marks
        print('Student 初始化: ', self.name)
    def show(self):
        Person.show(self)
        print('成绩: ', self.marks)
zhang=Teacher('张益君', 50, 10000)
liu=Student('刘贺彬', 20, 86)
members=[zhang,liu]
print()
for member in members:
    member.show()
```

可以看到：

（1）为了使用继承，基类名作为一个元组跟在定义的派生类名之后。可以在继承元组中列举两个或两个以上类，称这种情况为多重继承。

（2）在基类的初始化__init__方法中，以 self 为前缀来为基类中定义的对象属性赋值。

（3）在两个派生类的初始化__init__方法中，先以基类名 Person 为前缀，调用基类的初始化方法为基类中定义的属性赋值，再以 self 为前缀来为新定义的自有属性赋值。

注：Python 不会自动调用基类的初始化方法，必须在派生类初始化方法中用基类名调用它，为基类中定义的那些属性赋值。

（4）在使用基类 Person 的 show()方法时，实际上是把派生类 Teacher 类和 Student 类的对象看作基类的对象。

（5）本例中调用了派生类而非基类的 show()方法，可以理解为，Python 总是先查找对应类的方法，仅当在派生类中找不到对应的方法时，才开始去基类中查找。

上述程序的运行结果如下。

```
Person 初始化: 张益君
Teacher 初始化: 张益君
Person 初始化: 刘贺彬
Teacher 初始化: 刘贺彬

姓名:张益君; 年龄:50
工资: 10000
姓名:刘贺彬; 年龄:20
成绩: 86
```

9.5.3　异常处理

所谓异常，就是指在程序运行过程中，由于程序本身的问题或用户的不当操作造成的暂停程序执行和出现错误结果的情况。异常的来源是多方面的，如要打开的文件不存在、未向操作系统申请到内存、进行除法运算时除数为零等，都可能导致异常。

异常处理机制是管控程序运行时错误的一种结构化方法。这种机制将程序中的正常处理代码与异常处理代码明显地区分开来，提高了程序的可读性。

例 9-15　解决零作除数错误的两种方式。

对于零作除数错误,传统方式的基本思想是尽力预防错误的发生。例如,在语句

```
if a!=0 and b!=0 and c!=0:
    print(x/a+x/b+x/c)
else:
    print('除数不能为零!')
```

中,通过 if 语句对多个除数的条件判断来预防零作除数错误。当所输入的某个除数为零时,显示"除数不能为零!"。这种预防错误发生的方式至少有两个缺点:一是要预估所有可能发生的异常情况,把所有相应的条件都组织到 if 语句中,往往会使得 if 语句十分烦琐。二是有些异常难以预估,但程序运行时却有可能发生,导致难以预料的结果。

Python 提供了特定的异常处理机制,可在异常发生后再按其需求采取相应措施进行处理。使用 Python 中的 try…except 语句改写的程序如下:

```
x=int(input('被除数 x=?'))
a=int(input('除数 a=?'))
b=int(input('除数 b=?'))
c=int(input('除数 c=?'))
try:
    print(x/a+x/b+x/c)
except ZeroDivisionError as e:
    print(e)
```

try…except 语句中的 try 子句部分是有可能会因除数为零而出错的语句,except 子句定义了标准异常类 ZeroDivisionError 的对象 e,而且包含发生异常时自动执行的语句。try…except 语句的工作方式是,当开始一个 try 子句后,就在当前程序的上下文中作标记,以便异常出现时返回此处,先 try 子句执行,然后依据执行情况决定后面的操作。

- 如果 try 部分在执行某个语句时发生异常,就跳出 try 并执行第一个匹配该异常的 except 子句(一个 try 子句可配套多个 except 子句)。
- 如果 try 部分某个语句发生了异常,却没有相应的 except 子句匹配,异常将交给上层的 try,或者交给程序的最上层,这样就会结束程序并打印默认的出错信息。
- 如果在执行 try 子句时未发生异常,Python 将执行 else 语句后的子语(可有配套的 else 子句)或结束 try 语句的执行。

上述程序的运行结果如下:

```
被除数 x=?5
除数 a=?8
除数 b=?9
除数 c=?0
division by zero
```

可以看到,由于一个除数的值为零,因而发生了 ZeroDivisionError 类异常,except 子句捕获了这个异常并自动给对象 e 赋值为 division by zero,except 子句的输出语句输出对象 e 的值。

例 9-16　try···finally 语句的使用。

可以在 try···except 语句中添加一个 finally 子句，或者直接用 try 子句和 finally 子句构成 try···finally 语句。finally 子句通常用于关闭因异常而无法释放的系统资源。无论异常是否发生，finally 子句都会执行。

图 9-14　文本文档的内容

本例中，先用记事本创建一个纯文本文件 tempFile.txt，放到 E 盘根目录下。这个文件的内容如图 9-14 所示。

编写操作 tempFile.txt 文件中内容的程序，使用 try···finally 语句来处理可能发生的异常，程序如下。

```python
import time
try:
    f=open('E:/tempFile.txt')
    while True:
        line =f.readline()
        if len(line)==0:
            break
        time.sleep(2)
        print(line,)
finally:
    f.close()
    print('文件已关闭!')
```

上述程序先使用 open 方法打开 E 盘上的 tempFile.txt 文档并赋值给 f，然后逐行读出并输出文件中的每行内容，每打印一行之前都调用一个 time.sleep() 方法暂停 2 秒，使程序运行变慢，以便手动终止其运行。

注：使用 time.sleep() 方法前，要先用 import time 语句引入定义该方法的 time 模块。

本程序运行后，可按组合键 Ctrl＋C 来终止其运行。这时的程序运行情况如下：

```
KeyboardInterrupt
```

由此可见，按下 Ctrl＋C 组合键而触发了 KeyboardInterrupt 异常，程序退出。但在程序退出之前，finally 子句仍然能够执行，文件正常关闭。

9.6　数组及数据可视化

在 Python 程序设计中，不仅使用 Python 自有的语句、函数、包和模块，往往还要调用第三方提供的称为"库"的各种模块。例如，数值计算程序中经常调用以下第三方模块。

- NumPy：支持多维数组与矩阵运算的扩展程序库。
- SciPy：算法库与数学工具包。
- Matplotlib：绘图库。

使用其中的数据结构（数组、矩阵、张量等），数学与统计函数，子模块（最优化、图像处理、信号处理等子程序）来完成特定的任务。这 3 种模块都是开放源代码而且免费的第三方库,经常配套使用,可以构成一个基于 Python 的高效且易用的类似于 MATLAB 的科学与工程计算环境。

9.6.1 NumPy 多维数组

NumPy(Numerical Python)是一个 Python 扩展科学计算库,开放源代码且由许多协作者共同维护开发。NumPy 是 Python 生态系统中数据分析、机器学习、科学计算的主力。Python 数据科学相关的一些主要软件包,如 scikit-learn、SciPy、Pandas 和 tensorflow 等,都以 NumPy 作为架构的基础部分。

NumPy 提供了处理多维数据的数组(类似于矩阵而非 Python 序列)及大量操纵数组的数学函数,具有线性代数运算、傅里叶变换、随机模拟及拓扑操作等多种功能。NumPy 极大地简化了向量和矩阵的操作处理。可以直接对数组进行切片、切块等操作,使得常用的数学函数都支持向量化运算,而且,由于 NumPy 的内核是用 C 语言编写的,比 Python 标准计算库的运行速度更快。

注:如果记录数不是很大,Numpy 数组在索引上明显优于 Pandas 中的相应功能。目前 NumPy 数组只支持单 CPU,性能有所限制。Numpy 的学习成本较低,易上手。

NumPy 的核心概念是 n 维数组。NumPy 的 array 数组是由同类型元素构成的,这与 Python 列表不同。一般地,用如下语句调用 NumPy(可以避免很多麻烦):

```
import numpy as np
```

n 维数组的方便之处在于,一种运算,无论作用于单个变量还是不同维数的数组,其形式都是相同的。例如,从如图 9-15 所示的交互式操作中可以看出,Python 列表 a 乘以 2 的操作需要通过循环逐个元素进行;而 NumPy 的 array 数组 b 乘以 2 的表达式与单个变量乘以 2 相同,其操作逐个元素自动完成。

```
In [1]: a=[1,2,3]
In [2]: [k*2 for k in a]
Out[2]: [2, 4, 6]

In [3]: import numpy as np
In [4]: b=np.array([1,2,3])
In [5]: b*2
Out[5]: array([2, 4, 6])
```

图 9-15 列表与 NumPy 数组运算

例 9-17 Python 列表操作与 NumPy 的 array 数组操作。
本例程序如下。

```
#例 9-17_Python 列表与 NumPy 数组
#Python 列表操作
import numpy as np
def arr():
    a, b =[1,2,3,4,5], [6,7,8,9,10]
```

```
        c =[]
        for i in range(len(a)):
            c.append(a[i]* * 2+b[i]* * 3)
        return c
print("列表计算得到的结果: ", arr())
#NumPy 的 array 数组操作
def arrNp():
    a, b =np.array([1,2,3,4,5]), np.array([6,7,8,9,10])
    c =a* * 2+b* * 3
    return c
print("Numpy 的 array 数组计算得到的结果: ", arrNp())
def isIt(x):
    print("数据类型: ",type(x))           #数据类型
    print("(行数,列数): ",x.shape)         #几行几列
    print("空间维数: ",x.ndim)            #空间维数
    print("元素类型: ",x.dtype)           #元素类型
    print("元素字节数: ",x.itemsize)       #元素所占字节
    print("元素总数: ",x.size)            #元素总数
#二维列表与数组操作
aa=[[11,15,19],[22,23,27]]
print("二维列表aa: ",aa)
aaNp=np.array(aa,dtype=np.int16)
print('MumPy 的 array 数组 aaNp: ')
print(aaNp)
print(isIt(aaNp))
```

例 9-17 程序的运行结果如图 9-16 所示。

```
In [33]: runfile('C:/Users/Administrator/.spyder-py3/temp.py',
wdir='C:/Users/Administrator/.spyder-py3')
列表计算得到的结果: [217, 347, 521, 745, 1025]
Numpy的array数组计算得到的结果:  [ 217  347  521  745 1025]
二维列表aa: [[11, 15, 19], [22, 23, 27]]
MumPy的array数组aaNp:
[[11 15 19]
 [22 23 27]]
数据类型: <class 'numpy.ndarray'>
(行数,列数): (2, 3)
空间维数: 2
元素类型: int16
元素字节数: 2
元素总数: 6
None
```

图 9-16　例 9-17 程序的运行结果

9.6.2　Matplotlib *数据可视化*

Matplotlib 是 Python 的绘图库,仅用几行代码,便可生成直方图、功率谱、错误图、散点图等各种生动形象的图形。Matplotlib 使用 Python GUI(Graphical User Interface,图形用户界面)工具包来生成和绘制图形,可与 NumPy 配套使用,构成可视化操作界面。它还提供了多种扩展接口——应用程序嵌入式绘图所需的 API(Application Program Interface,应用程序接口),以便同时使用多种通用图形用户界面工具包,如 Tkinter、wxPython、Qt、GTK+等。

Matplotlib 已成为 Python 中最常用的数据可视化第三方库。它提供了一个类似于 MATLAB 的界面，便于用户执行类似于 MATLAB 的任务。在机器学习领域，Matplotlib 是观察训练情况、输出数据结果及数据可视化的得力工具，在做好前期数据处理、开始数据训练后，可用于进度及过程的可视化展现，以便把控实际进度，观察训练与预测过程中的变化、验证与观察输出结果。

使用 Matplotlib 时先要引入 Matplotlib：

```
import matplotlib.pyplot as plt
```

一般要与 NumPy 配套使用，故需引入 NumPy：

```
import numpy as np
```

例 9-18 画函数 $y = x^2 + 2x + 3$ 的图像。

解：本例先调用 NumPy 的 linspace() 函数创建一组 x 的值（均匀分布的数值序列），按 $y = x^2 + 2x + 3$ 计算相应的 y 值，再调用 Matplotlib 的 plot() 函数和 show() 函数，逐个描点连线，得到函数 $y = x^2 + 2x + 3$ 的图像。

调用 Matplotlib 和 NumPy 画函数图像的程序如下。

```
#例 9-18_画函数 y=x^2+2x+3 的图像
import numpy as np
import matplotlib.pyplot as plt
def matplotlib_draw():
    #生成-1～9 的 100 个点,包括第 100 个点(在默认情况下,不含末点)
    x=np.linspace(-1, 96, 100, endpoint=True)
    y=x * * 2 + 2 * x + 3
    plt.plot(x, y)           #plot()函数将信息传入图中
    plt.show()               #展示图像
matplotlib_draw()
```

例 9-18 程序的运行结果如图 9-17 所示。

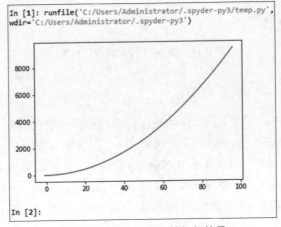

图 9-17　例 9-18 程序的运行结果

还可以在交互式环境中输入与运行程序。使用命令

```
%matplotlib inline
```

将控制台窗格变成交互式环境,其代码输入方式如图 9-18 所示。

```
In [2]: %matplotlib inline
   ...: import numpy as np
   ...: import matplotlib.pyplot as plt
   ...: def matplotlib_draw():
   ...:     x=np.linspace(-1,96,100,endpoint=True)
   ...:     y=x**2+2*x+3
   ...:     plt.plot(x,y)
   ...:     plt.show()
   ...: matplotlib_draw()
   ...:
   ...:
```

图 9-18　程序的交互式输入

例 9-19　先画过$(0,0)$点的直线 $y=2x-1$,再画从$(0,0)$点向下垂直于 y 轴的虚线,最后画指向$(0,0)$点的带箭头的弧线。

解:调用 Matplotlib 和 NumPy 画 3 条线的程序如下。

```
#例9-19_画直线 y=2x-1、虚线及弧线
import numpy as np
import matplotlib.pyplot as plt
def describeMatplot():
    x=np.linspace(-3,5,120)
    y=2*x-1
    plt.plot(x,y,color="red",linewidth=2.0,linestyle='-')
    #画点:点大小 s=50,颜色 color='g'
    x0=0.5
    y0=2*x0-1
    plt.scatter(x0,y0,s=50,color='g')
    #画虚线:从(x0,y0)到(x0,-7);k表示黑色;--表示虚线;lw表示线宽,设置为3
    plt.plot([x0,x0],[y0,-6],'k--',lw=3)
    # 标注: xytext 表示位置, textcoords 表示起始位置; arrowprops 表示有箭头,
    connectionstyle 表示弧度
    plt.annotate(r'$2x-1=%s$'%y0, xy=(x0,y0), xytext=(+78,-78),
        textcoords="offset points", fontsize=16,
        arrowprops=dict(arrowstyle='->',
        connectionstyle='arc3,rad=.3'))
    #添加文字:18号字,蓝色
    plt.text(-3,5, r'y=2x-1',
        fontdict={'size':'18','color':'b'})
    plt.show()
describeMatplot()
```

例 9-19 程序的运行结果如图 9-19 所示。

9.6.3　SciPy 的计算与数据拟合

SciPy 是一个开源的 Python 算法库和数学工具包,可用于处理科学与工程中各种常用

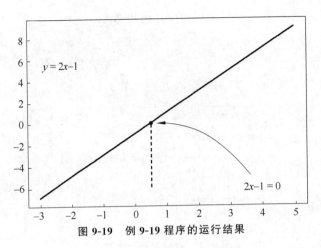

图 9-19 例 9-19 程序的运行结果

的计算,如插值、积分、最优化、稀疏矩阵、特殊函数、图像处理、信号处理、快速傅里叶变换、常微分方程的数值求解等。SciPy 常与 NumPy 配套使用,操控 NumPy 数组来进行科学与工程计算。SciPy 在很大程度上增强了 Python 的能力,可用于开发很多原生 Python 难以完成的复杂或专门的应用程序。

注:SciPy 是一个 BSD[①] 授权发布的 Python 开源库,主要用于数学、科学和工程计算。SciPy 依赖 NumPy(尤其是方便快速的 n 维数组操作),可以一起运行在所有流行操作系统之上,且安装简单、免费使用。

SciPy 中包含针对不同计算领域的各种不同的子模块,如表 9-7 所示。

表 9-7 SciPy 的子模块

子 模 块	名 称	说 明
scipy.cluster	层次聚类模块	包含矢量量化、K-means 算法等
scipy.constants	常量模块	提供大量数学和物理常数
scipy.fftpack	快速傅里叶变换模块	可以进行 FFT、DCT、DST 等操作
scipy.integrate	积分模块	求多重积分、高斯积分,解常微分方程等
scipy.interpolate	插值模块	提供各种一维、二维、N 维插值算法,包括 B 样条插值、函数插值等
scipy.io	输入输出模块	提供操作各种文件的接口,如 MATLAB、IDL、ARFF 等各种文件
scipy.linalg	线性代数模块	提供线性代数中的各种常规操作
scipy.ndimage	多维图像处理模块	提供多维图像的输入、输出、显示、裁剪、翻转、旋转、去噪、锐化等操作
scipy.odr	正交距离回归模块	提供正交距离回归算法,可以处理显式函数定义和隐式函数定义

---

① BSD(Berkeley Software Distribution)许可证:起源于加州大学伯克利分校,逐渐沿用下来。已被 Apache 和 BSD 操作系统等开源软件所采纳。

续表

子　模　块	名　　　称	说　　明
scipy.optimize	优化模块	包含各种优化算法：有/无约束的多元标量函数最小值算法、最小二乘法、有/无约束的单变量函数最小值算法、求解各种复杂方程的算法
scipy.signal	信号处理模块	包括样条插值、卷积、差分等滤波方法，FIR、IIR、排序、维纳、希尔伯特等滤波器，各种谱分析算法等
scipy.sparse	稀疏矩阵模块	提供大型稀疏矩阵计算中的各种算法
scipy.spatial	空间数据结构与算法模块	提供一些空间相关的数据结构和算法，如三角部分、共面点、凸点、维诺图、KD 树等
scipy.special	特殊函数模块	包含各种特殊的数学函数，如立方根方法、指数方法、Gamma 方法等，可以直接调用
scipy.stats	统计模块	提供一些统计学上常用的方法

SciPy 中的 optimize.curve_fit( ) 函数提供了日常数据分析中的数据曲线拟合功能。可以拟合各种自定义曲线，如指数函数、幂指函数、多项式函数等。该函数格式如下：

```
scipy.optimize.curve_fit(f, xdata, ydata, p0=None, sigma=None, absolute_ sigma
=False, check_finite=True,
        bounds=(-inf,inf), method=None, jac=None, * * kwargs)
```

主要参数如下。

（1）f 参数：模型函数，即想要拟合的函数。例如，欲拟合函数 $y = a(x-b)^c$，相应的 Python 函数定义为

```
def PowerFunction(x, A, B, C):
    y=A * (x-B) ** C
    return y
```

（2）xdata 参数：观测数据自变量（数组），长度为 M。

（3）ydata 参数：观测数据因变量（数组），长度为 M。

（4）p0 参数：对参数的初始猜测值（长度为 N）。若为 None，则初始值全部为 1。确定初始值可以减少计算量。

（5）method 参数：用于优化的方法，对于无约束的问题默认为 lm；如果提供了边界，则默认为 trf。

（6）函数返回值：popt（数组）返回残差最小时参数的值；pcov（二维数组）返回 popt 的估计协方差。

例 9-20　求解一阶常微分方程初值问题。

$$\begin{cases} \dfrac{\mathrm{d}y}{\mathrm{d}x} = y - \dfrac{2x}{y}, & 0 \leqslant x \leqslant 3.7 \\ y(0) = 1 \end{cases}$$

解：本例先利用 SciPy 库、NumPy 库求解常微分方程，再利用 Matplotlib 画积分曲线。

程序如下。

```
#待解常微分方程 y'(x)=y(x)-2*x/y(x)
from scipy.integrate import odeint
import numpy as np
import matplotlib.pyplot as plt
dy_dx=lambda y,x: y-2*x/y          #定义导数 f(x,y)
y0=[1]                              #初(左端点)值
x=np.arange(0,3.7,0.1)
y=odeint(dy_dx,y0,x)               #求解常微分方程
for i in range(len(x)):            #输出所有结点的函数值
    print("%.1f\t%f"%(x[i],y[i]))
plt.plot(x,y)                      #画积分曲线的图像
plt.title("y'=y-2x/y,x")           #显示标题
plt.show()
```

程序的运行结果如图 9-20 所示。

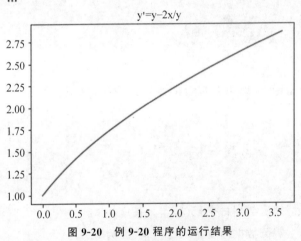

```
0.0 1.000000   0.1 1.095445   0.2 1.183216   0.3 1.264911
0.4 1.341641   0.5 1.414214   0.6 1.483240   0.7 1.549193
...
```

图 9-20　例 9-20 程序的运行结果

例 9-21　用表 9-8 所示的一组观测值拟合一条曲线。

表 9-8　一组观测数据

时间	1	2	3	4	5	6	7	8	9	10	11	12	13	14	15
数值	19.7	17.5	19	20.7	28	31	37.3	36.7	37	32.74	−26	22	19.5	17.6	15

解：第一步，先在交互式环境中输入并运行程序。调用 NumPy 和 Matplotlib 画出对观测数据进行描点连线形成的折线图。

当输入并运行图 9-21(a) 所示程序时，画出了图 9-21(b) 所示折线图。可以看出，该曲线很像正弦函数曲线。正弦型函数是形式为

$$y = a \cdot \sin\left(\frac{\pi}{6}x + 6\right) + c$$

的函数，式中，a、b、c 可以通过数据拟合计算得到。

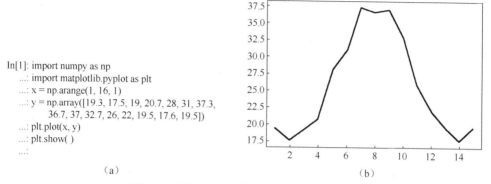

```
In[1]: import numpy as np
   ...: import matplotlib.pyplot as plt
   ...: x = np.arange(1, 16, 1)
   ...: y = np.array([19.3, 17.5, 19, 20.7, 28, 31, 37.3,
        36.7, 37, 32.7, 26, 22, 19.5, 17.6, 19.5])
   ...: plt.plot(x, y)
   ...: plt.show( )
   ...:
```

(a)   (b)

图 9-21　例 9-21 观测数据连线而成的折线图

第二步，编写程序，调用 SciPy 的 optimize.curve_fit()函数，拟合并画出曲线。

```
#例 4-7_ 根据观测值拟合正弦函数 y=a·sin(x·π/6+b)+c
import numpy as np
#调用 optimize.curve_fit()函数，计算 a、b、c 的值
#欲拟合函数 y=a * sin(x * pi/6+b)+c
from scipy import optimize
import matplotlib.pyplot as plt
#拟合函数：计算 a、b、c，输出结果，画函数图像
def abcSin(x,a,b,c):
    return a * np.sin(x * np.pi/6+b)+c
#准备数据
def sinFit():
    xk=np.arange(1,16,1)
    x=np.arange(1,16,0.1)
    yk=np.array([19.3,17.5,19,20.7,28,31,37.3,
            36.7,37,32.7,26,22,19.5,17.6,19.5])
    #调用 optimize.curve_fit()函数，[1,1,1]为初始参数
    a,b=optimize.curve_fit(abcSin,xk,yk,[1,1,1])
    #输出拟合函数
    print('拟合函数：y=a·sin(x·π/6+b)+c')
    #参数的协方差矩阵
    print('\ta=',a[0],'\n\tb=',a[1],'\n\tc=',a[2])
    print(b)
    plt.plot(xk,yk)
    plt.plot(x,abcSin(x,a[0],a[1],a[2]))
    plt.show()
sinFit()
```

例 9-21 程序的运行结果如图 9-22 所示。

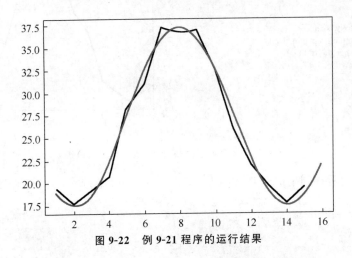

拟合函数：y = a·sin(x·p/6+b)+c
a = −9.923207803155575
b = 6.797511572683681
c = 27.393969494628465
[[1.23027794e−01 2.65502583e−05 −2.24064723e−02]
 [2.65502583e−05 1.53811935e−03   2.09231575e−05]
 [−2.24064723e−02 2.09231575e−05   6.97143681e−02]]

图 9-22　例 9-21 程序的运行结果

9.7　Sympy 库数学符号计算

Sympy 是一个开放源代码的 Python 科学计算库，完全由 Python 代码写成，用 Python 执行，不依赖于其他外部库，而且是完全免费的。Sympy 通过一套符号计算体系求解各种计算问题，其主要功能如下。

- 多项式运算：可以执行因式分解、泰勒展开、多项式求导等。
- 微积分运算：可以求极限、求导数、求定积分不定积分等。
- 解方程：可以解代数方程、微分方程、差分方程等。
- 矩阵运算：包括矩阵求逆、求行列式、求特征值等。
- 符号计算库：可以与其他 Python 库，如 NumPy、SciPy 等结合使用。
- 绘图：传入代数表达式即可绘制相应函数图。

注：Sympy 的目标是集成所有主要开放源代码数学系统，成为一个功能齐全的、独立的数学系统，所有功能都在 Sympy 内部实现。

9.7.1　函数的符号计算与绘图

数学计算有两种模式：一是数值运算，二是符号运算（代数）。在计算机上执行某些数值运算，如除运算、开平方运算时，往往只能求得近似值，最终结果常有误差。例如，利用 Python 内置函数 math.sqrt() 计算平方根 $y = \sqrt{x}$ 的程序

```
import math
x, y=9, math.sqrt(x)
```

```
print(y)
```

执行后,得到精确值 3.0。但在多数情况下,自变量 x 的值并非 9 这样的完全平方数,求得的只能是近似值。

有别于这种数值型表达式,符号表达式是由符号组成的,符号无须提前赋值,由符号组成的表达式最终也是一个符号型表达式。符号运算可在很大程度上避免运算过程中造成的累积性误差。例如,利用 Sympy 库中的 sympy.sqrt() 函数计算平方根 $y = \sqrt{x}$ 的程序

```
import sympy
x=8
y=sympy.sqrt(x)
print(y)
```

执行后,得到的是符号结果 2 * sqrt(2) 而非近似值 2.828 427 124 746 190 3,而且,这个结果还是符号 sqrt(8) 的简化形式。也就是说,使用符号计算可以在很大程度上解决计算过程中的误差问题。

进行符号计算时,先要定义符号,如表达式中的变量等。有别于数值型,这里只是简单定义一个符号而不必赋值。有两种定义符号的方法:一是用 symbols() 函数,例如

```
from sympy import symbols
x,y,z=symbols('x y z')
```

定义了 x、y、z 三个符号。symbols() 函数接收的是字符串,定义多个符号时用空格隔开。二是直接导入 sympy 内置的符号,如

```
from sympy.abc import x,y
```

直接导入了 x、y 两个符号,如果定义的是非英文字母的字符变量,只能用前一种方式。

定义了符号之后,接下来可能要进行求和、求导数或求积分等运算,就需要定义函数。sympy 也提供了声明函数的方法。例如,下面两个语句都定义了函数 f:

```
f=sympy.Function('f')
f=symbols('f',function=True)
```

也可以这样来定义函数:

```
from sympy import Function
f=symbols('f',cls=Function)
f(t)
```

这里定义了一个自变量为 t 的 f 函数,这样定义使得表达式看起来直观一些,实际上 f(t) 本质还是 f,代表一个符号表达式。

用户可以自定义各种函数,还可以将函数直接传入代数表达式,绘制出该表达式对应的

函数图像,从而可视化地观察函数的特点。

例 9-22 求下列两个函数的值并画出这两个函数的图像。

(1) $f = x + \sin x, x = 2$;

(2) $f = x - 1, x = 1.5$。

解: 程序如下。

```
#函数求值并作图
import sympy
from sympy import symbols,sin,plot,solve
x=symbols('x')                              #定义符号——变量 x
f1=x+sin(x)                                 #自定义函数 f1
f2=x-1                                      #自定义函数 f2
plot(f1,f2,title="value")                   #绘 f1 函数和 f2 函数的图像
y1=f1.evalf(subs={x:2})                     #f1 函数求值
print(f1,"=%f"%y1)                          #输出 f1 函数的值
print(f2,"=%f"%f2.evalf(subs={x:1.5}))      #计算并输出 f2 函数的值
```

程序的运行结果如图 9-23 所示。

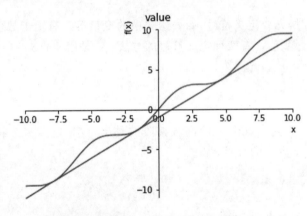

```
x + sin(x) = 2.909297
x - 1 = 0.500000
```

图 9-23 例 9-22 程序的运行结果

可以在 sympy.plot()函数中设置自定义函数的绘图参数,如表 9-9 所示。

表 9-9 sympy.plot()函数中的绘图参数

参　数	意　　义	举　　例
title	str,设置图表标题,字符串格式	title='年产值'
label	str,表达式在图表内的标签名,与 legend=True 配合才有效,只设置一个,一般不用	label='sin(x)'
xlabel	str,x 轴标签	xlabel='月份'
ylabel	str,y 轴标签	ylabel='产值'
xscale	枚举,'linear' or 'log',设置 x 轴的坐标尺寸,是线性的还是对数型	xscale='log'
yscale	枚举,'linear' or 'log',设置 y 轴的坐标尺寸,是线性的还是对数型	yscale='log'

参　数	意　义	举　例
xlim	元组,设置 x 轴坐标取值区间范围,默认是$(-10,10)$	xlim$=(-20,10)$
ylim	元组,设置 y 轴坐标取值区间范围,默认是$(-10,10)$	ylim$=(-20,10)$
size	元组,设置图表整体的大小,单位为英尺(1 英尺$=0.3048$ 米)	size$=(10,8)$
axis_center	元组,设置图表的坐标轴中心,默认是$(0,0)$,即默认坐标轴原点为中心	axis_center$=(2,2)$

9.7.2　数学与数值计算

利用 Sympy 库,用户既可以根据待解问题的需求自定义函数,解决各种各样的问题,也可以直接使用 Sympy 库预定义的函数,轻松地求解初等数学、微积分、线性代数等各种数学问题及数值问题。Sympy 库中常用的预定义函数如下。

- 正弦函数 sympy.sin(num);
- 对数函数 sympy.log(num);
- 求平方根函数 sympy.sqrt(num);
- n 次方根函数 sympy.root(num,n);
- 求阶乘 sympy.factorial(num);
- $\sum$ 求和 sympy.summation;
- 求导 sympy.diff(func,x,n);
- 求积分 sympy.integrate(func,(x,a,b))。

例 9-23　求解下列微积分问题。

(1) 函数 $\dfrac{\sin x}{x}$ 在 $x=0$ 处的极限;　　　(2) 导数 $\dfrac{\mathrm{d}}{\mathrm{d}x}\left(x^3+\dfrac{x}{2}\right)$;

(3) 不定积分 $\displaystyle\int x^2\,\mathrm{d}x$;　　　　　　(4) 定积分 $\displaystyle\int_3^7 x^3\,\mathrm{d}x$;

(5) 偏导数 $\dfrac{\partial}{\partial x}(2x^2+3y^2+2y)$、偏导数 $\dfrac{\partial}{\partial y}(2x^2+3y^2+2y)$;

(6) 二重积分 $\displaystyle\int_0^3 \mathrm{d}x\int_0^x 2t\,\mathrm{d}t$;

(7) 函数 $\sin x$ 在 0 点处到 9 阶的泰勒展开式。

解:程序如下。

```
#微积分运算
import sympy
from sympy import symbols
#定义符号 x
x=symbols('x')
#求极限
f1=sympy.sin(x)/x
y1=sympy.limit(f1,x,0,dir='-')
print(f1,"在 0 点的左极限",y1)
```

```
#求导数
f2=x * * 3+x/2
y2=sympy.diff(f2,x)
print(f2,"的导数",y2)
#求不定积分
f3=x * * 2
y3=sympy.integrate(f3,x)
print(f3,"的不定积分",y3)
#求定积分
f4=x * * 2
y4=sympy.integrate(f4,(x,3,7))
print(f4,"的定积分",y4)
#求偏导数
y=symbols('y')           #定义符号 y
f5-2 * x * * 2+3 * y * * 4+2 * y
y5x=sympy.diff(f5,x)
y5y=sympy.diff(f5,y)
print(f5,"偏 x 导数",y5x)
print(f5,"偏 y 导数",y5y)
#求二重积分
t=symbols('t')           #定义符号 t
f6=2 * t
f7=x * * 2
y6=sympy.integrate(f6,(t,0,x))
y7=sympy.integrate(f7,(x,0,3))
print("内层",f6,"对 t 积分",y6,end=';')
print("外层",f7,"对 x 积分",y7)
#求泰勒展开式
f8=sympy.sin(x)
y8=f8.series(x,0,9)
print(f8,"=",y8)
```

程序的运行结果如下：

```
sin(x)/x 在 0 点的左极限 1
x * * 3 +x/2 的导数 3 * x * * 2 +1/2
x * * 2 的不定积分 x * * 3/3
x * * 2 的定积分 316/3
2 * x * * 2 +3 * y * * 4 +2 * y 偏 x 导数 4 * x
2 * x * * 2 +3 * y * * 4 +2 * y 偏 y 导数 12 * y * * 3 +2
内层 2 * t 对 t 积分 x * * 2;外层 x * * 2 对 x 积分 9
sin(x)=x -x * * 3/6 +x * * 5/120 -x * * 7/5040 +O(x * * 9)
```

例 9-24 求解下列线性代数问题。

（1）矩阵 $\begin{bmatrix} 1 & 2 & 3 \\ 4 & 5 & 6 \end{bmatrix}$ 的转置阵；　　（2）矩阵 $\begin{bmatrix} 1 & 3 \\ -2 & 3 \end{bmatrix}$ 的逆矩阵；

（3）生成三阶、四阶单位矩阵；　　（4）求解矩阵 $\begin{bmatrix} 1 & 0 & 1 \\ 2 & -1 & 3 \\ 4 & 3 & 2 \end{bmatrix}$ 的行列式；

(5) 化矩阵 $\begin{bmatrix} 1 & 0 & 1 & 3 \\ 2 & 3 & 4 & 7 \\ -1 & -3 & -3 & -4 \end{bmatrix}$ 为阶梯形矩阵；

(6) 求矩阵 $\begin{bmatrix} 3 & -2 & 4 & -2 \\ 5 & 3 & -3 & -2 \\ 5 & -2 & 2 & -2 \\ 5 & -2 & -3 & 3 \end{bmatrix}$ 的特征值与特征向量。

解：程序如下。

```
#线性代数运算
import sympy
from sympy import Matrix
#矩阵转置
A1=Matrix([[1,2,3],[4,5,6]])
B1=A1.T
print("(1)",B1.det)
#矩阵求逆
A2=Matrix([[1,3],[-2,3]])
B2=A2**-1
print("(2)",B2.det)
#生成单位矩阵
print("(3-1)",sympy.eye(3).det)
print("(3-2)",sympy.eye(4).det)
#求行列式
A3=Matrix([[1,0,1],[2,-1,3],[4,3,2]])
B3=A3.det()
print("(4)",B3)
#化成阶梯形矩阵
A4=Matrix([[1,0,1,3],[2,3,4,7],[-1,-3,-3,-4]])
B4=A4.rref()
print("(5)",B4)
#求特征值特征向量
A5=Matrix([[3,-2,4,-2],[5,3,-3,-2],[5,-2,2,-2],[5,-2,-3,3]])
B51=A5.eigenvals()
print("(6-1)",B51)
B52=A5.eigenvects()
print("(6-2)",B52)
```

程序运行后,输出以下计算结果:

```
(1) [              (2) [
[1,4],              [1/3,-1/3],
[2,5],              [2/9,  1/9]]
[3,6]]
(3-1)              (3-2)
[1,0, 0],          [1, 0, 0, 0],
[0,1, 0],          [0, 1, 0, 0],
[0,0, 1]]          [0, 0, 1, 0],
```

```
                              [0,0,0,1]]
(4) -1                        (5) [
                              [1, 0,    1,   3],
                              [0, 1, 2/3, 1/3],
                              [0, 0,    0,   0]]), (0, 1)
(6-1) {3: 1, -2: 1, 5: 2}
(6-2)
            [0],          [1],        [1],       [ 0],
            [1],          [1],        [1],       [-1],
[(-2, 1, [[1],   (3,1, [ [1],   (5, 2, [[1],  [[ 0],
            [1]]),        [1]]),      [0]],     [ 1]])]
```

例 9-25 求解下列方程、不等式或方程组。

(1) 方程 $3x^2 + 2x - 1 = 0$;　　　　(2) 不等式 $x^2 + x < 10$;

(3) 方程组 $\begin{cases} 3x + 2y + z = 39 \\ 2x + 3y + z = 34 \\ x + 2y + 3z = 26 \end{cases}$;　　　　(4) 不定方程组 $\begin{cases} x + y + z = 1 \\ x + y + 2z = 3 \end{cases}$

解：程序如下。

```
#求解方程、不等式与方程组
import sympy
from sympy import symbols,Function,Eq
x=symbols("x")
#解方程
x=symbols("x")                 #定义符号 x——自变量
f=3*x**2+2*x-1
root=sympy.solve(f,x)
print(f,"=0 方程的解",root)
#解不等式
f=x**2+x<10
result=sympy.solve(f,x)
print(f,"不定式的解\n ",result)
#解方程组
y,z=symbols("y z")             #定义符号 y、z——自变量
f1=3*x+2*y+z-39
f2=2*x+3*y+z-34
f3=x+2*y+3*z-26
result=sympy.solve([f1,f2,f3],[x,y,z])
print("线性方程组的解",result)
#矩阵式求解不定方程组
A=Matrix(([1,1,1,1],[1,1,2,3]))
result=linsolve(A, (x,y,z))
print("不定方程组的解",result)
```

程序的运行结果如下：

```
3*x**2+2*x-1 =0 方程的解 [-1, 1/3]
x**2+x<10 不定式的解
```

```
(x <-1/2 +sqrt(41)/2) & (-sqrt(41)/2 -1/2 <x)
线性方程组的解 {x: 37/4, y: 17/4, z: 11/4}
不定方程组的解 {(-y -1, y, 2)}
```

习　题　9

提示：在 Python IDLE 中编程序求解前 5 题；在 Spyder 中编程序求解后 5 题。

1. 利用克拉默法则求解二元一次方程组：

(1) $\begin{cases} x+y=10 \\ 2x+y=16 \end{cases}$　　　　　　(2) $\begin{cases} 3x-5y=0 \\ 2x-1y=0 \end{cases}$

2. 利用蒙特卡罗投点法计算定积分：

(1) $\int_0^1 x^2 \mathrm{d}x$　　　　　　　　(2) $\int_1^3 x \cdot \sin x \, \mathrm{d}x$

提示：投点法计算定积分 $\int_a^b f(x)\mathrm{d}x$ 时，分如下 3 步操作。

S1　用一个边长为 $b-a$ 的正方形框罩住函数的积分区间。

S2　产生两个随机数 $x \in [a,b]$，$y \in [a,b]$，用组合 (x,y) 表示正方形内任意一点。

S3　产生了足够多（如预订的十万个）点后，统计落在积分区间内的点数 n 和总点数 m，并按其比值计算 $\frac{m}{n}(b-a)^2$ 作为定积分的近似值。

3. 按下式逐项求值并累加，直到当前项绝对值小于 10^{-7} 时终止计算并输出 $\sin x$ 的值：

$$\sin x = x - \frac{x^3}{3!} + \frac{x^5}{5!} - \frac{x^7}{7!} + \cdots + \frac{(-1)^n x^{2n+1}}{(2n+1)!}$$

4. 在 Python IDLE 中编程序，求当 $x=1.5$ 时第 4 阶勒让德多项式的值：

$$P_n = \begin{cases} 1, & n=0 \\ x, & n=1 \\ ((2n-1) \cdot P_{n-1}(x) \cdot x - (n-1) \cdot P_{n-1}(x))/n, & n>1 \end{cases}$$

提示：可用递归法（函数体中调用自身）求解 n 阶勒让德多项式的值 $p(n,x)$。

S1　n，x ← 输入阶数、自变量

S2　判断(阶数 n＝?)

　　n＝0，则返回值 1

　　n＝1，则返回值 x

　　n＞1，则返回值((2n−1)·p((n−1),x)·x − (n−1)·p((n−1),x)/n

S3　算法结束

5. 利用倒推公式（迭代法）$I_{n-1} = \frac{1-I_n}{n}$ 求解定积分 $I_n = \int_0^1 x^2 \mathrm{e}^{x-1} \mathrm{d}x$，$n=1,2,\cdots,20$。

6. 在二维坐标系中存在 7 个数据点

　　(9，21)、(10，20)、(11，23)、(12，25)、(13，27)、(14，29)、(15，28)

找出一条到这 7 个点距离最短的直线。

提示：直线方程 $y=wx+b$。

7. 求解积分区域为 $D=\{(x,y)\mid a\leqslant x\leqslant b,c\leqslant y\leqslant d\}$ 的多重定积分

$$\int_c^d \mathrm{d}y \int_a^b (2x+y)\mathrm{d}x$$

8. 调用 Sympy 库，求代数方程 $x^3-2x-5=0$ 在 $x_0=2$ 附近的实根。

9. 调用 Sympy 库，求解线性方程组：

$$\begin{cases} 5x-y+z=10 \\ 2x-8y-z=11 \\ -x+y+4z=3 \end{cases}$$

10. 调用 Sympy 库，求解常微分方程 $y''-2y'+y=0$ 的通解并画出积分曲线。

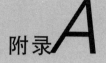

实 验 指 导

实验是学习本课程的重要环节,通过程序设计来实现所学的主要计算方法,可以加深理解这些方法所依据的基本思想和数学机理,并对其有效性、可靠性和适用范围具有一定程度的感性认识,从而提高学习效果,也为进一步学习以及将来的应用奠定基础。

每次实验前,都要预先了解实验任务和目的,预习实验所涉及的理论知识和计算方法;实验过程中,需要详细记录每个实验步骤、所遇到的问题、所采取的措施以及实验结果。每次实验过后,都要提交实验报告。其中,除了写出姓名、年级、班级、学号和姓名等必要的信息之外,主要应该包括如下内容。

(1)实验名称:可以是本附录列出来的名称,也可以是教师课堂上布置的名称。

(2)实验任务与目的:可以是本附录列出来的内容,也可以是教师课堂上布置的内容。

(3)预备知识:对于本课程所学知识,写出其名称即可;如果是本课程以外的知识,最好写个简明扼要的介绍。

(4)实验环境:包括计算机硬件配置、软件平台、所使用的程序设计语言与环境以及其他软件硬件工具等。

(5)实验步骤:详细记录整个实验过程,包括待解问题的初始状态,求解问题的算法(流程图或伪代码),实现算法的程序,程序运行的中间结果与最终结果。尤其要详细记录实验过程中遇到的问题以及采取的措施。

(6)实验总结:分析、论证整个实验,包括心得体会,实验的必要性、可行性分析,有关实验结果的评价等。尤其要注意分析研究实验步骤的编排是否合理,实验中遇到了哪些问题,这些问题是如何解决的,是否还有或者为什么没有采用更好的解决办法?

注:本书中多数例题及习题都可以通过程序设计求解,都可以作为有益于提高学习效果的实验,考虑到学时等多种因素,本附录列举的只是必不可少的部分实验。

A.1　穷举与迭代

1. 实验任务与目的

(1) 穷举法求解两个自然数(如 100、75)的最大公约数。

(2) 迭代法计算 $\sin x$ 的值：按照等式

$$\sin x = x - \frac{x^3}{3!} + \frac{x^5}{5!} - \frac{x^7}{7!} + \cdots + \frac{(-1)^n x^{2n+1}}{(2n+1)!}$$

逐个计算当前项以及累加和,求得 $\sin x$ 的值,并在当前项的绝对值小于 10^{-7} 时终止计算。假定 x 分别为 $30°$、$60°$。

(3) 假定 $x=3$,先直接代入多项式

$$y = f(x) = -x^{10} + 15x^8 + 72x^6 - 864x^4 - 11\,664x^2 - 34\,992$$

求解 y 的值;再用秦九韶算法求 y 值,然后比较、分析两种解法各自的优点和缺点。

通过本实验,理解两种常用的程序设计策略——穷举法和迭代法(用相同的变量逐次递推)的算法思想,掌握其使用方法;从而体验算法求解问题的特点;并为进一步理解两种不同解题方式(算法、解析法)的区别与联系打好基础。

注：解析法可简单地理解为数学课上学过的套用公式解题的方式,算法解题可看作与解析法并列的另一种解题方式。

2. 计算方法

(1) 穷举法。输入两个正整数 m 和 n,用其中较小的一个作为测试数,试除 m 和 n。若能同时整除,则测试数即为最大公约数;不能除尽时,测试数减去 1,再试除。如此反复,直到测试数能够同时整除 m 和 n 为止,此时的测试数即为最大公约数。假定用变量 i 作为测试数,i 的初始值为 n,算法如下。

```
S1   m、n←输入两个自然数
S2   判断(m=n)? 是则
         i←m;转到 S6
     否则,再判断(m<n)? 是则
         i←m
     否则
         i←n
S3   判断(m÷i 余 0 且 n÷i 余 0)? 是则
         转到 S6
S4   i←i-1
S5   转到 S3
S6   输出最大公约数 i
S7   算法结束
```

(2) 迭代法。假定用变量 item 表示当前项的值,$\sin x$ 表示当前累加和,算法如下。

```
S1   初始化:n←1;sinx←0
S2   x←输入 0~360 的正整数
S3   x←xπ/180
```

```
S4   item←x
S5   判断(|item|>=0.0000001)?是则重复执行
         sinx←sinx+item
         n←n+1
         item=(-1) * item * x * x/((2n-1) * (2n-2))
s6   输出 sinx
S7   算法结束
```

（3）秦九韶算法。参见 1.2.5 节。

3. 实验步骤及参考解答

在 Python IDLE 环境中，按照指定的算法编写程序，求解实验任务中给定的待解问题并输出实验结果。参考解答如下。

（1）100 和 75 两个数的最大公约数为 25。

（2）精确值为 $\sin(30°)=0.5$，$\sin(60°)=0.866\,025\,403\,784\,438\,6$。

（3）$x=0$。

A.2 直接求解线性方程组

1. 实验任务与目的

（1）用列主元高斯消去法求解线性方程组

$$\begin{bmatrix} 1.1348 & 3.8326 & 1.1651 & 3.4017 \\ 0.5301 & 1.7875 & 2.5330 & 1.5435 \\ 3.4129 & 4.9317 & 8.7643 & 1.3142 \\ 1.2371 & 4.9998 & 10.6721 & 0.0147 \end{bmatrix} \begin{bmatrix} x_1 \\ x_2 \\ x_3 \\ x_4 \end{bmatrix} = \begin{bmatrix} 9.5342 \\ 6.3941 \\ 18.4231 \\ 16.9237 \end{bmatrix}$$

分析选主元对计算结果的影响。

（2）用列主元高斯-约当消去法求解（1）给出的线性方程组，比较、分析两种解法各自的优点和缺点。

（3）用追赶法求解三对角线性方程组

$$\begin{bmatrix} 2 & -1 & & & \\ -1 & 2 & -1 & & \\ & -1 & 2 & -1 & \\ & & -1 & 2 & -1 \\ & & & -1 & 2 \end{bmatrix} \begin{bmatrix} x_1 \\ x_2 \\ x_3 \\ x_4 \\ x_5 \end{bmatrix} = \begin{bmatrix} 1 \\ 0 \\ 0 \\ 0 \\ 0 \end{bmatrix}$$

比较、分析 3 种解法各自的优点和缺点。

通过本实验，理解消去法求解线性方程组的基本思想，理解列主元高斯消去法、列主元高斯-约当消去法的联系与区别以及各自的优点和缺点；基本掌握这两种求解方法；理解三对角线性方程组的特点，会用追赶法求解三对角线性方程组。

2. 计算方法

（1）列主元素高斯消去法。先将待解方程组的系数矩阵变换为等价的上三角矩阵，在每步消元时，选列主元素。当 $k=1,2,\cdots,n-1$ 时，逐个计算

$$
\begin{cases}
l_{ik} = \dfrac{a_{ik}^{(k-1)}}{a_{kk}^{(k-1)}}, & i = k+1, k+2, \cdots, n \\[2mm]
a_{ij}^{(k)} = a_{ij}^{(k-1)} - l_{ik}a_{kj}^{(k-1)}, & i,j = k+1, k+2, \cdots, n \\[2mm]
b_i^{(k)} = b_i^{(k-1)} - l_{ik}b_k^{(k-1)}, & i = k+1, k+2, \cdots, n
\end{cases}
$$

然后逐步回代,求得原方程组的解

$$
\begin{cases}
x_n = \dfrac{b_n^{(n-1)}}{a_{nn}^{(n-1)}} \\[4mm]
x_k = \dfrac{\left(b_k^{(k-1)} - \displaystyle\sum_{j=k+1}^{n} a_{ij}^{(k-1)} x_j\right)}{a_{kk}^{(k-1)}}, & k = n-1, n-2, \cdots, 1
\end{cases}
$$

（2）列主元素高斯-约当消去法。在每步消元时,选列主元素。当 $k=1,2,\cdots,n-1$ 时,逐个计算

$$
\begin{cases}
a_{kj}^{(k)} = \dfrac{a_{kj}^{(k-1)}}{a_{kk}^{(k-1)}}, & j = k+1, k+2, \cdots, n+1 \\[2mm]
a_{ij}^{(k)} = a_{ij}^{(k-1)} - a_{ik}^{(k-1)} \times a_{kj}^{(k)}, & i = 1,2,\cdots,n; i \neq k; j = k+1, k+2, \cdots, n+1
\end{cases}
$$

（3）追赶法。参见 2.3 节。

3. 实验步骤及参考解答

在 Spyder 环境中,先根据列主元素高斯消去法编写并运行程序,求解给定的线性方程组;再根据列主元素高斯-约当消去法编写并运行程序,求解同一个线性方程组;再用追赶法编写并运行程序,求解给定的三对角线性方程组。参考解答如下。

（1）(1.0138, 0.99689, 1.0000, 0.99891)。

（2）(0.99987, 1.0001, 1.0000, 0.9996)。

（3）$x = \left(\dfrac{5}{6}, \dfrac{2}{3}, \dfrac{1}{2}, \dfrac{1}{3}, \dfrac{1}{6}\right)$, $y = \left(\dfrac{1}{2}, \dfrac{1}{3}, \dfrac{1}{4}, \dfrac{1}{5}, \dfrac{1}{6}\right)$。

A.3 函 数 插 值

1. 实验任务与目的

（1）使用拉格朗日插值公式,根据函数表

x	0.4	0.55	0.8	0.9	1
$f(x)$	0.410 75	0.578 15	0.888 11	1.026 52	1.175 20

计算 $f(0.5)$、$f(0.7)$ 和 $f(0.85)$ 的近似值。

（2）使用牛顿插值公式求解（1）中的问题;这两种不同的插值方法将会求得相同的结果,说明其中原因;比较两种方法的计算量及其优点和缺点。

（3）对于函数 $f(x)=1/(1+x^2)$, $x \in [-5,5]$,取 $n=10$,按等距结点分段线性插值函数 $S_i(x)$ 计算各相邻结点中点处 $S_1(x)$ 与 $f(x)$ 的值,估计误差,并画出分段线性插值的函数图。

2. 计算方法

（1）拉格朗日插值公式。由已知数据 $x_0,x_1,\cdots,x_n$ 与 $y_0,y_1,\cdots,y_n$ 构造插值多项式

$$L_n(x)=\sum_{k=0}^{n}\left(\prod_{j=0,j\neq k}^{n}\frac{x-x_j}{x_k-x_j}\right)y_k$$

将插值点 x 代入上式，可得函数 $f(x)$ 在点 x 处函数值的近似值。

（2）牛顿插值公式。由 $x_0,x_1,\cdots,x_n$ 与 $y_0,y_1,\cdots,y_n$ 构造插值多项式

$$N_n(x)=f(x_0)+f(x_0,x_1)(x-x_0)+f(x_0,x_1,x_2)(x-x_0)(x-x_1)+\cdots+$$
$$f(x_0,x_1,\cdots,x_n)(x-x_0)(x-x_1)\cdots(x-x_{n-1})$$

牛顿插值公式中各项的系数就是函数 $f(x)$ 的各阶差商（均差）

$$f(x_0)、f(x_0,x_1)、f(x_0,x_1,x_2)、f(x_0,x_1,\cdots,x_n)$$

因此，构造牛顿插值公式时，可以列出差商表，也可以用公式

$$f(x_0,x_1,\cdots,x_k)=\sum_{i=0}^{k}\frac{f(x_i)}{\prod\limits_{j=0,j\neq i}^{n}(x_i-x_j)}$$

求出差商 $f(x_0,x_1,\cdots,x_k)$。

（3）分段线性插值公式。参见 3.3 节。

3. 实验步骤与参考解答

在 Python IDLE 中，先用拉格朗日插值法编写并运行程序，求解几个函数的近似值；再用牛顿插值法求解同样的问题，然后比较、分析两种不同方法求得的结果（相同），找出其中的原因（涉及插值法构造的基本思想），给出相应的结论。

在 Spyder 中，用分段线性插值法编写并运行程序，求解指定的问题；进行误差分析，给出相应的结论；比较两种方法的计算量，分析其中的原因；归纳出两种方法各自的优点和缺点；最后调用 Scmpy 库画出分段线性插值函数图。

参考解答如下。

（1）$f(0.5)=0.521\,090$，$f(0.7)=0.758\,589$，$f(0.85)=0.956\,119$。

（2）解答同（1）。

（3）各中点处的函数值及插值函数值列表如下：

x	±0.5	±1.5	±2.5	±3.5	±4.5
$f(x)$	0.800 00	0.307 69	0.137 93	0.075 47	0.047 06
$S_i(x)$	0.750 00	0.350 00	0.150 00	0.079 41	0.048 64

A.4 迭代法求解方程与线性方程组

1. 实验任务与目的

（1）要求误差不超过 0.5×10^{-3}，用二分法求方程的根：

$$e^x+10x-2=0,\quad x\in[0,1]$$

（2）误差上限为 0.5×10^{-3}，递推公式为

$$x_{k+1} = \frac{1}{10}(2 - e^{x_k}), \quad k = 0, 1, 2, \cdots$$

用迭代法求方程的根：

$$e^x + 10x - 2 = 0, \quad x \in [0, 1]$$

然后比较、分析二分法与迭代法的计算量。

（3）要求 $\| x^{(k+1)} - x^{(k)} \|_2 \leqslant 0.0001$，初值为常向量 $\boldsymbol{b}$，用雅可比迭代法求线性方程组

$$\begin{bmatrix} 4 & -1 & 0 & -1 & 0 & 0 \\ -1 & 4 & -1 & 0 & -1 & 0 \\ 0 & -1 & 4 & -1 & 0 & -1 \\ -1 & 0 & -1 & 4 & -1 & 0 \\ 0 & -1 & 0 & -1 & 4 & -1 \\ 0 & 0 & -1 & 0 & -1 & 4 \end{bmatrix} \begin{bmatrix} x_1 \\ x_2 \\ x_3 \\ x_4 \\ x_5 \\ x_6 \end{bmatrix} = \begin{bmatrix} 0 \\ 5 \\ -2 \\ 5 \\ -2 \\ 6 \end{bmatrix}$$

的近似解及相应的迭代次数。

（4）用高斯-塞德尔迭代法求解（3）中的线性方程组；比较雅可比与高斯-塞德尔两种迭代法的迭代次数。

通过本实验，进一步理解迭代求解问题的基本思想、算法及其程序设计实现方法；掌握求解方程的二分法和迭代法；掌握求解线性方程组的雅可比迭代法和高斯-塞德尔迭代法；从而进一步体验算法求解问题的特色及其相对于解析法的优越性。

2. 计算方法

（1）二分法。假设存在两个足够小的正数 δ，则可按以下步骤求得方程 $f(x) = 0$ 在区间 $[a, b]$ 上一个满足精度要求（小于 δ）的实根。

S1　初始化：设置区间 I←[a,b]、精度 δ

S2　区间中点 x_m ← $\frac{1}{2}$(a+b)，中点处函数值 $f(x_m)$ ← $f_{x=x_m}(x_m)$

S3　判断 $f(x_m)$ < δ? 是则（中点函数值为近似根）

　　　根 α←近似值 $f\left[\frac{1}{2}(a+b)\right]$

　　　转 S5

S4　判断 $f(\alpha) \cdot f(x_m)$ < 0? 是则

　　　　（根在前半部分[a, x_m]）b← x_m

　　　否则（根在后半部分[x_m, b]）a← x_m

　　转 S2

S5　输出方程的根 α

S6　算法结束

（2）迭代法。本例中，先将已知方程 $e^x + 10x - 2 = 0$ 等价变换为 $x = \frac{1}{10}(2 - e^x)$；再据此给出逐步迭代计算满足精度要求的 x 值的递推公式 $x_{k+1} = \frac{1}{10}(2 - e^{x_k})$。

（3）雅可比迭代法。设系数矩阵 $\boldsymbol{A}$ 为非奇异矩阵，且 $a_{ij} \neq 0 (i = 1, 2, \cdots, n)$，从第 i 个方程中解出 x_i，求得等价形式

$$x_i = \frac{1}{a_{ij}}\Big(b - \sum_{j=1, j \neq i}^{n} a_{ij} x_j\Big)$$

取初始向量 $\boldsymbol{x}^{(0)} = (x_1^{(0)}, x_2^{(0)}, \cdots, x_n^{(0)})$，可以构造相应的迭代公式

$$\boldsymbol{x}_i^{(k+1)} = \frac{1}{a_{ij}}\Big(-\sum_{j=1, j \neq i}^{n} a_{ij} x_j^{(k)} + b_i\Big)$$

（4）高斯-塞德尔迭代法。每当算出一个新的分量时，如果立即用之取代对应的旧分量来迭代，则可加快收敛速度。可据此构造高斯-塞德尔迭代法。取初始向量 $\boldsymbol{x}^{(0)} = (x_1^{(0)}, x_2^{(0)}, \cdots, x_n^{(0)})$，其迭代公式为

$$x_i^{(k+1)} = \frac{1}{a_{ij}}\Big(-\sum_{j=1}^{i-1} a_{ij} x_j^{(k+1)} - \sum_{j=i+1}^{n} a_{ij} x_j^{(k)} + b_i\Big), \quad i = 1, 2, \cdots, n$$

3. 实验步骤及参考解答

在 Spyder 环境中，按照指定的算法编写程序，求解实验任务中给定的待解问题并输出实验结果。参考解答如下。

（1）$x_{11} = 0.090\,33$。

（2）$x_5 = 0.090\,52$。

（3）精确解为 $(1, 2, 1, 2, 1, 2)^{\mathrm{T}}$。

（4）解答同（3）。

A.5　数值求解定积分

1. 实验任务与目的

按要求计算 π 的近似值

$$\pi = \int_0^1 \frac{4}{1 + x^2}\,\mathrm{d}x$$

（1）取 $n = 32$，用复化梯形求积公式计算。

（2）取 $n = 16$，用复化辛普生求积公式计算。

（3）要求精度为 $\varepsilon = \frac{1}{2} \times 10^{-7}$，用龙贝格求积公式计算。

将数值计算结果与精确值进行比较，并分析其计算量和误差。

通过本实验，理解数值求解定积分的基本思想，理解逐步提高精度的系列化计算方法，掌握这一套公式的使用方法，从而进一步强化对于数值计算方法特色的认知。

2. 计算方法

（1）将积分区间 $[a, b]$ 划分为 n 等分，记各分点为

$$x_i = a + ih, h = \frac{b-a}{n}, \quad i = 0, 1, 2, \cdots, n$$

在每个小区间 $[x_i, x_{i+1}]$ 内应用梯形求积公式

$$T_n = \frac{h}{2}\Big[f(a) + 2\sum_{i=1}^{n-1} f(x_i) + f(b)\Big]$$

（2）在每个小区间 $[x_i, x_{i+1}]$ 内应用梯形辛普森求积公式

$$S_n = \frac{h}{6}\left[f(a) + 4\sum_{i=0}^{n-1} f(x_{i+\frac{1}{2}}) + 2\sum_{i=1}^{n-1} f(x_i) + f(b) \right]$$

式中，$x_{i+\frac{1}{2}}$ 为 $[x_i, x_{i+1}]$ 的中点，即 $x_{i+\frac{1}{2}} = x_i + \frac{h}{2}$。

（3）先用梯形公式计算 $T_1 = \frac{b-a}{2} \times [f(a) + f(b)]$，然后，采用将求积区间 (a,b) 逐次折半的办法，令区间长度 $h = \frac{b-a}{2^i}$，$i = 0,1,2,\cdots$，计算

$$T_{2n} = \frac{1}{2}T_n + \frac{h}{2}\sum_{k=1}^{n} f\left[a + h\left(k - \frac{1}{2}\right)\right]$$

式中，$n = 2^i$。

于是，得到辛普森求积公式 $S_n = T_{2n} + (T_{2n} - T_n)/3$，再得到柯茨求积公式 $C_n = S_{2n} + (S_{2n} - S_n)/15$，最后，得到龙贝格求积公式 $R_n = C_{2n} + (C_{2n} - C_n)/63$。利用上述公式计算，直到相邻两次的积分结果之差满足精度要求为止。

3. 实验步骤及参考解答

在 Spyder 环境中，按照指定的算法编写程序，求解实验任务中给定的定积分问题并输出实验结果，并与精确值比较：

$$\pi = 3.141592653589793$$

A.6　最小二乘法求解数据拟合问题

1. 实验任务与目的

假定某个企业职工前七年的实际收入记载如下：

年份（编号）	1	2	3	4	5	6	7
收入（万元）	8.20	8.80	9.00	10.50	10.50	12.00	12.50

按以下步骤拟合一个能够预测以后收入的函数。

（1）确定预测函数的形式。在直角坐标系中标出这些点的位置即可看出，这些点的分布近似一条直线，故可选择形如 $y = wx + b$ 的直线方程作为预测函数。

（2）计算直线方程中的参数 w（直线斜率）、b（y 轴上截距），给出直线方程。

通过本实验，理解最小二乘法直线（曲线）拟合的概念，掌握应用最小二乘法拟合直线方程的方法，从而进一步理解函数逼近的概念。

2. 计算方法

为了求出直线方程中的系数 w 和 b。需要使用损失函数——用于估计模型的预测值与真实值不一致程度的非负函数。拟合直线时采用的是平方损失（均方误差）函数。这种用于求解参数 w 和 b，使其均方误差最小化的过程称为最小二乘参数估计。

平方损失也称为均方误差。假定 $\hat{y}$ 是实际输出的预测值，y 是期望输出的预测值，且

$$\hat{y} = \sum_{i=1}^{n} w_i x_i + b$$

则其平方损失函数为

$$L(w,b) = \sum_{i=1}^{n} (y_i - \hat{y}_i)^2 = \sum_{i=1}^{n} (y_i - w_i x_i - b)^2$$

该函数的几何意义为，数据集中第 i 个离散点 (x_i, y_i) 与直线上具有相同横坐标 x_i 的点 $(x_i, \hat{y}_i)$ 之间的距离平方和。

注：采用最小二乘法所求出的直线可保证所有样本点到该直线的欧氏距离（两点之间的直线段距离）之和最小。

本例中，按以下步骤拟合预测函数。

（1）题目中，年份为确定性变量 x 的值，收入为随机变量 y 的值，预测值 $\hat{y}$ 为随机变量 y 的近似值。

（2）计算参数 w、b。

结点平均值：$\bar{x} = (1+2+3+4+5+6+7) \div 7 = 4$

各结点函数值平均值：$\bar{y} = (8.2+8.8+9+10.5+10.5+12+12.5) \div 7 \approx 10.21$

$$\sum_{i=1}^{n} y_i (x_i - \bar{x}) = -(8.2 \times 3 + 8.8 \times 2 + 9) + (10.5 + 12 \times 2 + 12.5 \times 3) = 20.8$$

$$\sum_{i=1}^{n} x_i (x_i - \bar{x}) = -(1 \times 3 + 2 \times 2 + 3) + (5 + 6 \times 2 + 7 \times 3) = 28$$

$$\rightarrow w = \frac{\sum_{i=1}^{n} y_i (x_i - \bar{x})}{\sum_{i=1}^{n} x_i (x_i - \bar{x})} = \frac{20.8}{28} \approx 0.74$$

$$\rightarrow b = \bar{y} - w\bar{x} = 10.21 - 0.74 \times 4 = 7.25$$

代入求得的 w 和 b，即可得到预测函数。

3. 实验步骤及参考解答

（1）在 Spyder 环境中，按照"计算方法"中给出的方法和步骤编写程序，计算参数 w 和 b 的值，并输出预测函数：

$$\hat{y} = 0.74x + 7.25$$

（2）下面是某种货币汇率 X 与某种商品出口量 Y 的数据。

年度	1	2	3	4	5	6	7	8	9	10
X	168	145	128	138	145	135	127	111	102	94
Y	661	631	610	588	583	575	567	502	446	379

在 Spyder 中编写程序，画出 X 与 Y 关系的散点图；计算拟合而成的直线中的相关系数；画出直线的图像。

A.7　求解矩阵特征值

1. 实验任务与目的

求矩阵 $\boldsymbol{A}$ 的主特征值或全部特征值：

$$\boldsymbol{A} = \begin{bmatrix} 4 & 2 & 2 \\ 2 & 5 & 1 \\ 2 & 1 & 6 \end{bmatrix}$$

（1）用幂法求解。

（2）用雅可比方法求解。

（3）用 QR 方法求解。

（4）比较几种不同计算方法的计算量及各自的优点和缺点，给出相应的结论。

通过本实验，理解矩阵特征值、特征向量的概念；理解幂法、反幂法、雅可比方法与 QR 方法的设计思想并能用于求解实际问题。

2. 计算方法

（1）幂法：输入初值 $v_0 = u_0 \neq 0$，已知精度为 ε，最大迭代次数为 N。则当 k 分别为 1, $2, 3, \cdots, N$ 时，执行

$$v_k = Au_{k-1}, \quad \mu_k = \max(v_k), \quad u_k = \frac{v_k}{\mu_k}$$

当 $|u_k - u_{k-1}| < \varepsilon$ 时，结束，否则令 $u_{h-1} \leftarrow u_k$，继续循环。

（2）雅可比方法：输入矩阵 A，已知精度为 ε，最大迭代次数为 N。令 $R = I$。则当 k 分别为 $1, 2, 3, \cdots, N$ 时，执行以下步骤：

S1　计算 $A = RAR^{\mathrm{T}}$。

S2　找最大值

$$m = a_{pq} = \max_{1 \leqslant i, j \leqslant n, i \neq j} |a_{ij}|$$

S3　计算 θ，使

$$\tan 2\theta = \frac{2a_{pq}}{a_{pp} - a_{qq}}$$

S4　利用 $\mathbf{R}^n$ 中的平面旋转变换矩阵

$$\mathbf{R}(p, q, \theta) = \begin{pmatrix} 1 & & & & & & & \\ & \ddots & & & & & & \\ & & \cos\theta & & -\sin\theta & & & \\ & & & 1 & & & & \\ & & & & \ddots & & & \\ & & \sin\theta & & \cos\theta & & & \\ & & & & & & \ddots & \\ & & & & & & & 1 \end{pmatrix} \begin{matrix} \\ \\ p\text{ 行} \\ \\ \\ q\text{ 行} \\ \\ \end{matrix}$$

计算 $\mathbf{R} = \mathbf{R}(p, q, \theta)$。如果 $m < \varepsilon$，则结束。

（3）QR 方法。

• 令 $\mathbf{A}_1 = \mathbf{A}$，对 $\mathbf{A}$ 进行 QR 分解：$\mathbf{A}_1 = \mathbf{Q}_1 \mathbf{R}_1$；

• 再令 $\mathbf{A}_2 = \mathbf{R}_1 \mathbf{Q}_1$，对 $\mathbf{A}_2$ 进行 QR 分解：$\mathbf{A}_2 = \mathbf{Q}_2 \mathbf{R}_2$；

• 再令 $\mathbf{A}_3 = \mathbf{R}_2 \mathbf{Q}_2 \cdots\cdots$

这样继续下去，便得到一个矩阵序列 $\{\mathbf{A}_k\}$：

$$\begin{cases} \boldsymbol{A}_1 = \boldsymbol{A} \\ \boldsymbol{A}_k = Q_k R_k \quad k = 1, 2, \cdots \\ \boldsymbol{A}_{k+1} = R_k Q_k \end{cases}$$

矩阵序列 $\{\boldsymbol{A}_k\}$ 与 $\boldsymbol{A}$ 有相同的特征值。而矩阵序列 $\{\boldsymbol{A}_k\}$ 本质上收敛于上三角矩阵或块上三角矩阵,且对角块为 1×1 或 2×2 矩阵。1×1 矩阵就是 $\boldsymbol{A}$ 的实特征值。每个 2×2 矩阵都包含 $\boldsymbol{A}$ 的一对复特征值。这样,就可以用幂法和反幂法求对应的特征向量了。

3. 实验步骤及参考解答

在 Spyder 环境中,按照"计算方法"中给出的方法和步骤编写程序,分别用幂法、雅可比方法和 QR 方法求解矩阵 $\boldsymbol{A}$ 的主特征值或者全部特征值,参考解答如下。

$$\lambda_1 = 0.3874, \quad \boldsymbol{x}_1 = (0.8077, 0.7720, 1)^{\mathrm{T}}$$
$$\lambda_2 = 4.4867, \quad \boldsymbol{x}_2 = (0.2170, 1, -0.9473)^{\mathrm{T}}$$
$$\lambda_3 = 2.2160, \quad \boldsymbol{x}_3 = (1, -0.5673, -3.6998)^{\mathrm{T}}$$

A.8　数值求解一阶常微分方程初值问题

1. 实验任务与目的

求解一阶常微分方程的初值问题

$$\begin{cases} \dfrac{\mathrm{d}y}{\mathrm{d}x} = \dfrac{2}{3} x y^{-2}, \quad x \in [0, 1] \\ y(0) = 1 \end{cases}$$

(1) 用欧拉公式求解。

(2) 用改进欧拉公式求解。

(3) 用经典四阶龙格-库塔公式求解。

(4) 比较几种不同计算方法的计算量及各自的优点和缺点,给出相应的结论。

通过本实验,理解以差商代替导数求解常微分方程初值问题的基本思想;理解欧拉法、改进欧拉法以及龙格-库塔法之间的联系与区别;掌握求解一阶常微分方程初值问题的一系列公式的使用方法,从而进一步理解构造数值计算方法的基本思想。

2. 计算方法

(1) 欧拉公式: $y_{n+1} = y_n + h f(x_n, y_n)$。

(2) 改进欧拉公式:

$$\begin{cases} y_p = y_0 + h f(x_n, y_n) \\ y_c = y_n + h f(x_{n+1}, y_p) \\ y_{n+1} = \dfrac{1}{2}(y_p + y_c), \quad n = 0, 1, 2, \cdots \end{cases}$$

(3) 经典四阶龙格-库塔公式:

$$\begin{cases} y_{n+1} = y_n + \dfrac{h}{6}[k_1 + 2k_2 + 2k_3 + k_4] \\[2mm] k_1 = f(x_n, y_n) \\[2mm] k_2 = f\left(x_{n+\frac{1}{2}}, y_n + \dfrac{h}{2}k_1\right) \\[2mm] k_3 = f\left[x_{n+\frac{1}{2}}, y_n + \dfrac{h}{2}k_2\right] \\[2mm] k_4 = f[x_{n+1}, y_n + hk_3] \end{cases}$$

3. 实验步骤及参考解答

在 Spyder 环境中,按照"计算方法"给出的方法和步骤编写程序,分别用欧拉法、改进欧拉法和经典四阶龙格-库塔法求解指定的一阶常微分方程初值问题。参考解答(部分实验结果)如下:

x_i	0.2	0.4	0.6	0.8	1.0
欧拉法	1.019824	1.063754	1.126810	1.202845	1.287372
改进欧拉法	1.013180	1.05751	1.107965	1.179297	1.259930
四阶龙格-库塔法	1.013159	1.050718	1.107932	1.179274	1.259921

参考文献

[1] 巴赫瓦洛夫 Н С，热依德科夫 Н П，柯别里科夫 Т М. 数值方法[M].陈阳舟，译. 北京：高等教育出版社，2014.

[2] 叶其孝，沈永欢. 实用数学手册[M]. 2 版. 北京：科学出版社，2006.

[3] 邓建中，葛仁杰，程正兴. 计算方法[M]. 西安：西安交通大学出版社，1985.

[4] 冯康，等. 数值计算方法[M]. 北京：国防工业出版社，1978.

[5] 李庆杨，王能超，易大义. 数值分析[M]. 5 版. 武汉：华中科技大学出版社，2022.

[6] 李乃成，梅立泉. 数值分析[M]. 北京：科学出版社，2011.

[7] 雷明. 机器学习原理、算法与应用[M]. 北京：清华大学出版社，2019.

[8] 李桂成. 计算方法[M]. 3 版. 北京：电子工业出版社，2019.

[9] BURDEN R L，FAIRES J D. Numerical Analysis[M]. 7th ed. 北京：高等教育出版社，2001.

[10] 吕同富，康兆敏，方秀男. 数值计算方法[M]. 2 版.北京：清华大学出版社，2013.

[11] CHAPRA S C，CANALE R P. Numerical Methods for Engineer[M].3rd ed. 北京：科学出版社，2000.

[12] 徐树方. 矩阵计算的理论与方法[M]. 北京：北京大学出版社，1995.

[13] 姚普选. 基于 Python 的机器学习[M]. 北京：电子工业出版社，2023.

[14] SAUER T. 数值分析[M]. 裴玉茹，马庚宇，译. 原书第 2 版. 北京：机械工业出版社，2014.

[15] 郑继明，朱伟，刘勇，等. 数值分析[M]. 北京：清华大学出版社，2016.

[16] YOUNG D M. Iterative Solution of Large Linear Systems[M]. New York：Academic Press，2003.

[17] RONALD L G，DONALD E K，OREN P. 具体数学[M]. 张明尧，张凡，译. 2 版. 北京：人民邮电出版社，2013.

图书资源支持

感谢您一直以来对清华版图书的支持和爱护。为了配合本书的使用，本书提供配套的资源，有需求的读者请扫描下方的"书圈"微信公众号二维码，在图书专区下载，也可以拨打电话或发送电子邮件咨询。

如果您在使用本书的过程中遇到了什么问题，或者有相关图书出版计划，也请您发邮件告诉我们，以便我们更好地为您服务。

我们的联系方式：

清华大学出版社计算机与信息分社网站：https://www.shuimushuhui.com/

地　　址：北京市海淀区双清路学研大厦 A 座 714

邮　　编：100084

电　　话：010-83470236　010-83470237

客服邮箱：2301891038@qq.com

QQ：2301891038（请写明您的单位和姓名）

资源下载： 关注公众号"书圈"下载配套资源。

资源下载、样书申请

书圈

图书案例

清华计算机学堂

观看课程直播